环境数据分析

庄树林　编著

科学出版社
北　京

内 容 简 介

本书介绍了环境数据分析的基础理论、分析过程，并演示了多种软件的操作步骤。全书共 14 章，包括环境数据的分析描述、统计绘图、数据分布、统计假设检验、参数检验、非参数检验以及多种数据分析方法。本书重视环境数据分析的实际操作训练，将重点知识与环境实例紧密结合，在数据分析过程中，逐渐强化知识点的理解。例题中对软件操作及界面进行了详细介绍，完整展现了数据分析的思路和过程。

本书主要针对环境领域研究人员，满足其对数据统计分析的基本需求，适用于环境专业高年级本科生和研究生，对医学、生物学、农学、地理科学以及经济学等广大学科领域的学者、管理人员也有重要参考价值。

图书在版编目（CIP）数据

环境数据分析 / 庄树林编著. —北京：科学出版社，2018.8

ISBN 978-7-03-058608-7

Ⅰ. ①环… Ⅱ. ①庄… Ⅲ. ①环境管理-统计分析 Ⅳ. ①X32

中国版本图书馆 CIP 数据核字（2018）第 195670 号

责任编辑：朱 丽 宁 倩 / 责任校对：杜子昂
责任印制：赵 博 / 封面设计：耕者设计工作室

科学出版社 出版
北京东黄城根北街 16 号
邮政编码：100717
http://www.sciencep.com
北京中石油彩色印刷有限责任公司印刷
科学出版社发行 各地新华书店经销
*
2018 年 8 月第 一 版 开本：720 × 1000 B5
2024 年 7 月第七次印刷 印张：21 3/4
字数：437 000

定价：138.00 元

（如有印装质量问题，我社负责调换）

序

随着经济的快速发展以及科学技术的持续进步，当前环境数据的产生与收集速度加快，数据呈爆炸式增长，数据模式高度复杂化。可靠又精准的分析有利于全面获知环境污染发生过程，追踪环境质量的演变态势，推动环境质量综合评价和人体健康风险评估，有效提升环境管理与规划的精细化水平和污染监管、预警与应急水平，更好地服务于重大环境决策和污染精准治理乃至环境健康、可持续发展、绿色经济及气候变化，实现量化决策、动态调整的管理目标。

在环境大数据背景下，环境数据分析既是机遇也是挑战。有效分析海量、多维、多态的环境数据，并从中挖掘出更多信息；架构环境大数据分析与环境管理决策之间的桥梁，显得尤为重要。基于环境统计分析理论框架，通过环境数据分析能使原本死板的数据充满生命力，可为决策人员提供有用的隐含信息。对于环境专业的学生及相关研究人员而言，掌握环境数据分析技术已成为一项必备技能。这需要初学者牢固掌握统计分析的基本理论知识，逐渐学会合理选择数据分析方法，熟练进行软件操作，并基于专业角度和统计学角度综合解答。

首先，补充统计学知识。从理论统计学入手，大致了解数理统计理论，构建自己的知识框架。进而上升到应用统计学领域，了解描述统计学和推断统计学基本知识，熟练掌握常用的数据分析方法，如统计描述法、假设检验法、t 检验法、方差分析、相关分析、回归分析等。进一步深入学习高级统计分析方法，如时间序列分析、生存分析、典型相关分析、主成分分析、因子分析、对应分析、最优尺度分析、多重响应分析、聚类分析、预测与决策模型等。

其次，实践操作是掌握统计分析技能的必经之路，必须掌握如何通过软件挖掘更多的隐含信息。Excel 软件在表格管理和统计图制作方面功能强大，容易操作，在 Excel 中熟练运用基本技能，有利于加深对数据分析基本过程的理解，并为深入学习高级统计软件夯实基础；SPSS 是一款功能强大且容易上手的常用统计分析软件，集数据整理、分析功能于一身，界面友好。在学习统计分析过程中，可以按照数据清洗与整理、描述统计、可视化分析、算法实现的路径去探索，将 Excel 和 SPSS 两款软件结合并采用可视化的方法，洞察数据中有价值的信息，清晰明了地展现分析结果，所谓“有图有真相，一图胜千言”。

再次，环境与健康密不可分，环境与人类健康、生活息息相关，环境中存在的大量化学、物理、生物因素均可对人类健康与生活产生影响。该书提供了与工作生活密切相关的环境实例，是一本对于环境及相关专业学生与专业人员不可多得的工具书和教材，对于医学、生物学、农学等相关专业的人士也很有裨益。

最后，希望正在学习环境数据分析的广大读者朋友们注重学习方法，保持良好的总结习惯以及探索精神，选择需要的知识与技能深入探索，尝试理解这些技能的实际用途，从而分析并解决实际问题。

该书涵盖统计分析的重点知识，通俗易懂，既适合数据分析初级阶段的入门者，又适合数据分析高级阶段的读者。此外，大量环境实例通过 SPSS 软件进行分析，辅以 Excel 相应功能对比介绍，有益于加强读者对统计原理的理解以及实战操作能力的提升，特此推荐。

李志辉

2018 年 4 月于广州

前　言

环境数据分析指针对各类环境问题，选择恰当的分析方法和软件进行数据的统计推断及挖掘，以辅助开展环境问题的现状分析、原因分析和趋势预测。环境数据分析要求分析人员既掌握数据分析技能，又精通环境专业知识。本书介绍数据分析的基本原理与方法，结合例题，演示了如何通过 Microsoft Excel 2010 和 SPSS Statistics 20.0 软件进行操作分析，并灵活运用图表将分析结果直观化展示。为方便读者练习，本书例题数据已上传科学出版社数字资源平台，请扫描本书封底二维码查询。

本书在介绍理论知识的基础上，辅以环境实例分析，既抓住统计分析方法的重要知识点，又补充介绍相关数据分析经验，完整展现整个分析思路。本书全面地涵盖了数据分析的整个流程，包括数据获取、数据管理与准备、数据分析、结果报告，对软件界面及操作、输出结果都进行了详细的解释；较为详细地介绍了各种数据分析方法的适用条件，并演示了多种软件操作过程，为读者选择环境数据分析方法提供指导。本书案例贴合实际，分析简单明了，便于初学者学习理解。

本书主要包括三大部分，共 14 章。第 1、2 章介绍环境数据分析概述、环境数据分布；第 3～6 章介绍环境数据的分布类型及相关检验，包括环境数据分布类型检验、参数检验和非参数检验；第 7～14 章介绍环境数据的多种分析方法，包括环境数据相关分析、环境数据回归分析、环境数据时间序列分析、环境数据降维分析、环境数据尺度分析、环境数据多重响应分析、环境数据生存分析和环境数据聚类分析。

第 1 章介绍了环境数据的基本类型、前处理、统计描述、探索分析和图形化分析，在统计描述中介绍了数据分析的常用术语，在环境数据图形化部分演示了常用图形的软件操作过程。第 2 章环境数据分布，包括样本均值分布、t 分布、χ^2（卡方）分布和 F 分布，具体介绍了如何通过软件分析判断数据服从何种分布。第 3 章环境数据分布类型检验，介绍了统计假设检验的基本步骤，并结合案例利用软件实现具体的统计假设检验分析。第 4、5 章介绍环境数据参数检验，包括 t 检验和方差分析，介绍了 t 检验和方差分析的基本原理、类型和适用条件，演示了软件分析的过程。第 6 章环境数据非参数检验，包括二项检验、χ^2 检验、K-S 检验和游程检验等。第 7、8 章介绍环境数据相关分析和回归分析，包括双变量相关分析、偏相关分析、距离相关分析、线性回归分析、非线性回归分析、Logistic

回归分析和多项式回归分析，演示了 Excel 和 SPSS 软件分析的过程。第 9 章介绍了环境数据时间序列分析的基本原理、数据预处理、图形化观察及检验和两种常用模型，结合环境案例演示了软件分析的过程，分析了变量动态变化的过程和特点。第 10 章介绍了环境数据降维分析的基本原理和在环境领域的应用，包括软件分析中常用的因子分析、对应分析和最优尺度分析。第 11 章环境数据尺度分析，包括信度分析和多维尺度分析，开展了不同环境样本或变量的定位直观分析。第 12 章环境数据多重响应分析，介绍了软件中定义多响应集常用的多重二分法和多重分类法，结合案例介绍了描述多重响应集的多重响应频率分析和交叉表分析。第 13 章环境数据生存分析，包括寿命表法、Kaplan-Meier 法和 Cox 回归法，结合案例演示了软件的操作过程。第 14 章介绍了环境数据聚类分析的概念、步骤和分类，用于研究"物以类聚"现象。

本书的编写得到了浙江大学环境与资源学院领导、本科与成人教育科、环境科学系、环境健康研究所和环境与资源实验教学中心相关领导及学院同事的鼓舞与支持。感谢研究生张小芳、崔世璇、詹婷洁、鲁莉萍、王京鹏、潘柳萌、王佳英、丁可可、吕翾、陈佳炎、张焕新对本书编写提供的莫大帮助。本书在编写和出版过程中得到了科学出版社朱丽编辑及其同事们的大力支持和帮助。借此宝贵机会，编者一并表示最诚挚的感谢！

当前数据分析从传统的统计分析进一步扩展到大数据分析，然而由于编者学识水平有限，书中仅个别之处浅显提及大数据分析，没有深入介绍。本书的编写时间相对仓促，并且受限于编者写作能力，书中难免存在不妥之处，请读者批评指正。

庄树林
2018 年 4 月于浙江大学

目　　录

第1章 环境数据分析概述

1.1 数据分析

数据分析就是针对性地收集并整理数据，对数据进行描述性、探索性或验证性分析，提炼隐含在大量数据中的有效信息，总结其内在规律的一门学科。描述性数据分析为初级数据分析，而探索性分析和验证性分析属于高级数据分析。数据分析的一般步骤是确定分析目的和方案、收集数据并进行数据预处理、分析数据、数据图形化展现。数据分析的核心在于数据与分析模型。

环境数据分析主要包括传统的统计分析及正在兴起的大数据分析。针对各类环境相关数据分析，需要先定义环境问题，通过实验或网络搜索获取相关数据，选择恰当的分析方法和软件进行数据统计推断及挖掘，最后撰写报告，以辅助开展环境问题现状分析、原因分析和趋势预测。整个数据分析过程就是将实际环境问题转变为环境数据问题，通过数据分析获得解决方案。

环境数据分析要求分析人员懂业务、懂分析、懂工具、懂设计。在进行数据分析时需要结合专业知识，脱离专业知识的纯粹数据分析容易得出不专业的结论。许多数据分析基于统计学角度具有意义，但在专业方面未必有意义。数据分析人员需牢固掌握数据分析的基本原理与方法，选择合适的分析工具，并灵活运用图表将分析结果直观地图形化展示。

本书数据统计分析相关操作主要采用 SPSS Statistics 20.0 和 Microsoft Excel 2010 版本进行。SPSS Statistics 具有易用性强、兼容性好和功能强大等特点，非常全面地涵盖了数据分析的整个流程，提供了数据获取、数据管理与准备、数据分析、结果报告的完整过程；自带 11 种类型共 136 个函数，提供了如数据汇总、计数、交叉分析、分类、描述性统计分析、因子分析、回归及聚类分析等广泛的基本统计分析功能。SPSS Statistics 提供了全新的演示图形系统，能够产生高分辨率、色彩丰富的各种图形。另外本书主要采用了 Excel 软件的插入函数和数据分析工具。Excel 插入函数有两种方式，包括直接输入函数和通过公式菜单插入函数。在 Microsoft Excel 2010 软件菜单“文件”下拉菜单中选择“选项”，在加载项中加载分析工具库，在“数据”菜单选项中点击数据分析模板，开始数据分析。

1.2　数据基本类型

明确数据的基本类型是进行数据分析的前提。数据一般分为定类、定序、定距和定比四大数据类型，它们对应的统计测量尺度分别为定类尺度、定序尺度、定距尺度及定比尺度。

定类尺度就是按事物或某种现象的属性进行判别与分类。定类尺度是最低层次的计量尺度，只能分类或分组，不能进行排序或分级，也不能比较大小。定类数据按照定类尺度计量形成，对应的是定类尺度的数值，不具有顺序、距离或起点，仅能用于有限统计量中，如“城市”“性别”。

定序尺度也称等级尺度，按照某种逻辑顺序将事物进行分级和排序。其不仅包含类别信息，还包含次序信息，但无法测量类别之间的准确差值，只比较大小，不能进行数学运算。由定序尺度计量形成的定序数据比定类数据包含的信息更多，但是也仅仅反映观测对象等级、顺序关系，属于品质数据，如“学历”。

定距尺度不仅能将事物进行排序或分类，还可测量事物类别或次序之间的距离。由定距尺度计量形成的数据一般以自然或物理单位为计量尺度，可进行加、减运算，但由于定距尺度中没有绝对零点，不能进行乘、除运算。例如，“温度”是一个定距变量，可进行加、减运算，而0℃只是一个普通的温度，并非没有温度。

定比尺度用于描述对象计量特征，可衡量两个测量值之间的比值。定比尺度具有定距尺度所拥有的一切属性，同时存在绝对或自然起点（定比尺度中的“0”表示没有，或者是理论上的极限），因此由定比尺度计量形成的数据可进行加、减、乘、除运算。例如，“重量”是一个定比变量，0kg表示没有重量。

四类数据所包含的信息量由少到多排列为定类数据＜定序数据＜定距数据＜定比数据。定类数据和定序数据信息量低，属于属性数据，用于“定性”；定距数据和定比数据信息量高，属于数值数据，用于“定量”。在进行统计分析时，四类数据在统计描述和检验时涉及的参数和方法见表1-1。

表1-1　数据基本类型及对应统计、检验表

分类	集中趋势	离散趋势	相关回归	假设检验
定类数据	众数	异众比	品质相关	Q 检验
定序数据	中位数	异众比	等级相关	χ^2 检验
定距数据	平均数	标准差	相关回归	Z 检验、t 检验
定比数据	平均数	标准差	相关回归	Z 检验、t 检验

1.3　数据前处理

实际中收集、调查得到的数据资料为原始数据，往往不能直接进行数据分析，需要通过数据规范化操作进行数据管理、数据转换、缺失值及离群值预处理。首先要通过数据管理对文件中的数据进行属性定义或者结构定义，这是数据分析的前提和最重要步骤之一。因为数据的属性决定了分析方法。然后根据分析的具体需求，需要对数据的变量进行重新编码、转置、排序、四则运算、求变量秩次等转化，同时对数据文件也可根据统计分析需求进行合并、分组、加权、筛选等操作。数据中存在的缺失值、离群值会带来较大误差，不能真实反映数据的总体特征，因此需要进一步进行缺失值、离群值的预处理。

缺失值是数据分析中一种常见的现象，每一个变量均有可能出现系统缺失、异常或者空白，当数据量较大时，为了提高效率需要借助数据分析工具如 Excel，通过数据有效性、筛选、查找、计数等功能找到缺失值和异常值。一般情况下，若标准差远远大于均值，可粗略判定数据存在异常值。如果是 SPSS 数据源，可通过描述统计的【频率】项来实现。异常值还可通过 SPSS 中【箱图】直观显示，描述统计中【探索分析】项或者图形中【箱图】均可实现，箱图上带有“*”的个案即为异常个案。如果是数值变量，也可通过含有正态检验的直方图找到异常值。在处理缺失值时，通常有两种方法：一是在数据样本量足够大的情况下，删除缺失值而不影响总体情况；二是采用 SPSS 转换菜单下【替换缺失值】功能，若数据样本量较小且同质性较强，可考虑用总体均值替换。如果数据来自不同的总体，可考虑用一个小总体的均值作为替换，或者根据原始问卷结合客观实际情况大致估计一个缺失值的样本值，或者以一个类似个案的值补充缺失值。

高质量的数据是数据分析的前提。需要数据分析人员具备一定的知识与技能，了解实验研究的系统误差控制思想、缺失值、离群值和极端值分析的基本步骤，熟悉完全随机缺失、随机缺失、非随机缺失三种数据缺失值理论，掌握莱茵达检验法、格鲁布斯（Grubbs）检验法、狄克逊（Dixon）检验法、科克伦（Cochran）检验法和 Q 检验法等常用的异常值处理方法，从而提高分析结果的可靠性。

1.4　统 计 描 述

针对大量的环境数据，在进行统计分析和数据建模前，通常需要对数据进行描述性统计分析。根据数据分析的具体需求对数据进行频率分析、描述分析或探索分析，以了解数据的基本统计指标，这是统计分析的首要步骤。通过基本的描述性统计，了解数据的集中趋势、离散程度和分布形状，获得定量数据的均值、标准差、峰度、标准误以及计数或定类数据的频率和比率。

1.4.1 频率分析

频率（frequencies）分析常用于描述不同类型变量的多个统计量及图形，包括频数（frequency count）、百分数（percentage）、累积百分数（cumulative percentage）、平均值（mean）、中位数（median）、众数（mode）、标准差（standard deviation）、方差（variance）、极差（range）、最小值（minimum value）、最大值（maximum value）、平均值的标准误（standard error of the mean）、偏度（skewness）、峰度（kurtosis）及其标准误、四分位数（quartile）、用户自定义百分位数（user-specified percentile），并可绘制条形图（bar chart）、饼图（pie chart）和直方图（histogram）。

1.4.2 描述性分析

描述性分析（descriptive analysis）是对一组数据的各种特征进行分析，了解测量样本的集中趋势、离散趋势及总体的分布现状。描述性分析常用指标包括样本量、平均值、最大值、最小值、标准差、方差、极差和标准误等。

1.4.3 集中趋势的描述

集中趋势（central tendency）在统计学中是指一组数据向某一中心值靠拢的程度，它反映了一组数据中心点的位置所在。取得集中趋势代表值的方法有两种：数值平均数和位置平均数。

1. 数值平均数

数值平均数是从总体各单位变量值中抽象出具有一般水平的量，这个量不是各个单位的具体变量值，但又要反映总体各单位的一般水平。数值平均数包含算术平均数、调和平均数、几何平均数等形式。

1）算术平均数

算术平均数就是观察值的总和除以观察值个数的商，是集中趋势测定中最重要的一种，它是所有平均数中应用最广泛的平均数。算术平均数分为简单算术平均数和加权算术平均数。

如果样本容量为 n，观测值为 $x_1, x_2, \cdots, x_n$，则样本算数平均数可记作 $\bar{x}$，其计算公式为

$$\bar{x}=\frac{1}{n}\sum_{i=1}^{n}X_i$$

2）调和平均数

调和平均数是 n 个观测值倒数的算术平均数的倒数，所以又称为倒数平均数，记作 H，计算公式为

$$H=\frac{n}{\frac{1}{x_1}+\frac{1}{x_2}+\cdots+\frac{1}{x_n}}$$

3）几何平均数

几何平均数是 n 个观测值的连乘积并开 n 次方的正值根，记作 G，其公式为

$$G=\sqrt[n]{x_1x_2\cdots x_n}$$

式中，G 可反映对数正态分布或近似对数分布资料以及等比级数资料的集中趋势。

2. 位置平均数

位置平均数就是根据总体中处于特殊位置上的个别单位或部分单位的标志值来确定的代表值，它对于整个总体来说，具有非常直观的代表性，因此，常用来反映分布的集中趋势。常用的有众数、中位数。

众数是指总体中出现次数最多的变量值，在实际工作中有特殊用途。有时在一组数据中众数可能不止一个。

中位数是将数据按大小顺序排列起来，形成一个数列，居于数列中间位置的数据，记作 Me，其取值为

$$\mathrm{Me}=x_{\frac{n+1}{2}}\quad(n\text{为奇数})$$

$$\mathrm{Me}=(x_{\frac{n}{2}}+x_{\frac{n}{2}+1})/2\quad(n\text{为偶数})$$

1.4.4　离散趋势的描述

环境数据分布有集中趋势和离散趋势两个主要特征。仅用集中趋势来描述数据的分布特征并不充分，需把两者结合起来，才能全面地认识环境数据所表达的环境意义。离散趋势在统计学上描述观测值偏离中心位置的趋势，反映了所有观测值偏离中心的分布情况。描述一组环境数据离散趋势的常用指标有极差、四分位数间距、方差、标准差、标准误差和变异系数等，其中方差和标准差最常用。

1. 极差

极差是一组数据的最大值（y_{max}）与最小值（y_{min}）之差，反映数据资料的最大变异幅度，也称变幅，记作 R，即 $R=y_{max}-y_{min}$。

用极差反映数据资料的变异程度，方便直观，但它只利用了数据资料的两个极端值，而其余数据的变异信息无从表达，因而极差是表示变异程度的一种较粗放的指标。特别是样本容量 n 较大时，这种缺陷就更为突出。

2. 方差

对具有 n 个观测值（$x_1, x_2, \cdots, x_n$）的样本，总体方差记作 σ^2，其公式为

$$\sigma^2 = \frac{\sum_{i=1}^{N}(x_i - \mu)^2}{N}$$

式中，N 为有限总体的容量；μ 为总体均值。

样本方差记作 s^2，其公式为

$$s^2 = \frac{\sum_{i=1}^{n}(x_i - \overline{x})^2}{n-1}$$

式中，$n-1$ 为自由度。方差是度量资料变异程度的常用指标，在统计分析中有着广泛的应用。

3. 标准差

方差虽能反映变量的变异程度，但由于对均差取了平方，所以它与原始数据的数值和单位不相应，若将方差开方，即方差的正值平方根就是标准差，则总体标准差 σ 为

$$\sigma = \sqrt{\frac{\sum_{i=1}^{N}(x_i - \mu)^2}{N}}$$

样本标准差 s 为

$$s = \sqrt{\frac{\sum_{i=1}^{n}(x_i - \overline{x})^2}{n-1}}$$

4. 变异系数

变异系数亦称离散系数，它是样本标准差 s 与样本平均数 $\overline{x}$ 之比的百分数，记作 CV。

$$\mathrm{CV}(\%) = \frac{s}{\overline{x}} \times 100\%$$

变异系数表示相对变异程度，它常用于比较平均数相差悬殊的几组资料的变异程度，也可用于比较度量单位不同的几组资料的变异程度。

利用 Excel 插入函数可快速准确地分析数据，表 1-2 列出了在 Excel 中可供选择的部分函数名称、分类及计算类型。

表 1-2　Excel 插入函数

分类	计算类型	插入函数
集中趋势描述	算术平均数（$\bar{x}$）	AVERAGE
	几何平均数（G）	GEOMEAN
	众数（MO）	MODE
	调和平均数（H）	HARMEAN
	中位数（Me）	MEDIAN
离散趋势描述	样本标准差（s）	STDEV
	总体标准差（σ）	STDEVP
	样本方差（s^2）	VAR
	总体方差（σ^2）	VARP

✧ **例 1-1**　已知某地区未受污染时的玉米穗平均重量约为 300g，现调查了该地区土壤受污染后 100 个玉米穗的重量(g)，试利用 Excel 和 SPSS 进行统计分析，计算该组数据平均数、标准差、方差等参数。

Excel 分析过程：

（1）打开数据文件例 1-1 玉米穗重.xlsx。

（2）将鼠标选中空白单元格，点击工具栏【公式】→【插入函数】选项，弹出插入函数窗口［图 1-1（a)］。

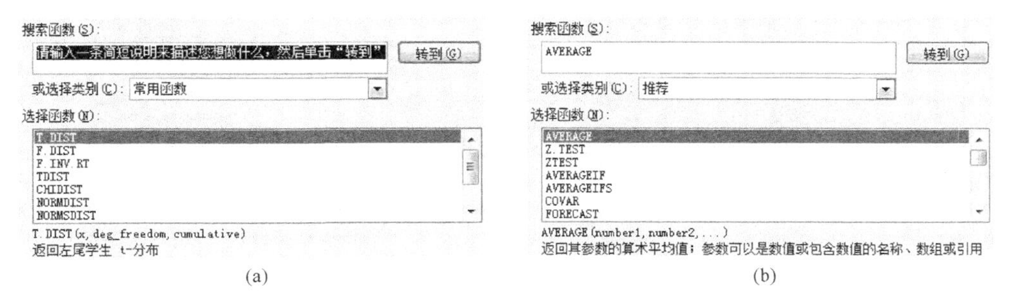

(a)　　(b)

图 1-1　插入函数对话框

（3）在【搜索函数（S）】一栏中输入函数英文名称，点击【转到】即可列出相关的函数，选择所需函数，点击【确定】[图 1-1（b），以算术平均数为例]。

（4）选择计算区域，点击【确定】（图 1-2）。另外，与其他函数一样，在单元格内直接输入“= AVERAGE”即可调用函数（图 1-3）。

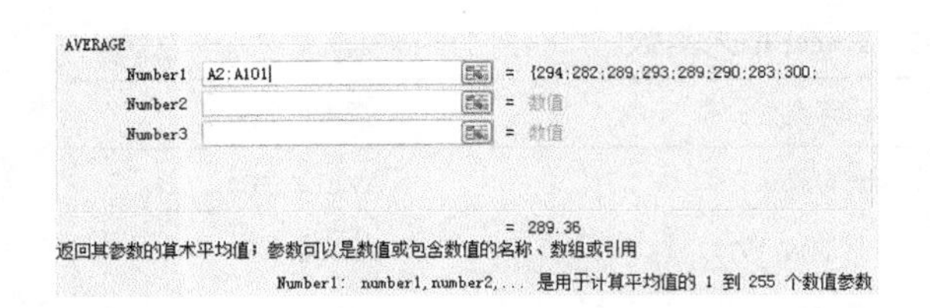

图 1-2　函数参数对话框

	A	B	C	D
1	玉米穗重		函数名称	计算结果
2	294		算数平均数：AVERAGE	=AVERAGE(A2:A101)
3	282		几何平均数：GEOMEAN	AVERAGE(number1, [number2], ...)
4	289		众数：MODE	289.0
5	293		调和平均数：HARMEAN	289.2
6	289		中数：MEDIAN	289.0
7	290		样本标准差：STDEV	6.0
8	283		总体标准差：STDEVP	6.0
9	300		样本方差：VAR	36.0
10	282		总体方差：VARP	35.6

图 1-3　Excel 插入函数

SPSS 分析过程：

SPSS 中【分析（A）】→【描述统计】选项下的【描述（D）...】和【探索（E）...】过程均可以进行统计描述，下面使用【描述（D）...】分析。

（1）打开数据文件例 1-1 玉米穗重.xlsx。

（2）选择【分析（A）】→【描述统计】→【描述（D）...】选项，打开描述性对话框 [图 1-4（a）]。

（3）单击【选项（O）】按钮，打开选项对话框 [图 1-4（b），选择需要的参数，点击【继续】，在描述性对话框点击【确定】按钮。

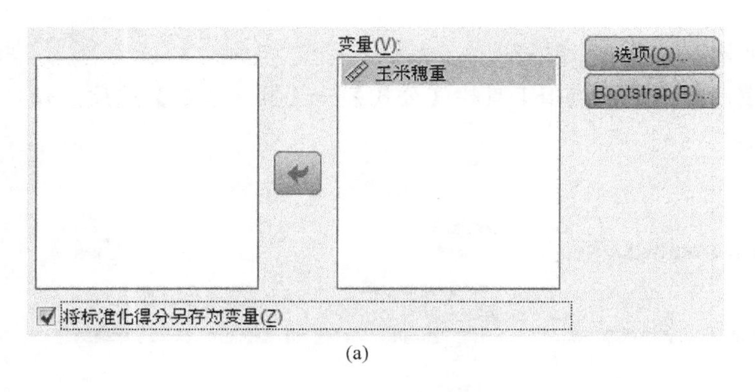

(a)

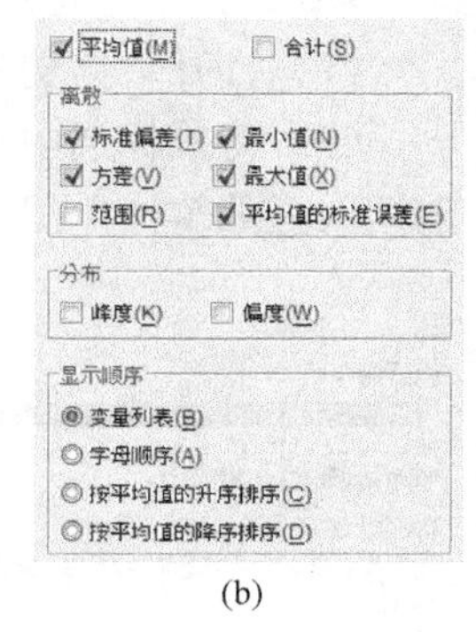

(b)

图 1-4　描述性对话框及选项对话框

分析的参数根据【选项（O）...】菜单勾选的描述统计量而定，本例包括极大值、极小值、均值及标准误、标准差、方差，见表 1-3。

表 1-3　描述分析结果

	N 统计量	极小值统计量	极大值统计量	均值		标准差统计量	方差统计量
				统计量	标准误		
玉米穗重	100	280	300	289.36	0.600	5.999	35.990
有效的 N（列表状态）	100						

1.5　环境数据探索分析

探索性数据分析（exploratory data analysis）是一种系统性分析数据方法，其基本思想是从数据本身出发，不考虑模型假设而灵活分析数据分布的大致情况。当无法准确了解数据的分布类型，不确定选择何种统计分析方法时，可在尽可能少的假设条件下进行探索性数据分析。探索性数据分析在一般描述性统计指标的基础上，灵活采用图、表和计算汇总统计量，对数据进行更为深入详细的描述性观察分析，可从复杂数据中理清分离出数据的基本模式和特点，发现隐藏数据背后的规律，从而为环境统计推断奠定基础并减少分析的盲目性。通过探索分析可对数据进行整体性分析或分组分析，能够获得指定变量的探索性统计量，还可绘制箱图（box plot）、直方图（histogram）、茎叶图（stem and leaf plot）、正态检验图（normality plot）、频数表（frequency table）相关图表，从而了解数据的分布特征和隐含规律。

1.6　环境数据图形化分析

1.6.1　条形图

条形图是指利用相同宽度的直条表征某项指标数量的大小，通常采用组数、组宽度、组限三个要素描绘条形图。其可分为垂直条形图和水平条形图。SPSS 20.0 中有简单箱图、复式条形图和堆积面积图等形式。

✧ **例 1-2**　已知我国 2016 年 74 座城市 7 月、8 月和 9 月三个月的 $PM_{2.5}$ 浓度（μg/m^3），并已建立数据文件例 1-2 条形图.sav，试采用简单条形图绘制各月份 $PM_{2.5}$ 浓度的平均值。

SPSS 作图流程：

（1）打开数据文件例 1-2 条形图.sav。

（2）依次选择【图形（G）】→【旧对话框（L）】→【条形图（B）...】选项，打开条形图主对话框，见图 1-5。

（3）在条形图主对话框中依次选择【简单箱图】和【个案组摘要（G）】选项，点击【定义】按钮打开如图 1-6 所示个案组摘要主对话框。

（4）本例中“条的表征”选择【其他统计量（例如均值）（S）】，【变量（V）】栏添加 $PM_{2.5}$，【类别轴（X）】添加月份，点击【确定】按钮即生成 7 月、8 月和 9 月的 $PM_{2.5}$ 浓度均值的简单条形图（图 1-7）。

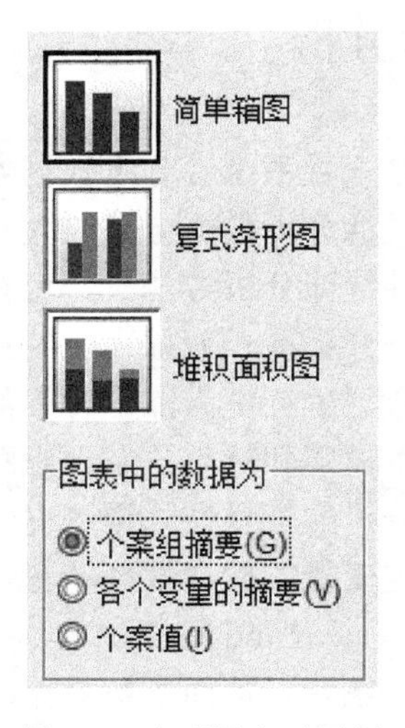

图 1-5　条形图主对话框

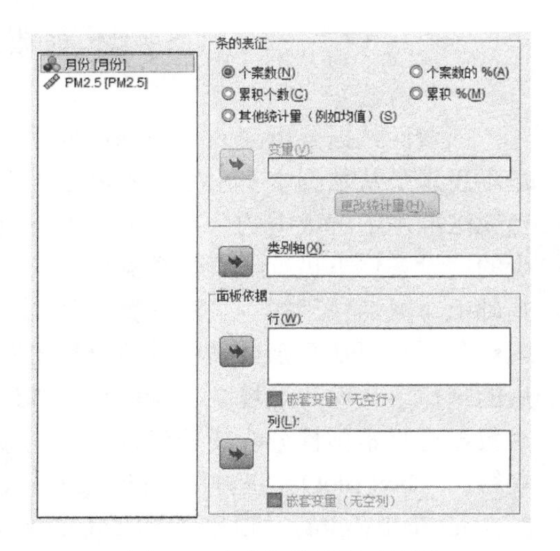

图 1-6　个案组摘要主对话框

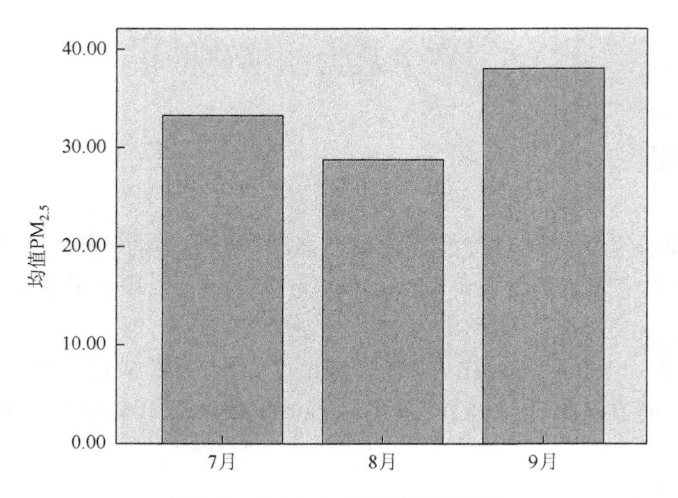

图 1-7　SPSS 中条形图输出结果

Excel 作图流程：

（1）打开数据文件例 1-2 条形图.xlsx。

（2）框选数据，在菜单栏中依次选择【插入】→【柱形图】→【二维柱形图】→【簇状柱形图】选项，即可生成 7 月、8 月和 9 月的 $PM_{2.5}$ 浓度均值的垂直柱形图，见图 1-8；同时亦可依次选择【插入】→【条形图】→【簇状条形图】生成如图 1-9 所示的水平条形图（与图 1-8 横纵坐标互换）。

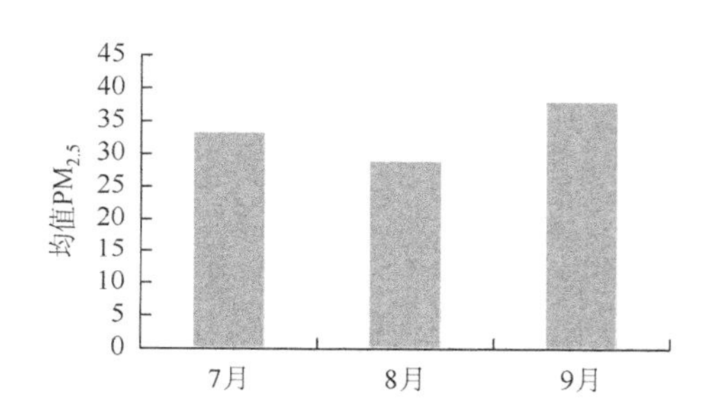

图 1-8　Excel 中垂直柱形图输出结果

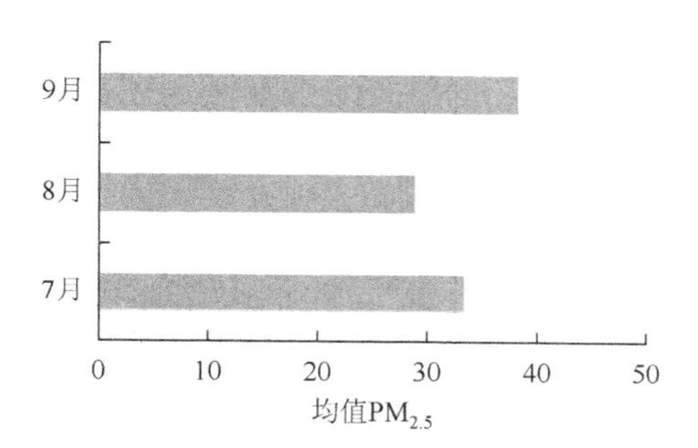

图 1-9　Excel 中水平条形图输出结果

1.6.2　箱图

箱图又称箱式图，可综合描述变量的平均水平和变异程度，还可显示数据中的离群值和极端值。箱图的箱体中间横线为中位数，上下两端分别为上四分位数和下四分位数，两端连线分别是除异常值外的最小值和最大值，另外标记可能的异常值。箱体越长，数据变异程度越大。中间横线在箱体的中点表明数据分布对称，否则为不对称。

✧ **例 1-3**　已知我国 2016 年 74 座城市 7 月、8 月和 9 月三个月的 $PM_{2.5}$ 浓度（μg/m^3），试绘制不同月份 $PM_{2.5}$ 浓度平均值的箱图。

SPSS 作图流程：

（1）打开数据文件例 1-3 箱图.sav。

（2）依次选择【图形（G）】→【旧对话框（L）】→【箱图（X）...】选项，打开箱图主对话框。

（3）在箱图主对话框中依次选择【简单箱图】和【个案组摘要（G）】选项，点击【定义】按钮打开个案组摘要主对话框。

（4）本例中【变量（V）】栏添加 $PM_{2.5}$，【类别轴（X）】添加月份，点击【确定】按钮即生成 7 月、8 月和 9 月 $PM_{2.5}$ 浓度的简单箱图（图 1-10）。

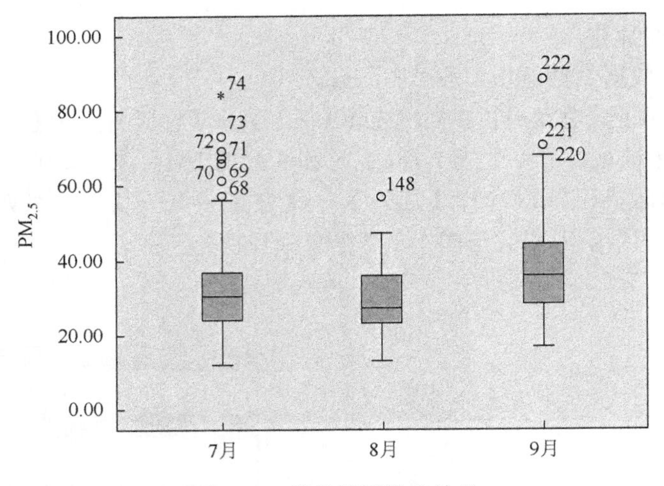

图 1-10　简单箱图输出结果

箱图中间的深色黑线表示 $PM_{2.5}$ 浓度的中位数，箱体顶部和底部分别表示 $PM_{2.5}$ 浓度的上四分位数和下四分位数，箱体内包含 50%的个案。箱体长度可用于衡量不同月份 $PM_{2.5}$ 浓度的变异程度，本例中 $PM_{2.5}$ 变异程度为 9 月＞8 月＞7 月。从箱体延伸出的 T 形条称为内围或细线。内围延伸至箱体高度的 1.5 倍，如果所有数据都落在内围之间，则延伸至最小值或最大值。内围之外的值称为离群值，用“o”表示；落在箱体外超过箱体高度 3 倍的离群值称为极端值，加“*”表示。离群值和极端值在图中均以 $PM_{2.5}$ 浓度的个案编号表示，如图 1-10 中 8 月的 $PM_{2.5}$ 浓度，个案编号为 148 的 $PM_{2.5}$ 浓度为离群值。

1.6.3　线图

线图是用线段的升降表示统计指标随时间、影响因素的变化趋势，或某种现象随另一种现象的变迁情况。SPSS 中有简单线图、多线线图和垂直线图等图形。

✧ **例 1-4**　已知北京市 2017 年 2 月 2～14 日两周内的空气质量指数 AQI(数据来自全国城市空气质量实时发布平台 http: //106.37.208.233: 20035/)，试根据日期绘制 AQI 的线图。

SPSS 作图流程：

（1）打开数据文件例 1-4 线图.sav。

（2）依次选择【图形（G)】→【旧对话框（L)】→【线图（L）...】选项，打开线图主对话框。

（3）在线图主对话框中依次选择【简单箱图】和【个案组摘要（G)】选项，点击【定义】按钮打开个案组摘要主对话框。

（4）【线的表征】包含五个选项，分别为【个案数（N）】、【个案数的%（A）】、【累积个数（C）】、【累积%（M）】和【其他统计量（例如均值）（S）】，本例中选择【其他统计量（例如均值）（S）】。【变量（V）】栏添加AQI，【类别轴（X）】添加日期，点击【确定】按钮即生成北京市2017年2月2～14日两周内的空气质量指数AQI的简单线图（图1-11）。2017年2月2～14日期间北京市2日、3日、4日、12日、13日和14日空气质量指数AQI超过国家二级标准限100。

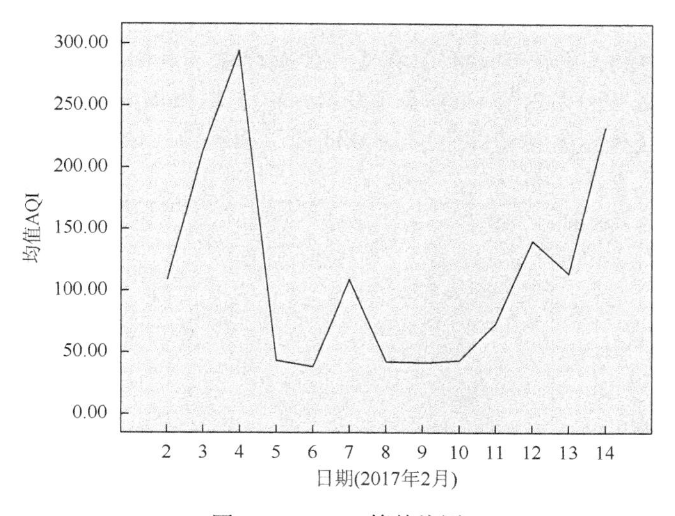

图1-11　SPSS简单线图

Excel作图流程：

（1）打开数据文件例1-4线图.xlsx。

（2）框选数据，在菜单栏中依次选择【插入】→【散点图】→【带直线的散点图】选项，即可生成北京市2017年2月2～14日两周内的空气质量指数AQI的简单线图。

1.6.4　面积图

面积图又称区域图，用线段下的面积强调数量随时间而变化的程度，也可用于描述多类别整体运行的总体趋势。SPSS 20.0中面积图有简单箱图和堆积面积图等类型。在作图时，注意要避免用面积图表示离散数据。采用堆积面积图能较好地展示多类别中部分与整体的关系，作图时一般将波动较小的类别放在最下面，波动较大的类别放在最上面。

✧ **例1-5**　已知北京市2017年2月2～14日两周内的空气质量指数AQI（数据来自全国城市空气质量实时发布平台 http: //106.37.208.233: 20035/），试根据日期绘制AQI的面积图。

SPSS 作图流程：

（1）打开数据文件例 1-5 面积图.sav。

（2）依次选择【图形（G）】→【旧对话框（L）】→【面积图（A）...】选项，打开面积图主对话框。

（3）在面积图主对话框中依次选择【简单箱图】和【个案组摘要（G）】选项，点击【定义】按钮打开个案组摘要主对话框。

（4）【面积的表征】包含五个选项，分别为【个案数（N）】、【个案数的%（A）】、【累积个数（C）】、【累积%（M）】和【其他统计量（例如均值）（S）】，本例中选择【其他统计量（例如均值）（S）】。【变量（V）】栏添加 AQI，【类别轴（X）】添加日期，点击【确定】按钮即生成 AQI 的简单面积图（图 1-12）。

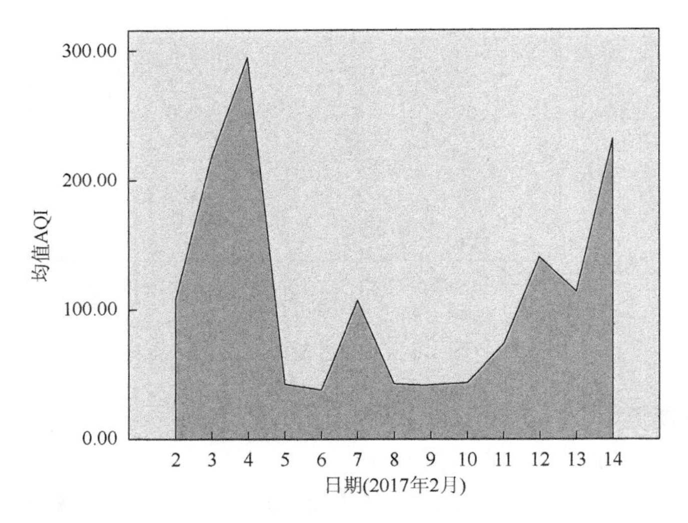

图 1-12　AQI 的简单面积图

由图 1-12 可见，2017 年 2 月 2～14 日期间北京市空气质量指数 AQI 波动较大，个别日期存在严重超标现象。

Excel 作图流程：

（1）打开数据文件例 1-5 面积图.xlsx。

（2）框选数据，在菜单栏中依次选择【插入】→【面积图】→【二维面积图】选项，即可生成 AQI 的简单面积图。

1.6.5　饼图

饼图是一种直接显示各个组成所占比例的图形。一般以饼图不同的扇面或花纹区别不同定性变量，以扇形的面积表示各定性变量的频率分布，所有定性变量的总频率加和等于 100%。饼图按照类型具体分为条饼图、复合饼图、分离型饼图和三维饼图。复合饼图又称为子母饼图，是将主饼图中所占比例较小的对象放大后用另一张饼图突出表示，直观明了，视觉效果较好。分离型饼图是将某类别的扇形区域从饼图中分离出来，达到突出显示的目的，同时也能直观反映其在总体中的占比以及各个类别情况。

✧ **例 1-6**　已知我国 2016 年 7 月 74 座城市空气中的主要污染物，并已建立数据文件 1-6 饼图.sav，试通过 SPSS 软件及 Excel 软件绘制主要空气污染物的二维饼图及分离型三维饼图。

SPSS 作图流程：

（1）打开数据文件例 1-6 饼图.sav。

（2）依次选择【图形（G）】→【旧对话框（L）】→【饼图（E）...】选项，打开饼图主对话框。

（3）在饼图主对话框中选择【个案组摘要（G）】选项，点击【定义】按钮打开个案组摘要主对话框。

（4）【分区的表征】栏可选择【个案数（N）】、【个案数的%（A）】和【变量和（S）】三个选项，本例中选择【个案数（N）】，在【定义分区（B）】栏添加主要污染物这一变量，点击【确定】按钮即生成 7 月主要污染物的饼图（图 1-13）。

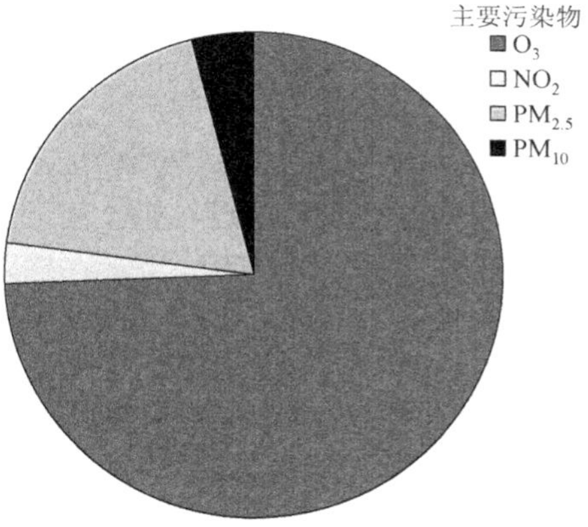

图 1-13　SPSS 中饼图输出结果

由图 1-13 可得出 2016 年 7 月我国 74 座城市空气中主要污染物最多的是 O_3，超过了 70%，其次为 $PM_{2.5}$，再次为 PM_{10}，最少的为 NO_2。

Excel 作图流程：

（1）打开数据文件例 1-6 饼图.xlsx。

（2）框选数据，在菜单栏中依次选择【插入】→【饼图】→【二维饼图】选项，即可生成 AQI 饼图。

（3）在菜单栏中依次选择【插入】→【饼图】→【三维饼图】选项，即可生成主要污染物占比的简单三维分布饼图［图 1-14（b）］。三维饼图分为普通三维饼图和分离型三维饼图。在绘图区双击或者右击选择【三维旋转】，弹出对话框如图 1-15 所示。其中，【旋转】功能下 *X* 方向的角度设置可以控制第一扇区起始角度，*Y* 方向的角度设置可以控制饼图向纸面里外翻转。

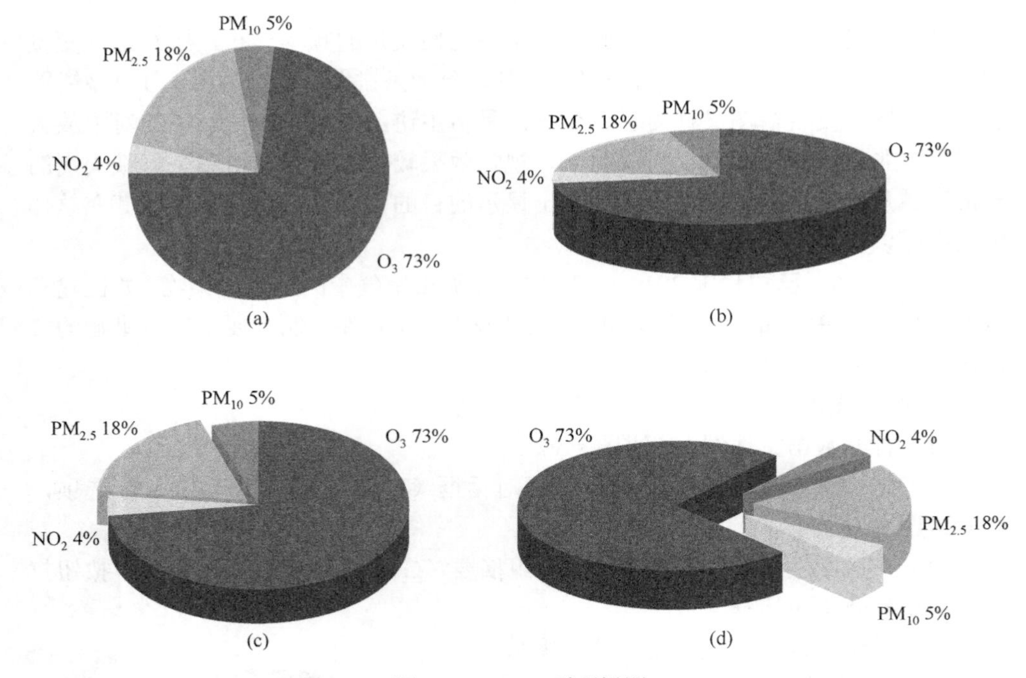

图 1-14　Excel 系列饼图

（4）在想要突出显示的扇形区双击弹出【设置数据系列格式】对话框（图 1-16），在【系列选项】下通过设置【第一扇区起始角度（A）】或【点爆炸型（X）】，分别旋转饼图和分割扇形。或者在插入时选择“分离型三维饼图”直接绘制。

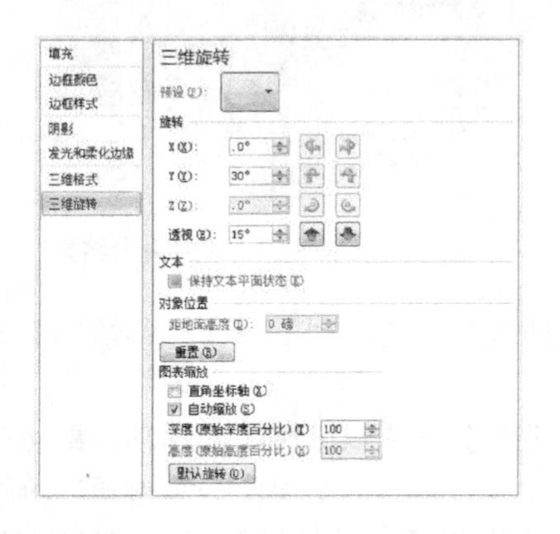

图 1-15　三维饼图【三维旋转】选项卡

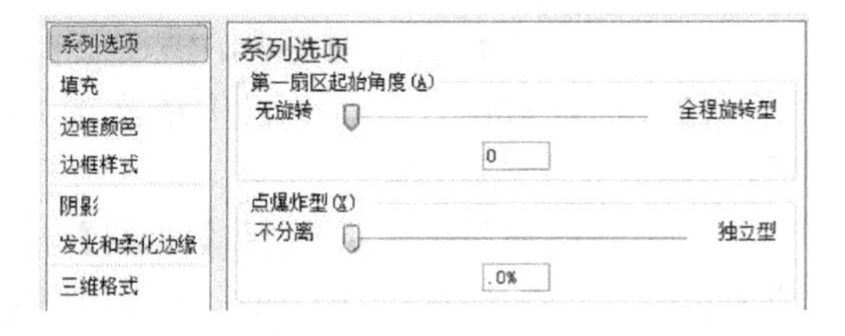

图 1-16　三维饼图【设置数据系列格式】选项卡

综合以上设置方式，得到如图 1-14 所示一系列经过旋转、翻转、分离得到的饼图样式。

1.6.6　高低图

高低图利用条带和圆圈直观地表示单位时间内某变量的最高值、最低值和最终值，适用于描述数据在一定时间段内的波动情况。高低图是用多个垂直线段来表示数值区域的统计图。SPSS 20.0 提供简单高低关闭（simple high-low-close）、简单范围栏（simple range bar）、聚类高低关闭（clustered high-low-close）、聚类范围栏（clustered range bar）、差别面积（difference）5 种类型高低图。每类图包含个案组模式、变量分组模式和个案模式三种模式。

✧ **例 1-7**　已知我国松花江流域包括松花江、黑龙江重点断面 2017 年第 1 周高锰酸盐化学需氧量（高锰酸盐指数，COD_{Mn}，mg/L），试根据不同河流绘制其符合地表水 II 类标准 COD_{Mn} 含量（4mg/L）的高低图。

SPSS 作图流程：

（1）打开数据文件例 1-7 高低图.sav。

（2）依次选择【图形（G）】→【旧对话框（L）】→【高低图（H）...】选项，打开高低图主对话框。

（3）在高低图主对话框中依次选择【简单高低关闭】和【个案值（I）】，点击【定义】按钮打开如图 1-17 所示简单的高-低-闭合图个案的值主对话框。

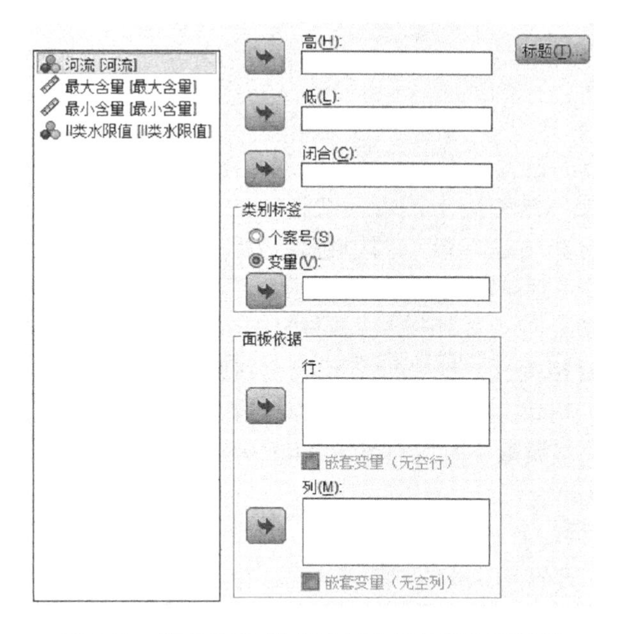

图 1-17　简单的高-低-闭合图个案的值主对话框

（4）本例中【高（H）】、【低（L）】和【闭合（C）】栏分别选择最大含量、最小含量和Ⅱ类水限值，【类别标签】栏选择【变量（V）】，并将河流添加到变量栏中，点击【确定】按钮即生成不同河流符合地表水Ⅱ类标准 COD_{Mn} 含量（4mg/L）的高低图（图 1-18）。

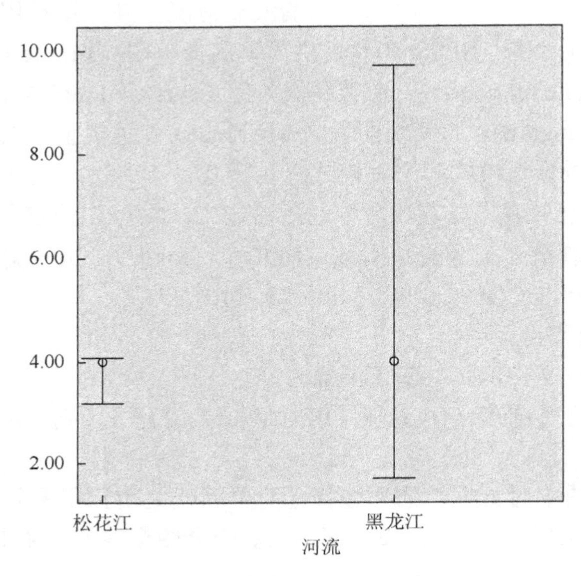

图 1-18　简单高低图输出结果

1.6.7　散点图

散点图是用点的位置来表示两变量间的数量关系和变化趋势，将样本数据点绘制在二维平面或三维空间上，可反映样本的全部信息。它是相关分析过程中常用的一种直观分析方法，散点图中包含数据越多，比较效果就越好。在考察多个变量间的相关关系时，若分别绘制两两组合后的简单散点图，十分费力且不直观。此时若借助散点图矩阵来同时绘制各自变量间的散点图，可快速发现多个变量间的主要相关性，在进行多元线性回归分析时尤为重要。

✧ **例 1-8**　已知北京市 2017 年 2 月 2～14 日两周内的空气质量指数 AQI（数据来自全国城市空气质量实时发布平台 http: //106.37.208.233: 20035/），试根据日期绘制 AQI 的散点图。

SPSS 作图流程：

（1）打开数据文件例 1-8 散点图.sav。

（2）依次选择【图形（G）】→【旧对话框（L）】→【散点/点状（S）...】选项，打开散点图/点图主对话框。

（3）在散点图/点图主对话框中选择【简单分布】，点击【定义】按钮打开简单散点图主对话框。

（4）本例中【Y 轴（Y）】栏添加 AQI，【X 轴（X）】栏添加日期，点击【确定】按钮即生成北京市 2017 年 2 月 2～14 日两周内的空气质量指数 AQI 的简单散点图（图 1-19）。

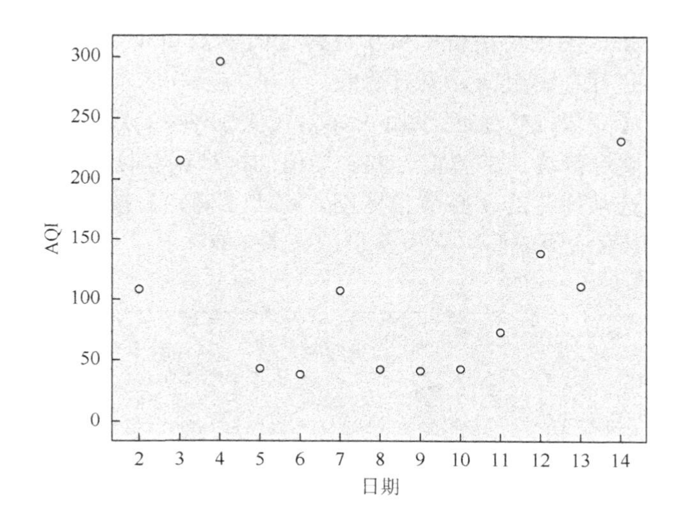

图 1-19 SPSS 输出的简单散点图

Excel 作图流程：

（1）打开数据文件例 1-8 散点图.xlsx。

（2）框选数据，在菜单栏中依次选择【插入】→【散点图】→【仅带数据标记的散点图】选项，即可生成 AQI 的简单散点图。

1.6.8 误差条形图

误差条形图常用于描述数据的离散程度，揭示数据的中心趋势和变异性，主要有置信区间（confidence interval，CI）、样本均值和个体的标准差（standard deviation，SD）以及样本均值和标准误（standard error，SE）三种使用形式，特别适合比较多次平行试验的差异程度。误差条形图还可辅助用于统计推断时组间信息的对比。需特别注意误差条形图不能通过简单比较两样本均值的大小判断是否有统计学差异。正确方法是先通过统计假设检验判断是否有显著差异，如有差异，才可通过误差条形图将样本差异图形化。

✧ **例 1-9**　已知我国 2016 年 74 座城市 7 月、8 月和 9 月三个月的 $PM_{2.5}$ 浓度（μg/m^3），试根据月份绘制 $PM_{2.5}$ 浓度平均值的误差条形图。

SPSS 作图流程：

（1）打开数据文件例 1-9 误差条形图.sav。

（2）依次选择【图形（G）】→【旧对话框（L）】→【误差条形图（O）...】选项，打开误差条形图主对话框。

（3）在误差条形图主对话框中依次选择【简单】和【个案组摘要（G）】，点击【定义】按钮打开个案组摘要主对话框。

（4）本例中【变量（V）】栏添加 $PM_{2.5}$，【类别轴（C）】栏添加月份，【条的表征】可根据需要选择均值的置信区间、均值的标准误和标准差（R）三个选项，本例中选择默认选项均值的 95%置信区间，点击【确定】按钮即生成 7 月、8 月和 9 月的 $PM_{2.5}$ 浓度均值的简单误差条形图（图 1-20）。

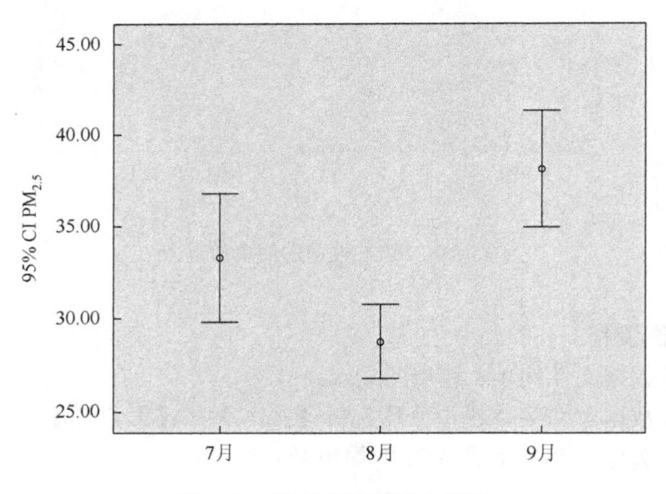

图 1-20　误差条形图输出结果

1.6.9　直方图

直方图是频数直方图的简称，它通过一系列宽度相等、高度不等的长方形给出数据分布图。一般纵轴表示数据的分布情况，横轴表示数据类型。长方形的宽度表示数据范围的间隔，长方形的高度表示在给定间隔内的数据。卡尔 · 皮尔逊（Karl Pearson）首次引入直方图用作连续变量（定量变量）的概率分布的估计。在绘制直方图时最好一并加绘正态曲线以便考察变量是否服从正态分布。通常用偏度和形态等来描述正态曲线形状特征。偏度描述数据密度的左右分布，分为左偏、右偏和对称；形态则可分为正态分布、均匀分布、双峰分布、多峰分布等。在绘制直方图时区间划分不能过宽或过窄。

✧ **例 1-10**　已知我国 2016 年 74 座城市 7 月、8 月和 9 月三个月的 $PM_{2.5}$ 浓度（μg/m³），试绘制 $PM_{2.5}$ 浓度的直方图。

SPSS 作图流程：

（1）打开数据文件例 1-10 直方图.sav。

（2）依次选择【图形（G）】→【旧对话框（L）】→【直方图（I）...】选项，打开直方图主对话框。

（3）在直方图主对话框中将变量 $PM_{2.5}$ 添加到【变量（V）】中，并可勾选【显示正态曲线（D）】，点击【确定】按钮，打开 $PM_{2.5}$ 浓度的直方图（图 1-21）。

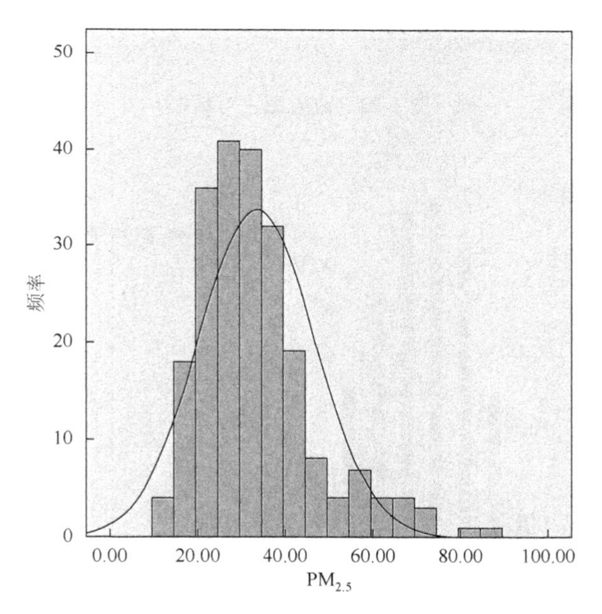

图 1-21　SPSS 中直方图的输出结果

我国 74 座城市 2016 年 7 月、8 月和 9 月三个月 $PM_{2.5}$ 的浓度分布是符合正态分布的，平均值为 33.41，标准差为 13.148。

Excel 作图流程：

（1）打开数据文件例 1-10 直方图.xlsx。

（2）在菜单栏中依次选择【数据】→【数据分析】，打开数据分析主对话框，选择【直方图】并点击【确定】按钮。

（3）在直方图主对话框中（图 1-22），将 222 次监测数据 $PM_{2.5}$ 浓度添加到【输入区域（I）】，【接收区域（B）】选择 $PM_{2.5}$ 浓度间隔范围，并在【输出选项】

栏选择输出区域，勾选【累积百分率（M）】和【图表输出（C）】选项，即可生成 $PM_{2.5}$ 浓度的直方图（图 1-23）。Excel 生成的直方图中可显示累积百分率，不检验其是否服从正态分布。

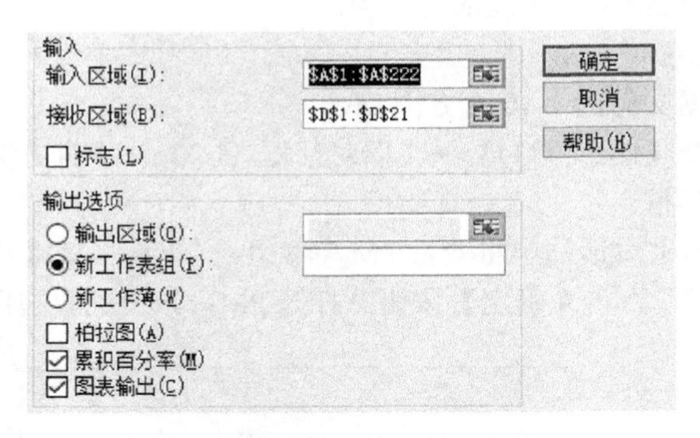

图 1-22　直方图主对话框

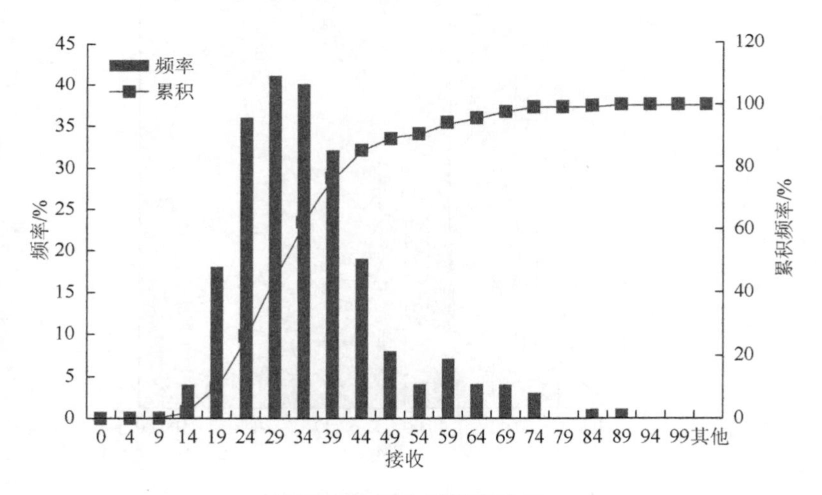

图 1-23　直方图输出结果

第 2 章　环境数据分布

2.1　数据总体与样本

2.1.1　总体与样本

研究对象是试验研究的客体，研究对象的全体称总体，一般用 X、Y、Z 等表示。总体所包含的个体数（*N*）称为总体容量。总体容量分为有限容量和无限容量两种，因此总体相应划分为有限总体和无限总体。总体具有三大典型特征：①同质性。同一总体内的各个体必须在某方面具有相同的性质。②变异性。同一总体中的个体存在变异性。对于总体的分析研究，本质上是对个体差异的研究。③大量性。统计分析的目的是揭示总体的普遍规律，当总体容量较大或为无限容量时，只能通过抽样调查的方式进行研究。

构成总体的单位称为个体。从总体中随机抽选出来的个体集合（n_1、n_2、n_3、n_4、n_5）称为样本，一般用 X_1、Y_1、Z_1 等表示。样本中所包含的个体数目 n 称作样本容量。根据样本容量的大小可对样本进行分类。一般情况下，$n \geqslant 30$ 称为大样本，$n < 30$ 称为小样本。针对大样本和小样本的数据分析在许多分析方法方面存在显著区别。对大数据而言，总体样本取代随机样本，样本就是总体，不存在样本和总体的区别。

样本的性质反映了总体的性质。抽取样本的目的是得到能够描述总体的样本统计量的具体分布和数字特征，以此推断总体的特征和规律。抽取的样本需要反映总体的特征，因此样本需要满足一定的要求：①等可能性，总体中的每个样本都有同等的机会被选中；②独立性，样本中每个个体的选取并不影响其他个体的选取，即各样本间相互独立。

2.1.2　样本统计量与总体参数

样本统计量，也称为估计量，根据研究目的构造函数对样本进行处理，其取值取决于从总体中所选出的特定样本或样本集，是一个能反映样本分布特征的随机变量，如样本均值 $\bar{x}$ 和样本方差 s^2 。样本是总体的代表和反映，是统计推断的基本依据。总体参数是对研究对象总体中某个变量的概括性描述，如总体均值 μ 、总体方差 σ^2 等。样本的统计量反映总体参数特征，总体参数与样本统计量的对应关系如表 2-1 所示。通过样本统计量推断总体参数的过程称为参数估计。

表 2-1 总体参数与样本统计量的对应关系

总体数	总体参数	符号	样本统计量
一个总体	均值	μ	$\overline{x}$
	比例	p	$\hat{p}$
	方差	σ^2	s^2
两个总体	均值之差	$\mu_1-\mu_2$	$\overline{x}_1-\overline{x}_2$
	比例之差	p_1-p_2	$\hat{p}_1-\hat{p}_2$
	方差比	$\sigma_1^2-\sigma_2^2$	s_1^2 / s_2^2

2.1.3 随机抽样

从研究总体中抽取一部分样本进行分析，这个过程称为抽样。由于需要通过对样本信息进行分析评估，以推断研究对象总体所具有的特征，所以抽取的样本具有客观性和代表性。为保证样本选择的代表性，常采用随机抽样的方法获得样本。随机抽样又称为概率抽样，是按照随机原则，在总体中随机抽取样本，使任意一个体被抽中的机会均等，并且任意一个体的抽样过程都不影响其他个体的抽取，这样得到的样本称为随机样本，获得样本的方法称为随机抽样。随机抽样包括两个原则：①随机性，在总体中抽取的样本具有随机性，不受人的主观意识和操作的影响，每个个体被抽到的概率相等；②独立性，每个个体被抽中或不被抽中都不影响其他样本被抽取的可能性，各个体之间相互独立。采用随机抽样的优点是基于概率的方式科学、客观地评估样本统计量以推断总体参数的可靠程度。

非随机抽样又称为非概率抽样，不遵循随机的原则，而是根据研究人员的主观经验和主观考虑因素或其他限制条件来抽取样本。随机抽样与非随机抽样在选择时需要考虑多种因素的差异（表 2-2）。

表 2-2　随机抽样与非随机抽样在选择时的差异

考虑因素	随机抽样	非随机抽样
适用范围	探索性数据分析	描述性数据分析
误差大小	非抽样误差较大	抽样误差较大
总体变异程度	同质（低）	异质（高）
统计层面考虑	不利	有利
操作层面考虑	有利	不利

最常用的随机抽样方法包括简单随机抽样、等距抽样、分层抽样和整群抽样。

简单随机抽样是最简单的抽样方法，对总体不做分组、排队处理，完全凭借随机概率得到样本，分为重复抽样和不重复抽样。在进行重复抽样时每次抽中的个体作放回处理，因此同一个个体可能多次出现；在进行不重复抽样时每次抽中的个体作不放回处理，因此每个个体最多被抽中一次。简单随机抽样常用于总体个数较少的情况下，但是在总体过大时不易操作。抽签、掷骰子、机器摇号等就都是常见的简单随机抽样。

等距抽样，顾名思义，即根据一定的距离对总体进行抽样，又称为系统抽样。先将总体中的个体按照一定的顺序进行排列并依次编号，再根据总体数 N 和样本容量 n 计算抽样距离 $D = N / n$，并在相同的距离或间隔内抽取个体，如在 $1\sim D$ 中随机抽取个体 n_1，在 $D\sim 2D$ 中随机抽取 n_2，…，抽取 n 个个体组成一个样本。这种抽样方法简单易行，但容易受总体数据周期性的影响。

分层抽样是将总体按照某一特征或标志分成若干互不交叉的层，然后从各层中采用随机抽样的方法抽取一个子样本，再将若干个子样本组合成一个总体。采用此方法的原则是层内样本差异小，层间样本差异大。这种抽样方法可以避免随机样本的结构与总体结构不一致的情况发生，从而提高抽样精度。

整群抽样是将总体分为若干个互不交叉的群，要求各个群是总体的代表，即群内样本尽可能异质而群与群之间尽可能同质，再对其中的一个或某几个群进行全面调查。此方法可以简化编制，提高效率。

在确定抽样方法之后需要进一步确定适当的样本量，可以从抽样误差或特定目的出发，考虑样本的结构、精度要求、调研经费以及总体特征易变性等因素，反推算出适合的样本量。若从抽样误差出发，已知在简单随机抽样中样本量与抽样误差的关系可以用公式表示为 $N = \dfrac{Z_{\alpha/2}^2 \times P \times (1-P)}{\Delta^2}$（$N$ 为样本量；Δ 为抽样误差；α 为显著性水平，$Z_{\alpha/2}$ 为正态分布条件下与置信水平相关的系数；P 为样本占总体的百分比），可以看出样本量与抽样误差成反比。计算过程可以在 Excel 中实现，首先根据研究要求设置 α、P 和 Δ 的值（$P = 0.5$ 时，N 值最大）。若设置信度 $(1-\alpha) = 95\%$，$P = 0.5$，$\Delta = 5\%$，如图 2-1 所示，根据置信度求出累积概率值 $= 50\% +$

置信度/2（此例中在 M3 单元格输入“= 50% + J3/2”），Z 值的计算可以调用 Excel 函数，在 N3 单元格输入“= NORM.INV（M3, 0, 1）”，最后根据上面的公式输入单元格 O3 即可确定样本量。除了按规定的抽样误差确定样本量外，还可以根据特定需求计算样本量。按不同的特性将总体分群或分层，根据拇指规则决定样本量，当总体数量很庞大时通常使用这种方法。当研究对象总体易变性较强或样本之间差异性较大时，需要适当增加样本量。

	I	J	K	L	M	N	O
1							
2		置信度	概率P	可容忍误差△	累积几率值	Z值	样本大小
3		95%	0.5	5%	97.500%	=NORM.INV(M3,0,1)	384
4						NORM.INV(**probability**, mean, standard_dev)	

图 2-1　Excel 计算样本量

✧ **例 2-1**　若要对编号为 1～200 的水样进行随机抽样分析，下面分别介绍利用 Excel 和 SPSS 软件进行随机抽样的方法。

Excel 随机抽样过程：

（1）打开数据文件例 2-1 水样编号.xlsx。

（2）按照 1.1 节描述的方法加载分析模块后选择【数据分析】功能，在弹出的数据分析对话框中选择【抽样】分析工具（图 2-2），点击【确定】按钮，打开数据分析对话框。

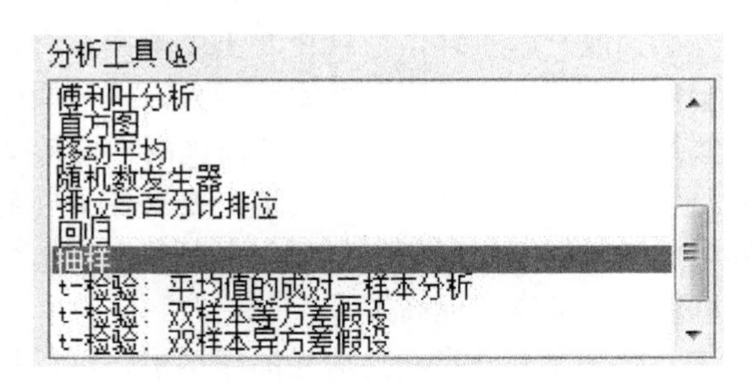

图 2-2　数据分析对话框

（3）输入抽样区域：\$A\$2：\$A\$201，即 200 个水样编号的单元格区域，抽样方法为随机，样本数为 50，输出区域根据实际情况设置。点击【确定】按钮，即可得到随机抽样编号。

SPSS 随机抽样过程：

（1）打开数据文件例 2-1 水样编号.sav。

（2）依次选择【数据（D）】→【选择个案...】选项，打开选择个案对话框，如图 2-3 所示。选择【随机个案样本（D）】选项，再点击【样本（S）...】按钮，弹出随机样本二级对话框如图 2-4 所示。SPSS 提供了两种从数据表中随机抽取记录的方法。第一种是近似法，即指定抽取比例，系统按比例在全部记录中进行无返回的抽样，但抽样结果只能近似符合指定的比例。另一种是精确法，即指定抽取的记录条数和范围。本例采用第二种方法，故选择【精确（E）】，抽样数为 50，从第 1 到 200 个，点击【继续】按钮。在输出框组根据需求选择输出形式，本例中将输出结果放在同一张数据集中，故选择【过滤掉未选定的个案（F）】，点击【确定】，即可得到随机抽取的 50 个水样编号［图 2-5（a)］。

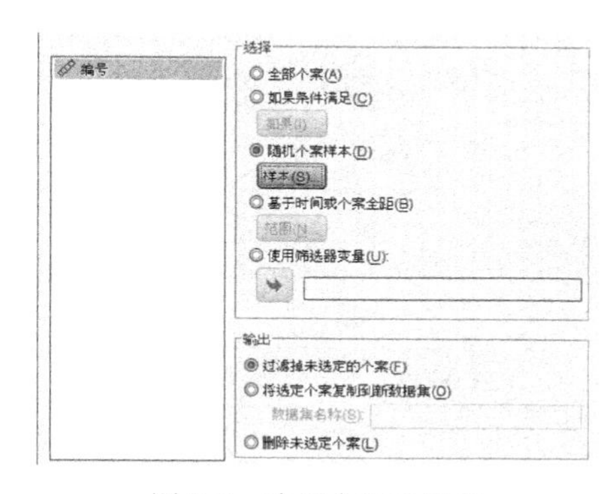

图 2-3　选择个案对话框

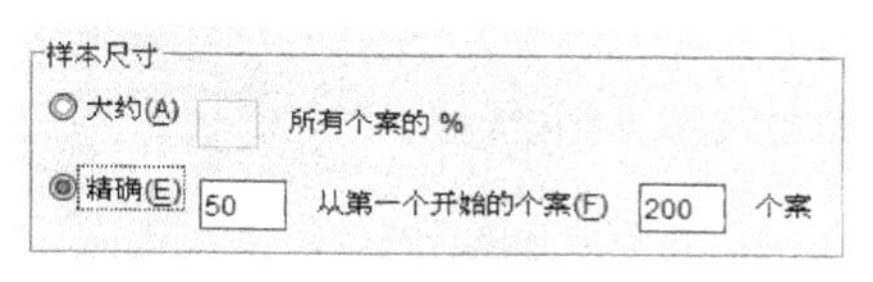

图 2-4　随机样本对话框

	编号	filter_$	变量
1	1	1	
2	2	0	
3	3	0	
4	4	0	
5	5	1	
6	6	0	
7	7	0	
8	8	0	
9	9	1	
10	10	1	
11	11	1	
12	12	1	
13	13	0	
14	14	1	
15	15	0	
16	16	0	
17	17	0	
18	18	0	
19	19	0	
20	20	1	
21	21	1	
22	22	0	
23	23	1	
24	24	1	
25	25	0	
26	26	0	
27	27	0	
28	28	0	

(a)

	编号	filter_$	变量
28	88	1	
29	90	1	
30	97	1	
31	101	1	
32	103	1	
33	117	1	
34	118	1	
35	126	1	
36	131	1	
37	138	1	
38	145	1	
39	146	1	
40	150	1	
41	156	1	
42	159	1	
43	161	1	
44	171	1	
45	173	1	
46	174	1	
47	175	1	
48	178	1	
49	179	1	
50	180	1	
51	2	0	
52	3	0	
53	4	0	
54	6	0	
55	7	0	
56	8	0	

(b)

图 2-5　SPSS 抽样结果

（3）在编号列右侧新生成 filter_$列，其数值被定义为“选中”= 1，“不选中”= 0，因此选中 filter_$列后右击选择【降序排列】可使选中的编号前移从而整齐显示抽样结果［图 2-5（b）］。

2.2 抽样分布

抽样分布又称统计量分布，是样本统计量所服从的概率分布形式，是统计推断的重要理论基础。在了解抽样分布的基础上才能更好地通过样本统计量来推断总体的参数。常用的抽样分布有正态分布、二项式分布、卡方分布、t 分布和 F 分布。通过相应的样本统计量构造抽样分布，进而对样本统计量的估计值进行检验。图 2-6 是以均值为例的抽样分布原理图。

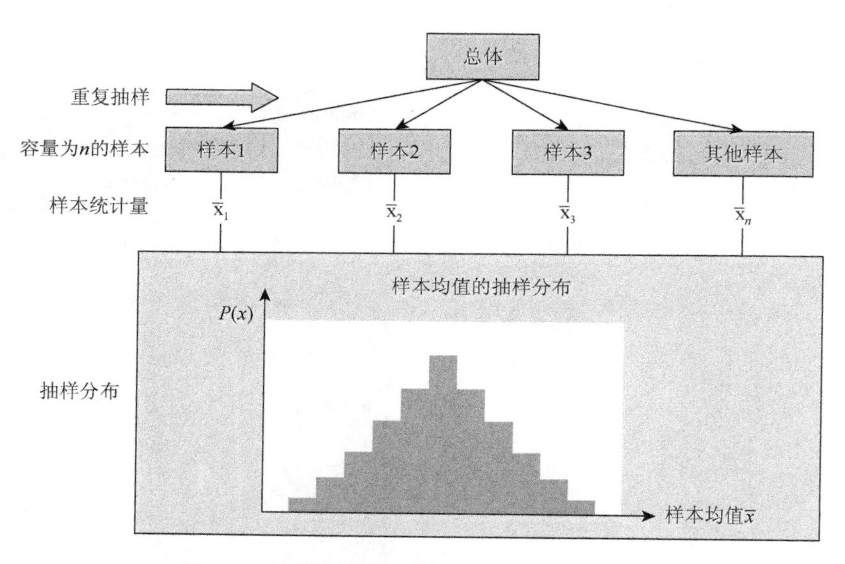

图 2-6　抽样分布原理图（以样本均值为例）

2.2.1 样本均值分布

从总体中按照简单随机抽样的方法反复抽取一定容量（n）的样本后，分别计算样本的 $\bar{x}$ 和样本方差 s^2，由于这两个样本统计量属于随机变量，可以得到其概率分布，即样本均值分布。

样本均值分布属于理论分布，其均值 $\bar{x}$ 的数学期望为总体均值 μ。若研究总体个体数无限，则样本方差 s^2 等于 σ^2，若为有限总体，则等于 $\frac{\sigma^2}{n}\left(\frac{N-n}{N-1}\right)$。

样本均值分布的形态需要根据总体分布情况讨论。若总体服从正态分布（normal distribution），样本均值也服从正态分布［$X\text{-}N(\mu,\sigma^2)$］，即随机变量 x 的概率密度函数可以表示为 $f(x)=\frac{1}{\sqrt{2\pi}\sigma}\mathrm{e}^{-\frac{(x-\mu)^2}{2\sigma^2}}$。正态分布的密度曲线是对称的钟形曲线（图 2-7），高峰位于对称轴，其最高点就是均值。若 $\mu=0$ 且 $\sigma=1$，此时正态分布被称为标准正态分布（standard normal distribution）。图 2-7 中实线就是标准正态分布的概率密度曲线。

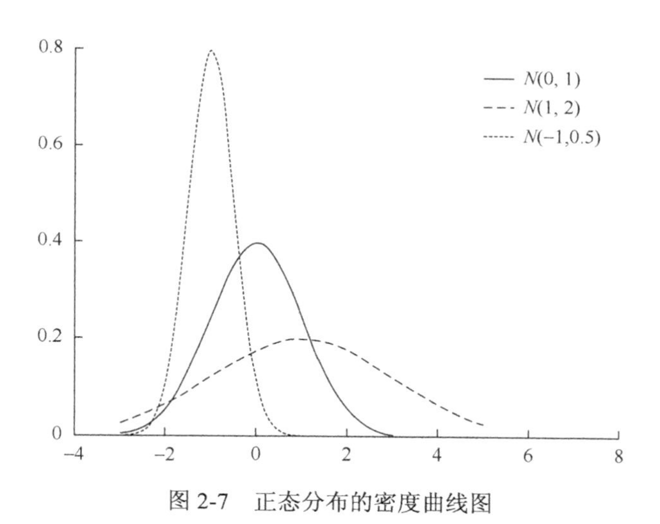

图 2-7　正态分布的密度曲线图

Excel 插入函数中有 4 种是基于一般正态分布与标准正态分布求算概率密度值的函数，包括 NORMDIST、NORMINV、NORMSDIST、NORMSINV，其功能及使用时需输入的参数如表 2-3 所示。

表 2-3　四种基于正态分布求算密度值的函数

函数	功能	需输入的参数
NORMDIST	计算正态分布概率	X 数值、算数平均值、标准偏差、返回累积分布函数
NORMINV	返回正态分布函数值	分布概率、算数平均值、标准偏差
NORMSDIST	计算标准正态分布概率	X 数值
NORMSINV	返回标准正态分布函数值	分布概率

这四种函数在 Excel 中的使用方法类似，先选择一个空白单元格，在公式菜单下点击【f_x 插入函数】，弹出插入函数对话框，在【搜索函数（S）】栏目下输入函数名称，在【选择函数（N）】中选中后点击【确定】，输入相应的函数参数后

即可在单元格中得到结果。另外，和其他函数一样，在单元格输入等号后输入函数名称即可调用函数。

✧ **例 2-2**　利用 Excel 插入函数计算标准正态变量 X 取值区间[0.2, 1.0]值的概率。

其统计学原理为

$$\begin{aligned} P(0.2 \leqslant X \leqslant 1.0) &= P(X \leqslant 1.0) - P(X \leqslant 0.2) \\ &= \text{NORMSDIST}(1.0) - \text{NORMSDIST}(0.2) \\ &= 0.841 - 0.579 \\ &= 0.262 \end{aligned}$$

在 Excel 中的操作比较简单，在空白单元格输入“= NORMSDIST(1.0)–NORMSDIST(0.2)”即可得到结果。

✧ **例 2-3**　若某土壤样品中金属锌的含量（X）服从平均数 $\mu = 15$、总体标准差 $\sigma = 1.5$ 的正态分布，试求土壤样品中金属锌的含量（X）大于 14μg/g 而小于 17μg/g 的概率。

其统计学原理为

$$\begin{aligned} P(14 \leqslant X \leqslant 17) &= P(X \leqslant 17) - P(X \leqslant 14) \\ &= \text{NORMDIST}(17,15,1.5,1) - \text{NORMDIST}(14,15,1.5,1) \\ &= 0.908 - 0.25 \\ &= 0.656 \end{aligned}$$

在空白单元格输入“= NORMDIST(17, 15, 1.5, 1)–NORMDIST(14, 15, 1.5, 1)”即可得到结果。结论：从土壤样品中随机选取一个样品，测定其金属锌的含量结果大于 14μg/g 而小于 17μg/g 的概率为 65.6%。

✧ **例 2-4**　已知我国 2016 年 111 座环保重点城市细颗粒物（$PM_{2.5}$）年平均浓度（$\mu g/m^3$），并已建立数据文件例 2-4 $PM_{2.5}$ 年平均浓度.sav，试利用 SPSS 判断该组数据是否服从正态分布（数据来源：中华人民共和国国家统计局环境统计资料）。

在 SPSS 中检验正态分布的方法有三种，下面逐一介绍。

1. *检验方法一：看偏度系数和峰度系数*

（1）打开数据文件例 2-4 $PM_{2.5}$ 年平均浓度.sav。

（2）依次选择【分析（A）】→【描述统计（E）】→【频率（F）...】选项，打开【频率】主对话框，将 $PM_{2.5}$ 选入【变量（V）】框。

（3）点击【统计量（S）...】选项，打开“统计”二级对话框，在【分布】框组中勾选【偏度（W）】和【峰度（K）】，点击【继续】，如图 2-8 所示。点击【图表（C）】，打开“图表”二级对话框，在【图表类型】框组选择【直方图（H）】，并勾选【在直方图上显示正态曲线（S）】，点击【继续】，如图 2-9 所示，在主对话框点击【确定】。

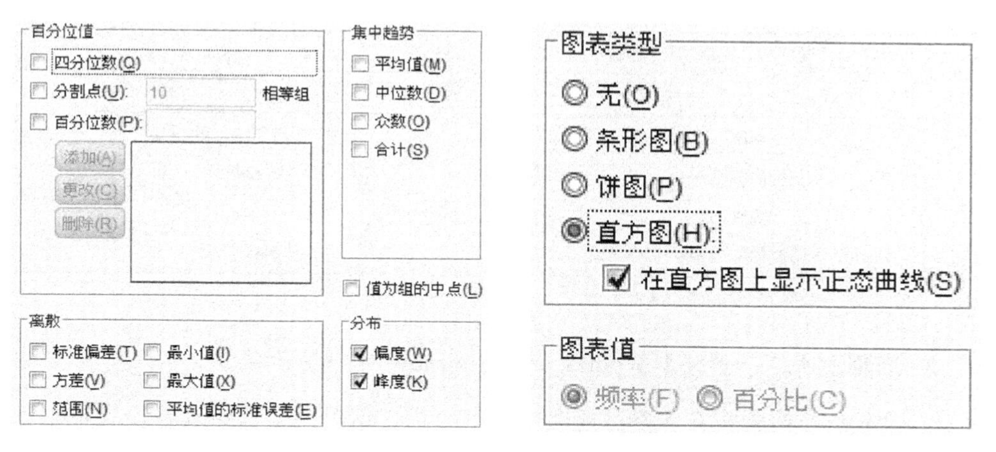

图 2-8　频率：统计对话框　　　　图 2-9　图表对话框

输出结果为一个直方图和一张表，如图 2-10 和表 2-4 所示，横坐标为 $PM_{2.5}$ 取值分组，纵坐标为频数。从图 2-10 中可以看出根据直方图绘出的曲线很像正态分布曲线，但是是否符合正态分布还需要查看偏度系数和峰度系数。因为偏度为

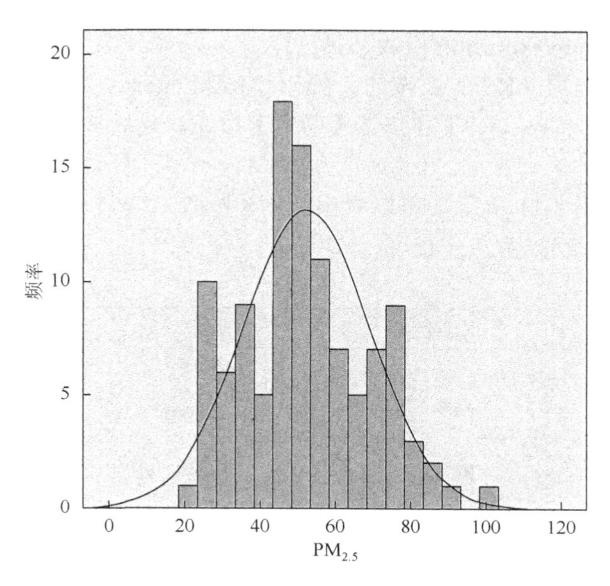

图 2-10　频率直方图

0.391，峰度为–0.346，两个系数绝对值接近 0 且偏度（峰度）/偏度（峰度）的标准误小于 2，可认为近似于正态分布。

表 2-4　峰度和偏度检验结果

N	有效	111
	缺失	0
偏度		0.391
偏度的标准误		0.229
峰度		–0.346
峰度的标准误		0.455

2. 检验方法二：单样本 Kolmogorov-Smirnov（K-S）检验

单样本 K-S 检验将在非参数检验中详细介绍，这里主要介绍其在检验正态分布的应用。

（1）打开数据文件例 2-4 $PM_{2.5}$ 年平均浓度.sav。

（2）依次选择【分析（A)】→【非参数检验（N)】→【单样本（O）...】选项，打开“单样本非参数检验”主对话框。

（3）选择【字段】栏目，将 $PM_{2.5}$ 选入【检验字段（T)】。

（4）选择【设置】栏目，在【自定义检验（T)】下勾选【检验观察分布和假设分布（Kolmogorov-Smirnov 检验）(K)】。

（5）点击【选项（K）...】按钮，弹出“Kolmogorov-Smirnov 检验选项”二级对话框，勾选【正态（R)】并点击【确定】按钮。最后在主对话框点击【运行】即可。

检验结果如图 2-11 所示，可以看出，K-S 检验中，显著性（*P* 值）= 0.174＞0.05，因此数据呈近似正态分布。

	原假设	检验	显著性	决策者
1	$PM_{2.5}$的分布为正态分布，平均值为 52.29，标准偏差为16.79	单样本 Kolmogorov-Smirnov检验	0.174	保留原假设

图 2-11　单个样本 K-S 检验结果

3. 检验方法三：Q-Q 图检验

（1）打开数据文件例 2-4 $PM_{2.5}$ 年平均浓度.sav。

（2）依次选择【分析（A)】→【描述统计（E)】→【Q-Q 图...】选项，打开“Q-Q 图”主对话框，见图 2-12。

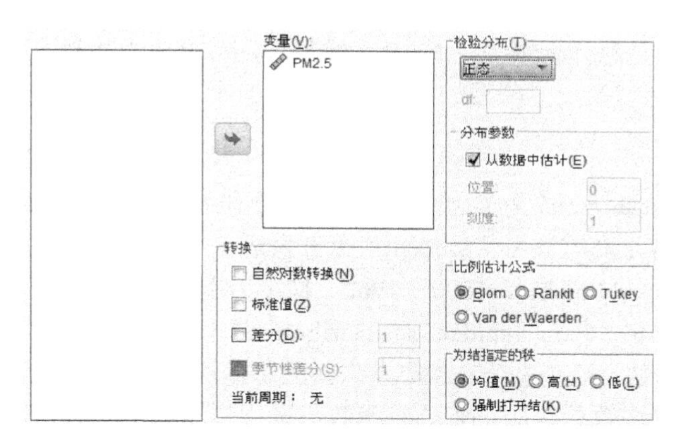

图 2-12　Q-Q 图主对话框

（3）将 $PM_{2.5}$ 选入【变量（V)】框，在【检验分布（T)】框组的下拉列表框选择【正态】，其余为默认即可，点击【确定】按钮。

得到两个图分别为常规 Q-Q 图和去除趋势的常规 Q-Q 图（图 2-13），各点近似围绕着直线，说明数据呈近似正态分布。在常规 Q-Q 图中，横纵坐标分别表示为实际累积概率和理论累积概率，如果数据服从正态分布，则其中的数据点应和理论直线基本重合，从图 2-13（a）可知 $PM_{2.5}$ 的实际分布和理论分布基本接近。

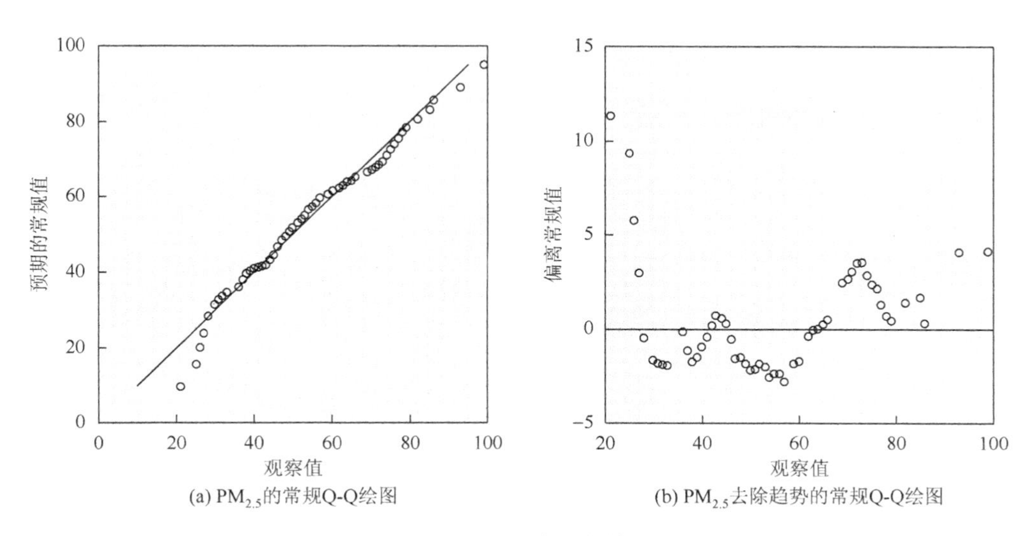

(a) $PM_{2.5}$的常规Q-Q绘图　　(b) $PM_{2.5}$去除趋势的常规Q-Q绘图

图 2-13　Q-Q 图正态分布检验结果

再观察“去除趋势的常规 Q-Q 图”，该图反映的是根据正态分布理论计算的理论值与实际值之差的分布情况，又称为残差图。如果数据服从正态分布，则其中的数据点应均匀地分布在 $Y=0$ 直线上下。从图 2-13（b）可知残差虽然有一些波动且存在离群值，但是总体上围绕在 $Y=0$ 直线附近，可以认为其基本服从正态分布。

2.2.2　*t* 分布

t 分布（*t*-distribution）是英国数学家威廉 •希利 •戈塞特（William Sealy Gosset）于 1908 年提出并采用笔名“Student”公开发表。英国统计学家和遗传学家罗纳德 • 费希尔（Ronald Fisher，1890—1962）检定 *t* 分布，进一步扩展该理论，并将此分布命名为学生 *t* 分布（student's *t*-distribution）以感谢戈塞特的贡献。*t* 分布主要根据小样本来估计呈正态分布且方差未知的总体均值。当总体标准差 σ 未知时，无法得到样本平均数总体的正态分布参数，采用样本标准差代替总体标准差得到统计数 $s_x=\frac{s}{\sqrt{n}}$，并用替代标准正态公式中的 σ_x 得到统计量 t，$t=\frac{\overline{x}-\mu}{s_x}$。

设 $X\sim N(0,1)$，$Y\sim\chi^2(n)$，X 与 Y 相互独立，那么称随机变量

$$T=\frac{X}{\sqrt{Y/n}}$$

为服从自由度为 n 的 t 分布，记为 $T\sim t(n)$。

其概率密度函数为

$$f(t)=\frac{\Gamma\left(\frac{n+1}{2}\right)}{\sqrt{n\pi}\,\Gamma\left(\frac{n}{2}\right)}\left(1+\frac{t^2}{n}\right)^{-\frac{n+1}{2}}$$

其密度函数如图 2-14 所示。

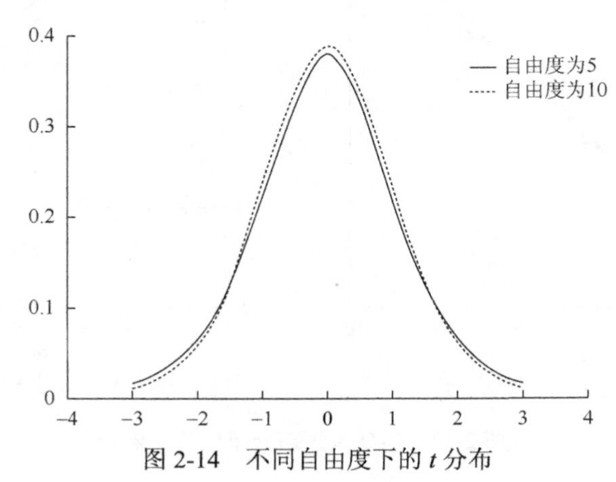

图 2-14　不同自由度下的 *t* 分布

Excel 提供了两种基于 t 分布的概率插入函数：TINV 和 TDIST，其功能及需要的参数见表 2-5。

表 2-5　两种基于 t 分布的概率插入函数

插入函数	功能	需输入的参数
TINV	计算临界 t 值	概率值、自由度
TDIST	计算概率值	数值、自由度、单双尾分布

TINV 和 TDIST 在 Excel 中的实现方法与 2.2.1 节中基于正态分布求算密度值函数的方法一致。如 TINV 为（0.05, 6），在空白单元格中输入“= TINV（0.05, 6）”，计算结果为 2.45，表明在自由度为 6 的 t 分布中，划分概率值为 0.05 的数值为 $t=\pm 2.45$。

✧ **例 2-5**　某印染废水 OD 值（X）服从正态分布，平均数为 52.3，从该总体随机抽取一个容量 $n=6$ 的样本，样本标准差 $s=3$，问该样本平均数取得[50, 54]的概率。

根据给定条件，总体标准差 σ 未知，样本标准差 s、容量 n、自由度 $n-1$ 已知，可采用 t 分布计算样本平均数 $\bar{x}$ 取某区间值的概率。

$$s_x=\frac{s}{\sqrt{n}}=\frac{3}{\sqrt{6}}=1.22$$

$$t=\frac{\bar{x}-\mu}{s_x}=\frac{\bar{x}-52.3}{1.22}$$

$$\begin{aligned}P(50\leqslant X\leqslant 54)&=P\left(\frac{50-52.3}{1.22}\leqslant t\leqslant\frac{54-52.3}{1.22}\right)\\&=P(-1.88\leqslant t\leqslant 1.39)\\&=P(t\leqslant 1.39)-P(t\leqslant -1.88)\\&=[1-\mathrm{TDIST}(1.39,5,1)]-\mathrm{TDIST}(1.88,5,1)\\&=(1-0.11)-0.059\\&=0.831\end{aligned}$$

因此，从该总体中随机抽取六个样本，样本平均数介于[50, 54]之间的概率为 83.1%。

2.2.3　χ^2 分布

卡方分布（Chi-square distribution，χ^2 分布），是由赫尔默特（Helmert）和卡尔·皮尔逊（Karl Pearson）推导得出，是由正态分布派生出来的分布。定义如下：

设 $x_1, x_2, x_3, \cdots, x_n$ 相互独立，都服从标准正态分布 $N(0, 1)$，则称变量 $\chi^2 = \sum_{i=1}^{n} x_i^2$ 服从自由度为 n 的 χ^2 分布，记为 $\chi^2 \sim \chi^2(n)$。n 表示 $\chi^2 = \sum_{i=1}^{n} x_i^2$ 中独立变量的个数。当自由度较大时，χ^2 分布近似为正态分布。χ^2 分布的概率密度函数为

$$f(\chi^2) = \frac{(\chi^2)^{\frac{n}{2}-1}}{2^{\frac{n}{2}} \Gamma\left(\frac{n}{2}\right)} e^{-\frac{1}{2}\chi^2} \quad (\chi^2 \geqslant 0)$$

$$f(\chi^2) = 0 \quad (\chi^2 < 0)$$

χ^2 分布密度函数如图 2-15 所示。

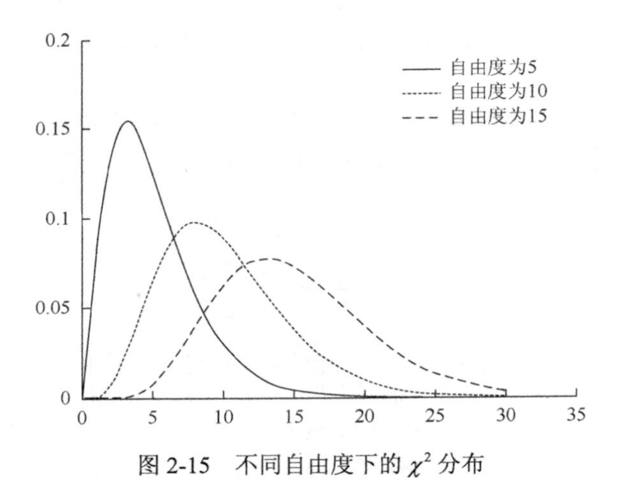

图 2-15　不同自由度下的 χ^2 分布

Excel 提供了两种基于 χ^2 分布的概率插入函数：CHIINV 和 CHIDIST，其功能及需要的参数如表 2-6 所示。在 Excel 中的实现方法与 2.2.1 节中基于正态分布求算密度值函数的方法一致。

表 2-6　两种基于卡方分布的概率插入函数

插入函数	功能	需输入的参数
CHIINV	计算临界 χ^2 值	概率值、自由度
CHIDIST	计算概率值	数值、自由度

2.2.4　*F* 分布

在概率论和统计学中，*F* 分布也称为 Snedecor-*F* 分布或 Fisher-Snedecor 分布，是由英国著名统计学家 R. A. Fisher 于 1924 年提出的，是一个连续的概率分布。其定义为在同一正态分布的总体 $N(\mu,\sigma^2)$ 中随机抽取两个独立样本，两样本的 χ^2 值与自由度之比为 F 值 $\left(F=\dfrac{\chi_1^2/n_1}{\chi_2^2/n_2}\right)$，后来又引申为两样本的方差之比为 F 值（$F=\dfrac{s_1^2}{s_2^2}$）。服从自由度为 (n_1,n_2) 的 F 分布记为 $F\sim F(n_1,n_2)$，其中 n_1 和 n_2 分别为分子和分母方差自由度，位置不可交换。其形态取决于自由度，自由度越小，峰形越向左偏。

分布的概率密度函数为

$$F(x)=\frac{\Gamma\left(\dfrac{n_1+n_2}{2}\right)}{\Gamma\left(\dfrac{n_1}{2}\right)+\Gamma\left(\dfrac{n_2}{2}\right)}\left(\frac{n_1}{n_2}\right)^{\frac{n_1}{2}}x^{\frac{n_1}{2}-1}\left(1+\frac{n_1}{n_2}x\right)^{-\frac{n_1+n_2}{2}}\quad(x>0)$$

$$F(x)=0\quad(x\leqslant 0)$$

其分布图像如图 2-16 所示。

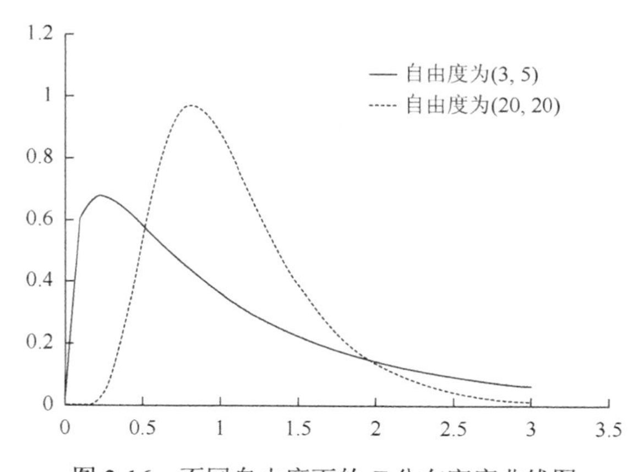

图 2-16　不同自由度下的 *F* 分布密度曲线图

Excel 提供了两个基于 *F* 分布的概率插入函数：FINV 和 FDIST（表 2-7）。在 Excel 中的实现方法与 2.2.1 节中基于正态分布求算密度值函数的方法一致。

表 2-7　两种基于 F 分布的概率插入函数

插入函数	功能	需输入的参数
FINV	计算临界 F 值	概率值、分子和分母自由度
FDIST	计算概率值	数值、分子和分母自由度

2.3　参数估计

参数估计（parameter estimation）是指经过抽样及抽样分布分析后根据获得的样本统计量来推断总体参数的方法，分析数据反映的本质规律。参数估计是统计推断的一种基本方法，分为点估计和区间估计。样本量越大，估计误差越小，当样本量趋于无穷时，统计量无限接近总体参数。

2.3.1　点估计

点估计（point estimation）也称定值估计，是指在总体分布已知情况下根据样本估计总体分布中一个或多个未知参数或未知参数函数的方法。点估计提供了总体参数的具体估计值，通常是总体的某个特征值，如数学期望、方差和相关系数等，但无法提供有关抽样误差信息，常用方法有矩估计法、最大似然估计法等。

矩估计法是用样本矩估计总体矩，实质是用样本的经验分布和样本矩去替换总体的分布和总体矩。矩估计法简单易行，无须了解总体分布，但当总体类型已知时，无法充分利用分布信息。最大似然估计法主要用出现概率最大的样本值作为其估计值。最大似然估计是相合估计，常优于矩估计。估计量准确与否需根据估计量评选标准来评价，包括无偏性、有效性、相合性。无偏性是指总体估计值在真值附近上下摆动；有效性是指在真值附近摆动尽可能小，即方差越小估计量越有效；相合性是指在样本容量较大时，估计值基本等于总体参数的真值。

2.3.2　置信区间估计

区间估计（interval estimation），是参数估计的一种形式。1934 年，统计学家 Jerzy Neyman（1894—1981）创立了一种严格的区间估计理论，而置信区间是这个理论中最为基本的概念。在点估计的基础上，通过从总体中抽取样本，利用抽样分布的原理，基于样本统计量，以一定的正确度与精确度要求构造适当区间，再用概率表示总体参数可能落在该区间内的推算方法，给出的区间范围作为总体分布参数的真值所在范围，该区间通常由样本统计量加减估计误差得到。置信区间可以反映数据效应的规模及其相对重要性。在区间估计中，由样本统计量所构造的总体参数的估计区间称为置信区间，其中区间的最小值称为置信下限，最大值称为置信上限。如果将构造置信区间的步骤重复多次，置信区间中包含总体参数真值的次数所占比例称为置信水平，也称置信度或置信系数。若 α 为显著性水平，置信度为 $1-\alpha$；若置信区间为 (L_1,L_2)，则置信上限为 L_2，置信下限为 L_1。

在研究一个总体时，所关心的参数主要有总体均值、总体比例和总体方差等，其参数估计及对应分布见图 2-17。在对总体均值进行区间估计时，需要考虑总体是否为正态分布、总体方差是否已知、用于构造估计量的样本是大样本还是小样本等几种情况。在大样本（$n \geqslant 30$）的情况下，如果总体服从正态分布且方差已知，置信区间可以表示为 $\bar{x} \pm z_{\alpha/2}\dfrac{\sigma}{\sqrt{n}}$，若方差未知，则置信区间可以表示为 $\bar{x} \pm t_{\alpha/2}\dfrac{s}{\sqrt{n}}$；如果总体并不服从正态分布，但是在大样本条件下需将样本容量增加至 $n \geqslant 30$ 再进行区间估计，此时总体方差可以用样本方差代替。在小样本的情况下，如果总体方差未知，用样本方差估计总体方差，总体均值 μ 的置信区间可表示为 $\bar{x} \pm z_{\alpha/2}\dfrac{s}{\sqrt{n}}$；如果总体方差已知，置信区间可表示为 $\bar{x} \pm z_{\alpha/2}\dfrac{\sigma}{\sqrt{n}}$。

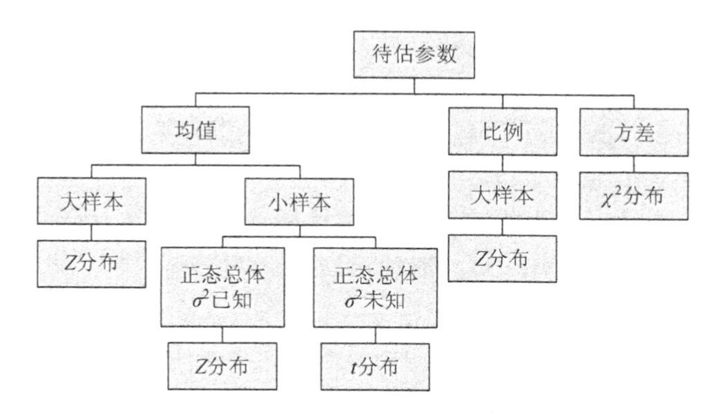

图 2-17　一个总体的参数估计及对应分布

对于两个总体，所关心的参数主要有两个总体的均值之差 $\mu_1-\mu_2$、两个总体的比例之差 $\pi_1-\pi_2$、两个总体的方差比 σ_1^2/σ_2^2，其参数估计及对应分布见图 2-18，

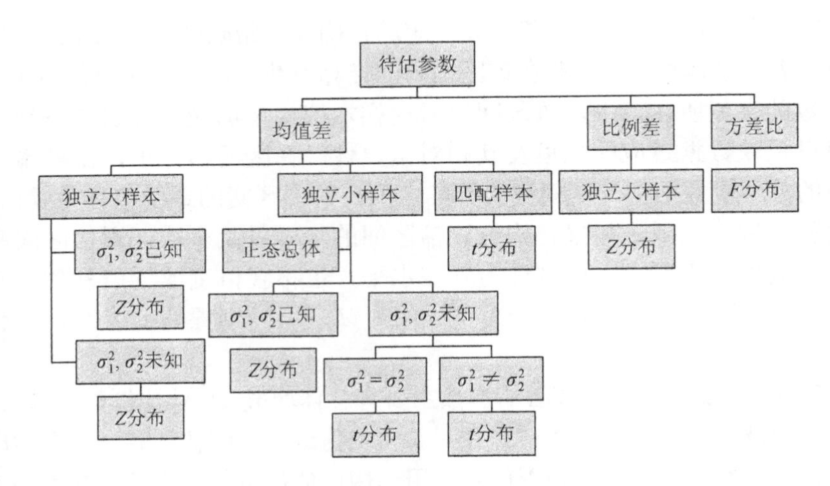

图 2-18 两个总体的参数估计及对应分布

需要根据具体情况进行讨论分析。在对均值进行区间估计时，若两个总体方差都已知，则均值之差 $\mu_1-\mu_2$ 的置信区间可表示为 $\overline{x}_1-\overline{x}_2\pm Z_\alpha\sigma_{\overline{x}_1-\overline{x}_2}$；若两个总体方差都未知且是小样本的情况下，均值之差 $\mu_1-\mu_2$ 的置信区间可表示为 $\overline{x}_1-\overline{x}_2\pm t_\alpha s_{\overline{x}_1-\overline{x}_2}$；若在大样本情况下两个总体方差都未知，此时用样本方差代替总体方差，作近似区间估计。

在 SPSS 中有很多过程可以完成参数估计的任务。若是对连续变量的参数估计，可以通过【分析（A）】→【描述统计】选项下的【描述（D）...】、【探索（E）...】过程参数获取信息。

（1）打开数据文件例 2-4 $PM_{2.5}$ 年平均浓度.sav。

（2）依次选择【分析（A）】→【描述统计（E）】选项。

若使用【描述（D）...】过程。在打开的“描述性”对话框左下角勾选【将标准化得分另存为变量（Z）】，点击【确定】即可。此时，在数据视图中出现一列变量“ZPM2.5”，即为标准差，将其排序得到参数估计结果。同时得到一张“描述统计量”表，可知 $PM_{2.5}$ 取值范围为（21, 99），均值为 52.29，标准差为 16.795。

若使用【探索（E）...】过程。打开“探索”对话框，将 $PM_{2.5}$ 选入因变量列表（D）中，点击【统计量（S）...】，打开“探索：统计量”对话框，勾选【描述性】并设置【均值的置信区间（C）】为 95%，点击【继续】，在“探索”一级对话框点击【确定】，分析结果如表 2-8 所示。$PM_{2.5}$ 均值为 52.29，标准误为 1.594，均值的 95%置信区间为（49.13, 55.45），且给出了修正均值等。

表 2-8　探索选项分析结果

选项			统计量	标准误
$PM_{2.5}$	均值		52.29	1.594
	均值的 95%置信区间	下限	49.13	
		上限	55.45	
	5%修整均值		51.79	
	中值		50.00	
	方差		282.062	
	标准差		16.795	
	极小值		21	
	极大值		99	
	范围		78	
	四分位距		24	
	偏度		0.391	0.229
	峰度		−0.346	0.455

第3章　环境数据分布类型检验

3.1　小概率原理

日常生活中我们常说的“这事有八成把握”“那事有50%的可能”等，都是表示事件发生的可能性大小。概率就是用来表示随机事件发生可能性的一个重要概念，事件A的概率P(A)在0～1。在概率论中，把概率接近于0的事件称为小概率事件，即设事件A的概率$P(A)=\varepsilon$，若ε是一个充分小的数，则称A为小概率事件。小概率事件发生的概率是大于零的。小概率事件只是指发生概率较小的事件，但不代表该事件不可能发生。它在一次试验中几乎不可能发生，但在多次重复试验中几乎是必然发生的，数学上称之为小概率原理。统计学中，一般认为小于或等于0.05或0.01的概率为小概率。

3.2　统计假设检验基本思想

假设检验也称显著性检验，即指样本统计量和假设的总体参数之间的显著性差异，是对未知总体的某一数量特征提出某种假设，再根据实际样本资料验证该假设是否成立的一种统计方法。显著性是对差异程度的一种评价。引起变动的原因可能是条件差异，也可能是随机差异。显著性差异就是实际样本统计量的取值和假设的总体参数的差异超过了偶然因素的范围，还有条件差异起作用，因而可以否定某种条件不起作用的假设。假设检验时提出的假设称为原假设或无效假设，就是假定样本统计量与总体参数的差异不存在条件差异。

在假设检验中，进行推断的依据就是小概率原理。假设检验的基本思想是先对所研究的命题提出无显著性差异的假设，即原假设，然后由此导出其必然结果。如果证明这种结果出现的事件是小概率事件，那么有理由用“反证法”认为原假设是错误的，从而拒绝原假设，接受备择假设；否则，接受原假设。这样显著性水平把概率分布分为两个区间：拒绝区间和不拒绝区间。

3.2.1　统计假设检验的基本步骤

（1）提出原假设H_0和备择假设H_1；

（2）选择适当的检验统计量 U；

（3）规定显著性水平 α；

（4）计算检验统计量的 p 值；

（5）做出是否接受的 H_0 决策。如果检验统计量的值落入拒绝域之内，则拒绝原假设 H_0，接受备择假设 H_1；反之，如果检验统计量的值落到拒绝域之外，则接受原假设 H_0。

显著性水平 α 是估计总体参数落在某一区间内可能犯错误的概率，就是有多大概率将 H_0 误当成 H_1 加以拒绝，这是决策中所面临的风险。α 是公认的小概率事件的概率值，代表的意义是在一次试验中小概率事件发生的可能性大小。α 数值通常取 0.01 或 0.05，但不是一成不变，可根据具体研究对象性质和对结论准确性要求而定。数值越大，则原假设被拒绝的可能性越大，原假设为真而被否定的风险也越大。$1-\alpha$ 为置信度或置信水平，代表了区间估计的可靠性。

p 值即概率，反映某一事件发生的可能性大小。p 值是在假定原假设为真时，得到与样本相同或者更极端的结果的概率。p 值不是原假设为真的概率，也不是备选假设为假的概率。p 值并不能代表所发现的效应（或差异）的大小。

在统计学上，p 值是认为观察结果有效，即具有总体代表性的犯错概率，如 $p = 0.05$ 意味着样本中变量关联有 5%的可能是由偶然因素造成的。p 值为结果可信程度的一个递减指标，p 值越大，越不能认为样本中变量的关联是总体中各变量关联的可靠指标。在许多研究领域，$p = 0.05$ 通常被认为是可接受错误的临界值。统计学上，一般将根据显著性检验所得到的 p 值小于 0.05、0.01、0.001 分别认为有统计学差异、显著统计学差异、极显著统计学差异，其含义是样本间的差异由抽样误差所致的概率小于 0.05、0.01、0.001，但要注意这种分类仅仅是研究基础上非正规的判断常规。实际上，p 值不能赋予数据任何重要性，只能说明某事件发生的概率。

当计算机和统计软件未被广泛使用时，人们借助统计学表格得到临界值，$p<0.05$ 是当时人们通常报告的值。而如今，随着统计软件的流行，可以通过软件获得精确的 p 值，人们也不再采用这样模糊的表述，但 0.05 这个门槛却成为一种文化被科学界保留了下来。许多数据分析从统计学角度具有意义，但在专业方面未必有意义。脱离专业知识的纯粹数据分析容易得出不专业的结论。实践中，通常依赖于该研究领域的惯例，结合数据集的比较和分析，做出最后的决定。这里关于 p 值的定义将数据和背景知识相结合得出科学结论的过程是流动的、非数值化的。

3.2.2　统计假设检验的两类错误

假设检验是依据样本提供的信息进行判断的，也就是由部分推断整体，因此存在推断错误的可能性。所犯错误的类型有两种。

第一类错误是原假设 H_0 为真，却被拒绝了。犯这类错误的概率就是显著性水平 α，所以也称作 α 错误，亦称弃真错误。第二类错误是原假设 H_0 为伪，却被接受了，犯这类错误的概率记作 β，故称 β 错误，亦称存伪错误（表 3-1）。

表 3-1　假设检验的各种可能结果

	接受 H_0	拒绝 H_0
H_0 为真	正确	第一类错误（α）
H_0 为假	第二类错误（β）	正确

3.2.3　双侧检验与单侧检验

根据检验的要求不同，无效假设与备择假设可以有不同的形式。

双侧检验：又称双尾检验，检验样本所属总体的平均数（μ）与某指定参数（μ_0）是否相同。假设 $H_0:\mu=\mu_0$，$H_A:\mu\neq\mu_0$，否定区间在统计数分布的两侧，用于检验处理是否有效（图 3-1）。

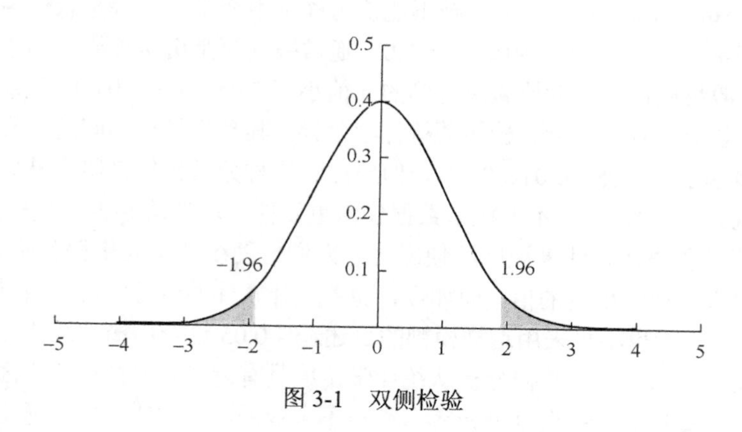

图 3-1　双侧检验

左侧检验：检验样本所属总体的平均数（μ）是否比某指定参数（μ_0）小，假设 $H_0:\mu\geqslant\mu_0$，$H_A:\mu<\mu_0$，否定区间位于统计数分布的左侧，用于检验处理是否使指标值降低（图 3-2）。

右侧检验：检验样本所属总体的平均数（μ）是否比某指定参数（μ_0）小，假设 $H_0:\mu\leqslant\mu_0$，$H_A:\mu>\mu_0$，否定区间位于统计数分布的右侧，用于检验处理是否使指标值增加（图 3-3）。

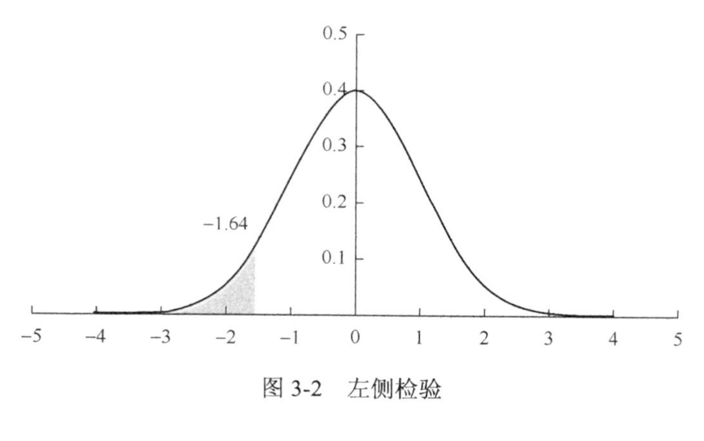

图 3-2　左侧检验

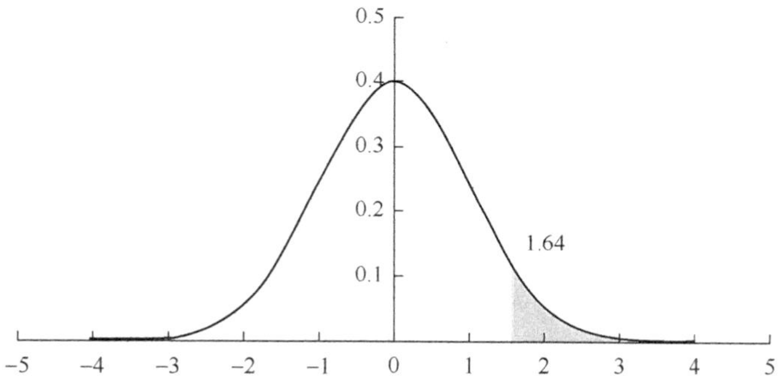

图 3-3　右侧检验

左侧检验与右侧检验统称为单侧检验，显然，在相同的显著性水平下，单侧检验的统计数临界值（绝对值）小于双侧检验的临界值（绝对值），因此单侧检验比双侧检验更易达到显著性差异。

✧ **例 3-1**　已知某土壤中重金属铜元素的含量为 36mg/kg，标准差为 2mg/kg，为降低土壤重金属污染，采取一系列治理措施，治理后 9 个样品的平均铜含量为 34mg/kg，该治理措施是否有效？

直观判断，治理后样本平均铜含量为 34mg/kg，比总体平均数 36mg/kg 降低了 2mg/kg，结论：治理措施可以降低土壤重金属污染。这个结论是否可信呢？判断治理措施是否有效，可以用以下思路来分析。

了解从 $N(36, 2^2)$ 总体随机抽取容量 $n=9$ 的样本，得到 $\bar{x}=34$mg/kg 的概率大小。若概率较大，说明 2mg/kg 属于抽样误差，表明治理没有明显效果；如果概率很小，说明从该总体抽到它的可能性较小，它并非该总体的一个随机样本，这 2mg/kg 非抽样误差所致，而是治理措施的效果。

假设 H_0：$\mu=36$，H_A：$\mu\neq36$，$\alpha=0.05$

$$\mu_0 = 34，\sigma = 2，n = 9$$

则 $\sigma_{\bar{x}} = \frac{2}{\sqrt{9}} = 0.667$，样本平均数 $\bar{X}$ ～N（$\bar{x}$, 0.667^2），对于该 $\bar{X}$ 总体而言，有

NORMINV（0.025, 36, 0.667）= 34.69，即 p（$\bar{x}$ <34.69）= 0.025

NORMINV（0.975, 36, 0.667）= 37.31，即 p（$\bar{x}$ <37.31）= 0.025

即 p（34.69< $\bar{x}$ <37.31）= 0.95，如图 3-4 所示。

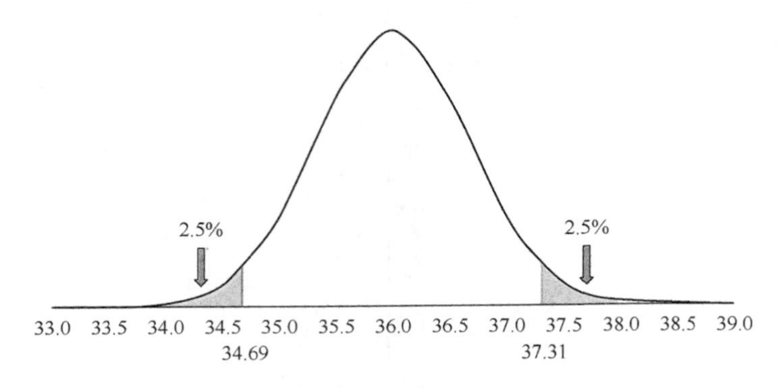

图 3-4　双侧检验结果

由此可见，$\bar{x} = 34\text{mg/kg}$ 的样本不在 N（$\bar{x}$, 0.667^2）总体中，因此拒绝假设 H_0，接受 H_A，得到结论为该治理措施可以显著降低土壤重金属污染。

3.3　几大分布类型检验

抽样分布是有关样本统计量的已知分布，可以用样本统计量构造满足已知抽样分布的随机变量，从而对样本统计量的估计值进行检验。卡方分布、t 分布、F 分布都是常见的已知抽样分布，小样本下，容易利用样本统计量（如样本均值、方差等）来构造满足抽样分布的卡方统计量、t 统计量（服从 t 分布的随机变量的名称）、F 统计量，进一步对样本统计量的估计值进行检验。假设检验可根据总体分布是否已知分为参数检验和非参数检验。参数检验是指已知总体分布类型，但含有未知参数，对具体的未知参数的假设通过抽样进行估计检验，如 t 检验、Z 检验、F 检验等。非参数检验是指当总体分布不明确时，对总体分布形态先做出服从某种分布假设，再根据样本信息检验假设，检验假设是否合理，这类检验不涉及总体参数，包括卡方检验、二项检验、K-S 检验等。下面介绍几种常用分布的假设检验。

3.3.1　正态分布检验

正态分布的考察方法主要有以下三种：

（1）计算偏度系数和峰度系数；

（2）采用图形工具如绘制直方图、P-P 图、Q-Q 图等进行分析；

（3）进行各种假设检验。

通常通过偏度系数、峰度系数等统计量或者直图形方式来判断一个连续型随机变量是否满足正态分布，没有明确的标准，对于严谨的数据分析而言，可以通过统计检验的形式来检验一个变量是否服从正态分布。正态分布检验中最常用的就是单样本 K-S 检验法。

单样本 K-S 检验是分布拟合优度检验，将一个变量的观测累积分布函数与指定的理论分布进行比较，以检验数据是否服从该指定理论分布。K-S 检验 Z 值根据测值累积分布函数与理论累积分布函数的最大差分的绝对值获得。计算 P 值的公式比较复杂，可不必深究。

P-P 图是根据变量的观测累积比例与指定分布的累积比例之间的关系所绘制的图形。P-P 图可以用以检验数据是否符合指定的分布。当数据符合指定分布时，P-P 图中各点近似呈一条直线。一般可在假设检验之后，结合 P-P 图、Q-Q 图等进一步确认结果。

✧ **例 3-2**　在某嘈杂的马路边设置 20 个噪声采样点，试分析噪声数据是否服从正态分布。

SPSS 分析过程：

（1）打开数据文件例 3-2 噪声.sav。

（2）选择【分析（A）】→【描述统计】→【探索（E）…】，打开探索对话框，选择“噪声”为因变量。

（3）单击【绘制（T）】，打开探索：图对话框，选择相应描述性参数后，选择【带检验的正态图（O）】。

（4）单击【确定】，得出主要结果并分析。如表 3-2 所示为正态性检验结果，由于样本数较小，以 K-S 结果为准，显著性为 0.200＞0.05，服从正态分布。

表 3-2　正态性检验结果

	Kolmogorov-Smirnov[a]			Shapiro-Wilk		
	统计量	自由度	显著性	统计量	自由度	显著性
噪声	0.093	20	0.200*	0.959	20	0.518

* 为真实显著水平的下限；

a. Lilliefors 显著水平修正。

（5）选择【分析（A）】→【描述统计】→【P-P 图（P）】，见图 3-5，绘制 P-P 图辅助判断，服从正态分布（图 3-6）。

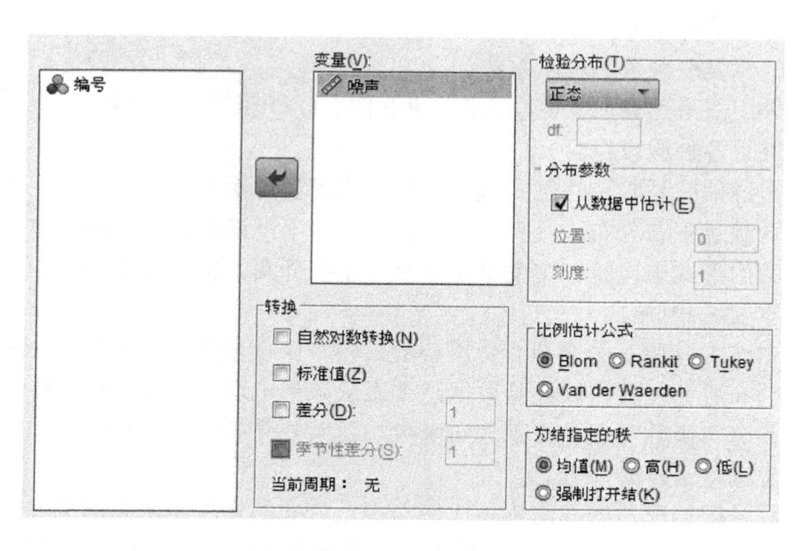

图 3-5　P-P 图对话框

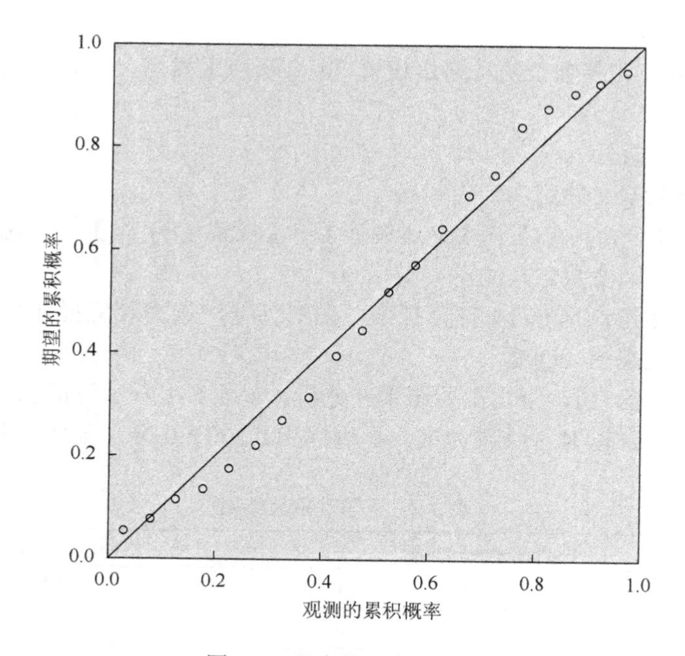

图 3-6　噪声的正态 P-P 图

3.3.2　二项分布检验

二项分布检验是用于检验二分变量是否服从指定概率参数的二项分布，考察观察值的频数与指定分布的预期频数是否存在统计学差异。

$$p(X=k)=C_k^n\pi^k(1-\pi)^{n-k}(k=0,1,2,\cdots,n)$$

✧ **例 3-3**　已知数列（x）：0 0 0 0 0 0 0 0 0 1 0 1 0 0 0，试进行二项分布检验。

SPSS 分析过程：

（1）打开数据文件例 3-3 数列.sav。

（2）选择【分析（A）】→【非参数检验（N）】→【旧对话框】→【二项式（B）】，打开二项式检验对话框，【检验变量列表（T）】选择对应变量“数列 x”，【检验比例（E）】为默认 0.50。

（3）点击【确定】，得出主要结果并分析。

如表 3-3 所示为二项式检验双侧精确显著性 $p=0.007<0.05$，尚不能认为数列 x 服从平均概率为 0.5 的二项分布。

表 3-3　二项式检验

		类别	N	观察比例	检验比例	精确显著性（双侧）
数列 x	组 1	0	13	0.87	0.50	0.007
	组 2	1	2	0.13		
	总数		15	1.00		

3.3.3　卡方检验

单个样本方差同质性检验可采用卡方检验，根据一个样本的方差 s^2，检验它所属总体方差 σ^2 与某特定总体方差 σ_0^2 有无显著差异。

$$\chi^2=\frac{(n-1)s^2}{\sigma_0^2}$$

卡方检验的判定依据：

Excel 电子表提供了两个基于 χ^2 分布的概率插入函数：CHIINV 和 CHIDIST，分别可以计算临界 χ^2 值和 χ^2 值对应的概率值。

$$p=\text{CHIDIST}(\chi^2, n-1)$$

（1）当 $p<\alpha$，拒绝 H_0，接受 H_A；

（2）当 $p > \alpha$，接受 H_0，拒绝 H_A。

✧ **例 3-4**　某农田受重金属污染，抽样测定 8 个土样的铅浓度方差为 $0.150(\mu g/g)^2$，试检验该农田铅浓度方差是否与正常农田铅浓度方差 $0.065(\mu g/g)^2$ 相同。

假设 H_0：$\sigma^2 = 0.065$，H_A：$\sigma^2 \neq 0.065$

$$\chi^2 = \frac{(n-1)s^2}{\sigma_0^2} = 16.15$$

$$p(\chi^2 > 16.15) = \text{CHIDIST}(16.15, 7) = 0.02 < 0.05$$

故 H_0 成立的概率小于 0.05，拒绝 H_0 接受 H_A。该农田铅浓度方差与正常农田有显著性差异。

3.3.4　游程检验

游程检验（runs test）又称连检验，是对二分变量的随机检验，用于判断一个变量中两个值出现的顺序是否为随机。游程（run）是指对于两个分类变量，连续数个相同观测值的一个序列。根据游程检验，如果两个值的出现顺序是随机的，那么游程数量适中；游程太多或太少的样本不是随机样本。

✧ **例 3-5**　某村由于水源污染发现某种地方病。住户沿水源排列，调查后对 12 家病户标以“1”，20 家非病户标以“0”，试分析病户的分布是否具有随机性。

SPSS 分析过程：

（1）打开数据文件例 3-5 病户分布.sav。

（2）选择【分析（A）】→【非参数检验（N）】→【旧对话框】→【游程（R）】，打开游程检验对话框，【检验变量列表（T）】选择变量“病户分布”，【割点】选择【中位数】、【众数】、【均值】，【设定（C）】设置为 1。

（3）单击【选项（O）…】，打开游程检验：选项对话框，【统计量】选择【描述性】。

（4）单击【继续】→【确定】，得出主要结果并分析。

如表 3-4 所示，本例的总例数为 32，游程检验游程数为 15，割点为均值，案例＜检验值为 20，案例≥检验值为 12，$p = 0.848 > 0.05$，说明分布是随机的。

表 3-4　游程检验

	病户分布
检验值 [a]	0.38
案例＜检验值	20
案例≥检验值	12

续表

	病户分布
案例总数	32
游程数	15
Z	−0.192
渐近显著性（双侧）	0.848

a. 为均值。

3.3.5　*Z* 检验

1. 单个总体平均数的 *Z* 检验

Z 检验的应用条件：根据一个取自方差（σ^2）已知的正态总体样本资料，或根据一个取自非正态总体或方差未知总体，但容量 $n>30$ 的样本资料，检验该样本所属总体的平均数 μ 与某指定参数 μ_0 的差异显著性。

1）统计数 *Z* 的计算公式

（1）当样本所属正态总体的方差（σ^2）已知时，$z=\dfrac{\bar{x}-\mu_0}{\sigma_{\bar{x}}}$；

（2）当总体方差（σ^2）未知但 $n>30$ 时，可用标准误 $s_{\bar{x}}=\dfrac{s}{\sqrt{n}}$ 替代标准误差 $\sigma_{\bar{x}}$，此时 $z=\dfrac{\bar{x}-\mu_0}{s_{\bar{x}}}$。

2）*Z* 检验的判定依据

Z_α 为用于划分 *Z* 分布的双侧概率为 α 的临界 *Z* 值：

（1）当 $|z|>Z_\alpha$ 时，$p<\alpha$，拒绝 H_0，接受 H_A；

（2）当 $|z|>Z_\alpha$ 时，$p>\alpha$，接受 H_0，拒绝 H_A。

可用 Excel 插入函数进行 *Z* 检验的相关计算：

（1）Z_α = NORMSINV（α）；

（2）p（$Z<z$）= NORMSDIST（z）；

（3）p（$\bar{X}<\bar{x}$）= NORMDIST（$\bar{x}$，μ_0，$\sigma_{\bar{x}}$）或 p（$\bar{X}<\bar{x}$）= NORMDIST（$\bar{x}$，μ_0，$s_{\bar{x}}$）。

✧ **例 3-6**　据环境监测数据，杭州某日前 12 小时空气质量指数 AQI 平均为 70，标准差为 20，由于午后下雨，下午 18 时测得 9 个监测点的平均 AQI 为 52。此次降雨对空气质量是否有影响？

此处应用双侧检验：

$$H_0: \mu = 70，H_A \neq 70，\alpha = 0.05$$
$$\mu_0 = 70，\sigma = 20，n = 9$$

则 $\sigma_{\bar{x}} = \dfrac{20}{\sqrt{9}} = 6.67$，而 $z = \dfrac{\bar{x} - 70}{\sigma_{\bar{x}}} = -2.7$。

判断方法一：

$$|z| \geqslant Z_{0.05} = \text{NORMSINV}(0.975) = 1.96$$

所以拒绝 H_0，接受 H_A。

判断方法二：

p（$Z<-2.7$ 或 $Z>2.7$）$=2\times p$（$Z<-2.7$）$=2\times$NORMSDIST(−2.7)$=0.006934<0.05$。所以拒绝 H_0，接受 H_A。

由此可以推断，此次降雨对空气质量有显著影响。

2. 两个总体平均数的 Z 检验

两个总体平均数比较是根据平均数 $\bar{x}_1$ 与 $\bar{x}_2$ 之差，检验所属总体的平均数 μ_1 与 μ_2 的差异显著性。

1）统计数 Z 的计算公式

（1）当两正态总体方差 σ_1^2 与 σ_2^2 已知时，两样本平均数的差数总体（$\bar{X}_1 - \bar{X}_2$）～N（$\mu_1-\mu_2$，$\sigma_{\bar{x}_1-\bar{x}_2}^2$），假设 H_0：$\mu_1 = \mu_2$ 或 $\mu_1-\mu_2 = 0$，则有

$$z = \frac{(\bar{x}_1 - \bar{x}_2) - (\mu_1 - \mu_2)}{\sigma_{\bar{x}_1-\bar{x}_2}}$$

其简式为

$$z = \frac{\bar{x}_1 - \bar{x}_2}{\sigma_{\bar{x}_1-\bar{x}_2}} \quad (\text{以 } H_0: \mu_1 = \mu_2 \text{ 为前提})$$

式中，

$$\sigma_{\bar{x}_1-\bar{x}_2} = \sqrt{\frac{\sigma_1^{\ 2}}{n_1} + \frac{\sigma_2^{\ 2}}{n_2}}$$

（2）当两正态总体方差 σ_1^2 与 σ_2^2 未知，n_1 与 n_2 均大于 30 时，（$\bar{X}_1 - \bar{X}_2$）近似服从正态分布，可用两样本的方差代替总体方差：

$$z = \frac{\bar{x}_1 - \bar{x}_2}{s_{\bar{x}_1-\bar{x}_2}}, \quad s_{\bar{x}_1-\bar{x}_2} = \sqrt{\frac{s_1^{\ 2}}{n_1} + \frac{s_2^{\ 2}}{n_2}}$$

2）Z 检验的判定依据

（1）当 $|z| > Z_\alpha$ 时，$p<\alpha$，拒绝 H_0，接受 H_A；

（2）当 $|z| < Z_\alpha$ 时，$p>\alpha$，接受 H_0，拒绝 H_A。

✧ **例 3-7**　根据全国重要水库 6 月和 12 月营养状态指数的数据，试分析冬季和夏季水质营养状态有无显著差异。

假设 H_0：$\mu_1=\mu_2$，则 H_A：$\mu_1\neq\mu_2$

6 月营养状态指数的平均数 $\overline{x}_1=37.2$，标准差 $\sigma_1=9.21$。

12 月营养状态指数的平均数 $\overline{x}_2=35.6$，标准差 $\sigma_2=8.76$。

计算：

$$\sigma_{\overline{x}_1-\overline{x}_2}=\sqrt{\frac{{\sigma_1}^2}{n_1}+\frac{{\sigma_2}^2}{n_2}}=1.867$$

$$z=\frac{\overline{x}_1-\overline{x}_2}{\sigma_{\overline{x}_1-\overline{x}_2}}=8.57$$

$$|z|<Z_{0.05}=\text{NORMSINV}(0.975)=1.96$$

接受 H_0，拒绝 H_A，冬季水质和夏季无明显差异。

Excel 分析过程：

（1）打开数据 Excel 电子表格例 3-7 水库.xlsx。

（2）点击主菜单【文件】→【选项】，打开选项对话框，单击【加载项】→【转到】，选择【分析工具库】，单击【确定】。

（3）点击主菜单【数据】→【数据分析】，打开【分析工具（A）】，选择【z-检验：双样本平均差检验】，单击【确定】。

（4）剔除无效数据，选择变量区域，得出结果并分析。

根据双侧检验（表 3-5）进行判断，$|z|<Z_{0.05}=1.96$，故接受 H_0，拒绝 H_A，得到结论：冬季水质和夏季无明显差异。

表 3-5　*Z* 检验：双样本均值分析

	变量 1	变量 2
平均	37.218	35.64419
已知协方差	84.88	76.66
观测值	50	43
假设平均差	0	
z	0.843605	
$p(Z\leqslant z)_{单尾}$	0.199445	
$z_{单尾临界}$	1.644854	
$p(Z\leqslant z)_{双尾}$	0.39889	
$z_{双尾临界}$	1.959964	

3.3.6 t检验

1. 单个总体平均数的 t 检验

t 检验的应用条件：根据一个抽自方差（σ^2）未知的正态总体且容量 $n<30$ 的样本，检验该样本所属总体的平均数 μ 与某指定参数 μ_0 的差异显著性。

1）统计数 t 的计算公式

$$t = \frac{\overline{x} - \mu_0}{s_{\overline{x}}}, \mathrm{df} = n - 1$$

2）t 检验的判定依据

$t_\alpha(\mathrm{df})$即 $t_\alpha(n-1)$，表示自由度为 $\mathrm{df} = n-1$ 的 t 分布中双侧概率为 α 的临界 t 值：

（1）当$|t|>t_\alpha(n-1)$时，$p<\alpha$，拒绝 H_0，接受 H_A；

（2）当$|t|<t_\alpha(n-1)$时，$p>\alpha$，接受 H_0，拒绝 H_A。

可用 Excel 插入函数 TINV 和 TDIST 进行 t 检验的相关计算：

（1）$t_\alpha(\mathrm{df}) = \mathrm{TINV}(\alpha, \mathrm{df})$;

（2）$p(|t|>x)= \mathrm{TDIST}(x, \mathrm{df}, 2)$或 $p(t>x) = \mathrm{TDIST}(x, \mathrm{df}, 1)$（$x$ 为 t 的任意正值）。

✧ **例 3-8** 已知某污水处理厂出水中 COD 含量为 56.22mg/L，现用某方法测定该水样 10 次，测定结果分别为：55.29mg/L、57.33mg/L、54.95mg/L、56.81mg/L、58.95mg/L、56.62mg/L、55.84mg/L、59.94mg/L、56.10mg/L、60.42mg/L，均值为 57.23mg/L，标准差为 1.92mg/L。试在 $\alpha = 0.05$ 水平下检验采用该方法的测定结果与 COD 含量真值之间的差异是否有显著性。

假设 H_0：$\mu = 56.22$，H_A：$\mu \neq 56.22$，$\alpha = 0.05$，已知，$\overline{x} = 57.23$，$s = 1.92$，$\mu_0 = 56.22$，$n = 10$，$\mathrm{df} = 10 - 1 = 9$，则 $s_{\overline{x}} = \dfrac{1.92}{\sqrt{10}} = 0.607$，则 $t = \dfrac{\overline{x} - \mu_0}{s_{\overline{x}}} = 1.664$

方法一：

$$|t| = 1.664 < t_{0.05}(9) = \mathrm{TINV}(0.05, 9) = 2.26$$

方法二：

$$p(|t| > 1.664) = \mathrm{TDIST}(1.664, 9, 2) = 0.130 > 0.05$$

所以 H_0 成立的概率大于 0.05，接受 H_0，拒绝 H_A。

2. 两个总体平均数的 t 检验

当两正态总体方差 σ_1^2 与 σ_2^2 未知，n_1 与 n_2 均大于 30 时，可以用统计数 t 分布对两样本平均数的差异进行假设检验。

1）统计数 t 的计算公式

（1）当两正态总体方差 σ_1^2 与 σ_2^2 未知，两总体方差齐性时：

$$\sigma_1^2=\sigma_2^2=\sigma^2$$

$$t=\frac{\overline{x}_1-\overline{x}_2}{s_{\overline{x}_1-\overline{x}_2}},s_{\overline{x}_1-\overline{x}_2}=\sqrt{\frac{s_e^2}{n_1}+\frac{s_e^2}{n_2}}$$

其中，合并方差 $s_e^2=\dfrac{{s_1}^2\bullet \mathrm{df}_1+s_2^2\bullet \mathrm{df}_2}{n_1+n_2-2}=\dfrac{ss_1+ss_2}{n_1+n_2-2}$

（2）当两正态总体方差 σ_1^2 与 σ_2^2 未知，两总体方差不齐性时，用两个样本方差 s_1^2 和 s_2^2 分别估计总体方差 σ_1^2 和 σ_2^2：

$$z=\frac{\overline{x}_1-\overline{x}_2}{s_{\overline{x}_1-\overline{x}_2}},s_{\overline{x}_1-\overline{x}_2}=\sqrt{\frac{{s_1}^2}{n_1}+\frac{{s_2}^2}{n_2}}$$

自由度矫正：$\mathrm{df}'=\dfrac{1}{\dfrac{k^2}{\mathrm{df}_1}+\dfrac{(1-k^2)}{\mathrm{df}_2}}$，其中，$k=\dfrac{{s_{\overline{x}_1}}^2}{{s_{\overline{x}_1}}^2+{s_{\overline{x}_2}}^2}$。

2）t 检验的判定依据

（1）当 $|t|>t_\alpha(n_1+n_2-1)$ 时，$p<\alpha$，拒绝 H_0，接受 H_A；

（2）当 $|t|<t_\alpha(n_1+n_2-1)$ 时，$p>\alpha$，接受 H_0，拒绝 H_A。

✧ **例 3-9**　某人研究两种萃取条件下土壤中某有机污染物的提取率，每种方法重复 6 次，完全随机设计，试分析两种条件的提取率有无显著差异。

假设 H_0：$\mu_1=\mu_2$，H_A：$\mu_1\neq\mu_2$

$$\overline{x}_1=42.4,\ \ \overline{x}_2=47.5$$

$$s_1^2=1.56,\ \ s_2^2=1.32$$

计算：

$$ss_1={s_1}^2\cdot(n_1-1)=7.8$$

$$ss_2={s_2}^2\cdot(n_2-1)=6.6$$

$$s_{\overline{x}_1-\overline{x}_2}=\sqrt{\frac{s_e^2}{n_1}+\frac{s_e^2}{n_2}}=0.69$$

$$t=\frac{\overline{x}_1-\overline{x}_2}{s_{\overline{x}_1-\overline{x}_2}}=-7.39$$

$$\mathrm{df}=n_1+n_2-2=10$$

$$t>t_{0.05}(10)=2.228\text{ 故 }p<0.05$$

因此，否定 H_0，接受 H_A，两种萃取条件下的提取率有显著性差异，其中提取条件 1 的提取率显著高于条件 2。

Excel 分析过程：

（1）打开数据 Excel 电子表格例 3-9 萃取.xslx。

（2）进行方差是否齐性的判断，单击主菜单【数据】→【数据分析】，打开数据分析对话框，选择【F-检验　双样本方差】，单击【确定】，弹出如图 3-7 和表 3-6 所示对话框和分析表。

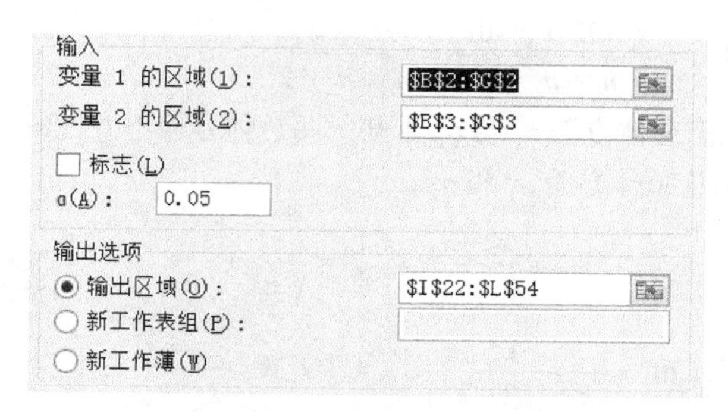

图 3-7　*F*-检验　双样本方差对话框

表 3-6　*F*-检验　双样本方差分析

	变量 1	变量 2
平均	42.38333	47.5
方差	1.557667	1.32
观测值	6	6
df	5	5
F	1.180051	
$p(F\leqslant f)_{单尾}$	0.430134	
$F_{单尾临界}$	5.050329	

$p(F\leqslant f)_{单尾}=0.43>0.05$，判定两方差齐性。

（3）点击主菜单【数据】→【数据分析】，打开数据分析对话框，选择【t-检验：双样本等方差假设】，单击【确定】。

（4）选定变量区域，生成 *t*-检验：双样本等方差假设的分析结果（表 3-7）。

表 3-7　*t*-检验：双样本均方差假设分析

	变量 1	变量 2
平均	42.38333	47.5
方差	1.557667	1.32

续表

	变量 1	变量 2
观测值	6	6
合并方差	1.438833	
假设平均差	0	
df	10	
t 统计量	−7.38827	
$p(T\leqslant t)_{单尾}$	1.17E−05	
$t_{单尾临界}$	1.812461	
$p(T\leqslant t)_{双尾}$	2.35E−05	
$t_{双尾临界}$	2.228139	

用双侧检验进行判断，$|t|>t_{0.05}(10)=2.228$，故拒绝 H_0，接受 H_A，得到结论：两种萃取条件对有机污染物的提取率有显著性差异。

SPSS 分析过程：

（1）打开数据文件例 3-9 萃取.sav，变量：提取率（%），分组（条件 1：1，条件 2：2）。

（2）选择【分析（A)】→【比较均值（M)】→【独立样本 T 检验（T)】，打开独立样本 t 检验对话框。【检验变量（T)】选择【提取率】;【分组变量（G)】选择【分组（1 2)】。

（3）点击【定义组（D）...】，打开定义组对话框，选择【使用指定值（U)】，分别将【组 1（1)】和【组 2（2)】设置为 1 和 2。

（4）点击【继续】→【确定】，得出主要结果并分析（表 3-8）。

表 3-8　独立样本检验

		方差方程的 Levene 检验		均值方程的 t 检验						
		F	显著性	t	自由度	Sig.（双侧）	均值差值	标准误差值	差分的 95%置信区间	
									下限	上限
提取率	假设方差相等	0.123	0.733	−7.388	10	0.000	−5.11667	0.69254	−6.65974	−3.57359
	假设方差不等			−7.388	9.932	0.000	−5.11667	0.69254	−6.66117	−3.57216

表 3-8 方差方程的 Levene 检验结果：假设方差相等，$F=0.123$，Sig. = 0.733 >

0.05，故两种萃取条件的方差相等。均值方程的 t 检验结果：$t=-7.388$，$\mathrm{df}=10$，显著性≈0.000＜0.05，故拒绝 H_0，接受 H_A，得到结论：两种萃取条件对该有机污染物的提取率有显著性差异。表 3-9 显示第 2 种萃取方法提取率高于第 1 种。

表 3-9　组统计量

	分组	N	均值	标准差	均值的标准误
提取率	1.00	6	42.3833	1.24807	0.50952
	2.00	6	47.5000	1.14891	0.46904

3. 配对数据均数比较的 t 检验

1）采用配对设计方法适用于以下几种情形：

（1）两个同质受试对象分别接受两种不同的处理；

（2）同一受试对象接受两种不同的处理；

（3）同一受试对象处理前后。

2）统计数 t 的计算公式

（1）差数平均数：
$$(\bar{d})=\frac{1}{n}\sum_{i=1}^{n}d_i$$

（2）差数标准差：
$$(s_d)=\sqrt{\frac{\sum_{i=1}^{n}(d_i-\bar{d})^2}{n-1}}$$

（3）差数平均数的标准误：
$$(s_{\bar{d}})=\frac{s}{\sqrt{n}}$$

（4）统计数：
$$t=\frac{\bar{d}-\mu_{\bar{d}}}{s_{\bar{d}}}=\frac{\bar{d}}{s_{\bar{d}}}$$

3）判定依据

假设 H_0：$\mu_{\bar{d}}=0, H_A$：$\mu_{\bar{d}}\neq 0$

（1）当 $|t|>t_\alpha$ 时，$p<\alpha$，拒绝 H_0，接受 H_A；

（2）当 $|t|<t_\alpha$ 时，$p>\alpha$，接受 H_0，拒绝 H_A。

✧ **例 3-10**　为了解某河流水体中砷含量以及鉴别两种测定方法的效果，某研究所对该河流取 10 个采样点，分别用甲、乙两种检验方法进行测定，比较两种方法测定结果有无显著性差异。

假设 H_0：$\mu_{\bar{d}}=0, H_A$：$\mu_{\bar{d}}\neq 0, \alpha=0.05$，$n=10, \mathrm{df}=n-1=9$

计算：

$$\bar{d}=0.01822,\quad s_d=0.01442,\quad s_{\bar{d}}=0.00456$$

$$t=\frac{\bar{d}-\mu_{\bar{d}}}{s_{\bar{d}}}=\frac{\bar{d}}{s_{\bar{d}}}=3.996$$

$$p(t>3.996)=\text{TDIST}(3.996, 9, 1)=0.00157<0.05$$

故拒绝 H_0，接受 H_A。两方法测定结果有显著性差异。

Excel 分析过程：

（1）打开数据 Excel 电子表格例 3.10 砷.xslx。

（2）点击主菜单【数据】→【数据分析】，选择【t-检验：平均值的成对二样本分析】，单击【确定】。

（3）选定变量区域，生成 t-检验：平均值的成对二样本分析的分析结果（表 3-10）。

用双侧检验进行判断，p（$T\leqslant t$）= 0.003＜0.05，故拒绝 H_0，接受 H_A，得到结论：两方法测定结果有显著性差异。

表 3-10　t-检验：平均值的成对二样本分析

	变量 1	变量 2
平均	0.00874	0.02696
方差	4.65×10^{-5}	0.000444
观测值	10	10
泊松相关系数	0.983062	
假设平均差	0	
df	9	
t 统计量	−3.99667	
$p(T\leqslant t)_{单尾}$	0.001563	
$t_{单尾临界}$	1.833113	
$p(T\leqslant t)_{双尾}$	0.003126	
$t_{双尾临界}$	2.262157	

SPSS 分析过程：

（1）打开数据文件例 3.10 砷.sav，变量名分别为甲、乙。

（2）依次选择【分析（A）】→【比较均值（M）】→【配对样本 T 检验（P）】，打开配对样本 t 检验主对话框。

【成对变量（V）】:【Variable 1】选择甲，【Variable 2】选择乙。

（3）单击【确定】，得出主要结果并分析（表 3-11）。

表 3-11　成对样本统计量

		均值	N	标准差	均值的标准误
对 1	甲	0.008740	10	0.0068222	0.0021574
	乙	0.026960	10	0.0210685	0.0066625

成对样本相关系数：相关系数为 0.983，显著性≈0.000＜0.005，存在显著相关性（表 3-12）。

表 3-12　成对样本统计量

		N	相关系数	显著性
对 1	甲和乙	10	0.983	0.000

成对样本检验结果见表 3-13，可知甲和乙配对差值的平均值为–0.1822，标准差为 0.0144，$t = -3.997$，df = 9，显著性 = 0.003＜0.05，故拒绝 H_0，接受 H_A，得到结论：两方法测定结果有显著性差异。

表 3-13　成对样本检验

		成对差分					t	自由度	显著性（双侧）
		均值	标准差	均值的标准误	差分的 95%置信区间				
					下限	上限			
对 1	甲-乙	–0.0182	0.0144	0.0046	–0.0285	–0.0079	–3.997	9	0.003

第 4 章　环境数据参数检验——t 检验

4.1　t 检验概述

4.1.1　t 检验的概念

t 检验，也称 student t 检验（student's t test），是用 t 分布理论来推论差异发生的概率，从而比较两个样本的平均数差异是否显著。t 检验主要用于小样本（样本容量小于 30）以及总体标准差 σ 未知的正态分布，在样本量极大时近似正态分布。理论上，即使样本量很小（样本容量小于 10）时，只要每个样本中变量呈正态分布，两个样本的方差不会明显不同，也可以进行 t 检验，但实际分析中容易犯第一类错误（即弃真错误）。

t 检验分为单总体检验和双总体检验。单总体检验即单样本检验，检验一个样本的均值与已知总体均值的差异是否显著。双总体检验是检验两个样本的均值与其分别代表的总体差异是否显著，分为配对样本 t 检验和两独立样本 t 检验两种情况。配对样本 t 检验，即相关样本均值差异的显著性检验，用于检验两组匹配样本的数据或同组样本在不同条件下的数据差异性。两独立样本 t 检验，即独立样本均值的显著性检验，用于检验两组独立样本数据的差异性。

4.1.2　t 检验的适用条件

（1）样本来自正态或近似正态总体；

（2）连续变量，随机样本（样本容量小于 30）；

（3）已知一个总体均值（单总体检验）；

（4）两个样本所属总体方差齐性（双总体检验）。

在进行 t 检验时，需要区分单侧检验和双侧检验，可根据检验要求选择不同方式（参见 3.2.3 节）。单侧检验的界值小于双侧检验的界值，因此更容易拒绝，犯第一类错误的可能性更大。t 检验中的 p 值是接受两平均数存在差异这个假设犯错的概率，p 越小，越有理由说明两个样本有差异。

科研实践中，经常需要对两个以上样本进行比较，或含有多个自变量并控制各个自变量单独效应后的各样本间的比较，此时，慎用 t 检验，需要用方差分析进行数据分析。

4.2 单样本 t 检验

4.2.1 单样本 t 检验概述

单样本 t 检验将单个变量的样本均值 μ 与假定的常数 μ_0（一般为理论值、标准值或经验值等）相比较，通过检验判断样本均值与假定常数有无差别。对于每个检验变量，生成的统计量包括均值、标准差、均值的标准误、每个数据值和假设的检验值之间的平均差、检验差值为 0 的 t 检验以及此差值的置信区间。

单样本 t 检验统计量为

$$t=\frac{\overline{x}-\mu}{\frac{\sigma_x}{\sqrt{n-1}}}$$

式中，$\overline{x}=\frac{\sum_{i=1}^{n}x_i}{n}$ 为样本平均数，$i=1,\cdots,n$；$\sigma_x=\sqrt{\frac{\sum_{i=1}^{n}(x_i-\overline{x})^2}{n-1}}$ 为样本标准偏差；n 为样本数。该统计量 t 在零假说 $\mu=\mu_0$ 为真的条件下服从自由度为 $n-1$ 的 t 分布。

单样本 t 检验要求样本呈正态分布，可以在 SPSS 中的【分析（A）】→【非参数检验（N）】→【单样本（O）…】中用 K-S 检验法，或观察直方图、P-P 图，Q-Q 图或根据偏度峰度法分析。但是根据中心极限定理，即使原数据不符合正态分布，只要样本量足够大，样本均数仍是正态分布的，因此只要数据不是强烈的偏正态或存在明显的极端值，都可以使用单样本 t 检验。

4.2.2 SPSS 分析过程

✧ **例 4-1** 已知某土壤中 $CaCO_3$ 含量为 56.22g/kg，现用某方法测定该土样 10 次，测定结果分别为：55.29g/kg、57.33g/kg、54.95g/kg、56.81g/kg、58.95g/kg、56.62g/kg、55.84g/kg、59.94g/kg、56.10g/kg、60.42g/kg，均值为 57.23g/kg，标准差为 1.92g/kg。试在 $\alpha=0.05$ 水平下检验采用该方法的测定结果与 $CaCO_3$ 含量真值之间的差异是否有显著性。

（1）打开数据文件例 4-1 土壤.sav，变量：$CaCO_3$ 含量。

（2）选择【分析（A）】→【比较均值（M）】→【单样本 T 检验（S）…】，打开单样本 t 检验对话框。

【检验变量（T）】选择 $CaCO_3$ 含量。【检验值（V）】设置为 56.22。

（3）点击【选项（O）...】，打开选项对话框（图 4-1）。

【置信区间百分比（C）】显示平均值与假设检验值之差的置信区间，需设置 1～99 之间的数值，默认为 95%，本例设置为 95%。

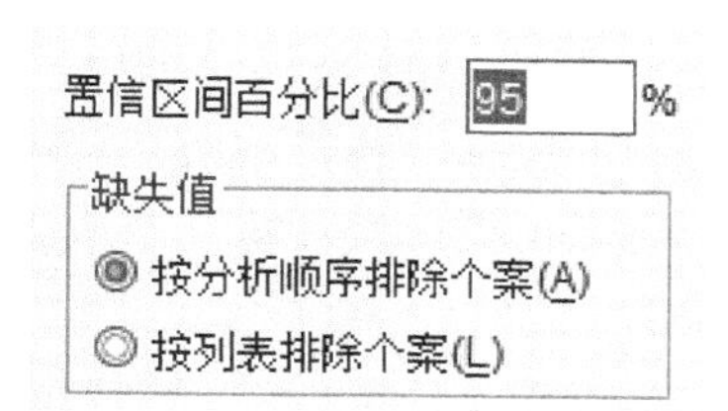

图 4-1　单样本 t 检验：选项对话框

【缺失值】：1 个或以上检验变量有缺失值时可以选择以下两种处理方法：【按分析顺序排除个案（A）】，每个 t 检验均使用检验变量的全部有效数据，各检验的样本量可能不同。【按列表排除个案（L）】，所有 t 检验的变量均为有效数据的个案才参与统计，各检验样本量相同。本例选择【按分析顺序排除个案（A）】。

（4）单击【继续】→【确定】，得到主要结果并分析（表 4-1 和表 4-2）。

表 4-1　单个样本统计量

	N/次	均值/(g/kg)	标准差/(g/kg)	均值的标准误
$CaCO_3$ 含量	10	57.2250	1.92088	0.60743

表 4-2　单个样本检验

	检验值 = 56.22					
	t	自由度	显著性（双侧）	均值差值/(g/kg)	差分的 95%置信区间	
					下限	上限
$CaCO_3$ 含量	1.655	9	0.132	1.00500	−0.3691	2.3791

单个样本检验结果表明，$CaCO_3$ 含量与真实值 56.22g/kg 的平均差为 1.005g/kg，$t = 1.655$，自由度 df = 9，显著性 = 0.132＞0.05，测定结果与 $CaCO_3$ 含量真值之间的差异并不显著。

4.3　两独立样本 t 检验

4.3.1　两独立样本 t 检验概述

两独立样本 t 检验也称成组 t 检验，利用两个总体的独立样本，推断两个总体的均值是否存在显著差异。在实际生活中，人们经常对两独立样本的总体均值是否相等感兴趣，如儿童与成人体内的污染物含量是否相等？两独立样本 t 检验的

检验步骤与单样本 t 检验相同，检验前提是两个样本相互独立，且均来自于正态分布的总体，各样本所在总体方差相等，且各观察值之间相互独立。独立性的检验可以根据现实环境判断或进行卡方检验，方差齐性对结果影响很大，必须进行检验。

两独立样本 t 检验统计量为

$$t=\frac{\overline{x}_1-\overline{x}_2}{\sqrt{\dfrac{(n_1-1)S_1^2+(n_2-1)S_2^2}{n_1+n_2-2}\left(\dfrac{1}{n_1}+\dfrac{1}{n_2}\right)}}$$

式中，S_1^2 和 S_2^2 分别为两样本方差；n_1 和 n_2 分别为两样本容量。

4.3.2 软件分析过程

新建或打开一个数据文件后，即可在 Excel 或 SPSS Statistics 数据编辑器窗口中对一组数据进行探索分析，下面以两组健康和患矮病的小麦（简称健株和病株）株高为例进行探索分析，具体操作步骤如下。

✧ **例 4-2** 随机调查了 13 株健康和 15 株患矮病的植株高度，试对此进行两独立样本 t 检验。

Excel 分析过程：

（1）打开数据文件例 4-2 株高.xlsx。

（2）进行方差是否齐性的判断，选择【数据】→【数据分析】，打开数据分析对话框，选择【F-检验 双样本方差】→【确定】。

（3）F 检验 双样本方差分析结果如表 4-3 所示。

表 4-3 *F*-检验 双样本方差分析结果

	变量 1	变量 2
平均	48.52	35.24
方差	179.6	163.6
观测值	13	15
自由度	12	14
F	1.098	
$p(F\leqslant f)_{单尾}$	0.429	
$F_{单尾临界}$	2.534	

$p(F \leqslant f)_{单尾} = 0.429 > 0.05$，判定两方差齐性。

（4）选择【数据】→【数据分析】，打开数据分析对话框，选择【t-检验：双样本等方差假设】，打开 t-检验：双样本等方差假设对话框。

【假设平均差（E）】设置为 0。

（5）单击【确定】，得到主要结果并分析（表 4-4）。

表 4-4　t-检验：双样本等方差假设

	变量 1	变量 2
平均	48.52308	35.24
方差	179.5986	163.6011
观测值	13	15
合并方差	170.9846	
假设平均差	0	
自由度	26	
t 统计量	2.680764	
$p(T \leqslant t)_{单尾}$	0.006291	
$t_{单尾临界}$	1.705618	
$p(T \leqslant t)_{双尾}$	0.012583	
$t_{双尾临界}$	2.055529	

用双尾检验进行判断，$|t\ 统计量| > t_{双尾临界} = 2.056$，得到结论：健株和病株的株高有显著性差异；又根据两组数据的平均值大小，可得出结论：健株株高显著高于病株。

SPSS 分析过程：

（1）打开数据文件例 4-2 株高.sav，输入数据时，两个样本的数据在一列变量中，另外一列作为分组变量。本例变量：分组（1：健株，2：病株），株高（cm）。

（2）选择【分析（A）】→【比较均值（M）】→【独立样本 T 检验（I）…】，打开独立样本 t 检验对话框。

【检验变量（T）】可选择 1 个及以上变量，本例为株高。

【分组变量（G）】可选择数值或字符串变量，本例为分组（1 2）。

（3）单击【定义组（D）…】，打开定义组对话框，见图 4-2。

【使用指定值（U）】需要根据分组变量为【组 1】和【组 2】设置数值或相应的字符，不统计含其他数值或字符串的个案。本例设置【组 1】为 1，【组 2】为 2。

【分割点（C）】仅适用于分组变量为数值变量的情况，分组变量大于等于分割点的个案组成一组，小于分割点的个案组成一组。

（4）单击【继续】→【选项（O）…】，打开选项对话框，见图 4-3。

图 4-2　定义组对话框

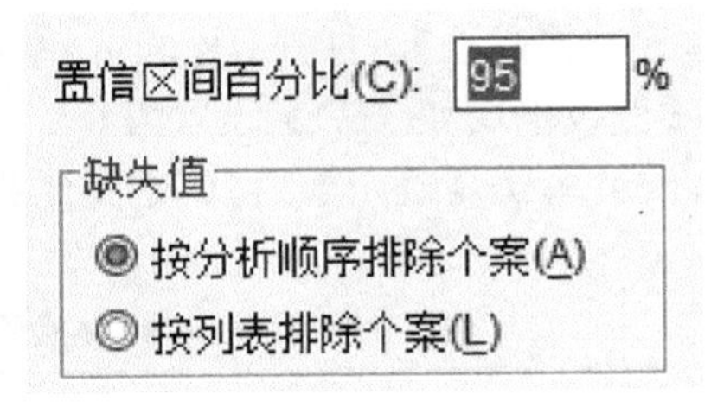

图 4-3　独立样本 t 检验：选项对话框

【置信区间百分比（C）】默认为 95%，【缺失值】可选择【按分析顺序排除个案（A）】或【按列表排除个案（L）】。

（5）单击【继续】→【确定】，得到主要结果并分析。

表 4-5 组统计显示健株、病株两组数据的平均值分别为 48.523cm 和 35.240cm，标准偏差分别为 13.4014 和 12.7907，标准误差平均值分别为 3.7169 和 3.3025。

表 4-5　组统计

	分组	数字	平均值（E）/cm	标准偏差	标准误差平均值
株高	1	13	48.523	13.4014	3.7169
	2	15	35.240	12.7907	3.3025

表 4-6 独立样本检验包括健株、病株两组数据的方差相等性检验和平均值相等性的 t 检验。方差相等性检验显示 $p = 0.993 > 0.05$，即健株、病株高度方差齐性；平均值相等性的 t 检验显示两组的 t 值、自由度、95%置信区间等，且显著性（双尾）为 $0.013 < 0.05$，可认为差异有统计学意义，又根据两组数据的均值，可得出结论：健株株高显著高于病株。

表 4-6　独立样本检验

		方差相等性检验		平均值相等性的 t 检验						
		F	显著性	t	自由度	显著性（双尾）	平均差	标准误差差值	差值的 95%置信区间	
									下限	上限
株高	已假设方差齐性	0.000	0.993	2.681	26	0.013	13.2831	4.9550	3.0980	23.4681
	未假设方差齐性			2.672	25.046	0.013	13.2831	4.9721	3.0438	23.5224

4.4　配对样本 t 检验

4.4.1　配对样本 t 检验概述

配对样本 t 检验可视为单样本 t 检验的扩展，用于检验两配对总体的均值是否具有显著性差异，即配对变量的差值是否等于 0（如用药前和用药后的两个人群的样本、同一样品用两种方法的比较）。配对样本 t 检验前提是各个样本均来自正态分布的总体且配对，并且两个样本所属总体方差相等。

若两群配对样本 x_{1i} 与 x_{2i} 之差为 $d_i = x_{1i} - x_{2i}$ 独立且来自常态分配，则 d_i 的母体期望值 μ 是否为 μ_0 可利用以下统计量判断：

$$t = \frac{\bar{d} - \mu_0}{S_d / \sqrt{n}}$$

式中，$i = 1, \cdots, n; \bar{d} = \frac{\sum_{i=1}^{n} d_i}{n}$，为配对样本差值的平均数；$S_d = \sqrt{\frac{\sum_{i=1}^{n}(d_i - \bar{d})^2}{n-1}}$ 为配对样本差值的标准偏差；n 为配对样本数。该统计量 t 在零假说 $\mu = \mu_0$ 为真的条件下服从自由度为 $n-1$ 的 t 分布。

4.4.2　软件分析过程

新建或打开一个数据文件后，即可在 Excel 或 SPSS Statistics 数据编辑器窗口中对一组数据进行分析，下面以克山病患者患病前后的血磷值进行探索分析，具体操作步骤如下。

✧ **例 4-3**　随机调查了 11 例克山病患者患病前后的血磷值（mmol/L），试对此进行两配对样本 t 检验。

Excel 分析过程：

（1）打开数据文件例 4-3 血磷值.xls。

（2）进行方差齐性检验，详见例 4-2，本例两样本总体方差齐性。选择【数据】→【数据分析】，打开数据分析对话框，选择【t-检验：平均值的成对二样本分析】，打开 t-检验：平均值的成对二样本分析对话框。

【假设平均差（E）】设置为 0。

（3）单击【确定】，得到主要结果并分析（表 4-7）。

表 4-7　t-检验：成对二样本均值分析

	变量 1	变量 2
平均	1.08	1.494545
方差	0.10996	0.192287
观测例数	11	11
皮尔逊相关系数	0.984118	
假设平均差	0	
df	10	
t 统计量	−10.8535	
$p(T\leqslant t)_{单尾}$	3.73×10^{-7}	
$t_{单尾临界}$	1.812461	
$p(T\leqslant t)_{双尾}$	7.47×10^{-7}	
$t_{双尾临界}$	2.228139	

用双尾检验进行判断，$|t$ 统计量$|>t_{双尾临界}=2.228$，得到结论：克山病患者患病前和患病后的血磷值有显著性差异；又根据两组数据的平均值大小，可得出结论：克山病患者患病后血磷值高于患病前血磷值。

SPSS 分析过程：

（1）打开数据文件例 4-3 血磷值.sav，变量：患病前血磷值（mmol/L）和患病后血磷值（mmol/L）。

（2）选择【分析（A）】→【比较均值（C）】→【配对样本 T 检验（P）…】，打开配对样本 t 检验对话框，见图 4-4。

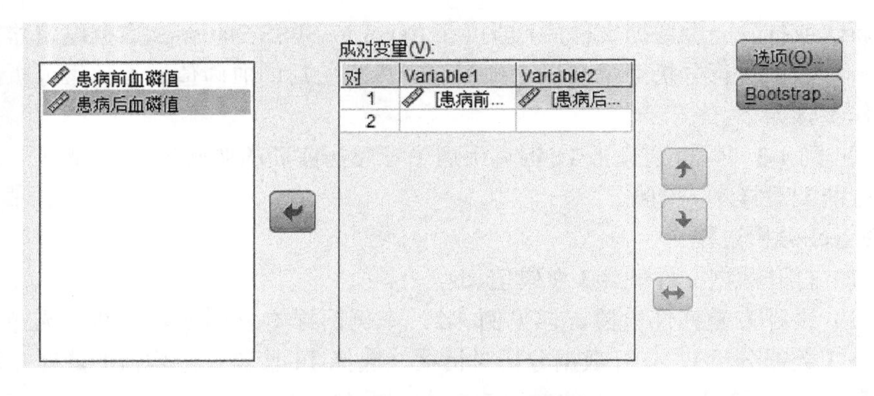

图 4-4　配对样本 t 检验对话框

【成对变量（V）】需设置定距或定比变量，可选择 1 对及以上配对变量，如有多个配对变量，可重复选择，每对样本给出一个 t 检验结果。本例只有 1 对配对变量，为患病前血磷值（mmol/L）和患病后血磷值（mmol/L）。

（3）单击【继续】→【选项（O）…】，同 4.3.2 节 SPSS 分析过程中的步骤（4）。

（4）单击【继续】→【确定】，得到主要结果并分析（表 4-8）。表 4-8 配对样本统计显示，配对样本的平均值分别为 1.0800 和 1.4945，个案数为 11，标准差分别为 0.33160 和 0.43851，标准误差平均值分别为 0.09998 和 0.13221。

表 4-8　配对样本统计

		平均值（E）	数字	标准偏差	标准误差平均值
配对 1	患病前血磷值	1.0800	11	0.33160	0.09998
	患病后血磷值	1.4945	11	0.43851	0.13221

表 4-9 配对样本相关性显示本例配对样本的相关性系数为 0.984，$p = 0.000 < 0.05$，可认为克山病患者患病前后的血磷值存在相关性。

表 4-9　配对样本相关性

		数字	相关系数	显著性
配对 1	患病前血磷值和患病后血磷值	11	0.984	0.000

表 4-10 配对样本检验显示本例自由度为 10，$t = -10.853$，$p = 0.000 < 0.05$，因此可认为克山病患者患病前后血磷值的差别有统计学意义，又因为配对差值平均值为 $-0.41455 < 0$，因此可认为克山病患者患病后血磷值高于患病前血磷值。

表 4-10　配对样本检验

		配对差值					t	自由度	显著性（双尾）
		平均值（E）	标准偏差	标准误差平均值	差值的 95%置信区间				
					下限	上限			
配对 1	患病前血磷值患病后血磷值	−0.41455	0.12668	0.03819	−0.49965	−0.32944	−10.853	10	0.000

第 5 章　环境数据参数检验——方差分析

5.1　方差分析概述

5.1.1　定义和基本概念

方差分析（analysis of variance，ANOVA）又称变异数（variance）分析，由英国统计学家罗纳德·艾尔默·费希尔（Ronald Aylmer Fisher）于 1928 年提出。为纪念 Fisher，方差分析又称为 F 检验。方差分析是 t 检验的延伸与拓展，用于三组及三组以上数据的显著性检验。根据所考虑因素（factor）个数，可把方差分析分为单因素方差分析（one-way ANOVA）、双因素方差分析（two-way ANOVA）和多因素方差分析（multi-way ANOVA）。方差分析的目的是考察或比较各个因素水平对因变量的影响是否相同，实质是分析在误差水平接近的条件下处理组和对照组是否存在显著差异。

5.1.2　基本思想和步骤

方差分析通过把全部观察值间的总变异按设计类型的不同，分解成两个或多个组成部分，然后比较各部分的处理效应（组间变异）与随机误差（组内变异，包括测量误差和个体差异）的 F 值。F 值越大，说明组间差异大，处理起作用；反之，则不起作用，说明差异主要由随机误差导致。

$$F=\frac{s_{\mathrm{t}}^2}{s_{\mathrm{e}}^2}$$

处理效应
误差

误差

方差分析基本步骤：①将试验数据的总平方和与总自由度分解为各变异来源的平方和与自由度；②列方差分析表进行 F 检验，明确各试验效应相对于试验误差的显著性；③当试验效应显著时，对各处理平均数进行多重比较。

处理效应，即不同的处理造成的差异。用变量在试验各组的均值与总均值的偏差平方和表示，记作 $\mathrm{SS_t}$，处理自由度 $\mathrm{df_t}$。

试验误差，如测量误差造成的差异，用变量在试验各组的均值与该组内变量值的偏差平方和的总和表示，记作 SS_e，误差自由度 df_e。

总偏差平方和 $SS_T = SS_t + SS_e$。

$$SS_T = \sum_{i=1}^{k}\sum_{j=1}^{n_i}(y_{ij} - \overline{y})^2 \quad \begin{cases} SS_t = \sum_{i=1}^{k}\sum_{j=1}^{n_i}(\overline{y}_i - \overline{y})^2 \\ SS_e = \sum_{i=1}^{k}\sum_{j=1}^{n_i}(y_{ij} - \overline{y}_i)^2 \end{cases}$$

式中，$n = \sum_{i=1}^{k} n_i$，为实验数据总个数；$\overline{y}_i = \frac{1}{n_i}\sum_{j=1}^{n_i} y_{ij}$，为第 i 处理平均数；$\overline{y}_{..} = \frac{1}{n}\sum_{i=1}^{k}\sum_{j=1}^{n_i} y_{ij}$，为总平均数。

SS_t 和 SS_e 除以各自的自由度［$df_t = k-1$，组间 $df_e = \sum_{i=1}^{k}(n_i - 1)$］得到其均方 S_t^2 和 S_e^2，构成 F 分布，$F = \frac{S_t^2}{S_e^2}$。用 F 值与其临界值比较，推断各样本是否来自相同总体。一种情况是处理效应不显著，S_t^2 / S_e^2 约等于 1，各样本来自相同总体。另一种情况是处理效应显著，S_t^2 / S_e^2 大于 1，组间均方是由误差与不同处理共同导致。

5.1.3　ANOVA 应用

ANOVA 用于推断多个总体均数的差异显著性，通过 ANOVA 可以弄清与研究对象有关的各个因素对该对象是否存在影响及影响的程度和性质。主要用途包括：①均数差别的显著性检验；②分离各有关因素并估计其对总变异的作用；③分析因素间的交互作用。方差分析常用在科学或工程研究领域，如单因素完全随机设计的方差分析、双因素随机区组设计的方差分析、三因素拉丁方设计的方差分析，以及存在交互作用的 R×C 析因设计方差分析。

方差分析的应用条件主要有：①各随机样本相互独立；②各样本服从正态分布；③各样本总体方差相等，即满足方差齐性。方差分析需要考虑设计类型、数据分布、两两比较、独立性等多个方面。尤其需特别关注：①进行方差分析时如主效应显著、交互作用不显著，直接进行多重比较。②如交互作用显著，须进一步进行简单效应检验；如简单效应检验显著，须进行简单简单效应检验。③如具有三个或三个水平以上的因素主效应显著，或简单效应、简单简单效应显著，需进行事后多重比较。进行方差分析通常存在的误区如下：①缺乏对数据的正态性检验，不考虑秩和检验；②两两比较直接采用 t 检验；③采用方差分析处理重复测量资料，增加假阳性错误；④实验设计考虑不够全面。

关于方差分析，基本概念如下。

（1）因素水平（level of factor）：也称因子水平，是针对某个因素设置的不同处理级别。

（2）主效应（main effect）：各试验因素的相对独立作用。

（3）交互作用（interaction）：某一因素在另一因素不同水平上所产生的效应。

（4）简单效应（simple effect）：一个因素水平在另一个因素某个水平上的效应。

（5）简单简单效应（simple simple effect）：一个因素水平在两个或两个以上因素水平上的综合效应，或两个及以上因素在另外一个因素各水平上的交互作用。

（6）一般线性模型（general linear model）：用于分析一个或多个自变量对一个或多个连续性因变量影响的模型，且假设因变量和自变量是线性数量关系。SPSS 软件一般线性模型模块可进行单变量方差分析（univariate）、多变量方差分析（multivariate）、重复测量方差分析（repeated measures）及方差分量分析（variance components）。

（7）固定模型（fixed model）：各个处理的效应值固定，各处理的平均效应是常量且平均效应之和为 0。固定模型侧重效应值的估计和比较。

（8）随机模型（stochastic model）：各处理效应值不固定，由随机因素引起。随机模型侧重效应方差的估计和检验。

（9）混合模型（mix model）：包含固定效应和随机效应。

5.2 单因素方差分析

单因素方差分析（one-way ANOVA），用于完全随机设计的多个样本均值的比较，是检验某单一因素对试验结果有无显著性影响的方法。

5.2.1 数学模型

设因素 A 有 s 个水平 $A_1, A_2, \cdots, A_s$，在水平 $A_j(j = 1, 2, \cdots, s)$下，进行 $n_j(n_j \geqslant 2)$ 次独立试验，得到如表 5-1 所示的结果。

表 5-1　单因素方差分析的数据结构

水平	A_1	A_2	…	A_s
观察结果	y_{11}	y_{12}	…	y_{1s}
	y_{21}	y_{22}	…	y_{2s}

续表

水平	A_1	A_2	…	A_s
观察结果	⋮ $y_{n_1 1}$	⋮ $y_{n_2 2}$	…	⋮ $y_{n_s s}$
样本均值	$\overline{y}_1=\frac{1}{n_1}\sum_{i=1}^{n_1}y_{i1}$	$\overline{y}_2=\frac{1}{n_2}\sum_{i=1}^{n_2}y_{i2}$	…	$\overline{y}_s=\frac{1}{n_s}\sum_{i=1}^{n_s}y_{is}$

可以假定各个水平 A_j 的样本来自具有相同方差 σ^2 的正态总体 $N(\mu_j, \sigma^2)$，且不同水平 A_j 下的样本之间相互独立。

由于 $y_{ij}\sim N(\mu_j, \sigma^2)$，即有 $y_{ij}-\mu_j\sim N(0, \sigma^2)$，故 $y_{ij}-\mu_j$ 可看成是随机误差。记 $y_{ij}-\mu_j=\varepsilon_{ij}$。$y_{ij}$ 可进一步写成

$$\begin{cases} y_{ij}=\mu_j+\varepsilon_{ij}, \\ \varepsilon_{ij}\sim N(0,\ \sigma^2), \end{cases} (i=1,2,\cdots,n_j,\ j=1,2,\cdots,s)$$

设 $\alpha_j=\mu_j-\mu, j=1,2,\cdots,s$，

检验假设：

$$\mathrm{H}_0:\alpha_1=\alpha_2=\cdots=\alpha_s=0\leftrightarrow \mathrm{H}_1:\alpha_1,\alpha_2,\cdots,\alpha_s\text{不全为零}$$

通过平方和分解的方法来给出 F 检验，令

$$\overline{y}=\frac{1}{n}\sum_{j=1}^{s}\sum_{i=1}^{n_j}y_{ij};\quad \mathrm{SS_t}=\sum_{j=1}^{s}n_j(y_j-\overline{y});\quad \mathrm{SS_e}=\sum_{j=1}^{s}\sum_{i=1}^{n_j}(y_{ij}-\overline{y}_j)^2$$

则

$$\mathrm{SS_T}=\sum_{j=1}^{s}\sum_{i=1}^{n_j}(y_{ij}-\overline{y})^2=\mathrm{SS_t}+\mathrm{SS_e}$$

效应平方和 $\mathrm{SS_t}$ 的自由度为 $\mathrm{df_t}=s-1$，误差平方和 $\mathrm{SS_e}$ 的自由度为 $\mathrm{df_e}=n-s$。单位自由度所给出的效应波动量表示为 S_t^2，反映单位自由度所给的误差波动量表示为 S_e^2。

当 $\mathrm{H_0}$ 为真时，

$$F=\frac{S_t^2}{S_e^2}=\frac{\mathrm{SS_t}/(s-1)}{\mathrm{SS_e}/(n-s)}=\frac{\mathrm{SS_t}/(s-1)\sigma^2}{\mathrm{SS_e}/(n-s)\sigma^2}\sim F(s-1,n-s)$$

若 F 值大于或等于 $F_\alpha(s-1,n-s)$，则在水平 α 下拒绝 $\mathrm{H_0}$，否则接受 $\mathrm{H_0}$。

以上方差分析如表 5-2 所示。

表 5-2　单因素试验方差分析表

方差来源	平方和	自由度	均方值	F	F 的临界值
因素 A	$\mathrm{SS_t}$	$s-1$	S_t^2	S_t^2/S_e^2	$F_\alpha(s-1,n-s)$
误差	$\mathrm{SS_e}$	$n-s$	S_e^2		
总和	$\mathrm{SS_T}=\mathrm{SS_t}+\mathrm{SS_e}$	$n-1$			

5.2.2　单因素方差分析的进一步分析

按上述步骤进行基本分析后，还需进行方差齐性检验、多重比较等。如观测变量总体方差无显著差异，说明方差齐性，可直接进行方差分析。如果总体方差有显著性差异，说明不满足方差齐性要求，须进行校正。如控制变量对观测变量产生了显著影响，需进一步采用多重比较等方法检验控制变量的不同水平对观测变量的影响程度。常用多重比较方法有 LSD 方法、Bonferroni 方法、Bonferroni 方法、Tukey 方法和 Scheffe 方法。

若存在某个或多个水平与其他水平均值差异大的情况，需要进一步通过先验对比检验两组数据的均值是否存在显著差异。通常通过差异性分析确定各均值的先验对比检验系数，进而对其线性组合进行检验。通过先验对比检验可更精确地了解各水平间或各相似子集间均值的具体差异程度。同时针对各个因素水平的有序变量，在满足方差分析条件下，可通过趋势检验分析两组变量间是否存在相关性，以了解观测变量值随控制变量水平变化的总体趋势。

5.2.3　单因素方差分析实例

✧ **例 5-1**　已知某年度某水域不同季节水中氯化物含量（mg/L），试比较不同季节湖水中氯化物含量有无显著性差异。

Excel 分析流程：

（1）打开数据文件例 5-1 氯化物含量.xlsx。

（2）在菜单栏中依次选择【数据】→【数据分析】→【方差分析：单因素方差分析】。

（3）选定输入数据区域、分组方式和输出区域，如图 5-1 所示。

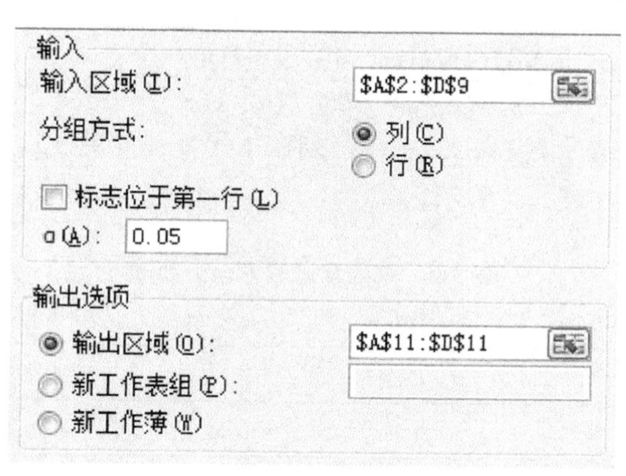

图 5-1　单因素方差分析对话框

（4）单击【确定】按钮，得到输出结果（表 5-3 和表 5-4）。

表 5-3　基本分析

组	观测数	求和/(mg/L)	平均/(mg/L)	方差
春	8	172.2	21.525	4.376429
夏	8	159.7	19.9625	8.036964
秋	8	131.7	16.4625	4.354107
冬	8	129.5	16.1875	3.346964

表 5-4　单因素方差分析表

差异源	离均差平方和	自由度	均方差	F	显著性	F 临界值
组间	166.2709	3	55.42365	11.02165	5.95×10^{-5}	2.946685
组内	140.8013	28	5.028616			
总计	307.0722	31				

（5）结果分析。F 值为 11.02165，小于相对应的 $F_{0.05}$；p 值为 5.95×10^{-5}，小于 0.01。由此认为不同季节湖水中氯化物含量有极显著性差异。

SPSS 分析流程：

（1）打开数据文件例 5-1 氯化物含量.sav。

（2）在菜单栏中依次选择【分析（A）】→【比较均值（M）】→【单因素 ANOVA】选项，打开单因素主对话框，将“氯化物含量”选入【因变量列表（E）】框中，“季节”选入【因子（F）】框中，如图 5-2 所示。

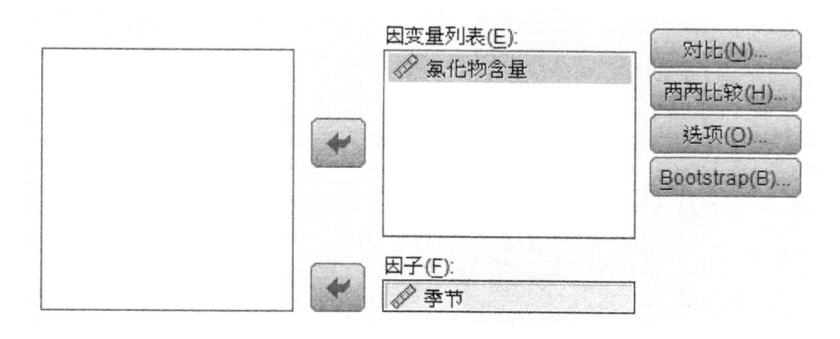

图 5-2　单因素方差分析对话框

（3）单击【选项（O）...】，打开选项对话框，选择【方差同质性检验（H）】，如图 5-3 所示。

图 5-3 单因素 ANOVA 方差同质性检验

（4）单击【继续】→【确定】按钮，得到输出结果（表 5-5 和表 5-6）。

表 5-5 方差齐性检验（氯化物含量）

Levene 统计量	自由度 1	自由度 2	显著性
0.642	3	28	0.595

表 5-6 方差分析表（氯化物含量）

差异源	离均差平方和	自由度	均方	F	显著性
组间	166.271	3	55.424	11.022	0.000
组内	140.801	28	5.029		
总计	307.072	31			

（5）结果与 Excel 分析一致，不同季节湖水中氯化物含量有极显著性差异。

✧ **例 5-2** 某厂测定了 10 名职业工人工前、工中及工后 4h 尿液中全氟化合物残留浓度（μmol/L）。工人在 3 个不同时间残留浓度有无显著性差异？

Excel 分析流程：

（1）打开数据文件例 5-2 尿氟浓度.xlsx。

（2）在菜单栏中依次选择【数据】→【数据分析】→【方差分析：单因素方差分析】选项。

（3）选定输入数据区域、分组方式和输出区域，如图 5-4 所示。

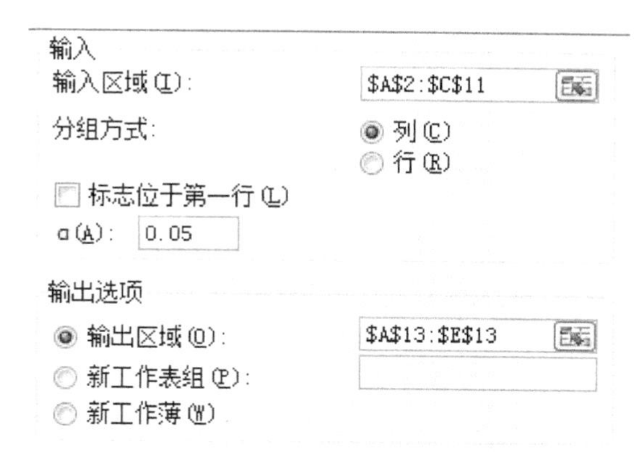

图 5-4　单因素方差分析对话框

（4）点击【确定】后，获得单因素方差分析表（表 5-7）。F 值为 2.176735，小于相对应的 $F_{0.05}$；显著性为 0.132909＞0.05。由此接受 H_0，工人在这 3 个不同时间的尿氟浓度无显著性差异。

表 5-7　单因素方差分析表

差异源	离均差平方和	自由度	均方差	F	显著性	F 临界值
组间	7310.093	2	3655.047	2.176735	0.132909	3.354131
组内	45336.82	27	1679.142			
总计	52646.92	29				

SPSS 分析流程：

（1）打开数据文件例 5-2 尿氟浓度.sav。

（2）在菜单栏中依次选择【分析（A）】→【比较均值（M）】→【单因素 ANOVA】选项，打开单因素主对话框，将“尿氟浓度”选入【因变量列表（E)】框中，“时间”选入【因子（F)】框中。

（3）单击【选项（O）...】，打开选项对话框，选择【方差同质性检验（H)】。

（4）单击【继续】→【确定】，得到输出结果（表 5-8 和表 5-9）。

表 5-8　方差齐性检验（残留浓度）

Levene 统计量	自由度 1	自由度 2	显著性
2.308	2	27	0.119

表 5-9　方差分析表（尿氟浓度）

差异源	离均差平均和	自由度	均方差	F	显著性
组间	7310.093	2	3655.047	2.177	0.133
组内	45336.825	27	1679.142		
总计	52646.918	29			

（5）结果分析。表 5-8 所示为方差齐性检验结果。显著性为 0.119＞0.05，说明方差齐性。表 5-9 所示为单因素方差分析结果。显著性为 0.133＞0.05，说明工人在这 3 个不同时间的残留浓度无显著性差异。

5.3　双因素方差分析

双因素方差分析指试验指标同时受到两个试验因素作用的试验资料的方差分析。随机区组设计的多个样本均值比较即采用双因素方差分析。按因素类型进行分类，双因素方差分析可分为固定模型（两因素都是固定因素）、随机模型（两因素均为随机因素）及混合模型（一个因素是固定因素，一个因素是随机因素）三类。根据各个因素在其他因素的不同水平上呈现出的效应是否存在差异，双因素方差分析可分为无交互作用和有交互作用两类。

5.3.1　无交互作用的双因素方差分析

无交互作用模型：$y_{ij}=\mu+\alpha_i+\beta_j+\varepsilon_{ij}$

式中，α_i 为 A 因素第 i 个水平的效应，满足 $\sum_{i=1}^{k}\alpha_i=0$；β_j 为 B 因素第 j 个水平的效应，满足 $\sum_{j=1}^{r}\beta_j=0$。

平方和分解式：

$$\mathrm{SS_T}=\sum_{i=1}^{k}\sum_{j=1}^{r}(y_{ij}-\overline{y}_{..})^2=r\sum_{i=1}^{k}(\overline{y}_{i\cdot}-\overline{y}_{..})^2+k\sum_{j=1}^{r}(\overline{y}_{\cdot i}-\overline{y}_{..})^2+\sum_{i=1}^{k}\sum_{j=1}^{r}(y_{ij}-\overline{y}_{i\cdot}-\overline{y}_{\cdot j}+\overline{y}_{..})^2$$

$$\mathrm{SS_A}=r\sum_{i=1}^{k}(\overline{y}_{i\cdot}-\overline{y}_{..})^2\quad \mathrm{SS_B}=k\sum_{j=1}^{r}(\overline{y}_{\cdot j}-\overline{y}_{..})^2\quad \mathrm{SS_E}=\sum_{i=1}^{k}\sum_{j=1}^{r}(y_{ij}-\overline{y}_{i\cdot}-\overline{y}_{\cdot j}+\overline{y}_{..})^2$$

$$\mathrm{SS_T}=\mathrm{SS_A}+\mathrm{SS_B}+\mathrm{SS_E}$$

式中，$\overline{y}_{i\cdot}=\frac{1}{r}\sum_{j=1}^{r}y_{ij}$；$\overline{y}_{\cdot j}=\frac{1}{k}\sum_{j=1}^{k}y_{ij}$；$\overline{y}_{..}=\frac{1}{kr}\sum_{i=1}^{k}\sum_{j=1}^{r}y_{ij}$。

$$F_A = \frac{SS_A / (k-1)}{SS_E / [(k-1)(r-1)]} \sim F[k-1,(k-1)(r-1)]$$

$$F_B = \frac{SS_B / (r-1)}{SS_E / [(k-1)(r-1)]} \sim F[r-1,(k-1)(r-1)]$$

构造 F 统计量，见表 5-10。

表 5-10　无交互作用的双因素试验方差分析表

方差来源	平方和	自由度	均方	F 值	F 的临界值
因素 A	SS_A	$k-1$	$MS_A = SS_A / (k-1)$	MS_A / MS_E	$F_\alpha[k-1,(k-1)(r-1)]$
因素 B	SS_B	$r-1$	$MS_B = SS_B / (r-1)$	MS_B / MS_E	$F_\alpha[r-1,(k-1)(r-1)]$
误差	SS_E	$(k-1)(r-1)$	$SS_E / (k-1)(r-1)$		
总和	SS_T	$kr-1$			

✧ **例 5-3**　针对某地区环境土壤样品中放射性核素 ^{137}Cs 的迁移情况，通过理论模拟求得各土壤层放射性核素的滞留半衰期，见表 5-11，检验土壤深度和类型对半衰期是否有显著影响。

表 5-11　不同地点土壤层 ^{137}Cs 滞留半衰期模拟分析结果

类型（A）	$T_{1/2}$（y）深度（cm）（B）		
	2	4	10
黏质土	7.33	10.3	74.2
砂质土	6.72	12.1	68.8

Excel 分析流程：

（1）打开数据文件例 5-3 半衰期.xlsx。

（2）在菜单栏中依次选择【数据】→【数据分析】→【方差分析：无重复双因素方差分析】选项。

（3）选定输入数据区域、分组方式和输出区域。

（4）单击【确定】按钮，得到输出结果（表 5-12）。

表 5-12　双因素方差分析表

差异源	离均差平方和	自由度	均方差	F	p	F 临界值
行	2.954071	1	2.954017	0.439847	0.57541	18.51282
列	5207.031	2	2603.515	387.6577	0.002573	19
误差	13.43203	2	6.716017			
总计	5223.417	5				

（5）结果分析。F_A值为 0.439847，小于对应的 $F_{0.05}$；p 值为 0.57541，大于 0.05；F_B值为 387.6576765，大于对应的 $F_{0.05}$；p 值为 0.002573，小于 0.05。由此说明土壤类型对核素迁移没有显著影响，土壤深度对核素迁移有显著影响。

SPSS 分析流程：

（1）建立数据文件例 5-3 半衰期.sav，变量名为地点、深度、半衰期。

（2）在菜单栏中依次选择【分析（A）】→【一般线性模型（G）】→【单变量（U）】选项，打开单变量对话框，将“半衰期”选入【因变量（D）】框中，“类型”“深度”选入【固定因子（F）】，如图 5-5 所示。

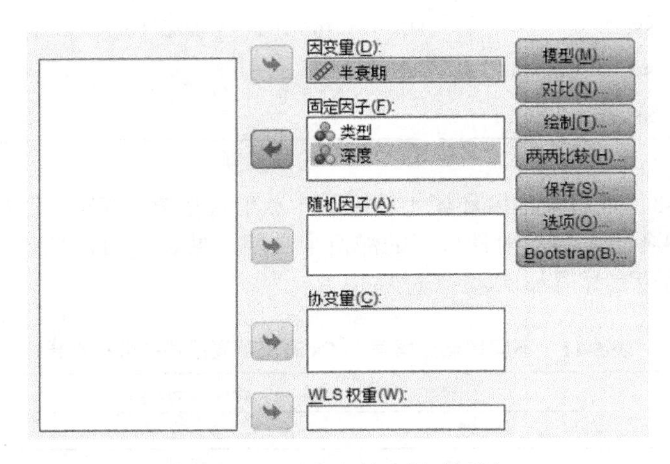

图 5-5　双因素方差分析对话框

（3）单击【模型（M）】，打开模型对话框，依次选择【设定（C）】→【主效应】，将“类型”“深度”选入【模型（M）】框中，如图 5-6 所示。

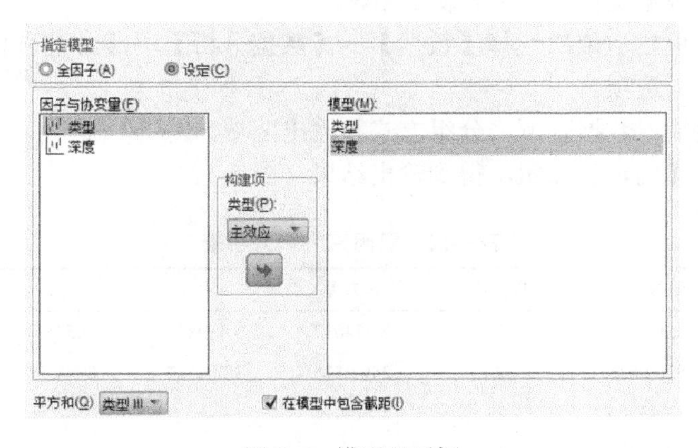

图 5-6　模型对话框

（4）单击【继续】→【确定】，得到输出结果（表 5-13）。

表 5-13　双因素方差分析结果（因变量：半衰期）

源	Ⅲ型平方和	自由度	均方差	F	显著性
校正模型	5209.985[a]	3	1736.662	258.585	0.004
	5367.050	1	5367.050	799.142	0.001
类型	2.954	1	2.954	0.440	0.575
深度	5207.031	2	2603.515	387.658	0.003
误差	13.432	2	6.716		
总计	10590.467	6			
校正的总计	5223.417	5			

a. $R^2=0.997$（调整 $R^2=0.994$）。

（5）结果分析。对于类型（因素 A），p 值为 0.575，大于 0.05，说明土壤的类型对核素迁移没有显著影响；对于深度（因素 B），p 值为 0.003，小于 0.05，说明土壤的深度对核素迁移有显著影响。

5.3.2　有交互作用的双因素方差分析

有交互作用模型：

$$y_{ijm}=\mu+\alpha_i+\beta_j+\delta_{ij}+\varepsilon_{ijm}$$

式中，α_i 为 A 因素第 i 个水平的效应，满足 $\sum_{i=1}^{k}\alpha_i=0$；β_j 为 B 因素第 j 个水平的效应，满足 $\sum_{j=1}^{r}\beta_j=0$；δ_{ij} 为 A 因素第 i 个水平与 B 因素第 j 个水平的交互效应，满足 $\sum_{i=1}^{k}\delta_{ij}=\sum_{j=1}^{r}\delta_{ij}=0$。

平方和分解式：

$$\mathrm{SS_T}=\mathrm{SS_A}+\mathrm{SS_B}+\mathrm{SS_{AB}}+\mathrm{SS_E}$$

$$\mathrm{SS_T}=\sum_{i=1}^{k}\sum_{j=1}^{r}\sum_{m=1}^{s}(y_{ijm}-\bar{y}_{\dots})^2\quad \mathrm{SS_A}=rs\sum_{i=1}^{k}(\bar{y}_{i\cdot\cdot}-\bar{y}_{\dots})^2\quad \mathrm{SS_B}=ks\sum_{j=1}^{r}(\bar{y}_{\cdot j\cdot}-\bar{y}_{\dots})^2$$

$$\mathrm{SS_{AB}}=s\sum_{i=1}^{k}\sum_{j=1}^{r}(y_{ijm}-\bar{y}_{i\cdot\cdot}-\bar{y}_{\cdot j\cdot}+\bar{y}_{\dots})^2$$

$$\mathrm{SS_E}=\mathrm{SS_T}-\mathrm{SS_A}-\mathrm{SS_B}-\mathrm{SS_{AB}}$$

其中，$\overline{y}_{i\cdot\cdot}=\dfrac{1}{rs}\sum_{j=1}^{r}\sum_{k=1}^{s}y_{ij}$；$\overline{y}_{\cdot j\cdot}=\dfrac{1}{ks}\sum_{j=1}^{k}\sum_{k=1}^{s}y_{ij}$；$\overline{y}_{\cdots}=\dfrac{1}{kr}\sum_{i=1}^{k}\sum_{j=1}^{r}\sum_{k=1}^{s}y_{ij}$。

构造 F 统计量：

$$F_{\mathrm{A}}=\frac{\mathrm{SS_A}/(k-1)}{\mathrm{SS_E}/[kr(s-1)]}\sim F[k-1,kr(s-1)]$$

$$F_{\mathrm{B}}=\frac{\mathrm{SS_B}/(r-1)}{\mathrm{SS_E}/[kr(s-1)]}\sim F[r-1,kr(s-1)]$$

$$F_{\mathrm{AB}}=\frac{\mathrm{SS_{AB}}/[(k-1)(r-1)]}{\mathrm{SS_E}/[kr(s-1)]}\sim F[(k-1)(r-1),kr(s-1)]$$

有交互作用的双因素试验方差分析表见表 5-14。

表 5-14 有交互作用的双因素试验方差分析表

方差来源	离方差平方和	自由度	均方	F 值	F 的临界值
因素 A	$\mathrm{SS_A}$	$k-1$	$\mathrm{MS_A}=\mathrm{SS_A}/(k-1)$	$\mathrm{MS_A}/\mathrm{MS_E}$	$F_\alpha[k-1,kr(s-1)]$
因素 B	$\mathrm{SS_B}$	$r-1$	$\mathrm{MS_B}=\mathrm{SS_B}/(r-1)$	$\mathrm{MS_B}/\mathrm{MS_E}$	$F_\alpha[r-1,kr(s-1)]$
交互作用	$\mathrm{SS_{AB}}$	$(k-1)(r-1)$	$\mathrm{MS_{AB}}=\mathrm{SS_E}/(k-1)(r-1)$	$\mathrm{MS_{AB}}/\mathrm{MS_E}$	$F_\alpha[(k-1)(r-1),kr(s-1)]$
误差	$\mathrm{SS_E}$	$kr(s-1)$	$\mathrm{MS}_A=\mathrm{SS_E}/kr(s-1)$		
总和	$\mathrm{SS_T}$	$krs-1$			

✧ **例 5-4** 为研究某种污染物降解率与试验条件的关系，在给定温度和光照条件下培养，每一种处理重复 4 次（表 5-15），分析温度、光照时间以及两者之间的相互作用对污染物光解的影响。

表 5-15 不同温度及光照条件下某种污染物降解率

光照时间/h	降解率/%		
	25℃	30℃	35℃
5	80	89	91
	83	88	93
	75	80	87
	76	83	87
10	80	79	96
	76	61	93
	61	83	88
	67	59	91

续表

光照时间/h	降解率/%		
	25℃	30℃	35℃
15	67	70	79
	58	71	83
	71	78	96
	64	83	98

Excel 分析流程：

（1）打开数据文件例 5-4 降解率.xlsx。

（2）在菜单栏中依次选择【数据】→【数据分析】→【方差分析：可重复双因素方差分析】选项。

（3）选定输入数据区域和输出区域。

（4）单击【确定】，得到输出结果（表 5-16）。

表 5-16　可重复双因素方差分析

差异源	离均差平方和	自由度	均方差	F	p	F 临界值
样本	421.5556	2	210.7778	4.384438	0.022443	3.354131
列	2208.222	2	1104.111	22.96687	1.49×10^{-6}	3.354131
交互	399.1111	4	99.77778	2.075501	0.111881	2.727765
内部	1298	27	48.07407			
总计	4326.889	35				

（5）结果分析。F_A 值为 4.384438，p 值为 0.022443，小于 0.05；F_B 值为 22.96687，p 值为 1.49×10^{-6}，小于 0.05；F_{AB} 值为 2.075501，p 值为 0.111881，大于 0.05。说明不同光照、不同温度对污染物降解率的总体均值有显著影响，两者之间不存在交互效应。

SPSS 分析流程：

（1）打开数据文件例 5-4 降解率.sav。

（2）在菜单栏中依次选择【分析（A）】→【一般线性模型（G）】→【单变量（U）】选项，打开单变量对话框，将“降解率”选入【因变量（D）】框中，“光照”“温度”选入【固定因子（F）】。

（3）单击【模型（M）…】，打开模型对话框，依次选择【设定（C）】→【交互】，将“光照”“温度”选入【模型（M）】框中，同时将【因子与协变量（F）】中“光照”“温度”选入【模型（M）】框中获得“光照*温度”，如图 5-7 所示。

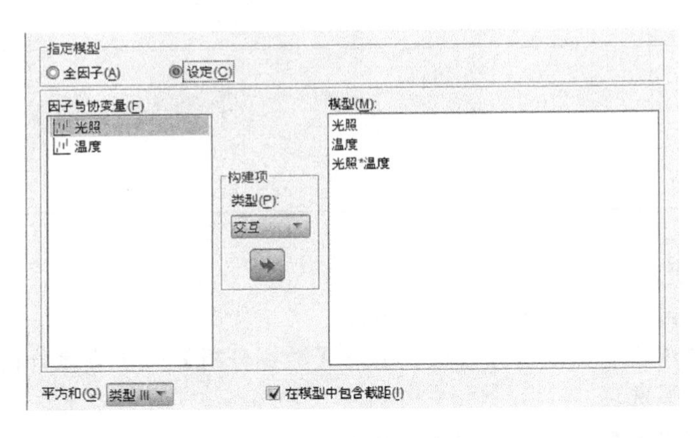

图 5-7　模型对话框

（4）单击【继续】→【两两比较】，打开两两比较对话框，将“光照”“温度”选入【两两比较检验（P）】框中，选择【假定方差齐性】中【Duncan（D）】。

（5）单击【继续】→【选项（O）】，打开选项对话框，将“光照”“温度”选入【显示均值（M）】框中，依次选择【输出】中【描述统计（D）】→【方差齐性检验（H）】，如图 5-8 所示。

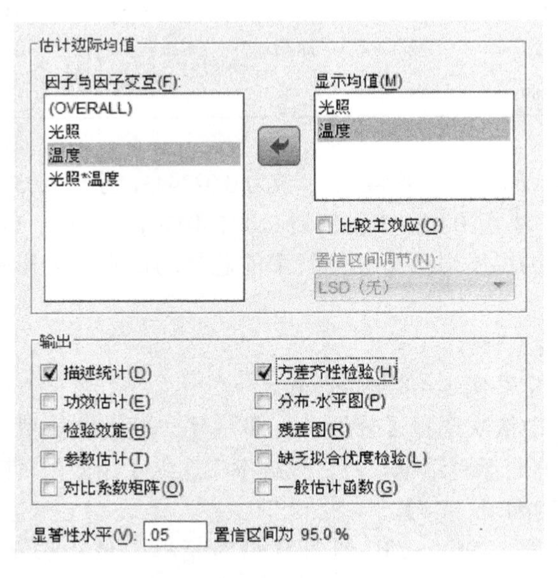

图 5-8　单变量选项对话框

（6）单击【继续】→【确定】，得到输出结果（表 5-17）。

表 5-17　双因素方差分析结果（因变量：滞育天数）

源	III型平方和	自由度	均方	F	显著性
Corrected Model	3028.889[a]	8	378.611	7.876	0.000
	227847.111	1	227847.111	4739.501	0.000
光照	421.556	2	210.778	4.384	0.022
温度	2208.222	2	1104.111	22.967	0.000
光照×温度	399.111	4	99.778	2.076	0.112
误差	1298.000	27	48.074		
总计	232174.000	36			
校正的总计	4326.889	35			

a. $R^2 = 0.700$（调整 $R^2 = 0.611$）。

（7）结果分析，与 Excel 解题结果一致。

5.4　多因素方差分析

多因素方差分析用来研究两个以上控制变量是否对观测变量产生显著影响。在对实际问题的研究中，往往要考虑几个因素对实验结果的影响。例如，分析比较各种气象条件如风向、风速、温度对大气中某种污染物含量的影响，各种重金属对土壤的污染等问题。多因素方差分析不仅可分析多个因素对观测变量的独立影响，也可分析多个控制因素的交互作用能否对观测变量的分布产生显著影响，以及分析协方差，各因素变量与协变量之间的交互作用。多因素方差分析可分为三种情况：①只考虑主效应，不考虑交互效应及协变量；②考虑主效应和交互效应，但不考虑协变量；③考虑主效应、交互效应和协变量。

三因素拉丁方设计的方差分析是一种特殊的三因素方差分析方法，三个因素中设计一个处理因素与两个区组因素，且要求具有相同的水平数。由于此方法是三种因素的组合分析，不考虑各因素中的交互作用。

✧ **例 5-5**　为比较 3 种环境污染物对鱼体的 96h 内死亡率影响，选用 3 种鱼体，在三个不同剂量下进行试验。本例为三因素三水平试验，采用拉丁方设计方法，行与列分别为鱼体种类和剂量，具体内容见表 5-18。

表 5-18 不同条件下的死亡率（%）

剂量	鱼体种类			合计
	1	2	3	
1	A28	B38	C39	105
2	B35	C42	A42	119
3	C40	A45	B56	141
合计	103	125	137	

注："1"、"2"、"3"代表不同剂量值或不同鱼体种类；"A"、"B"、"C"代表不同环境污染物。

SPSS 分析流程：

（1）打开数据文件例 5-5 死亡率.sav。

（2）在菜单栏中依次选择【分析（A）】→【一般线性模型（G）】→【单变量（U）】选项，打开单变量主对话框，将"死亡率"选入【因变量（D）】，将"鱼体种类""剂量""环境污染物"选入【固定因子（F）】。

（3）单击【模型（M）】，打开模型对话框，依次选择【设定（M）】→【主效应】，将【因子与协变量（F）】中"鱼体种类""剂量""环境污染物"选入右侧【模型】框中。

（4）单击【继续】→【两两比较】，打开两两比较对话框，将【因子（F）】"鱼体种类""剂量""环境污染物"选入【两两比较检验（P）】框中，选择【假定方差齐性】中【LSD（L）】。

（5）单击【继续】→【确定】，得到输出结果。

SPSS 输出结果：

（1）表 5-19 所示为多因素方差的分析结果。表 5-19 中鱼体种类 $F=20.744$，显著性 $=0.046<0.05$，说明不同鱼体种类对死亡率的影响存在差异，即种类间存在差异；剂量 $F=22.977$，显著性 $=0.042<0.05$，说明不同剂量下死亡率的差异有统计学意义，即剂量间存在差异；环境污染物 $F=3.442$，显著性 $=0.225>0.05$，说明不同环境污染物对死亡率无影响，即三种污染物的效应无差别。

表 5-19 多因素方差分析结果（因变量：死亡率）

源	III型平方和	df	均方	*F*	显著性
校正模型	450.667[a]	6	75.111	15.721	0.061
	14802.778	1	14802.778	3098.256	0.000
鱼体种类	198.222	2	99.111	20.744	0.046
剂量	219.556	2	109.778	22.977	0.042
环境污染物	32.889	2	16.444	3.442	0.225

续表

源	III型平方和	df	均方	F	显著性
误差	9.556	2	4.778		
总计	15263.000	9			
校正的总计	460.222	8			

a. $R^2 = 0.979$（调整 $R^2 = 0.917$）。

（2）表 5-20～表 5-22 分别为鱼体种类、剂量、环境污染物的多重比较。

表 5-20 鱼体种类多重比较（因变量：死亡率）

（I）鱼体种类	（J）鱼体种类	均值方差（I–J）	标准误差	显著性	95%置信区间	
					下限	上限
1.00	2.00	–7.3333	1.78471	0.054	–15.0123	0.3456
	3.00	–11.3333*	1.78471	0.024	–19.0123	–3.6544
2.00	1.00	7.3333	1.78471	0.054	–0.3456	15.0123
	3.00	–4.0000	1.78471	0.154	–11.6790	3.6790
3.00	1.00	11.3333*	1.78471	0.024	3.6544	19.0123
	2.00	4.0000	1.78471	0.154	–3.6790	11.6790

注：基于观测到的均值。误差项为均方（误差）= 4.778；
*均值方差在 0.05 级别上较显著。

表 5-21 剂量多重比较（因变量：死亡率）

（I）剂量	（J）剂量	均值方差（I–J）	标准误差	显著性	95%置信区间	
					下限	上限
1.00	2.00	–4.6667	1.78471	0.120	–12.3456	3.0123
	3.00	–12.0000*	1.78471	0.021	–19.6790	–4.3210
2.00	1.00	4.6667	1.78471	0.120	–3.0123	12.3456
	3.00	–7.3333	1.78471	0.054	–15.0123	0.3456
3.00	1.00	12.0000*	1.78471	0.021	4.3210	19.6790
	2.00	7.3333	1.78471	0.054	–0.3456	15.0123

注：基于观测到的均值。误差项为均方（误差）= 4.778；
*均值方差在 0.05 级别上较显著。

表 5-22　环境污染物多重比较（因变量：死亡率）

(I) 环境污染物	(J) 环境污染物	均值方差（I–J）	标准误差	显著性	95%置信区间	
					下限	上限
A	B	–4.6667	1.78471	0.120	–12.3456	3.0123
	C	–2.0000	1.78471	0.379	–9.6790	5.6790
B	A	4.6667	1.78471	0.120	–3.0123	12.3456
	C	2.6667	1.78471	0.274	–5.0123	10.3456
C	A	2.0000	1.78471	0.379	–5.6790	9.6790
	B	–2.6667	1.78471	0.274	–10.3456	5.0123

表 5-20 中可见鱼体种类 1 与种类 3 的显著性 = 0.024＜0.05，说明存在显著差异性。

表 5-21 中可见剂量 1 与剂量 3 的显著性 = 0.021＜0.05，说明存在显著差异性。

表 5-22 中不同环境污染物间的显著性均大于 0.05，说明不存在显著差异性。

5.5　重复测量方差分析

重复测量方差分析（ANOVA of repeated measurement）是指对同一观察对象的同一观察指标在不同时间点上进行多次测量所得的资料，用于分析观察指标在不同时间点上的变化规律。总体思想如下：

总变异 = 组内变异(与重复测量有关的变异) + 组间变异(与处理因素有关的变异)

组内变异包括：①测量时间之间的差异；②处理因素与测量时间之间的交互作用；③组内误差。组间变异包括：①处理组之间的变异；②观察对象个体间变异。

重复测量方差分析主要为自身对照，减少样本量和控制个体变异，并且降低非实验因素（干扰因素），缺点为存在滞留效应、潜隐效应和学习效应。

✧ **例 5-6**　为评估某污染物对小鼠血糖含量的影响，将 10 只小鼠随机分为两组，一组对小鼠进行溶剂灌胃（对照组），一组对小鼠进行污染物灌胃（实验组），每组 5 只小鼠。对每组小鼠进行灌胃前、灌胃后三天、灌胃后一周的血糖检测，具体检测值见表 5-23。

表 5-23　小鼠血糖检测值（mmol/L）

组别	小鼠编号	灌胃前	灌胃后三天	灌胃后一周
对照组	1	5.20	6.80	5.00
	2	4.60	6.20	5.20

续表

组别	小鼠编号	灌胃前	灌胃后三天	灌胃后一周
对照组	3	4.80	5.20	4.40
	4	4.40	7.00	7.10
	5	5.40	8.00	7.50
试验组	6	4.20	8.50	7.40
	7	3.80	6.90	5.80
	8	4.80	7.60	7.10
	9	5.30	8.00	6.90
	10	5.50	8.50	5.40

SPSS 分析流程：

（1）打开数据文件例 5-6 血糖.sav。

（2）在菜单栏中依次选择【分析（A）】→【一般线性模型（G）】→【重复度量（R）】选项，打开重复度量定义因子对话框，在【级别数】中填写“3”，选择【添加】如图 5-9 所示。

图 5-9　重复度量定义因子对话框

（3）单击【定义】，打开重复度量主对话框，将“灌胃前”“灌胃后三天”“灌胃后一周”选入【群体内部变量（W）】框中，将组别选入【因子列表（B）】框中。

（4）单击【模型（M）…】，打开模型对话框，依次选择【设定（C）】→【交互】，将【主体内（W）】中“因子 1”选入【群体内模型（M）】，将【群体间（B）】中“组别”选入【群体间模型（D）】。

（5）单击【继续】→【两两比较（H）】，打开两两比较对话框，将【因子（F）】中“组别”选入【两两比较检验（P）】，选择【假设方差齐性】中【LSD（L）】。

（6）单击【继续】→【选项（O）】，打开选项对话框，将“OVERALL”“因子 1”“组别”选入【显示均值】框中，选择【输出】中【描述统计（D）】、【方差齐性检验（H）】。

（7）单击【继续】→【确定】，得到输出结果。

SPSS 输出结果：

（1）表 5-24 所示为协方差矩阵齐性 Box 检验结果。由表 5-24 可见 $F=0.459$，显著性为 0.838＞0.05，说明因变量在因子 1 内各组的协方差齐同。

表 5-24　协方差矩阵齐性 Box 检验

Box *M*	4.746
F	0.459
自由度 1	6
自由度 2	463.698
显著性	0.838

（2）表 5-25 所示为多元检验结果。对于因子 1 内各组，$F=62.199$，显著性为 0＜0.05，说明不同时间下测量血糖的总体平均值间存在显著差异；对于交互作用，$F=4.995$，显著性为 0.045＜0.05，说明测试时间与组别间存在交互作用。此结果适用于不满足 Mauchly 球形检验的情况。

表 5-25　多元检验

效应		值	*F*	假设自由度	误差自由度	显著性
因子 1	Pillai 的跟踪	0.947	62.199	2.000	7.000	0.000
	Wilks 的 Lambda 值	0.053	62.199	2.000	7.000	0.000
	Hotelling 的跟踪	17.771	62.199	2.000	7.000	0.000
	Roy 最大根	17.771	62.199	2.000	7.000	0.000
因子 1×组别	Pillai 的跟踪	0.588	4.995	2.000	7.000	0.045
	Wilks 的 Lambda 值	0.412	4.995	2.000	7.000	0.045
	Hotelling 的跟踪	1.427	4.995	2.000	7.000	0.045
	Roy 最大根	1.427	4.995	2.000	7.000	0.045

（3）表 5-26 所示为 Mauchly 球形检验结果。由表 5-26 可见，显著性为 0.128＞0.05，说明满足协方差阵球形检验，无须进行校正。

表 5-26　Mauchly 球形检验

主体内效应	Mauchly *W*	近似卡方	自由度 df	显著性	Epsilon		
					Greenhouse-Geisser	Huynh-Feldt	下限
因子 1	0.555	4.116	2	0.128	0.692	0.895	0.500

（4）表 5-27 所示为主体内效应检验结果。由结果（3）中可得本例满足 Mauchly 球形检验，选用表中采用的球型度结果，对于因子 1 内各组，$F=30.093$，显著性为 0＜0.05，说明不同时间下测量血糖的总体平均值间差异存在统计学意义；对于交互作用，$F=2.503$，显著性为 0.113＞0.05，测试时间与组别间不存在交互作用。

表 5-27　主体内效应检验

源		III型平方和	自由度	均方	*F*	显著性
因子 1	采用的球型度	30.645	2	15.322	30.093	0.000
	Greenhouse-Geisser	30.645	1.385	22.134	30.093	0.000
	Huynh-Feldt	30.645	1.790	17.115	30.093	0.000
	下限	30.645	1.000	30.645	30.093	0.001
因子 1×组别	采用的球型度	2.549	2	1.274	2.503	0.113
	Greenhouse-Geisser	2.549	1.385	1.841	2.503	0.137
	Huynh-Feldt	2.549	1.790	1.423	2.503	0.121
	下限	2.549	1.000	2.549	2.503	0.152
误差(因子 1)	采用的球型度	8.147	16	0.509		
	Greenhouse-Geisser	8.147	11.076	0.736		
	Huynh-Feldt	8.147	14.324	0.569		
	下限	8.147	8.000	1.018		

（5）表 5-28 所示为主体内效应检验结果。由表 5-28 可见 $F=1.876$，显著性为 0.208，说明不同组别间血糖值不存在统计学差异，即在特定条件该污染物对小鼠血糖值不存在显著影响。

表 5-28　主体内效应检验

源	Ⅲ型平方和	自由度	均方	*F*	显著性
截距	1110.208	1	1110.208	788.687	0.000
组别	2.640	1	2.640	1.876	0.208
误差	11.261	8	1.408		

（6）本例为定量等距重复测量，即时间间隔是相同的。当存在不同时间间隔，需在【重复度量】主对话框中选择【粘贴】，进行语句修改；若时间间隔为第一天、第三天、第十天时，可将“/WSFACTOR = 因子 1 3 Polynomial”改为“/WSFACTOR = 因子 1 3 Polynomial（1 3 10）”，如图 5-10 所示。

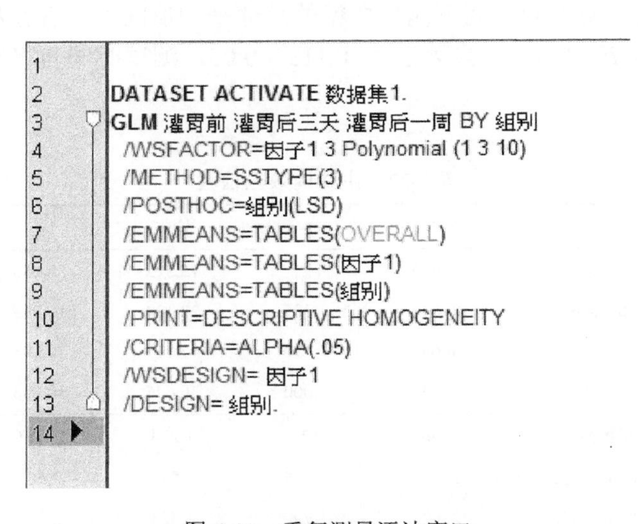

图 5-10　重复测量语法窗口

（7）本例变量间不存在交互作用。若存在交互因子时，可进行简单效应，即对于一个变量的某一个水平，另一个变量的不同水平间是否存在显著差异。常见方法是在【重复度量】主对话框中选择【粘贴】，添加简单效应语句。

5.6　协方差分析

协方差分析（analysis of covariance）是一种调整无法控制又影响效应的变量的方差分析方法，是方差分析与回归分析的结合。协方差分析将难以控制但可测量的随机变量作为协变量，其对观测变量产生的影响从残差项中分离出来，能更有效地突出自变量的作用，调节协变量对因变量的影响效应，利用线性回归方法消除混杂因素的影响。统计模型如下：

观测值 = 一般均值 + 水平影响 + 协变量影响 + 随机误差

$$y_{ij} = \mu + \alpha_i + \beta(x_{ij} - \overline{x}_{..}) + \varepsilon_{ij} \quad \begin{cases} i = 1,2,\cdots,a \\ j = 1,2,\cdots,n \end{cases}$$

协方差分析的模型是方差分析和回归分析线性模型的结合。α_i 是方差分析中的处理效应，β 是回归分析中的回归系数。进行协方差分析的前提：ε_{ij} 是服从正态分布的独立随机变量；$\beta \neq 0$，即观测变量与协变量间有显著的线性关系；各处理的回归系数都相同；处理效应之和等于零并且协变量不受处理效应的影响等。

✧ **例 5-7**　对砷中毒患者的自我生存质量评价进行调查，得到资料如表 5-29 所示，探究砷中毒对人群的自我生存质量评价是否有明显的影响作用。

表 5-29　自我生存质量评分

正常组		患病组		正常组		患病组	
年龄	评分	年龄	评分	年龄	评分	年龄	评分
35	71	47	45	40	65	34	57
33	74	36	56	39	66	40	53
41	68	44	51	37	68	48	48
37	69	42	51	44	63	39	52
39	67	32	60	49	58	31	62
45	63	39	51	31	74	40	52
36	70	46	45	42	64	45	46

SPSS 分析流程：

（1）打开数据文件例 5-7 自我生存质量评分.sav。

（2）在菜单栏中依次选择【分析（A）】→【一般线性模型（G）】→【单变量（U）】选项，打开单变量主对话框，将“评分”选入【因变量（D）】，将“组”选入【固定因子（F）】，将“年龄”选入【协变量（C）】。

（3）单击【模型（M）...】，打开模型对话框，依次选择【设定（C）】→【主效应】，将“组”“年龄”选入【模型（M）】框中。

（4）单击【选项（O）...】，打开选项对话框，将“组”选入【显示均值（M）】，选择【输出】中【参数估计（T）】，如图 5-11 所示。

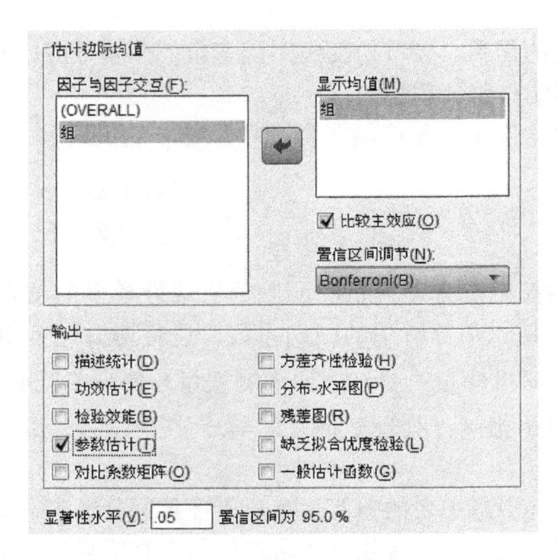

图 5-11 选项对话框

（5）单击【继续】→【确定】按钮，得到输出结果（表 5-30～表 5-32）。

表 5-30 主体间效应检验（因变量：评分）

源	Ⅲ型平方和	自由度	均方	F	显著性
校正模型	2161.309[a]	2	1080.655	622.935	0.000
	4057.931	1	4057.931	2339.163	0.000
组	1351.141	1	1351.141	778.855	0.000
年龄	571.273	1	571.273	329.306	0.000
误差	43.369	25	1.735		
总计	101689.000	28			
校正的总计	2204.679	27			

a. $R^2 = 0.980$（调整 $R^2 = 0.979$）。

表 5-31 参数估计值（因变量：评分）

参数	B	标准误差	t	显著性	95%置信区间	
					下限	上限
截距	87.947	2.008	43.797	0.000	83.811	92.082
[组 = 1.00]	13.992	0.501	27.908	0.000	12.959	15.025
[组 = 2.00]	0[a]	—	—	—	—	—
年龄	−0.889	0.049	−18.147	0.000	−0.990	−0.788

a. 此参数为冗余参数，设为零。

表 5-32　单变量检验（因变量：评分）

	平方和	自由度	均方	*F*	显著性
对比	1351.141	1	1351.141	778.855	0.000
误差	43.369	25	1.735		

注：*F* 检验组的效应。该检验基于估算边际均值间的线性独立成对比较。

（6）结果分析。表 5-30 主体间效应检验表明砷中毒对人群的自我生存质量评价具有明显的影响作用，年龄与自我生存质量评分存在较强的线性关系。

表 5-31 参数估计值表给出了因变量（评分）对协变量（年龄）的回归系数为 –0.889，表示年龄越大，评分越低。

表 5-32 单变量检验结果与主体间效应检验的结果一致。

5.7　多元方差分析

多元方差分析（multivariate analysis of variance，MNOVA）是检验一个独立变量是否受一个或多个因素或变量影响而进行的方差分析。

多元方差分析应用条件：两个以上因变量，都是等距以上的数值型变量，各因变量之间为多元正态分布；自变量为类别变量；因变量之间存在线性关系，并有一定强度的相关性；样本有较大的规模，各分组的样本规模不宜差别太大。

✧ **例 5-8**　调查南北方城市 2017 年工业排放状况，选取北方城市 8 个，南方城市 10 个，收集工业二氧化硫排放量、工业氮氧化物排放量、工业烟尘排放量（表 5-33），试分析南北方排放量是否存在差别（部分数据来源：中国统计年鉴 http: //www.stats.gov.cn/tjsj/ndsj/2017/indexch.htm）。

表 5-33　南北方城市 2017 年工业排放状况（万 t）

北方			南方		
工业二氧化硫排放量	工业氮氧化物排放量	工业烟尘排放量	工业二氧化硫排放量	工业氮氧化物排放量	工业烟尘排放量
10257	23412	7874	20726	20867	8951
56701	88338	57314	9382	20776	9694
85815	89465	52705	7890	4150	1560
35707	39215	41174	9234	3585	8475
32316	39561	79103	13800	10107	7980
37530	42044	30130	17917	47919	54089
21893	37459	24451	17318	24538	12534
36217	63102	21781	8569	9287	6893

SPSS 分析流程：

（1）打开数据文件例 5-8 工业排放.sav。

（2）在菜单栏中依次选择【分析（A）】→【一般线性模型（G）】→【多变量（M）】，打开多变量主对话框。将“工业二氧化硫排放量”“工业氮氧化物排放量”“工业烟尘排放量”选入【因变量（D）】框中，将“地域”选入【固定因子（F）】。

（3）单击【对比（N）...】，打开对比对话框，在【对比（N）】列表中选择【偏差】，在【参考类别】中选择【最后一个】，如图 5-12 所示。

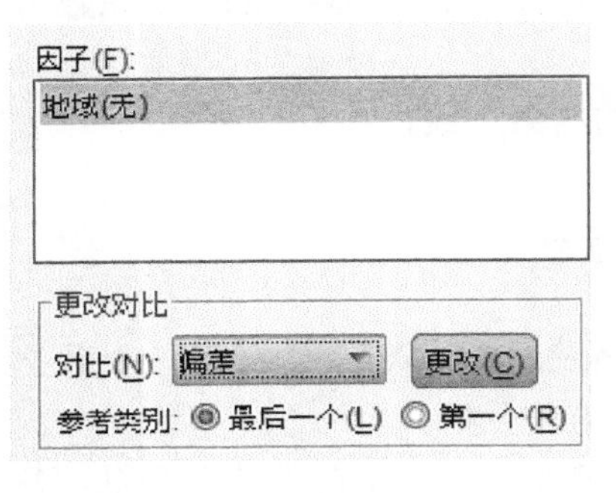

图 5-12　对比对话框

（4）单击【更改】→【继续】，返回主对话框，选择【选项（O）...】，打开选项对话框，将“OVERALL”“地域”选入【显示均值（M）】框中，在【输出】中依次选择【描述统计】→【方差齐性检验（H）】。

（5）单击【继续】→【确定】，得到输出结果。

SPSS 输出结果：

（1）表 5-34 所示为多元检验结果。由表 5-34 可见 $F=3.673$，显著性为 0.044＜0.05，说明南北方工业排放的总体均值差异具有统计学差异。

表 5-34　多元检验

效应		值	F	假设自由度	误差自由度	显著性
	Pillai 的跟踪	0.789	14.914[a]	3.000	12.000	0
	Wilks 的 Lambda 值	0.211	14.914[a]	3.000	12.000	0
	Hotelling 的跟踪	3.728	14.914[a]	3.000	12.000	0
	Roy 的最大根	3.728	14.914[a]	3.000	12.000	0
地域	Pillai 的跟踪	0.479	3.673[a]	3.000	12.000	0.044
	Wilks 的 Lambda 值	0.521	3.673[a]	3.000	12.000	0.044
	Hotelling 的跟踪	0.918	3.673[a]	3.000	12.000	0.044
	Roy 的最大根	0.918	3.673[a]	3.000	12.000	0.044

a. 设计：截距 + 地域。

（2）表 5-35 所示为单变量检验结果。由表 5-35 可见，工业二氧化硫排放量 $F=10.142$，显著性为 0.007＜0.05，工业氮氧化物排放量 $F=11.988$，显著性为

0.004<0.05，工业烟尘排放量 $F=6.507$，显著性为 0.023<0.05，说明南北方 16 个城市工业二氧化硫排放量、工业氮氧化物排放量、工业烟尘排放量总体均值存在统计学差异。

表 5-35　单变量检验

源	因变量	平方和	自由度	均方	F	显著性
对比	工业二氧化硫排放量	2.798×10^9	1	2.798×10^9	10.142	0.007
	工业氮氧化物排放量	4.948×10^9	1	4.948×10^9	11.988	0.004
	工业烟尘排放量	2.610×10^9	1	2.610×10^9	6.507	0.023
误差	工业二氧化硫排放量	3.863×10^9	14	2.759×10^9		
	工业氮氧化物排放量	5.779×10^9	14	4.128×10^9		
	工业烟尘排放量	5.616×10^9	14	4.011×10^9		

5.8　常见试验设计的方差分析

方差分析：单因素、双因素、拉丁方设计、析因设计、正交设计。试验设计：单处理因素设计、多处理因素设计。单处理因素设计是只安排一种处理因素。若不安排任何配伍因素，为完全随机设计；若安排一种配伍因素，为随机区组设计；若安排两种配伍因素，为拉丁方设计。多处理因素设计一般安排两种或两种以上处理因素，如析因设计、正交设计、裂区设计等。

5.8.1　完全随机设计

完全随机设计（completely randomized design）又称为简单随机分组设计（simple randomized design）。完全随机设计是采用完全随机化分组方法将所有试验单元分配到各处理组，使得每个试验单元都有相同的机会接受某个处理。当各组样本含量相等，称为平衡设计（balanced design），平衡设计时检验效率较高；当各组样本含量不相等，称为非平衡设计（unbalanced design）。完全随机设计简单、容易，处理数与重复数都不受限制，适用于试验条件、环境、试验材料差异较小的试验，并且试验误差自由度大于处理数和重复数相等的其他设计。

✧ **例 5-9**　将 30 只同品系同体重大鼠随机分为三组，每组 10 只大鼠。对三组大鼠喂以三种不同的营养素，目的是了解不同营养素增重的效果。三周后体重增量结果（g）列于表 5-36，比较大鼠经三种不同营养素喂养后所增体重有无差别。

表 5-36　大鼠增重（g）

营养素	增重									
1	50.1	47.8	53.1	63.5	71.2	41.4	61.9	42.2	45.3	52.7
2	58.2	48.5	53.8	64.2	68.4	45.7	53.0	39.8	41.9	48.3
3	64.5	62.4	58.6	72.5	79.3	38.4	51.2	46.2	56.7	43.5

SPSS 分析流程：

（1）打开数据文件例 5-9 大鼠增重.sav。

（2）在菜单栏中依次选择【分析（A）】→【比较均值（M）】→【单因素 ANOVA】选项，打开单因素主对话框，将“增重”选入【因变量列表（E）】框中，“营养素”选入【因子（F）】框中。

（3）单击【选项（O）...】，打开选项对话框，选择【方差同质性检验（H）】。

（4）单击【继续】→【确定】按钮，得到输出结果（表 5-37、表 5-38）。

表 5-37　方差齐性检验（增重）

Levene 统计量	自由度 1	自由度 2	显著性
0.639	2	27	0.536

表 5-38　方差分析表（增重）

	平方和	自由度	均方	*F*	显著性
组间	155.061	2	77.530	0.665	0.522
组内	3146.313	27	116.530		
总数	3301.374	29			

（5）结果分析。方差齐性检验中显著性大于 0.05，说明方差齐性。方差分析结果表明显著性为 0.522 大于 0.05，可以认为大鼠经三种不同营养素喂养后所增体重无显著性差异。

5.8.2　随机区组设计

随机区组设计（randomized block design）又称随机单位组设计或配伍组设计，适用于试验单位之间有明显差异的情况。随机区组设计为双因素设计，考虑的因素为处理因素和区组因素。区组因素为将试验单位按性质相同或相近组成区组，处理因素为分别将各区组内的试验单位随机分配到各处理或对照组。随机区组设计遵循“组间差别越大越好，组内差别越小越好”原则。随机区组设计以划分区组的方法使区组内部条件尽可能一致，在完全随机设计的基础上增加了局部控制原则，从而将环境均匀性的控制范围从整个试验缩小到一个个区组，区组间的差异可以通过方差分析使其与误差分离。随机区组设计特点：①设计简单，容易掌握；②富于伸缩性，单因素、多因素以及综合性的试验都可应用；③能提供无偏的误差估计，并有效降低误差；④不允许处理数太多，一般不超过 20 个。因为处理多，区组必然增大，局部控制的效率降低。

✧ **例 5-10**　对于例 5-9 中的营养素对大鼠的增重试验，采取的是完全随机设计法，为了消除遗传因素对体重增长的影响，以窝别作为划分区组的特征，将同品系同体重的 30 只大鼠分为 3 个区组，每个区组 10 只大鼠。三周后体重增量结果（g）列于数据文件例 5-10，比较大鼠经十种不同营养素喂养后所增体重有无差别。

SPSS 分析流程：

（1）打开数据文件例 5-10 大鼠增重.sav。

（2）在菜单栏中依次选择【分析（A)】→【一般线性模型（G)】→【单变量（U)】选项，打开单变量主对话框，将“增重”选入【因变量（D)】框中，将“区组”“营养素”选入【固定因子（F)】框中。

（3）单击【模型（M）...】，打开模型对话框，依次选择【设定（C)】→【交互】，将“区组”“营养素”选入【模型（M)】框中。

（4）单击【继续】→【两两比较】，打开两两比较对话框，将“区组”“营养素”选入【两两比较检验（P)】框中，依次选择【假定方差齐性】中【LSD（L)】,【S-N-K（S)】,【Duncan（D)】。

（5）单击【继续】→【选项】，依次选择【输出】中【描述统计（D)】→【方差齐性检验（H)】。

（6）单击【继续】→【确定】，得到输出结果（表 5-39）。

表 5-39　主体间效应的检验（因变量：增重）

源	III型平方和	自由度	均方	F	显著性
校正模型	2645.348[a]	11	240.486	6.598	0
	87945.016	1	87945.016	2413.030	0
区组	155.061	2	77.530	2.127	0.148
营养素	2490.287	9	276.699	7.592	0
误差	656.026	18	36.446		
总计	91246.390	30			
校正的总计	3301.374	29			

a. $R^2=0.801$（调整 $R^2=0.680$）。

（7）结果分析。方差分析结果表明显著性为 0.148 大于 0.05，可认为大鼠经三种不同营养素喂养后所增体重无显著性差异。

5.8.3 配对设计

配对设计（paired design）是按照某种条件将受试对象进行配对，再将配对中两个受试对象随机放置到不同的处理组中。配对的条件一般采用可能影响试验结果的非处理因素，如相近年龄或体重、相同性别。配对设计主要有两种情形：①根据选择的条件将两个受试对象配对后，分别进行不同的处理；②单个受试对象自身进行两种处理。配对设计的目的是通过控制可能影响结果的干扰因素，提高对研究因素的有效检验。配对设计属于随机区组设计，可采用类似例 5-10 的 SPSS 分析流程，对配对设计的数据进行方差分析。

5.8.4 析因设计

析因设计（factorial design）是一种多因素完全交叉分组试验设计。其基本方法是将多因素不同水平进行组合，并对每种组合进行试验。析因设计主要提供三类分析结果：各个处理因素中不同水平下的效应；不同因素间的交互效应；通过评估不同组合的效应筛选出最佳组合。采用此类试验设计需要满足一定的条件：包含两个或两个以上研究因素；每个研究因素至少选取两个水平；每个处理组内至少有两个试验单位且数量相等；研究因素个数不宜超过 4 个，水平数不宜超过 4 个。析因设计所获得的信息量很多，可准确地估计各因素的主效应、不同因素间交互作用等；然而其所需要的试验次数较多。

✧ **例 5-11** 对甲、乙化合物的毒性采用发光菌检测，按同剂量的甲、乙化合物的使用情况随机分为 4 组，结果列于例 5-11 发光量.sav，甲、乙化合物对发光菌单独的毒性如何？两种化合物的联合毒性如何？

SPSS 分析流程：

（1）打开数据文件例 5-11 发光量.sav。

（2）在菜单栏中依次选择【分析（A）】→【一般线性模型（G）】→【单变量（U）】选项，打开单变量对话框，将“发光量”选入【因变量（D）】框中，将“甲化合物”“乙化合物”选入固定因子（F）中。

（3）单击【绘制（T）...】，打开轮廓图对话框，将“甲化合物”和“乙化合物”分别选入【水平轴（H）】和【单图（S）】中，单击【添加（A）】，如图 5-13 所示。

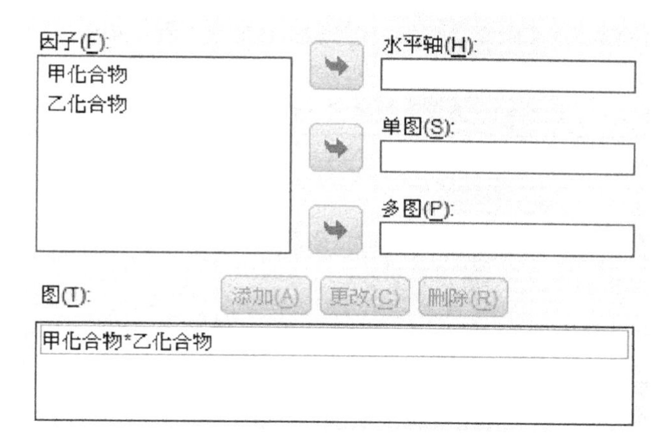

图 5-13　轮廓图对话框

（4）单击【继续（M）】→【选项（O）...】，打开选项对话框，将“甲化合物”“乙化合物”和“甲化合物*乙化合物”选入【显示均值（M）】框中，选择【输出】中【描述统计（D）】、【方差齐性检验（H）】和【功效估计（E）】，如图 5-14 所示。

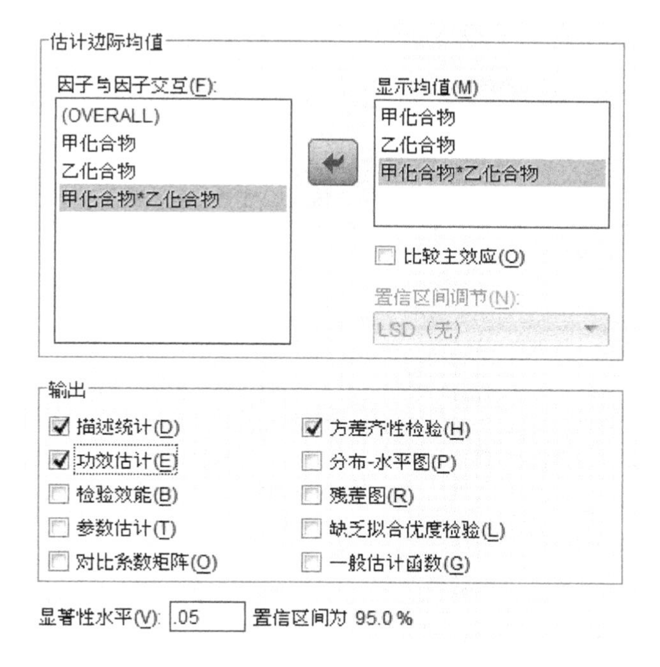

图 5-14　SPSS 双因素交互作用方差分析

（5）单击【继续】→【确定】按钮，得到输出结果（表 5-40～表 5-42、图 5-15）。

表 5-40　方差齐性检验（因变量：发光量）

F	自由度 1	自由度 2	显著性
0.400	3	8	0.757

注：检验零假设，即在所有组中因变量的误差方差均相等；
a. 设计：截距 + 甲化合物 + 乙化合物 + 甲化合物和乙化合物。

表 5-41　主体间效应检验（因变量：发光量）

源	III型平方和	自由度	均方	F	显著性	偏 Eta 平方
校正模型	2.140[a]	3	0.713	53.500	0	0.953
	40.333	1	40.333	3025.0	0	0.997
甲化合物	0.853	1	0.853	64.0	0	0.889
乙化合物	1.203	1	1.203	90.250	0	0.919
甲化合物和乙化合物	0.083	1	0.083	6.250	0.037	0.439
误差	0.107	8	0.013			
总计	42.580	12				
校正的总计	2.247	11				

a. $R^2 = 0.953$（调整 $R^2 = 0.935$）。

表 5-42　估计边际平均值（因变量：发光量）

	均值	标准误差	95%	
			下限	上限
甲化合物 1	1.567	0.047	1.458	1.675
甲化合物 2	2.100	0.047	1.991	2.209
乙化合物 1	1.517	0.047	1.408	1.625
乙化合物 2	2.150	0.047	2.041	2.259
甲化合物 1　乙化合物 1	1.333	0.067	1.180	1.487
甲化合物 1　乙化合物 2	1.800	0.067	1.646	1.954
甲化合物 2　乙化合物 1	1.700	0.067	1.546	1.854
甲化合物 2　乙化合物 2	2.500	0.067	2.346	2.654

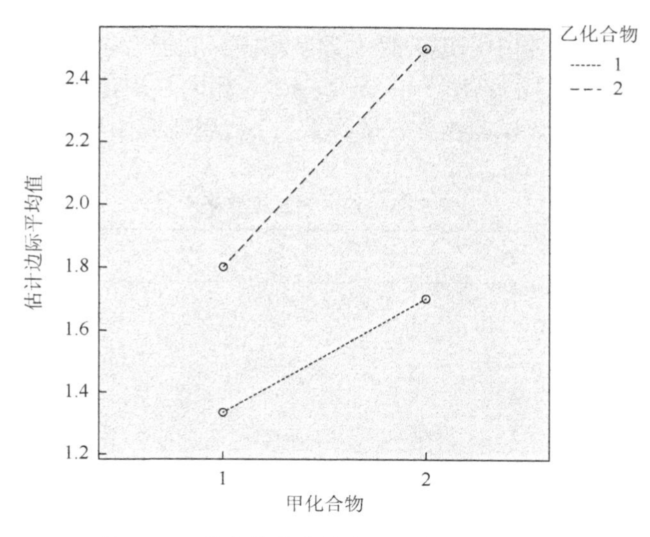

图 5-15　发光量的估计边际平均值的轮廓图

（6）结果分析。方差齐性检验结果表明各组发光菌发光量的总体方差齐同；主体间效应检验结果表明甲、乙化合物单独作用于发光菌，均对发光量产生了抑制作用，对发光菌具有毒性，甲、乙化合物之间存在交互效应；估计边际平均值表明，甲、乙化合物 1 同时使用时，平均值最小（1.333），单独使用乙化合物 1 时次之（1.517），单独使用甲化合物时要大些（1.567），同时使用甲、乙化合物 2 时，平均值最大（2.500），甲、乙化合物均对发光菌产生毒性，联合使用化合物 1 时毒性最小，联合使用化合物 2 时毒性最大；轮廓图中，两条直线不平行，表明两个因素存在交互效应，与前面得出一致结论。

5.8.5　正交设计

正交设计（orthogonal design）是利用正交表来研究多因素多水平的一种方法。此方法基本思路是依据正交性从全面水平组合中挑选出部分具有代表性的点进行分析检验，通过对部分试验结果的分析，了解全面试验的情况，以达到高效、快速、经济的目的，因而常被用于分式析因设计中。此外选取的有代表性的点还需保证均匀分散。如果试验的主要目的是寻求最优水平组合，则可利用正交设计来安排试验。正交设计的过程：①确定研究因素及其水平，列出因素水平组合表；②选择合适的正交表；③列出方案与结果；④对试验结果进行方差分析，选取最佳组合。

正交表（orthogonal layout）的特性：①任一列中，不同数字具有一样的出现频次；②任两列中，不同水平的组合所组成的数字对出现的次数相同。正交表包括相同水平正交表（各列中出现的最大数字相同）和混合水平正交表（各列中出现的最大数字不完全相同）。表 5-43 是 L_8（2^7）相同水平正交表。其中 7 代表研究因素，即列数，8 代表试验次数，即行数，2 代表研究因素的水平数。

表 5-43　L_8（2^7）正交表

行号＼列号	1	2	3	4	5	6	7
1	1	1	1	1	1	1	1
2	1	1	1	2	2	2	2
3	1	2	2	1	1	2	2
4	1	2	2	2	2	1	1
5	2	1	2	1	2	1	2
6	2	1	2	2	1	2	1
7	2	2	1	1	2	2	1
8	2	2	1	2	1	1	2

✧ **例 5-12**　本例中探究的是两种化合物的联合毒性，探究 5 种化合物 A、B、C、D、E 对发光菌的毒性，每种化合物包含无、有两个水平，则试验的具体安排和结果列于例 5-12 发光量.sav，试对 5 种化合物的毒性进行分析。

（1）打开数据文件例 5-12 发光量.sav。

（2）在菜单栏中依次选择【分析（A)】→【一般线性模型（G)】→【单变量（U)】选项，打开单变量主对话框，将“发光量”选入【因变量（D)】，将“A”“B”“C”“D”“E”选入【固定因子（F)】。

（3）单击【模型（M）...】，打开模型对话框，依次选择【设定（C)】→【主效应】，将“A”“B”“C”“D”“E”选入【模型（M)】。

（4）单击【继续】→【确定】，得到输出结果（表 5-44）。

表 5-44　主体间效应检验（因变量：发光量）

源	Ⅲ型平方和	自由度	均方	*F*	显著性
校正模型	1.775[a]	5	0.355	10.923	0.086
	19.220	1	19.220	591.385	0.002
A	1.280	1	1.280	39.385	0.024
B	0.045	1	0.045	1.385	0.360
C	0.125	1	0.125	3.846	0.189
D	0.320	1	0.320	9.846	0.088

续表

源	III型平方和	自由度	均方	F	显著性
E	0.005	1	0.005	0.154	0.733
误差	0.065	2	0.033		
总计	21.060	8			
校正的总计	1.840	7			

a. $R^2 = 0.965$（调整 $R^2 = 0.876$）。

（5）结果分析。根据主体间效应检验表，发现 B、C、D、E 对发光菌无显著毒性，A 具有显著毒性。

第 6 章　环境数据非参数检验

参数检验是基于总体分布服从正态分布或已知总体分布类型、总体方差而对未知参数进行推断，涉及数据是定距数据和定比数据。然而较多情况下样本数据分布类型不确定，无法了解总体参数特征如总体方差，不能直接采用参数检验，只能对数据资料进行非参数检验（nonparametric test）。非参数检验与参数检验共同构成了统计推断的基本内容。非参数检验过程不涉及总体分布类型及参数统计量，直接检验数据资料是否来自同一个总体，涉及计数统计量、秩统计量、符号秩统计量等常见检验统计量。非参数检验主要包括卡方检验、二项分布检验、Kolmogorov-Smirnov 检验（K-S 检验）、游程检验以及变量值随机性检验等。按照样本个数，传统非参数检验分为单样本非参数检验、两样本（独立、配对）非参数检验以及多样本（独立、相关）非参数检验。

非参数检验主要适用范围：①未知分布类型，样本容量小而无法观察分布情况；②等级性总体，以等级、名次、符号等顺序排列；③分布呈偏态，与正态分布差距较大或样本个别变量值过于异常。非参数检验主要针对定类数据，虽也可用于部分定距数据和定比数据，但会降低精确度。非参数检验不对原始数据进行检验，而是对原始数据的秩次检验，主要优点有：①适用于小样本（$n<30$）、数据不全、无分布等问题样本，应用范围广，易于推广使用；②不需要严格限定总体分布，避免了模型过于理想化而超出实际情况；③对数据要求也不严格，对数据的测量尺度无约束，计算相对简单，易于理解和掌握；④可用于参数检验难以处理的资料。非参数检验相对粗略，精确性通常不如参数检验高，一般能采用参数检验的就不采用非参数检验，但当样本含量足够大时，参数检验和非参数检验的结论往往相同。

6.1　单样本非参数检验

单样本检验在进行统计分析过程中，主要用于检验样本所在总体分布与理论分布是否存在显著性差异，主要方法有二项检验、卡方检验、K-S 检验、Wilcoxon 符号秩检验、游程检验。Wilcoxon 符号秩检验主要应用于两配对样本的非参数检验，在单样本中只检验观测中位数与假设中位数是否存在显著性差异。

6.1.1　二项检验

在实际环境中，经常面对只存在有或无两种结果的现象，如水质达标或不达标、水质污染或不污染、污染治理有效或无效、化学品有毒或无毒等。对这些两分类结果分别统计后获得的是离散型随机变量。检验该分类变量是否服从指定概率参数二项分布的检验称为二项检验（binomial test）。二项检验常用于总体率区间估计、样本率与总体率的比较以及两样本率的比较。

二项分布检验考察每个类别中观察频数和特定二项分布下的期望频数之间的差别，是对二分变量的拟合优度检验。对于服从二项分布的随机变量，计算在 n 次试验中特定结局出现次数小于 X 的概率值：

$$p\{X \leqslant x\} = \sum_{i=1}^{x} C_n^i p^i q^{n-i}$$

在样本≤30 时，按照二项分布概率公式计算；当样本数＞30 时，计算 Z 统计量。如果概率值大于显著性水平 α，样本所属的总体分布形态与特定的二项分布不存在显著差异；如果概率值小于显著性水平，样本所属的总体分布形态与特定的二项分布存在显著差异。

✧ **例 6-1**　已知我国 147 个主要流域重点断面点位 2018 年 03 月 12 日（2018 年 11 周）的水质自动监测数据（COD_{Mn}浓度，单位为 mg/L），试用二项分布检验这些监测点 COD_{Mn} III类水达标率是否达到 90%［《地表水环境质量标准》（GB 3838—2002）规定III类水质 COD_{Mn}≤6mg/L］（数据来自中国环境检测总站水质监测 2018 年 11 期 http: //www.cnemc.cn/csszzb2093030.jhtml）。

SPSS 分析过程：

（1）打开数据文件例 6-1 水质 COD（Mn）第 11 周.sav（“COD 是否达标”列中“0”表示“达标”，“1”表示“不达标”）。

（2）依次选择【分析（A）】→【非参数检验（N）】→【单样本（O）...】选项，打开单样本非参数检验主对话框。

（3）对话框分为三个栏目：目标、字段和设置。【目标】栏包括【自动比较观察数据和假设数据（总体）】【检验随机序列】【自定义分析】三种情况。【字段】栏用于指定需要分析的检验字段，将变量选入即可。【设置】栏列出了可以选择的检验方法及相关设置选项。

在字段栏下，将“COD 是否达标”选入【检验字段（T）】框，在设置栏下勾选【比较观察二分类可能性和假设二分类可能性（二项检验）（O）】（图 6-1）。

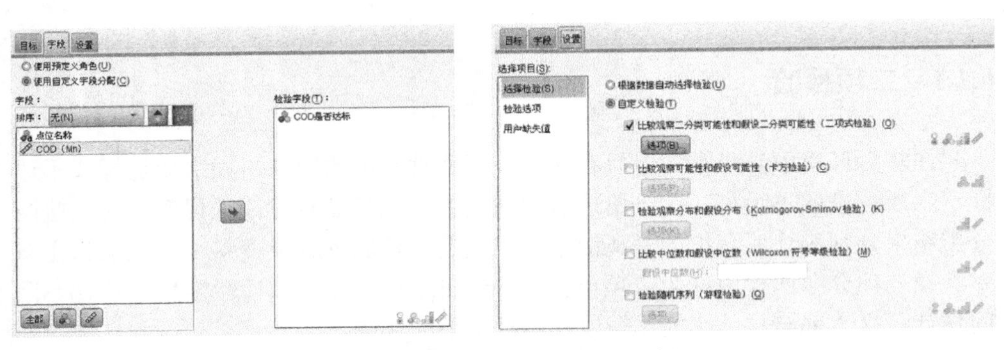

图 6-1　单样本非参数检验对话框

（4）点击【选项】按钮，设定检验比例 0.9（图 6-2），并在置信区间框组勾选【Clopper-Pearson（精确）】，点击【确定】。

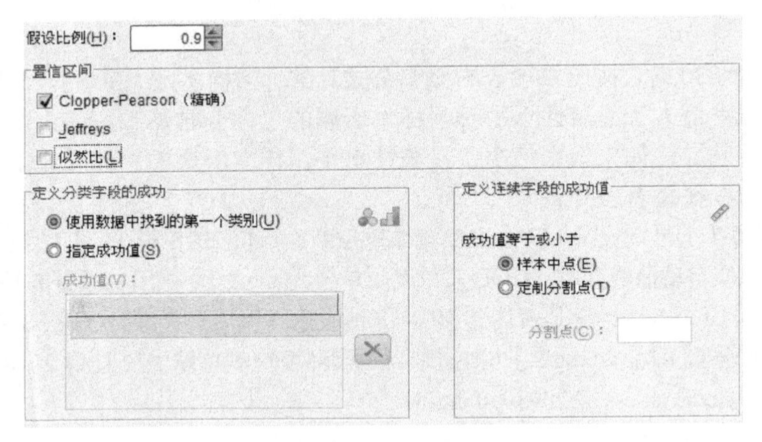

图 6-2　二项式选项

（5）在主对话框点击【运行】。分析结果见图 6-3，显著性为 0.413＞0.05，按 $\alpha=0.05$ 水准可知，保留原假设，认为 147 个监测点 COD_{Mn} Ⅲ类水达标率达到 90%。双击【假设检验汇总】表格打开“模型查看器”（图 6-4），从图 6-4（a）可以直观看出观测与假设的比例较接近，再观察图 6-4（b），给出详细的参数，其中单尾检验的渐进显著性为 0.413＞0.05，保留原假设。

	原假设	检验	显著性	决策者
1	COD是否达标 = 达标和不达标所定义的类别的发生概率为0.9和0.1	单样本 Binomial 检验	0.413	保留原假设

图 6-3　二项检验结果

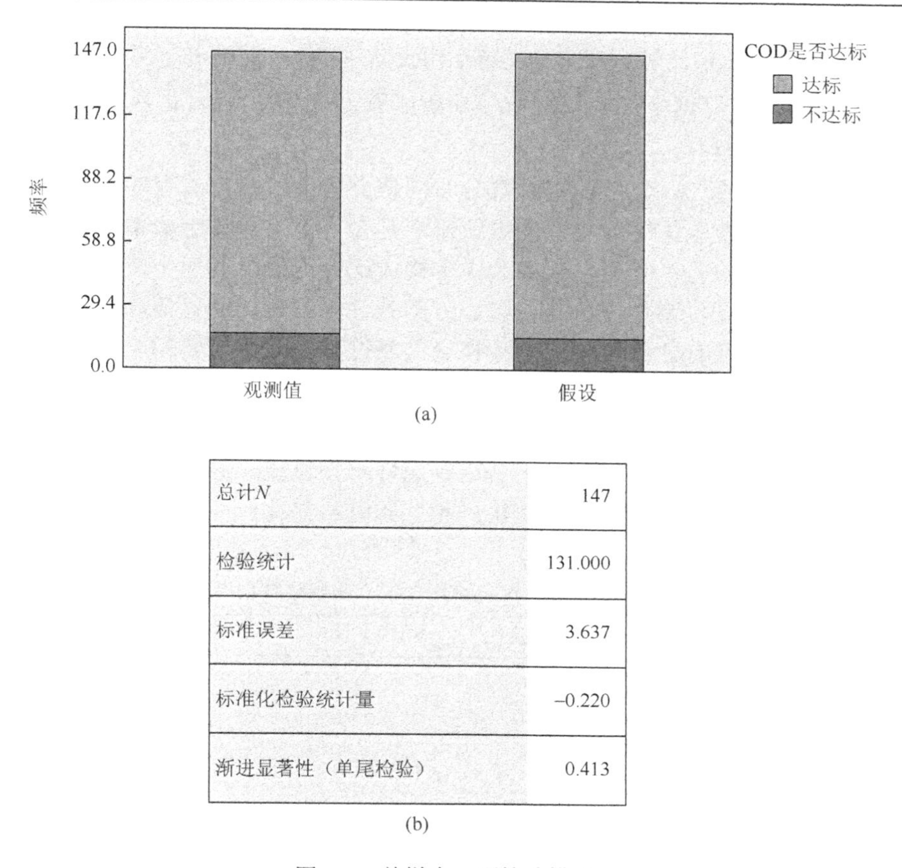

总计N	147
检验统计	131.000
标准误差	3.637
标准化检验统计量	−0.220
渐进显著性（单尾检验）	0.413

(b)

图 6-4　单样本二项检验模型

6.1.2　单样本卡方检验（χ^2 检验）

卡方分布（Chi-square distribution）由 1875 年 F. Helmet 首次提出，发现来自正态总体的样本方差分布服从卡方检验分布。卡尔 •皮尔逊（Karl Pearson）在 1900 年进行拟合优度研究时也得出卡方分布。卡方检验卡方检验是一种基于卡方分布的假设检验方法，是最常用、最重要的拟合优度检验之一。卡方检验常用于判断样本所在总体与期望分布是否存在显著性差异，检验观测值与理论值是否一致，其利用近似卡方分布的统计量，将变量分成几类并计算卡方统计量，主要针对无序分类变量。卡方统计量公式表示

$$\chi^2=\sum_{i=1}^{k}\frac{(O_i-E_i)^2}{E_i}$$

式中，k 为单元格数；O_i 为第 i 子集的观察频数；E_i 为第 i 子集的期望频数。根据

Pearson 定理，当 n 比较大时，卡方统计量近似服从 χ^2 的分布。观察频数与期望频数越接近，χ^2 值越小；观察频数与期望频数差别越大，χ^2 值越大，表明观察频数远离期望频数。

卡方检验用途广，包括：①频数分布的拟合优度检验；②有序分组资料的线性趋势检验；③检验无序分类变量出现概率是否等于某一特定概率；④两个分类变量间关联性的检验；⑤两个或多个样本构成比的比较；⑥两个或多个样本率的比较。在 SPSS 中经常用于分布检验、方差齐性检验等，而直接以卡方检验的名义出现的地方主要有非参数分布检验和交叉表过程。前者主要用于检验实际分布与指定概率分布是否一致，在这一小节的例子中将会涉及；后者主要分析两组或多组样本的关联程度，将在两配对样本和两独立样本中介绍。

✧ **例 6-2**　采用 100 只怀孕小鼠进行急性毒性试验，并给出相关的期望频数分布，得到数据如表 6-1 所示。采用 χ^2 检验验证其结果。

表 6-1　100 只怀孕小鼠胚胎死亡数、观察频数和期望频数

胚胎死亡数	0	1	2	3	4	5	大于 5
观察频数	53	23	11	7	1	3	2
期望频数	50	25	10	5	4	3	3

SPSS 分析过程：

（1）打开数据文件例 6-2 小鼠胚胎死亡数.sav。

（2）需要注意的是，采用卡方检验首先需要观察样本中的数据是否为汇总数据，若是则必须先进行加权处理。本例是汇总数据，依次选择【数据（D）】→【加权个案（W）...】，打开加权个案对话框，选择【加权个案（W）】并将观察频数选入频率变量（F），见图 6-5，点击【确定】。

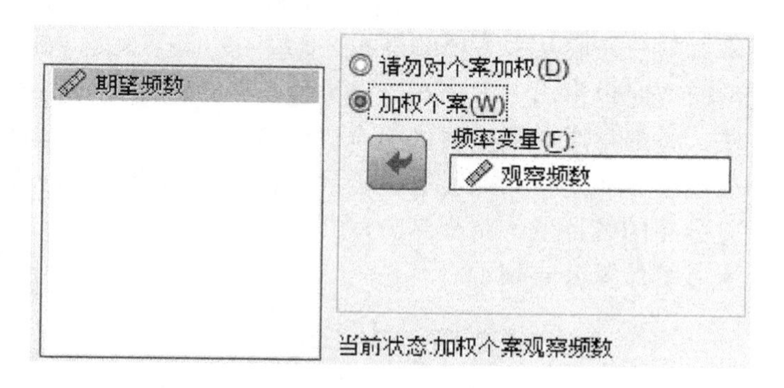

图 6-5　加权个案对话框

（3）在表格中观察频数已按升序排列，与期望频数一一对应。依次选择【分析（A）】→【非参数检验（N）】→【旧对话框（L）】→【卡方（C）...】选项，打开卡方检验主对话框。将观测频数选入【检验变量列表（T）】;【期望全距】规定分析范围，本例选择【从数据中获取（G）】;【期望值】分为【所有类别相等（I）】和规定的期望【值（V）】，将期望频数依次输入下拉列表框（图 6-6）。

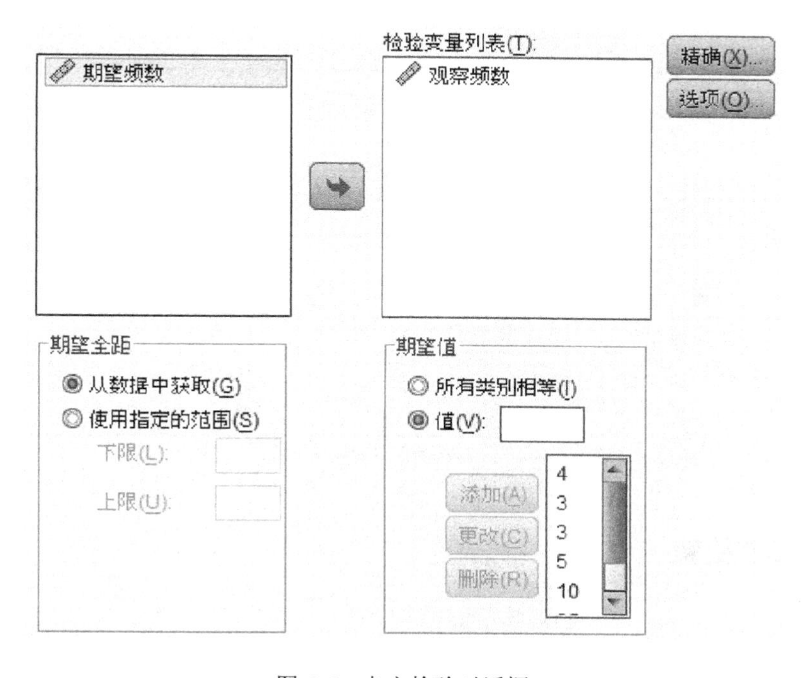

图 6-6　卡方检验对话框

（4）点击右上角【精确（X）...】按钮，选择具体计算方法。【仅渐进法（A）】用于检验大样本（$n \geqslant 30$）统计量基于渐进分布的显著性;【Monte Carlo】用于样本大而不满足渐进分布时计算显著性，需设置置信度和样本数;【精确（E）】法可获得具体的显著性，但计算时间较长，可以限制每个检验时间，适用于 $n<30$ 的小样本。本例可选择【精确】法，点击【继续】。

（5）在卡方检验对话框点击【确定】按钮，得到分析结果见表 6-2 和表 6-3。从表 6-2 可以看出观察频数与期望频数之间的残差值，再由表 6-3 可以发现卡方值为 3.823，自由度为 6，渐进显著性和精确显著性分别为 0.701 和 0.702，均大于 0.05 水准，保留原假设，认为期望频数与观察频数无显著性差异。

表 6-2 观察频数表

	观测到的 N	预期的 N	残差
1	1	4.0	−3.0
2	2	3.0	−1.0
3	3	3.0	0.0
7	7	5.0	2.0
11	11	10.0	1.0
23	23	25.0	−2.0
53	53	50.0	3.0
总计	100		

表 6-3 检验统计表

	观察频数
卡方	3.823[a]
自由度	6
渐进显著性	0.701
精确显著性	0.702
点概率	0.001

a. 3 个单元格（42.9%）的期望频率小于 5。最少的期望频率数为 3.0。

6.1.3 K-S 检验

K-S 检验由苏联数学家安德雷·柯尔莫哥洛夫（Andrey Nikolaevich Kolmogorov）于 1933 年提出。斯米尔诺夫（Nikolai Vasilyevich Smirnov）对其加以改进。K-S 检验属于拟合优度检验，可用于检验连续型随机变量的分布。K-S 检验常用于检验变量观测累积分布函数是否服从正态（normal）分布、均匀（uniform）分布、泊松（Poisson）分布及指数（exponential）分布等理论分布。K-S 检验中的 K 值根据累积分布函数与理论累积分布函数的最大差分的绝对值获得。检验的统计量为

$$K = |A_i - O_i|$$

式中，A_i 为理论分布累积相对频数；O_i 为样本频数的对应值。K 值越大说明理论分布与实际偏离越远。当 K 值的概率小于检验水准时，认为一次抽样中不应出现此结果。

此处数据采用例 6-1 中数据，试用 K-S 检验 147 个主要流域重点断面点位 2018 年第 11 周 COD_{Mn} 浓度数据是否服从正态分布、均匀分布、指数分布。

SPSS 分析过程：

（1）打开数据文件例 6-1 水质 COD（Mn）第 11 周数据.sav。

（2）依次选择【分析（A)】→【非参数检验（N)】→【单样本（O）...】选项，打开单样本非参数检验主对话框。

（3）在字段栏下，将“COD（Mn）”选入【检验字段（T)】框。需要注意的是，K-S 检验方法只能在有序字段或连续字段上执行。在设置栏下勾选【检验观察分布和假设分布（Kolmogorov-Smirnov 检验）(K)】。

（4）点击【选项】按钮，勾选假设分布【正态（R)】、【相等（F)】、【指数分布（P)】，点击【确定】按钮。

（5）在主对话框点击【运行】按钮，分析结果见图 6-7。正态分布、均匀分布、指数分布的显著性均为 0.000＜0.05，认为 COD_{Mn} 分布不服从正态分布、均匀分布、指数分布。双击“假设检验汇总表”打开模型查看器，双击左栏的原假设对应打开检验结果。直方图与正态曲线直观显示了观测频率与假设频率的差异，不服从正态分布，渐进显著性双尾检验＝0.000＜0.05，说明 COD_{Mn} 的分布不服从正态分布。

	原假设	检验	显著性	决策者
1	COD(Mn)的分布为正态分布，平均值为3.754，标准偏差为2.31	单样本 Kolmogorov-Smirnov检验	0.000	拒绝原假设
2	COD(Mn)的分布为均匀分布，最小值为0.700，最大值为17.200	单样本 Kolmogorov-Smirnov检验	0.000	拒绝原假设
3	COD(Mn)的分布为指数分布，平均值为3.754	单样本 Kolmogorov-Smirnov检验	0.000	拒绝原假设

图 6-7 K-S 检验结果

6.1.4 游程检验

在实际环境过程中，有些现象的发生或不发生是间断性的、随机的。这些发生或不发生的随机记录会形成一个序列连续相同的取值组成一个游程。例如，序列 0 1 1 0 0 1 0 1 1 1 0 0 0 1 1 0 0 0 1 0 0，共有 11 个游程，“0”的游程 6 个，长度为 1、2、3 的各有两个；有 5 个“1”的游程，长度为 1、2 的各有两个，长度为 3 的有 1 个。根据样本变量排列组成的游程多少进行判断的非参数检验，称为游程检验（runs test)，又称连贯检验，常用于检验某变量中两个数值的出现是否随机。游程检验包括游程总数检验和最大游程检验。

此处数据采用例 6-1，试用游程检验对 147 个主要流域重点断面点位 2018 年第 11 周 COD_{Mn} 浓度数据进行分析。

SPSS 分析过程：

（1）打开数据文件例 6-1 水质 COD（Mn）第 11 周数据.sav。

（2）依次选择【分析（A)】→【非参数检验（N)】→【单样本（O）...】选项，打开单样本非参数检验主对话框。

（3）在字段栏下，将“COD（Mn）”“COD 是否达标”选入【检验字段（T)】框。在设置栏下勾选【检验随机序列（游程检验）(Q)】。

（4）点击【选项】按钮，在【定义分类字段的组】框组下选择【样本中仅有 2 个类别（M)】，在“定义连续字段的分割点”框组选择【样本中位数（S)】或【样本平均值（E)】或自由定制分割点，在本例中可以选择中位数，点击【确定】按钮。

（5）在主对话框点击【运行】按钮，分析结果见图 6-8，“COD（Mn）”和“COD 是否达标”检验后均保留原假设，这是因为每条个案（点位）在列表中都是随机排列，因此检验游程数在正常水平内，显著性均大于 0.05，保留原假设，表明该样本出现顺序随机。另外，双击“假设检验汇总表”打开模型查看器也可以直观观察到两样本游程数均在正常水平（图 6-9、图 6-10）。

	原假设	检验	显著性	决策者
1	COD(Mn)≤3.300和＞3.300所定义的值序列为随机序列	单样本运行检验	0.689	保留原假设
2	COD是否达标＝（达标）和（不达标）所定义的值序列为随机序列	单样本运行检验	0.133	保留原假设

图 6-8　游程检验结果

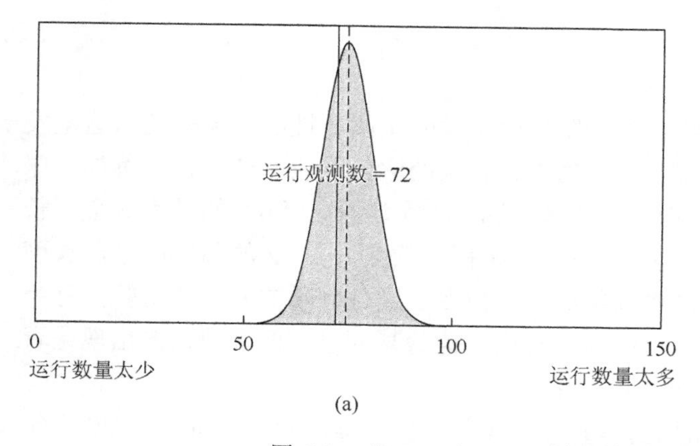

(a)

总计N	147
检验统计	72.000
标准误差	6.034
标准化检验统计量	−0.400
渐进显著性(2-sided检验)	0.689

(b)

图 6-9　“COD（Mn）”游程检验结果模型查看

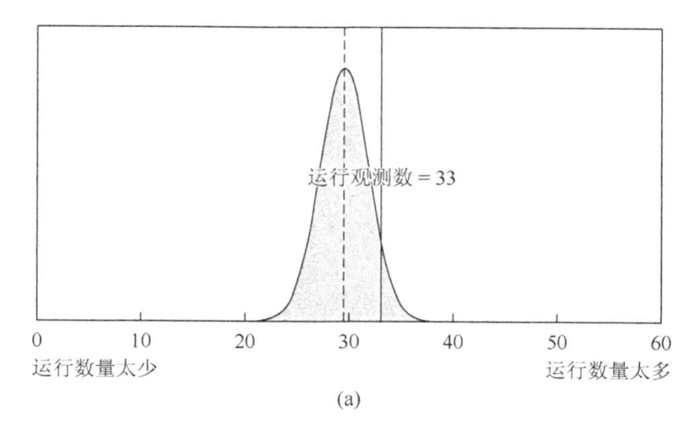

(a)

总计 N	147
检验统计	33.000
标准误差	2.318
标准化检验统计量	1.502
渐进显著性(2-sided检验)	0.133

(b)

图 6-10　“COD 是否达标”游程检验结果模型查看

6.2　两配对样本非参数检验

由于存在某种关联而被结合在一起考虑的两相关样本被称为配对样本（paired samples），如对同一研究对象给予不同处理从而判断处理效果或处理前后有无差异，不管是在实际生活中还是科学研究中经常遇到。其思路和逻辑与参数检验类似，都是想算出配对样本数据的差值，然后再分析差值总体的中位数是否为 0，只是配对样本的非参数检验不再考虑分布类型。两配对样本的非参数检验方法包括符号检验、Wilcoxon 符号秩检验、McNemar 检验，其中 Wilcoxon 符号秩检验是首选方法。

6.2.1　符号检验

符号检验（sign test）也称差数秩检验，是对两配对样本每对数据差的符号进行检验的非参数方法，可比较两样本的差异性。其基本思路是如果两个配对样本无区别，那么两个样本的观测值相减所得的正差值和负差值的数量基本相等，且都服从二项分布 B（n，0.05）。符号检验适合分析成对数据，在作用方面类似参数检验中的 t 检验，但由于主要考虑数据差正负而不是数据差大小，检验精确度不如 t 检验，更适用于无法用数字精确计量的情况。

✧ **例 6-3**　已知我国 145 个主要流域重点断面点位 2018 年第 8 周和第 9 周的水质自动监测数据（COD_{Mn} 浓度，单位为 mg/L），现在需检验这些点位在这两周中监测数据分布是否存在差异［《地表水环境质量标准》（GB 3838—2002）规定Ⅲ类水质 COD_{Mn}≤6mg/L，“是否达标”列中“0”表示“达标”，“1”表示“不达标”］。（数据来自中国环境检测总站水质监测 2018 年 8、9 期 http: //www.cnemc.cn/csszzb2093030.jhtml）。

SPSS 分析过程：

（1）打开数据文件例 6-3 水质 COD（Mn）第 8、9 周.sav。

（2）依次选择【分析（A）】→【非参数检验（N）】→【相关样本（R）...】选项，打开两个或更多相关样本非参数检验主对话框。

（3）在字段栏下，将“第 8 周”和“第 9 周”选入【检验字段（T）】框，在“比较中位数和假设中位数”框组中勾选【符号检验（二样本）（G）】（图 6-11），需要注意的是双样本符号检验只能在两个连续字段上执行，在名义和有序字段上系统将无法执行。

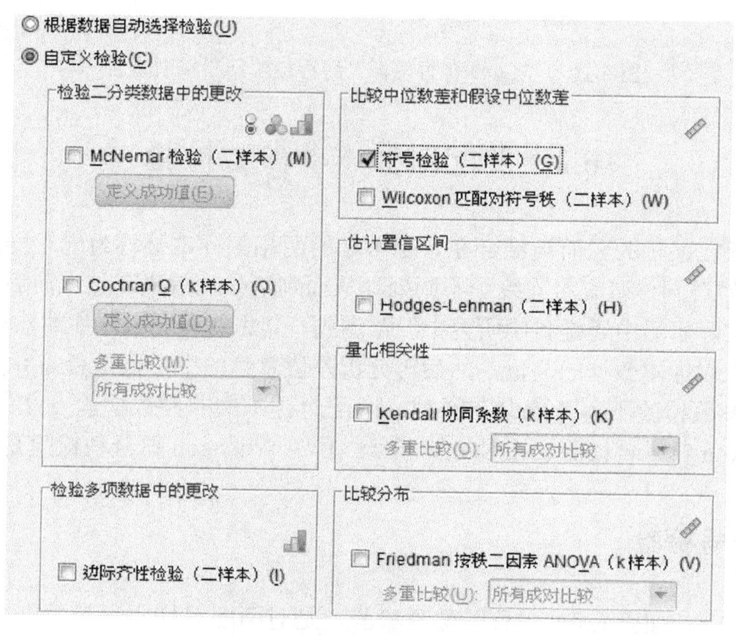

图 6-11　符号检验设置

（4）点击【运行】按钮，得到结果如图 6-12 所示，双尾检验渐进显著性 = 0.294＞0.05，保留原假设，认为第 8 周和第 9 周之间差异的中位数基本等于 0，两者分布差异较小。

原假设	测试	显著性	决策者
第9周与第8周之间差异的中位数等于0	相关样本符号检验	0.294	保留原假设

图 6-12　符号检验分析结果

6.2.2　Wilcoxon 符号秩检验

Wilcoxon 符号秩检验也称为 Wilcoxon 配对符号秩检验，对总体分布没有要求，也用于分析两配对样本所在总体分布是否存在差异。Wilcoxon 符号秩检验是在符号检验基础上进一步改进，既考虑两样本差值符号，又考虑其顺序，适用于连续性资料。正负符号代表了在中心位置的哪一边，而差值的绝对值代表与中心距离的远近，将正负号与差值大小相结合得到的结果更准确。相应的无效假设 H_0：差值的总体中位数为 0；备择假设：差值的总体中位数不等于 0。

在进行检验时，对于两配对样本分别计算出各对数据的差值 d_i。如果 d_i 为连续变量并服从正态分布，可采用 t 检验的方法，如果 d_i 不服从正态分布，只能采用非参数检验方法。对 d_i 的绝对值由低到高进行排秩，若两样本具有相同的分布，那么 $p(d_i>0)=p(d_i<0)$，且 $d_i>0$ 的秩和等于 $d_i<0$ 的秩和。

✧ **例 6-4**　目前，我国将近 400 个城市存在供水不足问题，其中超 17 个城市出现了严重缺水状况。用 Wilcoxon 符号秩检验方法来判断 2016 年和 2017 年我国各地区水资源情况是否有差别。表 6-4 列出了检验过程中涉及的参数，首先计算两年水资源总量的差值 d_i 并求其绝对值，再进行排秩。若 H_0 成立即差值的总体中位数为 0，那么理论上正差秩的和与负差秩的和应相等。但从表 6-4 中最后两列可以看出，正差秩的和与负差秩的和有一定差距，下面用 SPSS 来验证初步观测的结果（数据来自中华人民共和国国家统计局）。

表 6-4　2016 年和 2017 年我国各地区水资源情况比较

地区	2017 年 水资源总量/(亿 m^3)	2016 年 水资源总量/(亿 m^3)	$d_i=w_{17}-w_{16}$	$\lvert d_i\rvert$	秩	正差的秩	负差的秩
北京	35.1	26.8	8.30	8.30	5	5	
天津	18.9	12.8	6.10	6.10	4	4	
河北	208.3	135.1	73.20	73.20	12	12	
山西	134.1	94.0	40.10	40.10	8	8	
内蒙古	426.5	537.0	−110.50	110.50	15		15
辽宁	331.6	179.0	152.60	152.60	18	18	
吉林	488.8	331.3	157.50	157.50	19	19	
黑龙江	843.7	814.1	29.60	29.60	7	7	
上海	61.0	64.1	−3.10	3.10	2		2
江苏	741.7	582.1	159.60	159.60	20	20	

续表

地区	2017 年 水资源总量/(亿 m^3)	2016 年 水资源总量/(亿 m^3)	$d_i = w_{17} - w_{16}$	$\lvert d_i \rvert$	秩	正差的秩	负差的秩
浙江	1323.3	1407.1	−83.80	83.80	13		13
安徽	1245.2	914.1	331.10	331.10	27	27	
福建	2109.0	1325.9	783.10	783.10	30	30	
江西	2221.1	2001.2	219.90	219.90	23	23	
山东	220.3	168.4	51.90	51.90	10	10	
河南	337.3	287.2	50.10	50.10	9	9	
湖北	1498.0	1015.6	482.40	482.40	28	28	
湖南	2196.6	1919.3	277.30	277.30	25	25	
广东	2458.6	1933.4	525.20	525.20	29	29	
广西	2178.6	2433.6	−255.00	255.00	24		24
海南	489.9	198.2	291.70	291.70	26	26	
重庆	604.9	456.2	148.70	148.70	17	17	
四川	2340.9	2220.5	120.40	120.40	16	16	
贵州	1066.1	1153.7	−87.60	87.60	14		14
云南	2088.9	1871.9	217.00	217.00	22	22	
西藏	2642.2	3853.0	−1210.80	1210.80	31		31
陕西	271.5	333.4	−61.90	61.90	11		11
甘肃	168.4	164.8	3.60	3.60	3	3	
青海	612.7	589.3	23.40	23.40	6	6	
宁夏	9.6	9.2	0.40	0.40	1	1	
新疆	1093.4	930.3	163.10	163.10	21	21	

注：不包括港澳台地区。

SPSS 分析过程：

（1）打开数据文件例 6-4 2016 年和 2017 年我国各地区水资源情况.sav。

（2）依次选择【分析（A）】→【非参数检验（N）】→【相关样本（R）...】选项，打开两个或更多相关样本非参数检验主对话框。

（3）在字段栏下，将“水资源情况（2016）”和“水资源情况（2017）”选入【检验字段（T）】框，在设置栏下【比较中位数和假设中位数】框组中勾选【Wilcoxon 匹配对符号秩（二样本）（W）】。

（4）点击【运行】按钮，得到结果如图 6-13 所示，双尾检验渐进显著性 = 0.007<0.05，拒绝原假设，认为 2016 年和 2017 年我国各地区水资源情况的中位数不为 0，两者存在显著性差异，双击【假设检验汇总表】打开模型查看器从直方图可以看出正差明显多于负差，说明与 2016 年对比 2017 年水资源有一定的下降情况。

原假设	测试	显著性	决策者
水资源情况(2016)与水资源情况(2017)之间差异的中位数等于0	相关样本 Wilcoxon符号秩检验	0.007	拒绝原假设

图 6-13　Wilcoxon 符号秩检验分析结果

6.2.3　McNemer 检验

McNemer 检验就是配对检验，研究变量在某种处理前后或两个时间点变化是否显著，常用于对两种检验方法、培养方法、诊断方法的比较。使用该检验要求变量是二分类且两类之间互斥，同时所有研究对象均有前后两次测量数据。McNemar 检验考察的重点是两组间分类差异，对于相同的分类则忽略不计。在配对四格表（表 6-5）中行列变量反映的是同一事物的同一属性，若 $b+c \geqslant 40$，用 McNemer 检验，$\chi^2=\frac{(b-c)^2}{b+c}$；若 $b+c<40$，作连续校正，$\chi^2=\frac{(|b-c|-1)^2}{b+c}$。

表 6-5　配对四格表形式

结果	+	−	合计
+	a	b	$a+b$
−	c	d	$c+d$
合计	$a+c$	$b+d$	$n=a+b+c+d$

下面用两个例子分别介绍【交叉表】和【非参数检验】分析过程。

首先利用【非参数检验】过程分析，采用例 6-3 水质 COD（Mn）第 8、9 周数据，用 McNemar 检验这些点位在这两周中监测数据分布是否存在差异。

SPSS 分析过程（非参数检验）：

（1）打开数据文件例 6-3 水质 COD（Mn）第 8、9 周.sav。

（2）依次选择【分析（A）】→【非参数检验（N）】→【相关样本（R）...】选项，打开两个或更多相关样本非参数检验主对话框。

（3）在字段栏下，将“是否达标（第 8 周）”和“是否达标（第 9 周）”选入【检验字段（T）】框，在设置栏下【检验二分类数据中的更改】框组中勾选【McNemar 检验（二样本）（M）】，需要注意的是配对样本 McNemar 检验只能在两个分类字段上执行，如果选择其他字段，系统将无法执行。

（4）点击【运行】按钮，得到结果如图 6-14 所示，双尾检验渐进显著性 = 0.727＞0.05，保留原假设，认为两者分布基本相同，双击【假设检验汇总表】打开模型查看器可观察检验的基本思路。主要观察（0.00，1.00）和（1.00，0.00）格中的差异（即直方图所在格），可看出观察频数与假设频数相差较少，基本认为分布无显著差异，再看参数表中的显著性，恰好验证此观点。

原假设	测试	显著性	决策者
不同值在是否达标（第8周）和是否达标（第9周）上的分布可能相同	相关样本 McNemar 检验	0.727[1]	保留原假设

显示渐进显著性。显著性水平是0.05。
1. 对此检验显示准确显著性。

图 6-14 McNemar 检验结果

✧ **例 6-5** 有 50 份人肝癌细胞样品，分别用甲、乙两种方法接种于培养基上，最终分别呈现阴性和阳性的结果（表 6-6），在 SPSS 中检验两种培养基的效果是否存在差异。

表 6-6 甲、乙两种培养方法培养结果

		乙培养法		合计
		+	−	
甲培养法	+	22	8	30
	−	9	11	20
合计		31	19	50

SPSS 分析过程（交叉表）：

（1）打开数据文件例 6-5 甲、乙细胞培养方法差异.sav。

（2）本例是汇总数据，首先对数据进行加权，依次选择【数据（D）】→【加权个案（W）...】，打开加权个案对话框，选择【加权个案（W）】并将频数选入频率变量（F），点击【确定】。

（3）依次选择【分析（A）】→【描述统计】→【交叉表格（C）...】选项，打开交叉表对话框，将变量“甲”选入【行（S）】，将变量“乙”选入【列（C）】（此处行列颠倒也可，不影响最终结果）。

（4）点击【统计量（S）...】按钮，打开交叉表：统计量对话框，勾选【卡方（H）】和【McNemar（M）】，点击【继续】。

（5）点击【单元格（E）...】按钮，打开交叉表：单元显示对话框，在【计数】框组勾选【观察值（O）】和【期望值（E）】，在【百分比（C）】框组勾选【行（R）】，点击【继续】。

（6）点击【确定】按钮，得到三个表格，分别为个案统计表、交叉表（表 6-7）和卡方检验表（表 6-8）。交叉表中给出了实际频数与期望频数以及相应百分比。卡方检验结果表中给出了多个卡方统计量以及显著性，而且对应的结果差异较大，具体选择哪一个还需要考虑其他参数。已知 $b + c = 17 < 40$，所以选择经过连续性校正的卡方统计量即 2.975，显著性 = 0.085＞0.05，保留原假设。

表 6-7　交叉表结果

			乙		合计
			+	–	
甲	+	计数	22	8	30
		期望的计数	18.6	11.4	30.0
		甲中的百分数	73.3%	26.7%	100.0%
	–	计数	9	11	20
		期望的计数	12.4	7.6	20.0
		甲中的百分数	45.0%	55.0%	100.0%
合计		计数	31	19	50
		期望的计数	31.0	19.0	50.0
		甲中的百分数	62.0%	38.0%	100.0%

表 6-8　卡方检验结果

	值	df	渐进显著性（双侧）	精确显著性（双侧）	精确显著性（单侧）
Pearson 卡方	4.089[a]	1	0.043		
连续校正 [b]	2.975	1	0.085		
似然比	4.086	1	0.043		
Fisher 的精确检验				0.073	0.042
线性和线性组合	4.007	1	0.045		
McNemar 检验				1.000[c]	
有效案例中的 *N*	50				

a. 0 单元格（0.0%）的期望计数少于 5，最小期望计数为 7.60；

b. 仅对 2×2 表计算；

c. 使用的二项式分布。

6.3　两独立样本的非参数检验

有时不了解样本所属的总体分布类型，但是想进一步确定两独立样本是否来自于服从同一分布的总体，就会用到两个独立样本的非参数检验方法如卡方检验、Mann-Whitney U 检验、K-S 检验、Wald-Wolfowitz 游程检验和 Moses 极端反应检验方法，其中 Mann-Whitney U 检验应用最为广泛。

6.3.1　两独立样本的卡方检验

在比较两样本均值差异时可采用 t 检验；在比较多样本均值差异时可采用 F 检验。但在比较两组或两组以上定类或定序资料时，无法采用 t 检验或 F 检验，需考虑采用行×列表（列联表）卡方检验比较样本率和构成比分布差异。两独立样本的 2×2 表卡方检验也称四格表检验，表 6-9 为四格表基本形式。

表 6-9　独立样本的四格表形式

处理	发生	未发生	合计
A	a	b	$a+b$
B	c	d	$c+d$
合计	$a+c$	$b+d$	$n=a+b+c+d$

在计算卡方统计量时，需根据样本容量等实际情况作相应校正，从而避免较大偏差的产生，校正条件及方法见表 6-10。

表 6-10　卡方统计量的校正方法

样本数	条件	校正方法
$n \geq 40$	所有理论频数≥5	普通卡方检验统计量
	有 1 个理论频数＞1 且＜5	作连续性校正
	至少有 2 个理论频数＞1 且＜5	作 Fisher 确切概率
	至少有 1 个理论频数＜1	作 Fisher 确切概率
$n<40$		作 Fisher 确切概率

其中，普通卡方统计量公式表示为：$\chi^2=\sum_{i=1}^{k}\frac{(O_i-E_i)^2}{E_i}$（$k$ 为单元格数，O_i 为第 i 子集的观察频数，E_i 为第 i 子集的期望频数）；连续性校正公式为：$\chi^2=\frac{(|b-c|-1)^2}{b+c}$；Fisher 确切概率公式：$\chi^2=\frac{(|ad-bc|-n/2)^2 n}{(a+b)(a+c)(c+d)(b+d)}$（$a$、$b$、$c$、$d$ 为表 6-9 中的对应的个案数）。连续性校正仅用于自由度为 1 的四格表资料，当自由度≥2 时，一般不作校正［自由度 df＝(行数−1)×(列数−1)］。

✧ **例 6-6**　为研究两种污染物对细胞活力的影响，分别对相同培养后的细胞进行暴毒处理并用试剂盒显色后用酶标仪测量荧光强度，根据荧光强弱判断阴性、阳性结果，最终试验结果见表 6-11，试用 SPSS 分析两种污染物对细胞的影响是否有显著性差异。

表 6-11　细胞试验结果

组别	阴性	阳性	合计	阳性率/%
A	175	10	185	5.4
B	57	8	65	12.3
合计	232	18	250	7.2

SPSS 分析过程：

（1）打开数据文件例 6-6 两种污染物的细胞毒性实验.sav。

（2）本例是汇总数据，首先对数据进行加权，依次选择【数据（D）】→【加权个案（W）...】，打开加权个案对话框，选择【加权个案（W）】并将观察频数选入频率变量（F），点击【确定】。

（3）依次选择【分析（A）】→【描述统计】→【交叉表（C）...】选项，打开交叉表对话框，将分组变量“污染物［类型］”选入【行（S）】，将指标变量“结果”选入【列（C）】（此处行列颠倒也可，不影响最终结果）。

（4）点击【统计量（S）...】按钮，打开交叉表：统计量对话框，勾选【卡方（H）】，点击【继续】。

（5）点击【单元格（E）...】按钮，打开交叉表：单元显示对话框，在【计数】框组勾选【观察值（O）】和【期望值（E）】，在【百分比（C）】框组勾选【行（R）】，点击【继续】。

（6）点击【确定】按钮，得到三个表格，分别为个案统计表、交叉表（表 6-12）和卡方检验表（表 6-13）。

表 6-12 交叉表

			结果		合计
			阴性	阳性	
污染物	A	计数	175	10	185
		期望的计数	171.7	13.3	185.0
		污染物中的百分数	94.6%	5.4%	100.0%
	B	计数	57	8	65
		期望的计数	60.3	4.7	65.0
		污染物中的百分数	87.7%	12.3%	100.0%
合计		计数	232	18	250
		期望的计数	232.0	18.0	250.0
		污染物中的百分数	92.8%	7.2%	100.0%

交叉表中不仅给出了阴性和阳性结果的频数和对应百分比，同时还输出了相应的理论频数。需要注意的是表 6-12 中的实际频数与理论频数直接决定卡方检验的结果。

表 6-13 卡方检验结果

	值	df	渐进显著性（双侧）	精确显著性（双侧）	精确显著性（单侧）
Pearson 卡方	3.430[a]	1	0.064		
连续校正[b]	2.474	1	0.116		
似然比	3.095	1	0.079		
Fisher 的精确检验				0.091	0.063
线性和线性组合	3.416	1	0.065		
有效案例中的 N	250				

a. 1 单元格（25.0%）的期望计数少于 5。最小期望计数为 4.68；

b. 仅对 2×2 表计算。

卡方检验结果表给出了多个检验结果，在进行选择时需要对照表 6-10。本例中总例数 = 250＞40 且存在 1 个期望频数 = 4.7＜5，所以需要看作连续性校正，卡方值 = 2.474，双侧检验显著性 = 0.116＞0.05，所以保留原假设，A 污染物阳性率 5.4%，B 污染物阳性率 12.3%，不存在显著性差异。

6.3.2　曼-惠特尼 *U* 检验

曼-惠特尼 *U*（Mann-Whitney *U*）检验即两独立样本秩和检验，是应用最为广泛的非参数检验方法，等同于两独立样本的 Wilcoxon 秩和检验和 Kruskal-Wallis 检验。1945 年维尔克松（Frank Wilcoxon）提出了符号秩检验并对相同样本容量的双样本变体进行了分析。1947 年亨利 • 曼（Henry B. Mann）和他的学生唐纳德 • 惠特尼（Donald R. Whitney）对 Wilcoxon 秩和检验进行改进并提出了 Wilcoxon-Mann-Witney 检验，后期演变为 Mann-Whitney *U* 检验，用于考察两独立样本是否来自相同或相等总体以及总体均值是否有显著差别。Mann-Whitney *U* 检验重点关注两样本的位置参数是否相同，在检验时利用了大小次序的比较，即判断两组样本平均秩的差异，要求两独立样本数据属于定序数据。

✧ **例 6-7**　已知我国 147 个主要流域重点断面点位 2018 年第 11 周的水质自动监测数据（COD_{Mn} 和氨氮浓度，单位均为 mg/L），根据《地表水环境质量标准》（GB 3838—2002）规定Ⅲ类水质 COD_{Mn}≤6mg/L，将点位分为 COD 达标和不达标两类，现需检验氨氮浓度在这两个类别上的分布是否相同（数据中“是否达标”列中“0”表示“达标”，“1”表示“不达标”）（数据来自中国环境检测总站水质监测 2018 年 11 期 http: //www.cnemc.cn/csszzb2093030.jhtml）。

SPSS 分析过程：

（1）打开数据文件例 6-7 水质 COD（Mn）、氨氮第 11 周.sav。

（2）依次选择【分析（A）】→【非参数检验（N）】→【独立样本（I）...】选项，打开两个或更多独立样本非参数检验主对话框。

（3）在字段栏下，将“氨氮”选入【检验字段（T）】框，“COD 是否达标”选入【组（G）】框。在设置栏下【比较不同组间的分布】框组中勾选【Mann-Whitney U（二样本）（H）】。

（4）点击【运行】按钮，得到结果如图 6-15 所示，双尾检验渐进显著性 = 0.018 <0.05，拒绝原假设，认为氨氮的浓度在“COD 是否达标”两类上的分布存在显著性差异。双击【假设检验汇总表】打开模型查看器观察其分布图，在 COD 达标的点位中大部分氨氮浓度在 1mg/L 以内，而在 COD 不达标的点位中存在高浓度氨氮值，大于 10mg/L。

原假设	测试	显著性	决策者
氨氮的分布在COD是否达标类别上相同	独立样本 Mann-Whitney *U*检验	0.018	拒绝原假设

图 6-15　Mann-Whitney *U* 检验结果

6.3.3 两独立样本 K-S 检验

单样本 K-S 检验是将观测值分布与某些理论分布（正态分布、指数分布、泊松分布、均匀分布）进行比较。而两独立样本 K-S 检验可对连续性资料的分布情况进行考察，分别计算理论分布下两组样本秩的累积频数分布和累积频率分布，再寻找累积频数差值序列的最大差异点。如果这个差异很大就说明两样本在统计学上存在显著性差异。Mann-Whitney 检验主要考察样本的位置参数，而 K-S 检验对样本的位置参数和分布形状参数在检验过程中均有涉及，有时 K-S 检验的 p 值比 Mann-Whitney 检验小，更倾向于拒绝原假设。

本例采用例 6-7 数据，现用两独立样本 K-S 检验分析氨氮浓度在 COD 是否达标这两个类别上的分布是否相同。

SPSS 分析过程：

（1）打开数据文件例 6-7 水质 COD（Mn）、氨氮第 11 周数据.sav。

（2）依次选择【分析（A)】→【非参数检验（N)】→【独立样本（I）...】选项，打开两个或更多独立样本非参数检验主对话框。

（3）在字段栏下，将“氨氮”选入【检验字段（T)】框，“COD 是否达标”选入【组（G)】框。在设置栏下【比较不同组间的分布】框组中勾选【Kolmogorov-Smirnov（二样本）(V)】。

（4）点击【运行】按钮，得到结果如图 6-16 所示，双尾检验渐进显著性＝0.071＞0.05，保留原假设，认为氨氮的浓度在“COD 是否达标”两类上的分布基本相同。在这里可以发现，K-S 检验的显著性反而要比 Mann-Whitney 检验大且其检验结果为拒绝原假设。此时，双击【假设检验汇总表】打开模型查看器观察其分布图，可以发现在 COD 是否达标两类中，虽然位置参数（中位数）差距较大，但是累积频数分布趋势类似，所以反而增加了两类别相同的概率，倾向于保留原假设。

原假设	测试	显著性	决策者
氨氮的分布在COD是否达标类别上相同	独立样本K-S检验	0.071	保留原假设

图 6-16 K-S 检验结果

6.3.4 Wald-Wolfowitz 游程检验

Wald-Wolfowitz 游程检验（W-W 检验）是根据统计学家亚伯拉罕·瓦尔德（Abraham Wald）和数学家贾科伯·沃尔夫兹（Jacob Wolfowitz）的名字命名，用于检验两组样本总体分布情况是否相同，和 K-S 检验一样考察样本的分布位置和形状。两独立样本的游程检验与单样本游程检验的基本逻辑类似，不同的是得到游程数的过程。更准确地说，其先组合并排列两组的观察结果，如两个样本来自同一总体，这两个样本应该在整个排名中随机分散，在集中趋势、离散趋势、波动情况或偏度等分布参数上均无差别。

本例采用例 6-7 数据，现用 Wald-Wolfowitz 游程检验分析氨氮浓度在 COD 是否达标这两个类别上的分布是否相同。

SPSS 分析过程：

（1）打开数据文件例 6-7 水质 COD（Mn）、氨氮第 11 周数据.sav。

（2）依次选择【分析（A）】→【非参数检验（N）】→【独立样本（I）...】选项，打开两个或更多独立样本非参数检验主对话框。

（3）在字段栏下，将“氨氮”选入【检验字段（T）】框，“COD 是否达标”选入【组（G）】框。在设置栏下【比较不同组间的分布】框组中勾选【检验随机序列（二样本 Wald-Wolfowitz）（Q）】。

（4）点击【运行】按钮，得到结果如图 6-17 所示。双尾检验渐进显著性＝0.583＞0.05，保留原假设，认为氨氮的浓度在“COD 是否达标”两类上的分布基本相同。双击【假设检验汇总表】打开模型查看器，累积频数直方图与 K-S 检验和 Mann-Whitney 输出一致。由于“结”（ties）（同秩现象）的存在，系统在计算时给出了最大可能和最小可能的游程数，并给出了双尾检验的渐进显著性，分别为 0.000 和 0.583。在最大可能和最小可能游程数的显著性选择中，有人认为只要有一个小于 0.05，就要拒绝原假设，也有人认为应该取其平均值再与显著性水平比较，在本例中，系统选择给出最大可能游程数的显著性即 0.583，因此保留原假设。

原假设	检验	显著性	决策者
在COD是否达标类别上，氨氮的分布相同	独立样本 Wald-Wolfowitx 运行检验	0.583	保留原假设

图 6-17　Wald-Wolfowitz 游程检验结果

6.3.5　摩西极端反应检验

摩西极端反应检验（Moses test of extreme reactions）假定针对某变量一些个体的取值会朝一个方向变化，而另一些个体会朝相反方向改变，把两独立样本中的一个样本看成对照组，另一个样本为试验组。此时，需检验相比于对照组而言试验组取值的极端程度，侧重于对照组的跨度并测量试验组中的极限值与对照组结合时对跨度的影响。对照组的跨度定义为对照组中最大值和最小值的秩之差加 1。因为异常值很容易扭曲跨度范围，所以截去 5%的异常值用来平衡两端从而控制极端数据对结果的影响，减小误差。摩西极端反应检验也是一种检验样本所属的两个总体分布是否存在显著性差异的方法，给出的结果为单侧检验。

本例采用例 6-7 数据，现用摩西极端反应检验分析氨氮浓度在 COD 是否达标这两个类别上的分布是否相同。

SPSS 分析过程：

（1）打开数据文件例 6-7 水质 COD（Mn）、氨氮第 11 周数据.sav。

（2）依次选择【分析（A）】→【非参数检验（N）】→【独立样本（I）...】选项，打开两个或更多独立样本非参数检验主对话框。

（3）在字段栏下，将“氨氮”选入【检验字段（T）】框，“COD 是否达标”选入【组（G）】框。在设置栏下【比较不同组间的分布】框组中勾选【Moses 极端反应（二样本）（X）】，并根据具体试验数据选择【计算样本离群值（F）】和【离群值的定制数量（B）】，默认选择【计算样本离群值（F）】。

（4）点击【运行】按钮，得到结果如图 6-18 所示，双尾检验渐进显著性＝0.243＞0.05，保留原假设，认为氨氮的浓度在“COD 是否达标”两类上的分布基本相同。双击假设检验汇总表打开模型查看器（图 6-19），图 6-19（a）为两个类别下样本数据的箱图，并用“＊”清晰标明了异常值的分布，图 6-19（b）给出了在去掉异常值前单尾检验的精确显著性水平为 0.031，拒绝原假设，但是两端各去掉 6 个异常值后单尾检验的精确显著性水平为 0.243，保留原假设，所以在检验分析过程中，对异常值的筛选也是很重要的一步，直接影响检验结果。

原假设	检验	显著性	决策者
在COD是否达标类别上，氨氮的范围相同	极端反应的独立样本Moses检验	0.243[1]	保留原假设

显示渐进显著性。显著性水平是0.05。

1. 对此检验显示准确显著性。

图 6-18　摩西极端反应检验结果

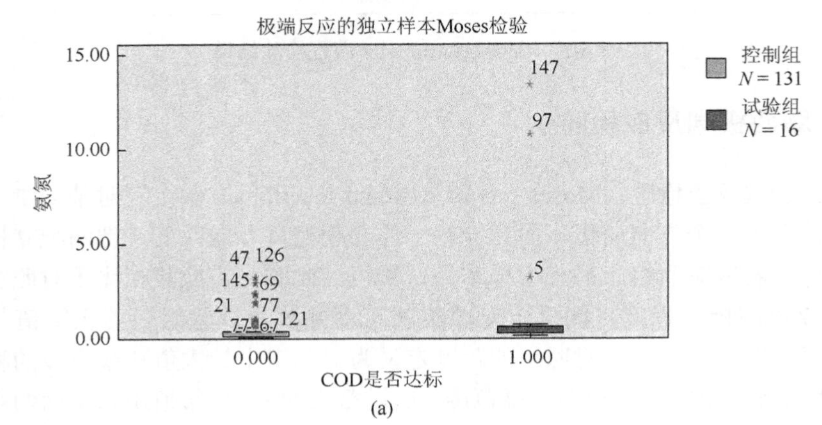

(a)

总计N[1]		147
观测控制组	检验统计[1]	145.000
	精确显著性水平（单尾检验）[1]	0.031
裁剪的控制组	检验统计[1]	132.000
	精确显著性水平（1-sised检验）	0.243
从每个末尾剪裁的离群值[1]		6.000

1. 检验统计量是范围。

(b)

图 6-19　摩西极端反应检验模型查看

6.4　多相关样本非参数检验

在 6.3 小节介绍了两独立样本的非参数检验，主要针对一种没有区组影响的单因子试验设计的分析，两样本间是独立的，每个数据也是独立的。如果要检验多相关样本是否来自于同一总体就需要用到多相关样本的非参数检验方法。检验方法有 3 种：Friedman 检验、Kendall *W* 检验和 Cochran *Q* 检验。

1. Friedman 检验

Friedman 检验是由米尔顿·弗里德曼（Milton Friedman）在 1937 年提出的，是主要的非参数检验方法。与参数重复测验方差分析类似，用于检测跨多次测验的差异性水平，对位置参数进行分析，其无效假设 H_0 为来自多个总体的多个相关样本在分布上无显著性差异。为了消除区组间的差异，更有效地比较同一区组的取值，首先将每一行（或块）合并在一起并排秩，再分别计算样本的秩和和平均秩。其适用于完整的模块设计和对定距资料的检验。在 SPSS 分析后，系统会自动给出 Friedman 统计量和对应的概率 p 值，如果概率值大于显著性水平，不能拒绝零假设 H_0，认为来自多个总体的多个样本分布形态不存在显著差异；如果概率值小于或等于显著性水平，则拒绝零假设 H_0，认为来自多个总体的多个样本分布形态存在显著差异。

2. Kendall *W* 检验

Kendall *W* 检验也称为 Kendall 协和系数检验，与 Friedman 检验实质相同，但是还给出了一致性信息用于分析评判者的判断标准是否一致，即 Kendall 和谐系

数 W（Kendall's coefficient of concordance）。Kendall 协和系数介于 0～1，系数越接近于 1 说明评判标准越一致。无效假设 H_0 也可以设定为样本所属的多配对总体分布没有显著差异。

3. Cochran Q 检验（Cochran's Q test）

在统计学分析中，双向随机区组设计的响应变量只能采用两种可能的结果（编码为 0 和 1），Cochran's Q 检验是一种非参数统计检验，以威廉·格默尔·科克伦（William Gemmell Cochran）命名，适用于二分类变量，用于验证 k 种处理是否具有相同的效果。Cochran 的 Q 检验不能与 Cochran 的 C 检验混淆，C 检验属于离群检验。Cochran Q 检验是对 McNemar 检验的扩展，相应的零假设 H_0 可以设定为 k 种处理效果相等，没有显著差异。

✧ **例 6-8** 随着环境问题的日益严峻，增强生态文明建设被写入国家规划。为完成这一规划要求，各地区推进了重点行业和特色行业整治提升工作，确保完成年度工业污染防治任务。现在需要考察 2014～2017 年这四个相关样本的工业污染治理完成投资情况有无差异（数据来自中华人民共和国国家统计局）。

SPSS 分析过程：

（1）打开数据文件例 6-8 2014～2017 年工业污染治理投资情况.sav。

（2）依次选择【分析（A）】→【非参数检验（N）】→【相关样本（R）...】选项，打开两个或更多相关样本非参数检验主对话框。

（3）在字段栏下，在检验字段列表框中选入“工业污染治理完成投资（万元）2017 年”、“工业污染治理完成投资（万元）2016 年”、“工业污染治理完成投资（万元）2015 年”、“工业污染治理完成投资（万元）2014 年”。在设置栏下“比较分布”框组中勾选【Friedman 按秩二因素 ANOVA（k 样本）（V）】，多重比较采用默认的【所有成对比较】。

（4）点击【运行】按钮，得到结果如图 6-20 所示，渐进显著性 = 0.011 < 0.05，拒绝原假设，认为 2014～2017 年各地区在工业污染治理的投资上有差别。

原假设	测试	Sig.	决策者
工业污染治理完成投资（万元）2017年工业污染治理完成投资（万元）2016年工业污染治理完成投资（万元）2015年工业污染治理完成投资（万元）2014年的分布相同	相关样本 Friedman按秩的双向方差分析	0.011	拒绝原假设

图 6-20　Friedman 检验结果

双击假设检验汇总表打开模型查看器可查看秩的基本分布（图 6-21）从平均秩可以看出 2015 年工业污染完成治理投资最多，2014 年和 2016 年相对较少，2017 年最少。在窗口右侧底部【视图】下拉列表框中选择【成对比较】选项，查看成对比较模型图和表（图 6-22）。图 6-22（a）中每个节点代表一个样本组的秩，黄色线为有显著差异的两组（在实际操作中可看到），即 2015 年和 2017 年。图 6-22（b）中提供了相应的显著性和调整后的显著性，也只有 2015 年和 2017 年比较时显著性＜0.05，认为这两年投资情况有差异。

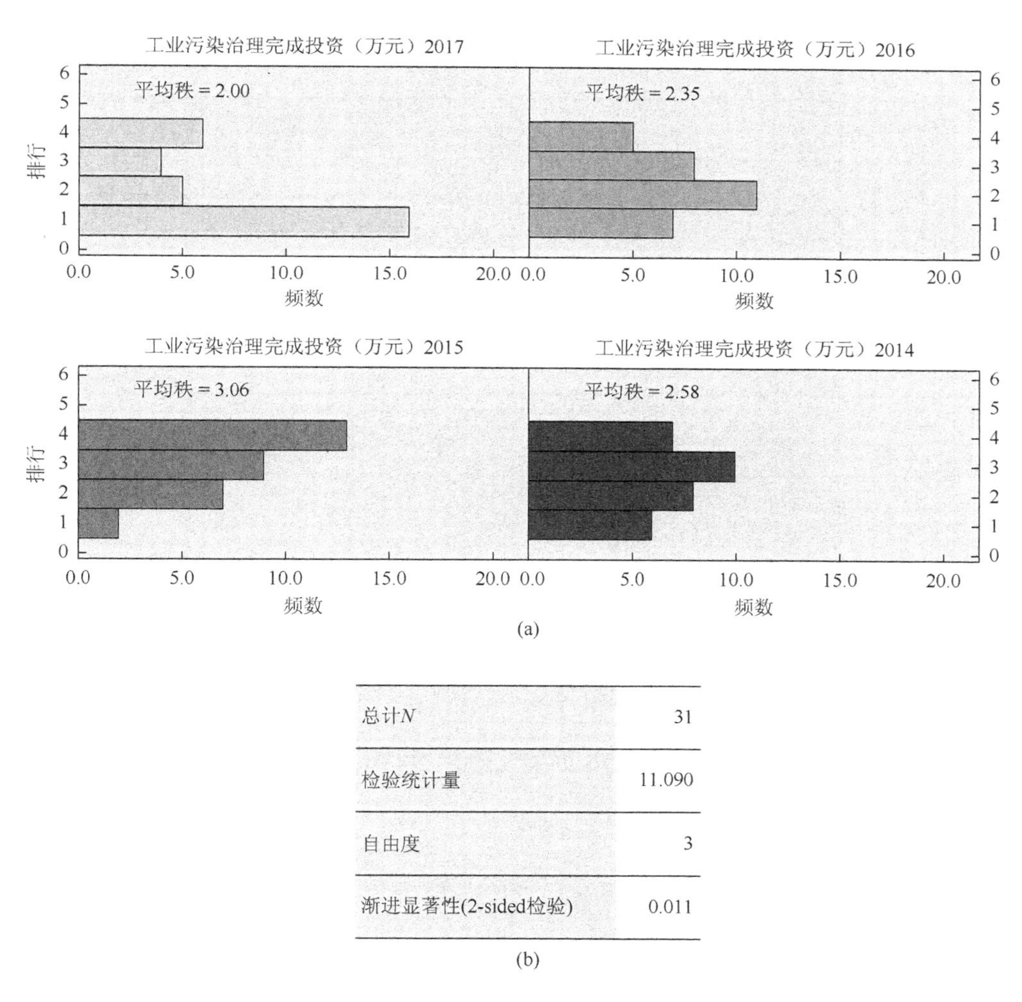

(a)

总计N	31
检验统计量	11.090
自由度	3
渐进显著性(2-sided检验)	0.011

(b)

图 6-21　Friedman 检验模型查看

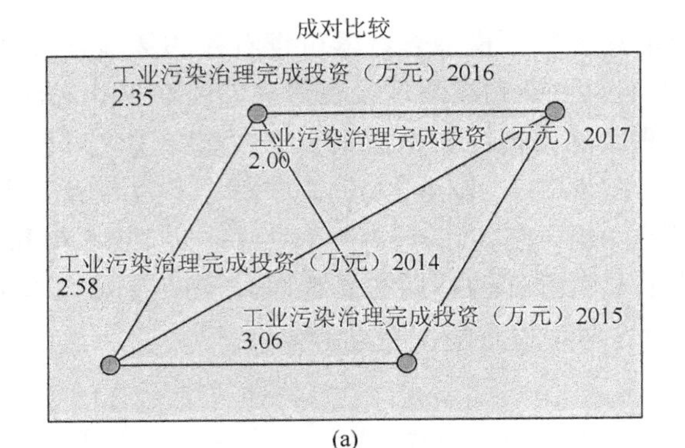

(a)

样本1–样本2	检验统计量	标准误	标准检验统计量	显著性	调整显著性
工业污染治理完成投资（万元）2017–工业污染治理完成投资（万元）2016	−0.355	0.328	−1.082	0.279	1.000
工业污染治理完成投资（万元）2017–工业污染治理完成投资（万元）2014	−0.581	0.328	−1.771	0.077	0.460
工业污染治理完成投资（万元）2017–工业污染治理完成投资（万元）2015	−1.065	0.328	−3.246	0.001	0.007
工业污染治理完成投资（万元）2016–工业污染治理完成投资（万元）2014	−0.226	0.328	−0.689	0.491	1.000
工业污染治理完成投资（万元）2016–工业污染治理完成投资（万元）2015	−0.710	0.328	−2.164	0.030	0.183
工业污染治理完成投资（万元）2014–工业污染治理完成投资（万元）2015	0.484	0.328	1.476	0.140	0.840

(b)

图 6-22　模型查看：成对比较

6.5　多独立样本非参数检验

1. Kruskal-Wallis *H* 检验

Kruskal-Wallis *H* 检验也称为 Kruskal-Wallis 秩和检验，以亨利 · 克鲁斯卡尔（Henry Kruskal）和艾伦 · 沃利斯（Allen Wallis）命名，用于检验定量变量或定序变量样本所属总体的分布是否存在显著性差异。它用于比较相同或不同样本大小的两个或多个独立样本，扩展了 Mann-Whitney *U* 检验，在多样本秩和检验中最常用。其分析过程是首先对所有样本合并并排列，计算样本各数据的秩以及平均秩。若样本间平均秩相差较大，说明存在显著性差异。

2. 中位数检验

中位数检验，顾名思义即检验总体中位数是否存在差异的多独立样本非参数检验，简单且应用最广。该检验方法适用于数值变量资料，但效能比 Kruskal-Wallis *H* 检验低。将所有样本数据合并后计算其中位数，再求得各组样本中大于或小于所得中位数的数据个数。如个数差距较大，说明多样本所属的多总体分布有显著差异。

3. Jonckheere-Terpstra 检验

该检验方法由伦敦大学学院的艾马布勒・罗伯特・乔卡契尔（Aimable Robert Jonckheere）提出，其检验思路与两独立样本下的 Mann-Whitney *U* 检验类似，首先计算一组样本的每个秩并与其他组样本秩比较。如果数据差距过大，则认为两组样本所属的总体有显著差异。Jonckheere-Terpstra 检验是在独立样本设计中的有序替代假设的检验，与 Kruskal-Wallis 检验类似，无效假设是几个独立样本所属总体分布一致。但在 Kruskal-Wallis 检验中没有对样本进行先验排序。当有先验顺序时，Jonckheere-Terpstra 检验比 Kruskal-Wallis 检验具有更强的效能。

✧ **例 6-9**　已知我国第一阶段实施新空气质量标准的 74 座城市 2017 年 12 月的空气质量状况（$PM_{2.5}$、SO_2、NO_2 浓度，单位均为 μg/m^3），根据环境空气质量综合指数将 74 座城市分为两级，现需比较这两级 $PM_{2.5}$、SO_2、NO_2 浓度是否存在差异（数据来自中国环境检测总站空气质量报告，2017 年 12 月，http: //www.cnemc.cn/kqzlzkbgyb2092938.jhtml）。

SPSS 分析过程：

（1）打开数据文件例 6-9 2017 年 12 月空气质量状况.sav。

（2）依次选择【分析（A）】→【非参数检验（N）】→【旧对话框（L）】→【K 个独立样本（K）...】选项，打开多个独立样本检验主对话框。

（3）将“$PM_{2.5}$”“SO_2”“NO_2”选入【检验变量列表（T）】框，“分级”选入【分组变量（G）】框，点击【定义范围（D）...】，选择检验范围（图 6-23）。本例最小值取 1，最大值取 2，点击【继续】。

（4）在【检验类型】框组中选择检验方法，本例中可尝试三种检验方法。

（5）点击【选项（O）...】按钮，打开多变量样本：选项对话框，在【统计量】框组中勾选【描述性（D）】，点击【继续】。

（6）点击【确定】按钮，得到结果。首先得到一张统计量描述表格，包括样本容量、均值、标准差、极小值、极大值。

在运行 Kruskal-Wallis 检验方法时，给出排秩结果表以及检验的统计量表。首先从排秩结果（表 6-14）可以看出 $PM_{2.5}$、SO_2、NO_2 在 1、2 级的秩平均差异都

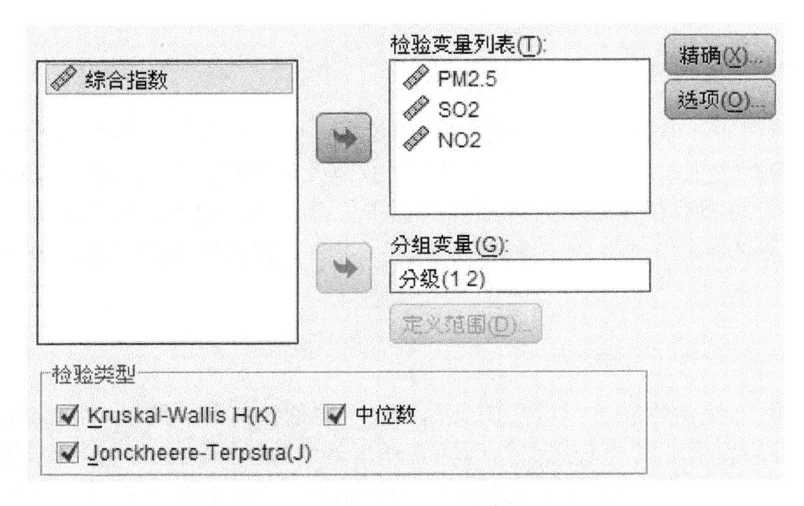

图 6-23　多个独立样本检验主对话框

较大，再来观察具体的统计量值（表 6-15），自由度均为 1，卡方统计量分别为 22.705、14.244、25.865，并且渐进显著性均为 0.000<0.05，认为 $PM_{2.5}$、SO_2、NO_2 在 1、2 级的分布存在显著性差异。

表 6-14　Kruskal Wallis 排秩结果

	分级	N	秩均值
$PM_{2.5}$	1	11	9.00
	2	63	42.48
	总数	74	
SO_2	1	11	14.95
	2	63	41.44
	总数	74	
NO_2	1	11	7.09
	2	63	42.81
	总数	74	

表 6-15　Kruskal Wallis 检验统计量

	$PM_{2.5}$	SO_2	NO_2
卡方	22.705	14.244	25.865
df	1	1	1
渐进显著性	0.000	0.000	0.000

在运行中位数检验方法时，给出频率表以及检验的统计量表。首先从频率结果（表 6-16）可以看出 1 级城市的 $PM_{2.5}$、SO_2、NO_2 大多数在均值以下，而 2 级城市的 $PM_{2.5}$、SO_2、NO_2 在中值以上居多。再来观察具体的统计量值（表 6-17），自由度均为 1，中值分别为 68、18、58，卡方统计量分别为 11.595、8.093、11.595，渐进显著性分别为 0.001、0.004、0.001，均小于 0.05，认为 $PM_{2.5}$、SO_2、NO_2 在 1、2 级的分布存在显著性差异。

表 6-16　中位数检验频率表

		分级	
		1	2
$PM_{2.5}$	＞中值	0	35
	≤中值	11	28
SO_2	＞中值	1	35
	≤中值	10	28
NO_2	＞中值	0	35
	≤中值	11	28

表 6-17　中位数检验统计量

		$PM_{2.5}$	SO_2	NO_2
N		74	74	74
中值		68.00	18.00	58.00
卡方		11.595	8.093	11.595
自由度		1	1	1
渐进显著性		0.001	0.004	0.001
Yates 连续性修正	卡方	9.474	6.340	9.474
	自由度	1	1	1
	渐进显著性	0.002	0.012	0.002

如表 6-18 所示，在运行 Jonckheere-Terpstra 检验方法时，分别计算观察统计量、均值、标准差，同时给出双侧渐进显著性均为 0.000＜0.05，全部拒绝原假设，认为 $PM_{2.5}$、SO_2、NO_2 在 1、2 级的分布存在显著性差异。

表 6-18　Jonckheere-Terpstra 检验统计量

	$PM_{2.5}$	SO_2	NO_2
分级中的水平数	2	2	2
N	74	74	74
观察统计量	660.000	594.500	681.000
统计量均值	346.500	346.500	346.500
统计量的标准差	65.793	65.710	65.771
标准 Jonckheere-Terpstra 统计量	4.765	3.774	5.086
渐进显著性（双侧）	0.000	0.000	0.000

本例还可采用【旧对话框（L）】→【K 个独立样本（K）...】进行检验分析，读者可尝试采用【非参数检验（N）】→【独立样本（I）...】分析，同时调用检验模型查看样本分布。

第 7 章　环境数据相关分析

7.1　相关分析概述

法国物理学家奥古斯特·布拉维（Auguste Bravais）在 1846 年首次提出了相关系数（correlation coefficient）的概念。弗朗西斯·高尔顿（Francis Galton）在 1888 年再次提出相关（correlation）的概念，并应用在遗传学、人类学和心理学相关研究中。相关分析（correlation analysis）是研究两个或以上变量是否存在某种依存关系以及密切程度的统计学方法。存在相关关系的变量称为相关变量，均为随机变量。相关分析变量之间的地位完全平等，无自变量和因变量之分。

相关分析目的是检验两随机变量的共同变化程度，通常采用相关系数表示两变量间相关程度。用复相关系数表示一个与多个变量之间相关程度。通过分析数据间相关关系，有助于了解影响变量的内在因素，有利于预测变量的发展趋势。初级相关分析可快速发现数据之间的关系，如正相关、负相关或不相关。中级相关分析可对数据间关系的强弱进行度量，如完全相关、不完全相关等。高级相关分析可将数据间关系转化为模型，并预测变量的发展趋势。

当某些现象发生变化时，往往会引起另一些现象的改变。现象之间的这种关系从确定程度上主要分为两大类。一类是函数关系即变量关系完全确定，另一类为相关关系即非完全确定关系。①函数关系是指当一个或几个变量发生变化时，另外的变量有确定且唯一的值与其相对应。在环境领域的相关关系通常涉及的因素复杂而具有不确定性，因此多为第二类非完全确定关系。②非完全确定关系是指客观变量之间存在无法完全确定的数量关系，当一个变量取某一定值时，另一个变量的值按一定的规律变化，但并不完全确定，具有一定的随机性。如图 7-1 所示，各观测点分布在直线周围。这种状态主要由以下因素造成：①随机因素的复杂性与难以控制性，使得目前无法得出变量之间精确的函数关系。如果变量间的相互关系得到确定，也可以转化为函数关系。②多种因素变量存在非确定性关系。对于非确定性关系，在不能直接用一组变量取值确定另一组值的条件下，可通过搜集大量的数据样本获得这些数据间的统计规律。

7.2 相关分析方法

7.2.1 图表相关分析

进行相关分析时，通常对分析数据进行初步分析，从抽象的数据点集判断相关的趋势和密切程度，通常采用折线图和散点图。如图 7-1 所示，当一组变量增大时，另一组变量随之增大，反之亦然，这说明变量之间存在正相关关系；当一组变量随着另一组变量增大而减小，随其减小而增大时，则称为负相关。两组变量相关关系越密切，则散点的分布越集中，反之，则越分散。

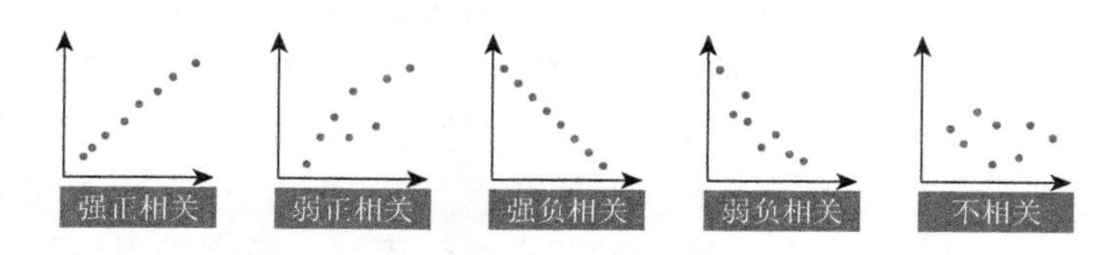

图 7-1 相关关系散点图

7.2.2 协方差及协方差矩阵

采用数据点绘图的方式，可清晰展现相关关系，但无法对相关关系进行准确的度量，存在数据组数量限制，仅适用于两组数据间的关系分析。进一步可以采用协方差（covarinace）或协方差矩阵的方式以获得多组数据间的相关关系。假设有两列数据 X、Y，其平均值分别为 $\bar{X}$ 、$\bar{Y}$ ，两组数据的协方差可表示为

$$\mathrm{cov}(X,Y)=\frac{\sum_{i=1}^{n}(X_i-\bar{X})(Y_i-\bar{Y})}{n-1}$$

对一个三维数据，协方差矩阵为

$$C=\begin{pmatrix}\mathrm{cov}(x,x) & \mathrm{cov}(x,y) & \mathrm{cov}(x,z)\\ \mathrm{cov}(y,x) & \mathrm{cov}(y,y) & \mathrm{cov}(y,z)\\ \mathrm{cov}(z,x) & \mathrm{cov}(z,y) & \mathrm{cov}(z,z)\end{pmatrix}$$

如果一个变量的较大值主要对应于另一个变量的较大值，且较小值趋势同上，变量倾向于显示相似的行为，协方差为正；反之，当一个变量的较大值主要对应于另一个变量的较小值，变量倾向于呈现相反的行为，协方差为负；若变量之间

相互独立，则协方差为零。协方差的符号显示了变量间线性关系的趋势。未经标准化的样本数据的协方差的大小取决于变量大小。经标准化的样本数据的协方差通过数值大小显示线性关系的强度。

7.2.3　相关系数

在相关分析中，如对两个变量间相关关系的密切程度提出要求，需要进一步计算相关系数。相关系数表示两个变量之间的线性关联程度，它以数值的方式直接反映出变量间关系的强弱程度，一般以总体相关系数 ρ 或样本相关系数 r 表示，样本相关系数 r 是双变量正态总体中总体相关系数 ρ 的估计值。实际工作中很少见 $r=0$ 或 $|r|=1$ 的两种极端情况，经常遇到的是 $0<|r|<1$ 的情况。其关系表现为以下几类（图 7-2）：

（1）相关系数为正值时表示存在正相关；

（2）+1 表示两个变量在正线性意义上完全相关；

（3）相关系数为负值则表示存在负相关；

（4）−1 表示两个变量在负线性意义上完全相关；

（5）相关系数 0 表示不存在线性意义上两个变量之间的关系。

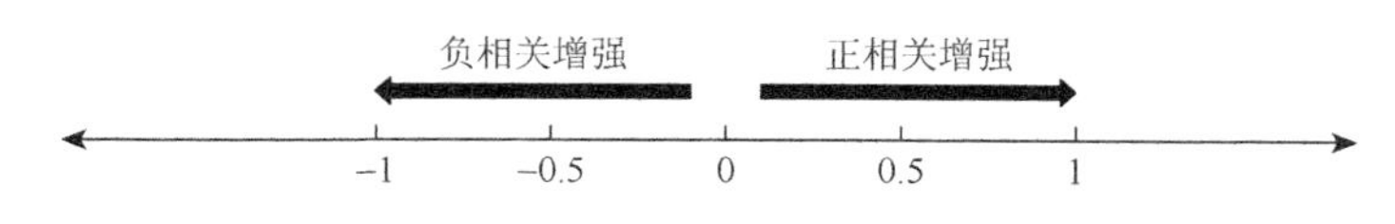

图 7-2　相关系数的直观示意图

利用相关系数进行相关性分析时主要分为以下两步：首先计算得到相关系数 ρ，然后对样本是否存在显著性差异（significance）进行检验并推断结果。ρ 取值依赖于从总体抽样的结果。设有一双变量总体，共 N 对 (x_i, y_i) 数据：

变量

$$X(x_1, x_2, x_3, \cdots, x_N) \sim N(\mu_x, {\sigma^2}_x)$$

变量

$$Y(y_1, y_2, y_3, \cdots, y_N) \sim N(\mu_y, {\sigma^2}_y)$$

令

$$\mathrm{d}x_i = \frac{(x_i - \mu_x)}{\sigma_x} \qquad \mathrm{d}y_i = \frac{(y_i - \mu_y)}{\sigma_y}$$

双变量正态离差乘积和$\sum \mathrm{d}x_i\mathrm{d}y_i$除以$N$，得到：

$$\rho=\frac{\sum_{i=1}^{n}\mathrm{d}x_i\mathrm{d}y_i}{N}=\frac{1}{N}\sum_{i=1}^{n}\left(\frac{x_i-\mu_x}{\sigma_x}\right)\left(\frac{y_i-\mu_y}{\sigma_y}\right)=\frac{\sum_{i=1}^{n}(x_i-\mu_x)(y_i-\mu_y)}{N}$$

$$=\frac{\sum_{i=1}^{n}(x_i-\mu_x)(y_i-\mu_y)}{\sqrt{\sum_{i=1}^{n}(x_i-\mu_x)^2\sum_{i=1}^{n}(y_i-\mu_y)^2}}$$

式中，μ_x、μ_y与σ_x、σ_y分别为变量X、Y的平均值和标准差。

具有n对观测值(x_i,y_i)的样本的相关系数就是X与Y的离均差乘积和SS_{XY}与X和Y的离均差平方和的平方根（分别记作SS_X和SS_Y）的比值，得到

$$r=\frac{\mathrm{SS}_{XY}}{\sqrt{\mathrm{SS}_X\mathrm{SS}_Y}}=\frac{1}{n-1}\sum_{i=1}^{n}\left(\frac{x_i-\overline{x}}{S_X}\frac{y_i-\overline{y}}{S_Y}\right)=\frac{\sum_{i=1}^{n}(x_i-\overline{x})(y_i-\overline{y})}{\sqrt{\sum_{i=1}^{n}(x_i-\overline{x})^2\sum_{i=1}^{n}(y_i-\overline{y})^2}}$$

式中，$\overline{x}$、$\overline{y}$分别为X、Y数列的平均值。

决定系数r^2即相关系数r的平方，取决于变量的回归平方和对其总平方和的比值，反映了依变量总变异受自变量的制约程度，其计算公式为

$$r^2=\frac{\mathrm{SP}_{XY}}{\mathrm{SS}_X\mathrm{SS}_Y}$$

即使$\rho=0$，也不能排除因偶然机会造成$r\neq 0$的抽样结果；当$|r|>0$，也不能认为两者必定相关，需要对相关系数作显著性检验。

在X,Y数列服从于正态分布，$\rho=0$时，可以采用t检验来确定r的显著性。其步骤如下：$t=\dfrac{r}{\sqrt{\dfrac{1-r^2}{n-2}}}$，$r=\sqrt{\dfrac{t^2}{t^2+n-2}}$，$r_\alpha=\sqrt{\dfrac{t_\alpha^2}{t_\alpha^2+n-2}}$

式中，（n–2）为自由度；t_α为显著性水平α下的临界值，可通过查阅t分布表获得。在显著性水平已知的情况下，当$|r|>r_\alpha$时，$p(\rho=0)<\alpha$，否定H_0，即总体相关系数$\rho\neq 0$，统计学意义上相关性显著；当$|r|<r_\alpha$时，$p(\rho=0)>\alpha$，接受H_0，即总体相关系数$\rho=0$，相关性不显著。

相关系数仅测量两个变量之间的线性关联度，但变量间的相关关系不代表其具有因果关系。关于因果关系的任何结论必须基于对实际情况的判断。最常见的是 Pearson 相关系数，它只对两个变量之间的线性关系敏感。其他相关系数如 Spearman 等级相关系数和 Kendall τ 相关系数等可能比 Pearson 相关系数对非线性关系更敏感，可应用于测量两个变量之间的依赖性。

7.3　基于 Excel 的相关系数计算

利用 Microsoft Office Excel 2010 的【相关系数】数据分析工具，可以对多个变量求得两两间的相关系数。首先采用 Excel 对两组数据进行分析。

✧ **例 7-1**　已知某工业区附近居民体内多氯联苯（PCBs）浓度和氧化潜力（ROS 水平）数据。试分析该污染物与氧化潜力之间的相关性。

Excel 分析流程：

（1）打开数据文件表：例 7-1 PCBs 和氧化潜力相关性.xlsx。

（2）绘制散点图：选择“PCBs 浓度”与“ROS 水平”分别作为相应的 X 值和 Y 值，【插入】→【散点图】，得到结果如图 7-3 所示。由图 7-3 可得出两者存在一定程度的正相关关系，进一步采用 Excel 进行相关系数的计算。

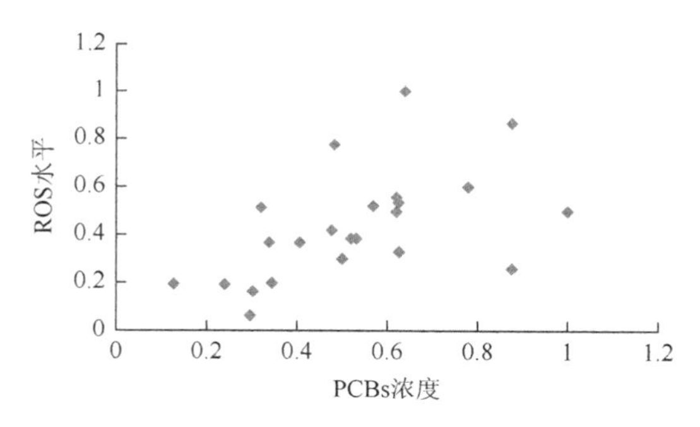

图 7-3　“PCBs 浓度”与“ROS 水平”散点图

（3）选择【数据】或【工具】→【数据分析】→【相关系数】,【确定】→相关系数对话框→【输入区域】选定所有变量及名称所在区域，即获得相关系数。

（4）结果分析：输出得到表 7-1 所示的数据结果，两者的相关系数为 0.538。查阅【线性相关系数 r 临界值表】，得出在 $n=23$ 时，自由度 $df=23-2=21$，$r_{0.05}=0.413$，$r_{0.01}=0.526$。“PCBs 浓度”与“ROS 水平”的 $r=0.538>r_{0.01}=0.526$，说明这两个变量之间存在极显著正相关关系，在表 7-1 内标记“**”。PCBs 的暴露浓度可能与氧化损伤具有极显著的正相关关系，这对于该类环境污染物的氧化应激损伤效应研究具有重要的参考意义。

表 7-1　“PCBs 浓度”与“ROS 水平”相关系数结果

	PCBs 浓度	ROS 水平
PCBs 浓度	1	
ROS 水平	0.538**	1

**表示在 0.01 水平上相关。

✧ **例 7-2**　A 市垃圾填埋场周边土壤环境随近年来的开发规模的扩大遭受到不同程度的影响，现有其重金属铜、汞、铅，有机质和土壤微生物生物种数、丰度、生物量的调查结果，试分析该土壤环境质量现状与土壤生物之间的相关关系。

Excel 相关操作步骤如下：

（1）打开数据文件表：例 7-2 土壤污染.xlsx。

（2）【数据】或【工具】→【数据分析】→【相关系数】。

（3）【确定】→相关系数对话框→【输入区域（I）】选定所有变量及名称所在区域，如【$B$1：$H$10】。

（4）【标志位于第一行（L）】选项打“√”（注：若选定的输入区域内不包括变量名称所在单元格，则不选），在【输出选项】中选定【输出区域（O）】所在单元格，如【$J$2】。

（5）获得相关系数：点击【确定】，即输出变量的两两间相关系数，见表 7-2。

表 7-2　重金属、有机质含量和物种丰度与生物量两两相关系数结果

	铜/10^{-6}	汞/10^{-6}	铅/10^{-6}	有机质/10^{-2}	种数	丰度/(个/m^3)	生物量/(mg/m^3)
铜/10^{-6}	1						
汞/10^{-6}	0.785*	1					
铅/10^{-6}	0.013	0.346	1				
有机质/10^{-2}	0.388	0.448	0.249	1			
种数	−0.140	−0.239	−0.384	−0.831**	1		
丰度/(个/m^3)	0.111	0.138	0.793*	0.128	−0.081	1	
生物量/(mg/m^3)	0.683*	0.733*	−0.019	−0.038	0.200	−0.117	1

*表示在 0.05 水平上相关；

**表示在 0.01 水平上相关。

（6）相关系数 r 显著性检验。查阅【线性相关系数 r 临界值表】，得出在 $n = 9$ 时，自由度 df = 9–2 = 7，变量 $m = 2$，此时 $r_{0.05}(7, 2) = 0.666$，$r_{0.01}(7, 2) = 0.798$。而在表 7-2 中，环境因子之间只有铜与汞 $r = 0.785 > 0.666$，两者含量具有显著的正相关性，在表 7-2 中数据的 0.785 后打上“*”。同时铜、汞含量与生物量的相关系数分别为 0.683 和 0.733＞0.666，在表 7-2 中相应数据后标记“*”，反映出铜、汞含量与生物量存在显著正相关关系。而铅含量与丰度之间的相关系数为 0.793，说明铅含量与丰度之间存在显著正相关关系。对于种数而言，其与有机质含量相关系数为 $-0.831 > r_{0.01}(7, 2)$，在相应位置标记“**”，两者呈现极显著的负相关关系。而生物量、物种丰度与其他环境因子的相关性均未达 0.05 显著性水平。

7.4 双变量相关分析

7.4.1 双变量相关分析的概述

描述相关关系的方法可以分为三类：①双变量分析（bivariate），通过计算两个变量之间的相关系数，对是否存在相关性作出判断；②偏相关（partial），如果需要进行相关分析的两个变量其取值均受到其他变量的影响，待分析数据较多，假定其他量不变，直接进行两个量之间相关关系分析；③距离（distance），适用于变量多而关系繁复的情况，从而把所有变量按照一定标准分类，可为聚类分析提供标准，但应用较少。

双变量相关分析主要是针对两个变量间关系的分析，是定量分析最简单的形式之一。双变量分析可以是描述性或推理性，它是多变量分析的特殊情况（其中同时检查多变量间的多重关系）。如知道一个变量的值，双变量分析可帮助确定在什么程度上更容易预测另一个变量值。对不同类型的变量，所适用的相关系数不同。两变量间的关联性分析适用范围如下：

（1）两个变量均为连续型变量：①小样本且两变量服从双正态分布，用 Pearson 相关系数做统计分析；②大样本或两变量不服从双正态分布，用 Spearman 相关系数做统计分析。

（2）两个变量均为有序分类变量，可用 Spearman 相关系数进行统计分析。

（3）一个变量为有序分类变量，另一个变量为连续型变量，可用 Spearman 相关系数进行统计分析。

相关分析方法主要分为参数方法与非参数方法。参数方法要求所有变量都服从正态分布，用于研究变量间的线性关系，如 Pearson 相关系数工具。非参数方法不要求数据服从正态分布，用来确认其在多维空间中是否符合某种趋势，如 Spearman 和 Kendall 秩相关系数。

在实际应用中往往会忽略进行 Pearson 系数计算的同时需给出正态分布检验结果。Pearson 相关系数检测功效高于 Spearman 秩相关系数与 Kendall 秩相关系数。当数据服从正态分布时，一般采用 Pearson 相关系数。对数值变量，只要条件许可，应尽量使用检验功效最高的参数方法，即计算用 Pearson 积矩相关系数。但当数据不服从正态分布时，计算 Pearson 相关系数意义不大，而选择 Spearman 和 Kendall 系数更为明智。如待分析数据不是具体的数而是秩，则选择 Spearman 系数与 Kendall 系数分析方法更妥当。

7.4.2　Pearson 相关分析

Pearson 相关系数是两个变量的协方差除以它们的标准偏差的乘积，应用较为广泛。

✧ **例 7-3**　对表 7-1 中的“PCBs 浓度”与“ROS 水平”数据进行 Pearson 相关系数分析，试比较与 Excel 结果的异同。

SPSS 操作步骤如下：

（1）正态性检验。本例中采用的正态性检验方法主要为 K-S 检验，常用于计算检验统计量 Z 的双尾概率。在显著性＞0.05 时符合正态分布，如不符合，可查阅峰度与偏度，分析两侧极端数据分布情况以及分析分布形状是否对称。

（a）打开例 7-3 PCBs 与氧化潜力相关性.sav 文件。

（b）点击【分析（A）】→【描述统计】→【探索（E）…】，打开探索对话框，如图 7-4 所示。

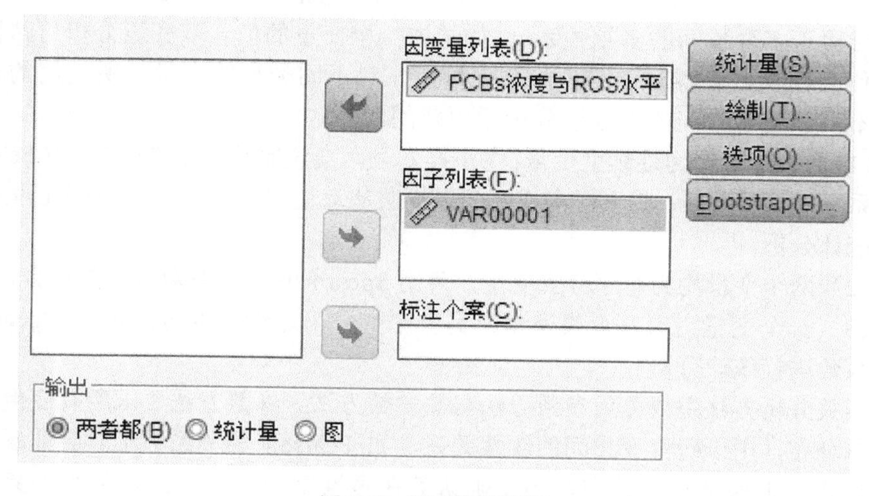

图 7-4　探索的界面图

（c）将“1”“2”作为因子，分别对应“PCBs 浓度”与“ROS 水平”，进入【因子列表（F）】与【因变量列表（D）】栏。

（d）打开【统计量（S）...】对话框，在【描述性】选项打“√”，同时均值置信区间设为 95%，该值一般为默认。

（e）【绘制】界面，根据需要选择【茎叶图（S）】、【直方图（H）】，选择【带检验的正态图（O）】时输出结果中将显示正态检测结果；其余选项默认即可，单击【确定】按钮。

根据显著性＞0.05 时可认为符合正态分布，对数据进行正态分布检验，得到正态性检验表（表 7-3）。由此可见“PCBs 浓度”与“ROS 水平”符合正态分布，从而进一步分析 Pearson 相关性，开展 Pearson 相关系数计算。

表 7-3　正态性检验表

因变量列表	因子列表	K-S[a]			Shapiro-Wilk		
		统计量	自由度	显著性	统计量	自由度	显著性
	ROS 水平	0.132	23	0.200*	0.970	23	0.698
	PCBs 浓度	0.127	23	0.200*	0.948	23	0.268

*为真实显著水平的下限；
a. Lilliefors 显著水平修正。

（2）打开例 7-3 PCBs 与氧化潜力相关性.sav 数据文件，【分析（A）】→【相关（C）】→【双变量（B）...】→打开双变量相关对话框。

（3）从源变量列表中选中“PCBs 浓度”与“ROS 水平”，单击箭头按钮，进入【变量（V）】一栏。

（4）选中【Pearson】、【双侧检验（T）】、【标记显著性相关（F）】选项，此时输出结果中将标有显著意义，其中【双侧检验（T）】适用条件为需要了解变量之间正相关或者负相关关系，否则选择【单侧检验（L）】按钮；单击【确定】按钮，结果整理得到表 7-4。

表 7-4　相关性结果表

		ROS 水平	PCBs 浓度
ROS 水平	Pearson 相关性	1	0.538**
	显著性（双侧）		0.008
	N	23	23
PCBs 浓度	Pearson 相关性	0.538**	1
	显著性（双侧）	0.008	
	N	23	23

**表示在 0.01 水平（双侧）上显著相关。

获得的 Pearson 相关系数为 0.538，**表示在 0.01 水平上显著相关。从本例可以发现，相关系数较低的两组变量，并不意味着不存在相关性，通过显著性检验可说明其相关性。在样本数据足够大时，即使在相关系数值较低的情况下，通过显著性检验，也可反映变量间的相关性。

✧ **例 7-4** 对例 7-2 中的土壤样本的重金属、有机质含量和物种丰度与生物量数据进行 Pearson 相关系数分析，试比较与 Excel 结果的异同。

SPSS 操作步骤：

（1）将例 7-2 内的重金属、有机质含量和微生物物种丰度与生物量数据输入 SPSS 20.0，定义变量，保存为例 7-4 土壤污染.sav 文件。

（2）正态性检验。

具体操作同例 7-3。

根据显著性＞0.05 时可认为符合正态分布，得出“铅”“种数”与“生物量”不符合正态分布，其他 7 组变量均符合正态分布，由此开展 Pearson 相关系数计算。

（3）打开例 7-4 土壤污染.sav 数据文件，【分析（A）】→【相关（C）】→【双变量（B）...】→打开双变量相关对话框。

（4）从源变量列表中选中经过正态检验性检验，需要分析的变量，单击箭头按钮，进入【变量（V）】一栏。

（5）选择【Pearson】、【双侧检验（T）】、【标记显著性相关（F）】选项，单击【确定】按钮，结果整理得到表 7-5。

表 7-5 表层土壤环境因子与土壤微生物丰度相关关系

		铜	汞	有机质	丰度
铜	Pearson 相关性	1	0.785*	0.388	0.111
	显著性（双侧）		0.012	0.301	0.776
	N		9	9	9
汞	Pearson 相关性	0.785*	1	0.128	0.138
	显著性（双侧）	0.012		0.742	0.724
	N	9		9	9
有机质	Pearson 相关性	0.388	0.448	1	0.128
	显著性（双侧）	0.301	0.227		0.742
	N	9	9	9	9
丰度	Pearson 相关性	0.111	0.138	0.128	1
	显著性（双侧）	0.776	0.724	0.742	
	N	9	9	9	9

*表示在 0.05 水平（双侧）上显著相关。

（6）正态性检验结果显示，如果仅仅计算 Pearson 相关系数，而不考虑数据的正态分布结果，计算结果很可能是没有任何意义的。在本例中，第 3、5、7 组数据即“铅含量”“生物量”“种数”数据为满足显著性＞0.05，说明数据不满足正态分布，因此有关于数据的 Pearson 相关系数无效。综合上述 Pearson 相关系数结果和正态性检验结果，整理得到如表 7-5 所示分析结果。

以 Pearson 系数为分析工具，土壤样本中铜的浓度与汞浓度之间的 Pearson 相关性检测值为 0.785，显著性＜0.05，表明二者之间的相关性显著。当数据资料不符合正态分布时，选择 Spearman 和系数 Kendall 系数更为恰当。Pearson 相关系数在计算过程中应首先进行数据正态性检验，但通过 Excel 仅得到相关系数值，而通过 SPSS 分析可以优先筛选正态分布数据，获得的 Pearson 相关系数结果更为合理。

7.4.3　Spearman 等级相关分析

Spearman 等级相关分析主要适用于描述两个等级变量之间关联程度与方向，适用于连续和离散变量。

✧ **例 7-5**　采集 A 市 8 个采样天数内空气质量等级与该市 B 市级医院内心血管疾病发病人数统计资料，试分析空气质量与心血管发病率之间的相关关系。

✧ **操作步骤：**

（1）打开数据文件。将空气质量等级和医院人群心脑血管发病人数数据输入 SPSS 20.0，定义变量，将空气质量分别编成等级“1，2，3，4，5”，保存为例 7-5 空气质量与心血管疾病.sav 文件。

（2）打开例 7-5 空气质量与心血管疾病.sav 数据文件，点击【分析（A）】→【相关（C）】→【双变量（B）...】，打开双变量相关对话框，步骤同 Pearson 相关系数。

（3）选择【Spearman】、【双侧检验（T）】、【标记显著性相关（F）】选项。单击【确定】按钮，得到结果如图 7-5 所示。

			空气质量等级	入院人次
Spearman相关系数	空气质量等级	相关系数	1.000	0.605
		显著性（双侧）	—	0.112
		N	8	8
	入院人次	相关系数	0.605	1.000
		显著性（双侧）	0.112	—
		N	8	8

图 7-5　Spearman 相关系数分析结果

（4）主要结果分析：Spearman 相关系数（Spearman's rho）结果显示，$r_s = 0.605$，$p = 0.112 > 0.05$，故认为本例中空气污染级别尚未与心血管发病率有统计学意义。本次分析结果显示心血管疾病就诊人数与空气污染严重程度无显著相关性，但心血管疾病的发病机制十分复杂，可能掺杂其他因素的干扰。

7.4.4 Kendall 等级相关分析

Kendall 等级相关系数 τ（也称 Kendall 秩相关系数）是用于描述正态分布计量资料或登记资料序数关联的统计指标。τ 检验是基于 τ 系数的非参数假设检验，是秩相关性的度量。当观察到两个变量之间具有类似的等级（即变量中观察相对位置标签），则具有 Kendall 相关性。

✧ **例 7-6** 现有有机磷阻燃剂分子量与斑马鱼细胞周期相关基因表达量数据，试分析这两个因子之间有无相关关系。

SPSS 操作步骤：

（1）打开例 7-6 有机磷阻燃剂.sav 数据文件→【分析（A）】→【相关（C）】→【双变量（B）...】，打开双变量相关对话框，步骤同上。

（2）在【Kendall 的 tau_b（K）】、【双侧检验（T）】、【标记显著性相关（F）】选项打"√"，单击【确定】按钮，得到结果见表 7-6。

表 7-6 Kendall 相关数据结果

			有机磷阻燃剂	P53 相对表达量
Kendall 的 tau.b	有机磷阻燃剂	相关系数	1	0.556*
		显著性（双侧）	—	0.037
		N	9	9
	P53 相对表达量	相关系数	0.556*	1
		显著性（双侧）	0.037	—
		N	9	9

*表示在 0.05 水平上显著相关。

（3）如表 7-10 所示，Kendall 相关系数 tau_b = 0.556，显著性 = 0.037＜0.05，这两个值均表明分子量与细胞凋亡相关基因表达的相关系数有统计学意义，呈正相关关系。

✧ **例 7-7** 现有 2016 年石家庄 1～11 月平均 $PM_{2.5}$、PM_{10} 的浓度数据（数据来源：中国环境监测总站——2016 年 74 城市空气质量状况报告），请分析 $PM_{2.5}$ 与 PM_{10} 之间的相关性。

SPSS 操作步骤：

（1）打开例 7-7$PM_{2.5}$与PM_{10}相关关系.sav 数据文件，对数据进行正态分布检验，得到结果如图 7-6 和表 7-7 所示。由此可见，该市 2016 年$PM_{2.5}$与PM_{10}浓度符合正态分布，从而进一步分析相关性。

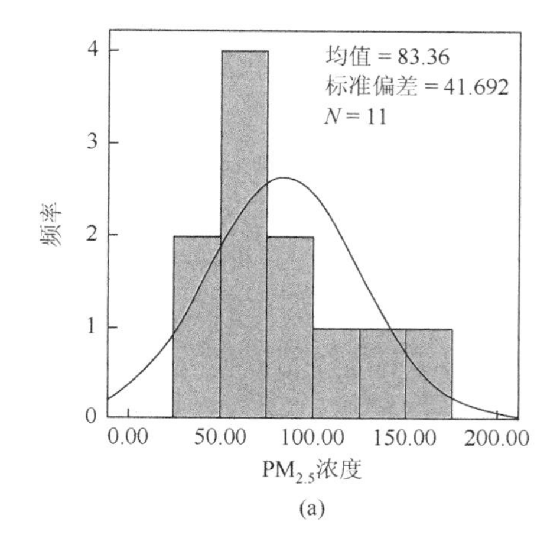

(a)

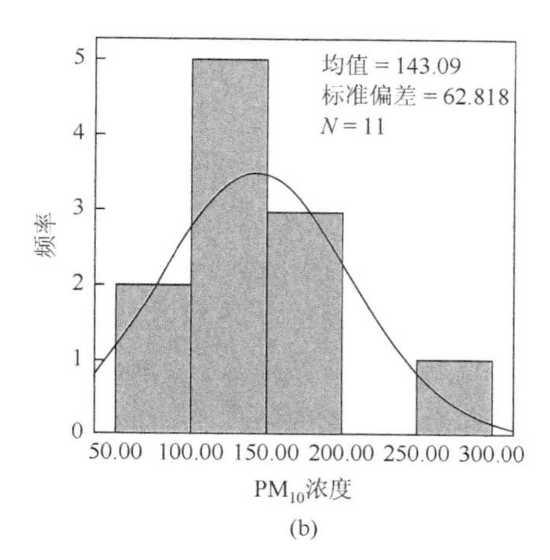

(b)

图 7-6　正态分布直方图

表 7-7　正态性检验表

	因子列表	K-S[a]			Shapiro-Wilk		
		统计量	自由度	显著性	统计量	自由度	显著性
因变量	1.00	0.183	11	0.200*	0.945	11	0.575
	2.00	0.150	11	0.200*	0.949	11	0.629

*表示真实显著水平的下限；
a. Lilliefors 显著水平修正。

（2）【分析（A）】→【相关（C）】→【双变量（B）...】，打开双变量相关对话框，从源变量列表中选中需分析变量，单击箭头按钮，进入【变量】一栏。

（3）【Pearson】、【双侧检验（T）】、【标记显著性相关（F）】选项打“√”→【确定】→得到结果如表 7-8 所示。

表 7-8　Pearson 相关系数检验

		$PM_{2.5}$	PM_{10}
$PM_{2.5}$	Pearson 相关性	1	0.971**
	显著性（双侧）		0.000
	N	11	11

续表

		$PM_{2.5}$	PM_{10}
PM_{10}	Pearson 相关性	0.971**	1
	显著性（双侧）	0.000	
	N	11	11

**表示在 0.01 水平（双侧）上显著相关。

（4）结果分析。获得的 Pearson 相关系数为 0.971，“**”表示在 0.01 水平上显著相关，反映出 11 个月的月均 $PM_{2.5}$、PM_{10} 浓度具有极显著相关性。如果采用 Spearman 系数和 Kendall 系数，计算得到结果分别为 0.945 和 0.855（表 7-9）。从此例可了解到，同样的数据进行不同相关系数分析时可获得不同效能结果。为获得更高功效的相关性检验，在使用 Pearson 相关系数进行分析时，尽量不使用其他两个非参数系数分析。

表 7-9　非参数相关性检验

			$PM_{2.5}$	PM_{10}
Kendall 的 tau_b	$PM_{2.5}$	相关系数	1.000	0.855**
		显著性（双侧）	—	0.000
		N	11	11
	PM_{10}	相关系数	0.855**	1.000
		显著性（双侧）	0.000	—
		N	11	11
Spearman 的 rho	$PM_{2.5}$	相关系数	1.000	0.945**
		显著性（双侧）	—	0.000
		N	11	11
	PM_{10}	相关系数	0.945**	1.000
		显著性（双侧）	0.000	—
		N	11	11

**表示在置信度（双侧）为 0.01 时，相关性是显著的。

7.5　偏相关分析

7.5.1　偏相关分析概述

双变量相关分析往往只适用仅有两个变量的数据分析过程，但数据文件中包含两个以上变量组，需要控制其余无关变量的影响，这种情况下需采用偏相关分析（也称净相关分析）直接对目的变量进行相关性分析。偏相关测量的是两个随机变量之间的关联程度，控制随机变量的影响，所采用的工具是偏相关系数。

假设有 n 个控制变量，则称为 n 阶偏相关；涉及 3 个变量的偏相关为 1 阶偏相关，涉及 4 个变量的为 2 阶偏相关，大于 4 个变量的采用偏相关的概率很小；控制变量个数为零时，偏相关系数称为零阶偏相关系数，即相关系数。

一阶与二阶线性偏相关可表示为

$$r_{12.3}=\frac{r_{12}-r_{13}r_{23}}{\sqrt{(1-r_{13}^2)(1-r_{23}^2)}}$$

$$r_{12.34}=\frac{r_{12.4}-r_{13.4}r_{23.4}}{\sqrt{(1-r_{13.4}^2)(1-r_{23.4}^2)}}$$

偏相关显著性检验步骤如下：

提出原假设 H_0，假设 $\rho=0$，采用如下公式计算统计量：

$$t=r\sqrt{\frac{n-g-2}{1-r^2}}\sim t(n-g-2)$$

式中，r 为偏相关系数；n 为样本数；g 为阶数。若 $\rho<$显著性水平，则拒绝原假设，即变量之间偏相关性显著，反之，则无显著差异。

7.5.2　偏相关分析的 SPSS 操作

✧ **例 7-8**　搜集 2016 年石家庄市 1～11 月内月均 $PM_{2.5}$、PM_{10}、SO_2、NO_2 浓度数据（$\mu g/m^3$）（数据来源：中国环境监测总站——2016 年 74 城市空气质量状况报告）。试计算其简单系数，当 SO_2 和 NO_2 被固定之后，计算 $PM_{2.5}$ 和 PM_{10} 的偏相关系数 $r_{12.34}$。

（1）数据输入 SPSS 20.0，定义变量分别为 $PM_{2.5}$、PM_{10}、SO_2、NO_2，选择【变量视图】→【值】选项后下角单击→【值标签（V）】，如图 7-7 所示，值输入“1”，标签输入“一月”，即以“1”表示“一月”，依此类推，单击确定，保存为例 7-8 石家庄空气质量数据.sav 文件。

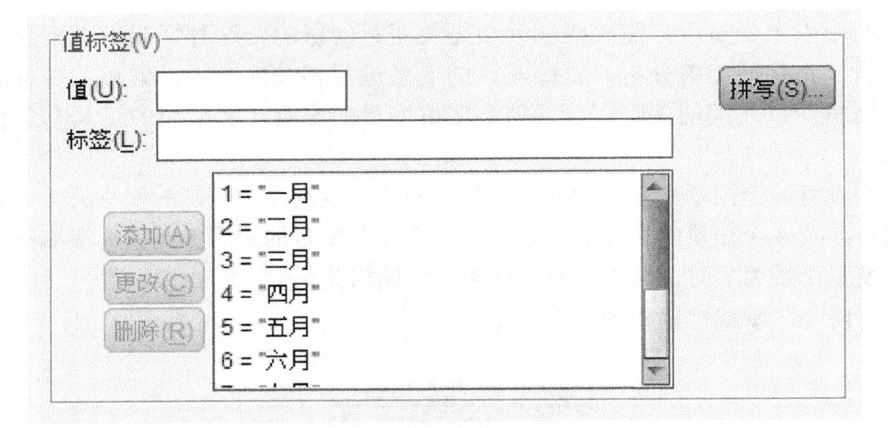

图 7-7　值标签对话框

（2）打开例 7-8 石家庄空气质量数据.sav 数据文件→【分析（A）】→【相关（C）】→【偏相关（R）...】→打开如图 7-8 所示的偏相关对话框。

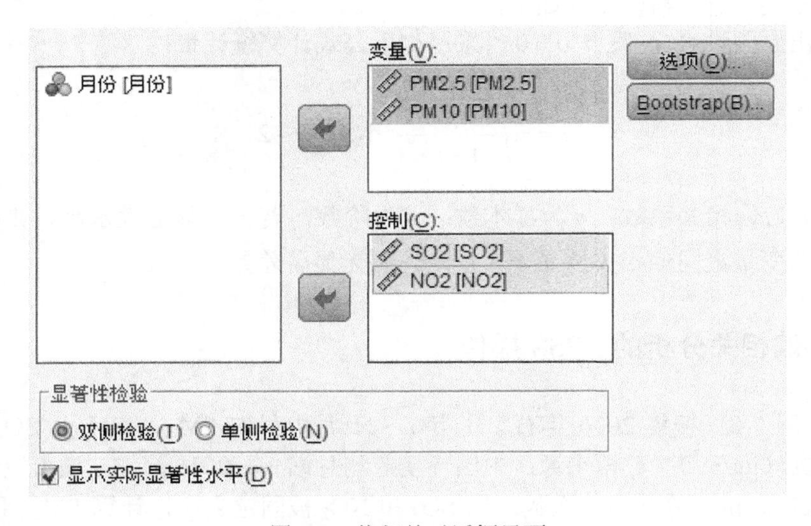

图 7-8　偏相关对话框界面

（3）【变量（V）】列表选择 2 个或以上的定量变量，如本例中的 $PM_{2.5}$ 和 PM_{10}→【控制（C）】列表选择 1 个或以上的控制变量，如 NO_2 和 SO_2。

（4）【显著性检验】选择【双侧检验（T）】或【单侧检验（N）】→单击【选项（O）...】→弹出偏相关性：选项对话框。选择【均值和标准差（M）】可实现本例 4 列数据中的平均值和标准差，【零阶相关系数（Z）】可实现简单相关矩阵，【缺失值】中【按列表排除个案（L）】（exclude cases listwise）一般是系统默认选项，排除所有变量中所有带有缺失值的数据；【按对排除个案（P）】是指排除带缺失值的数据及与之有成对关系的数据。

（5）【继续】→选择【显示实际显著性水平（D）】→【确定】→得到表 7-10。

表 7-10　偏相关系数结果

控制变量			$PM_{2.5}$	PM_{10}	NO_2	SO_2
无[a]	$PM_{2.5}$	相关性	1.000	0.971	0.923	0.671
		显著性（双侧）	—	0.000	0.000	0.024
		自由度	0	9	9	9
	PM_{10}	相关性	0.971	1.000	0.944	0.656
		显著性（双侧）	0.000	—	0.000	0.028
		自由度	9	0	9	9
	NO_2	相关性	0.923	0.944	1.000	0.783
		显著性（双侧）	0.000	0.000	—	0.004
		自由度	9	9	0	9
	SO_2	相关性	0.671	0.656	0.783	1.000
		显著性（双侧）	0.024	0.028	0.004	—
		自由度	9	9	9	0
NO_2 和 SO_2	$PM_{2.5}$	相关性	1.000	0.778		
		显著性（双侧）	—	0.014		
		自由度	0	7		
	PM_{10}	相关性	0.778	1.000		
		显著性（双侧）	0.014	—		
		自由度	7	0		

a. 单元格包含零阶（Pearson）相关。

（6）简单相关系数显示的是零阶 Pearson 相关系数结果，$r_{12} = 0.971$，$r_{13} = 0.923$，$r_{23} = 0.944$，三者 $p<0.001$，表明 $PM_{2.5}$ 与 PM_{10}、NO_2 在 $\alpha = 0.01$ 水平上两两相关。而 $r_{14} = 0.671$，$p = 0.024$，$r_{24} = 0.656$，$p = 0.028$，表明 $PM_{2.5}$、PM_{10} 与 SO_2 在 $\alpha = 0.05$ 水平上相关性不显著。控制 NO_2 与 SO_2、$PM_{2.5}$、PM_{10} 之间的偏相关系数 $r_{12.34} = 0.778$，$p = 0.014<0.05$，由此可见，在 $\alpha = 0.05$ 的水平上，$PM_{2.5}$ 和 PM_{10} 的浓度显著相关。但通过与 Pearson 相关系数值和对应的显著性分析比较发

现该值低于 Pearson 相关系数。本例中也表明 NO_2 与 $PM_{2.5}$ 和 PM_{10} 在 $\alpha = 0.01$ 水平上显著相关，因此在控制 NO_2 的情况下，$PM_{2.5}$ 与 PM_{10} 的相关关系受到一定影响。由此可以得出结论：①NO_2 与大气中 $PM_{2.5}$ 和 PM_{10} 相关关系显著，这可为大气颗粒物溯源提供参考；②在控制 NO_2 的情况下，$PM_{2.5}$ 和 PM_{10} 两者之间存在显著相关关系。

7.6 距离相关分析

7.6.1 距离相关分析的基本原理

距离相关性最早是由 Gabor J. Szekely 在 2005 年提出，主要是用以解决 Pearson 相关性的这种不足，而距离相关当且仅当随机变量独立时为零。距离相关性是任意两个随机变量之间的统计相关性的量度，主要用于反映变量与个案之间的相似与相异程度，距离相关中的“距离”是一种广义上的距离，主要是根据距离相差程度把变量或个案进行分类，有利于更好地进行聚类分析、因子分析和多维尺度分析，为复杂数据集的优化分析奠定基础。

本章 7.3 节提到的 Pearson 经典相关系数对两个变量之间的线性关系十分敏感。偏相关分析主要通过控制一些次要变量从而分析两个主要变量间的相关关系。Pearson 相关性对于非独立性随机变量为零。相关性为零不等同于独立性，而距离相关性为零意味着独立性。

距离相关根据统计量可分为相似性测量和相异性测量。相似性测量通常以定距数据测量 Pearson 相关和余弦表示，二元数据采用 Russell 等诸多测试方法加以表示；不相似性（相异性）测量主要通过计算样本量或者变量之间的距离来表示，包括定距数据测度欧氏距离、Chebychev、欧氏距离平方等，计数数据采用卡方测量和平方测量，只有两种取值的数据采用欧氏距离、平方 Euclidean 距离、尺寸差异、模式差异等。

7.6.2 距离相关分析 SPSS 操作

✧ **例 7-9** 《地表水环境质量标准》(GB 3838—2002) Ⅲ类水质标准显示 pH = 6～9，DO≥5，COD_{Mn}≤6，NH_3-N≤1.0。搜集某河流区域 2017 年第 8 周 24 个位点水质情况（例 7-9 水质状况.sav 数据文件）。利用该数据说明如何通过距离分析得到不同位点各指标间的相关系数。

（1）打开例 7-9 水质状况.sav 数据文件→【分析（A）】→【相关（C）】→【距离（D）...】→打开如图 7-9 所示的【距离】对话框。

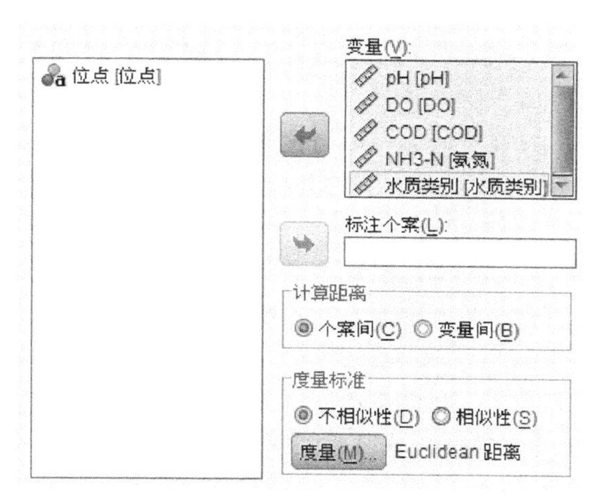

图 7-9　距离对话框主要界面

（2）将所有需要选择的变量选入【变量（V）】列表或者【标注个案（L）】，如本例中的 pH、DO、COD、氨氮等；【变量（V）】列表可以为连续或分类变量，【标注个案（L）】用于个案标示变量，分析个案间的距离。

（3）【计算距离】可以选择【个案间（C）】或【变量间（B）】，【个案间（C）】选择最后结果显示个案间的距离分析值，选择该选项时【标注个案（L）】才可用。

（4）【度量标准】栏如图 7-9 所示，包含【相似性（S）】、【不相似性（D）】和【度量（M）...】选项。如选择【相似性（S）】选项，采用的测量方法为相似性测量，其数值越大表示距离越近，相异性则与之相反。

（5）选择【度量（M）...】，对话框如图 7-10，【度量标准】一栏仅有区间和二分类选项，这两个选项区别在于测量数据类型不同；【区间（N）】主要适用于两个值之间及积矩相关性，以及角度余弦测量；而【二分类（B）】内容较多。

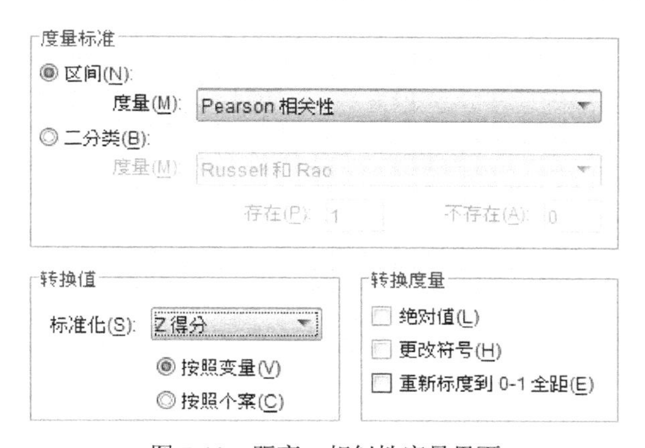

图 7-10　距离：相似性度量界面

（6）【标准化（S）】复选框内包括【Z 得分】，全距从–1 到 1，全距从 0 到 1，最大幅度为 1，均值为 1，标准差为 1。

（7）【转换度量】设置距离测度的结果转换方法，可选择【绝对值（L）】，【更改符号（H）】，【重新标度到 0-1 全距（E）】。

（8）【不相似性（D）】→弹出距离：非相似性度量对话框。此时数据类型包括【区间】、【计数】、【二分类（B）】三个选项，区间可选择 Euclidean 距离、平方 Euclidean 距离、Chebychev 距离、块、Minkowski 距离、设定距离；计数分为卡方统计量度量和 phi 平方统计量度量；二分类可选择 Euclidean 距离、平方 Euclidean 距离、尺度差分、模式差别、方差、形状、Lance 和 Willianms。

（9）本例中采用【变量间（B）】→【相似性（S）】模块→【度量标准】子模块中选择 Pearson 相关性→【转换值】选择默认“Z 得分”，【按照变量】→【转换度量】默认→【继续】→【确定】→得到表 7-11 和表 7-12。

表 7-11　案例处理摘要

案例					
有效		缺失		合计	
N	百分比	N	百分比	N	百分比
24	100.0%	0	0.0%	24	100.0%

表 7-12　近似矩阵

	值向量间的相关性				
	pH	DO	COD	氨氮	水质类别
pH	1.000	–0.044	–0.225	0.117	–0.199
DO	–0.044	1.000	–0.405	–0.445	–0.409
COD	–0.225	–0.405	1.000	0.674	0.641
氨氮	0.117	–0.445	0.674	1.000	0.449
水质类别	–0.199	–0.409	0.641	0.449	1.000

（10）分析结果显示，此为相似性矩阵，即 Pearson 相关矩阵，此时其数值越大表示距离越近。相似性最大的是 COD 和氨氮，其次是水质类别和 COD，其他相关系数都较低。

第8章　环境数据回归分析

8.1　回归分析概述

关于回归（regression），朗西斯·高尔顿（Francis Galton）于1855年在论文“Regression toward Mediocrity in Heredity Stature”中首次阐述。回归分析是通过分析因变量（dependent variable）与自变量 X（independent variable）之间的函数式，建立两种或多种变量间定量关系的统计分析方法。回归分析本质上属于预测性数据建模技术，能揭示自变量和因变量的显著关系，反映一个因变量受多个自变量影响的程度，常用于分析变量间的因果关系、时间序列模型及预测分析。进行回归分析时，不能忽视事物现象间的内在联系和规律，把毫无关联的现象随意进行回归分析。用于回归分析的两个变量应该属于同一对象的两项指标。回归分析主要用途包括：①分析大量样本数据，确定变量之间的数学关系。②对求出的数学模型或回归方程的可信度进行统计检验，并确定对因变量影响显著的变量和不显著的变量。③利用确定的数学关系式，预测和控制因变量的取值和精确度。

按照变量的数量，回归分析分为一元回归和多元回归分析；一元回归又分为直线回归分析（linear regression analysis）、曲线估计（curve estimation）、一般多项式曲线拟合（general polynomial curve fitting）及正交多项式曲线拟合（orthogonal polynomial curve fitting）。按照因变量的数量，分为简单回归分析和多重回归分析。按照自变量和因变量之间的关系类型，可分为线性回归分析和非线性回归分析。在多类回归模型中，根据实际情况因素如建立回归模型的目的、自变量和因变量的类型、数据维数、交叉验证评估预测模型、简单均方差来衡量预测精度等，选择最合适的回归模型。首先识别变量的关系和影响，比较适合于不同模型的优点，分析各项指标参数，如 R^2、调整 R^2、Akaike 信息准则、Bayesian 信息准则以及误差项等。

相关分析与回归分析都可用于确定变量间的统计相关性，两者具有密切的联系。前者是后者的基础和前提，后者是前者的深入和拓展。通过相关分析可以确定客观现象之间存在数量上的依存关系，只有在此基础上回归方程才有实际意义。而对客观现象只作相关分析，仅得出变量之间相关关系的密切程度，而回归分析可以确定具有依存关系的变量间的数量关系，赋予相关分析以实际意义。但是二者又有区别，容易混淆。相关分析的目的是检验两个随机变量的共同变化程度，回归分析试图用自变量来预测因变量的值。相关分析需要回归分析来表明现象数量关系的具体形式，回归分析则建立在相关分析的基础上，可定量揭示自变量对因变量影响的大小，还可通过回归方程对变量值进行预测和控制。从变量角度而言，相关分析变量间的地位完全平等，不存在因果关系；回归分析要区分出自变量和因变量，回归分析所研究的两个变量不是对等关系，必须根据研究目的确定其中的自变量、因变量，因变量为随机变量，自变量可以是普通变量或随机变量，两者位置一般不能互换。

8.2 线性回归分析

8.2.1 线性回归分析的基本原理

线性回归是确定自变量和因变量存在线性关系的分析方法，是最基本的回归分析法。线性回归分析的数据资料，一般要求变量应为数值变量，因变量 Y 的数据符合正态分布，其方差分布为常数；自变量 X 可以是普通变量也可是随机变量。若稍偏离要求，一般对回归方程中参数估计影响不大，可能会影响假设检验时 p 值真实性。在进行回归分析之前可以借助散点图探索因变量与自变量的关系，判断是否适合采用线性回归模型，同时可发现异常值。

只有一个自变量时称为简单线性回归（simple linear regression）；有两个或两个以上自变量时称为多元线性回归（multiple linear regression）。假设 $x_{i1},x_{i2},x_{i3},\cdots,x_{ip}$ 为一组变量在第 i 次观察中 $x_1,x_2,x_3,\cdots,x_p$ 的取值，y_i 为因变量 Y 的取值，则可得到线性回归的一般模型：

$$Y_i = a + b_1x_{i1} + \cdots + b_px_{ip} + \varepsilon_i$$

在简单线性回归中，设有两个变量 y 和 x，变量 y 的取值随着 x 的变化而变化，假设目前已获得 n 组观测数据，记为 $(x_i, y_i)(i = 1,2,3,\cdots,n)$，找出用于描述变量之间关系的模型，即一元线性总体回归模型：

$$y = a + bx + \varepsilon$$

式中，a 和 b 为模型参数，a 为回归常数，b 为回归系数；ε 为主观和客观原因造成的不可观测的随机误差。$y = a + bx + \varepsilon$ 中如果误差项不存在，则模型将是确定性的，即 $y = a + bx$。

通常总体回归直线是观测不到的，为研究总体，需抽取一定的样本对总体回归直线做出估计。对于任意一组样本观测值 (x_1, y_1)，(x_2, y_2)，…，(x_i, y_i)，实际观测值 y 与 $\hat{y}$ 之差为 $e = y - \hat{y}$，上式可表征为一元线性样本回归模型，即

$$\hat{y} = \hat{a} + \hat{b}x + e$$

式中，$\hat{y}$ 为 y 的估计值；e 为残差；$\hat{a}$ 为回归常数，$\hat{b}$ 为回归系数，分别代表截距和直线斜率。此时 e 与总体回归模型中的 ε 相对应，二者又有差别，e 和 ε 分别代表 y 与总体回归直线和样本回归直线之间的纵向垂直距离。求最优回归方程采用最小二乘法，目的是使得获得的直线方程与各个散点的纵向垂直距离 $\sum(y-\hat{y})^2$ 最小，当 $\sum(y-\hat{y})^2$ 最小时，获得 $\hat{a}$ 和 $\hat{b}$ 的取值。通常假定回归系数 $\hat{a}$ 表示自变量每变化一个单位，因变量相应平均变化的单位数。

令 $Q = \sum e^2 = \sum(y-\hat{y})^2 = \sum(y-\hat{a}-\hat{b}x)^2$，把 $\hat{a}$ 和 $\hat{b}$ 看作 Q 的函数，可以求得 Q 对两个参数的偏导，$\dfrac{\partial Q}{\partial \hat{a}} = 0$ 和 $\dfrac{\partial Q}{\partial \hat{b}} = 0$。此时 $\sum e_i = 0$，$\sum e_i x_i = 0$，最终得到 $\hat{b} = \dfrac{\sum(x-\overline{x})(y-\overline{y})}{\sum(x-\overline{x})^2}$，$\hat{a} = \overline{y} - \hat{b}\overline{x}$。

8.2.2　线性回归方程的显著性检验

在求得回归方程后，需对回归方程进行显著性检验。以下三种方法为检验回归方程的常见方法。

1. 拟合优度检验

以一元回归方程为例，拟合优度检验一般采用 R^2 判定系数实现。因变量理论回归值与其样本均值的离差为 $(\hat{y}-\overline{y})$，实际观测值和理论回归值的离差为 $(y-\hat{y})$，对任意观测值，总有

$$y - \overline{y} = (\hat{y}-\overline{y}) + (y-\hat{y})$$

两边平方，并对 n 个观测值求和，得到

$$\sum(y-\overline{y})^2 = \sum(\hat{y}-\overline{y})^2 + \sum(y-\hat{y})^2$$

$$\mathrm{SS_t} = \mathrm{SS_r} + \mathrm{SS_e}$$

式中，$\mathrm{SS_r}$ 为回归平方和；$\mathrm{SS_e}$ 为残差平方和；$\mathrm{SS_t}$ 为偏差平方和。

根据上式，得出：

$$R^2=\frac{\sum(\hat{y}-\overline{y})^2}{\sum(y-\overline{y})^2}=1-\frac{\sum(y-\hat{y})^2}{\sum(y-\overline{y})^2}$$

从该式可得出，各个样本观测点与样本回归直线越接近，直线拟合度就越好。$R^2=1$，表明因变量和自变量存在函数关系，所有的观测值都在回归直线上；如果$R^2=0$，表明二者之间无线性关系，R^2越接近于1，说明直线拟合度越好。

在多元回归分析中也使用R^2判定系数，此时称为多重判定系数。与一元回归模型不同之处在于自变量个数增加，判定系数随之增大。为了剔除自变量个数对拟合优度的干扰，引进调整R^2（adjusted R square）：

$$\overline{R}^2=1-\frac{\sum(y-\hat{y})^2/(n-k-1)}{\sum(y-\overline{y})^2/(n-1)}=1-\frac{SS_e}{SS_t}\cdot\frac{n-1}{n-k-1}$$

式中，k为自变量的个数；n为观测数量。

2. 回归方程的显著性检验

回归方程的显著性检验一般采用F检验，检验步骤如下：

（1）首先提出假设：$H_0:b_1=b_2=\cdots=b_p=0$，$H_1:b_1,b_2,\cdots,b_p$不全为0。

（2）计算$F=\dfrac{SS_r/k}{SS_e/(n-k-1)}$，其中$k$为自变量的个数，$n$为观测数量。一元线性回归模型中，$k=1$。

（3）根据已知的显著性水平α和自由度$n-k-1$确定临界值$F_\alpha(k,n-k-1)$以及对应的p值。求得的F值大于临界值，则拒绝原假设，接受H_1。

3. 回归系数的显著性检验

回归方程只能检验回归系数是否同时与零有显著性差异，因此引入回归系数和回归截距的检验。以回归系数为例，其检验多采用t检验的方法，步骤如下：

（1）提出假设：$H_0:b_i=0(i=1,2,3,\cdots,p)$，$H_1:b_i\neq 0(i=1,2,3,\cdots,p)$

（2）计算$t=\dfrac{b_i}{S_{bi}}\sim t(n-k-1)$，其中$S_{bi}$是回归系数$b_i$的标准误差。

（3）由给定的显著性水平α和自由度$n-2$确定临界值以及对应的p值，如果t值大于临界值，拒绝原假设；反之则接受。

对回归方程截距检验方法如上。

8.2.3　基于 Excel 的回归分析

在进行线性回归分析之前，首先应判定是否适用线性回归模型：

（1）通过绘制“散点图”考察自变量与因变量是否存在线性关系。只有在散点图显示有线性关系存在时，方可作直线回归分析；否则应根据数据散点分布类型，选择合适的曲线模型，最终化为线性回归来解决。如果不考虑线性关系而直接建立回归方程将失去回归方程的统计学意义。

（2）因变量之间相互独立。

（3）因变量变异数不随自变量取值组合变化而变化，即方差齐性；

（4）因变量符合正态分布，这一点主要体现在残差符合正态分布上。

✧ **例 8-1**　某流行病学的调查研究收集了 26 名 3 个月婴儿的脐血铅含量以及母亲备孕时期室内空气铅含量数据情况，试建立脐血铅含量与胎儿期铅环境暴露之间的线性回归方程并进行分析。

Excel 操作步骤：

（1）打开例 8-1 脐血铅.xlsx 文件。

（2）选择“胎儿期室内空气铅含量”与“Log 脐血铅”分别作为相应的 X 值和 Y 值，【插入】→【散点图】，在数据上单击右键，选择【添加趋势线】→【线性】→【显示公式】→【显示 R 平方值】，得到拟合的直线，如图 8-1 所示。

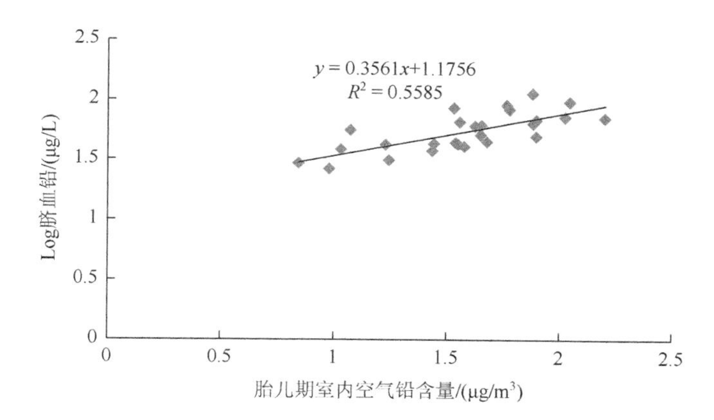

图 8-1　Log 脐血铅和胎儿期室内空气铅含量的 Excel 拟合直线图

（3）为更详细地描述这一个模型，使用数据分析中的“回归”工具来详细分析这组数据，【数据】或【工具】→【数据分析】→【回归】。

（4）【确定】→回归对话框→【输入区域】，选定所有变量及名称所在区域，如【Y 值输入区域（Y）】为【$B$2：$B$27】，【X 值输入区域（X）】选定为【$A$2：$A$27】。

（5）【置信度（F）】选项打“√”，选择 95%（注：若选定的输入区域内不包括变量名称所在单元格，则不选）在【输出选项】中选定【输出区域（O）】所在单元格，如【$C$1】。为了进一步使用更多的指标来描述这一个模型，本书使用"回归"中的图形工具来详细分析这组数据。【回归】界面可以产生三种图形，分别是残差图、线性拟合图和正态概率图。残差图呈现的是因变量的实际值与预测值之间的差距，正态分布可以考虑正态概率图，如果正态概率图为一条直线，则说明符合正态分布。一般在回归分析中，应该着重考虑残差是否正态、独立和方差齐性。在本例中，选择【残差图（D）】、【线性拟合图（I）】和【正态概率图（N）】，如图 8-2 和图 8-3 所示。

（6）回归统计结果输出与分析。点击【确定】，即输出回归统计结果，见表 8-1。由图 8-1 Log 脐血铅和胎儿期室内空气铅含量的拟合直线图，得出两者之间的回归方程：$y = 0.3561x + 1.1756$，$R^2 = 0.5585$，其中 R^2 越接近 1，方程拟合度越好。进一步采用回归分析工具，Log 脐血铅值基本符合正态分布（图 8-2）。由残差分布图来看（图 8-3），残差无明显分布，表明方差齐性，参数估计有效。表 8-1 得出的 R^2 与拟合直线得出的值一致。

表 8-1　胎儿期室内环境铅暴露浓度与婴儿脐血中铅含量回归分析结果

回归统计	结果
Multiple R	0.747 328
R^2	0.558 498
调整 R^2	0.540 103
标准误差	0.112 234
观测值	26

注：Multiple R 表示复相关系数 R，R^2 的平方根。R^2 表示判定系统，直观表现回归方程拟合效果。调整 R^2 表示调整后的判定系统，根据模式的数量进行调整。

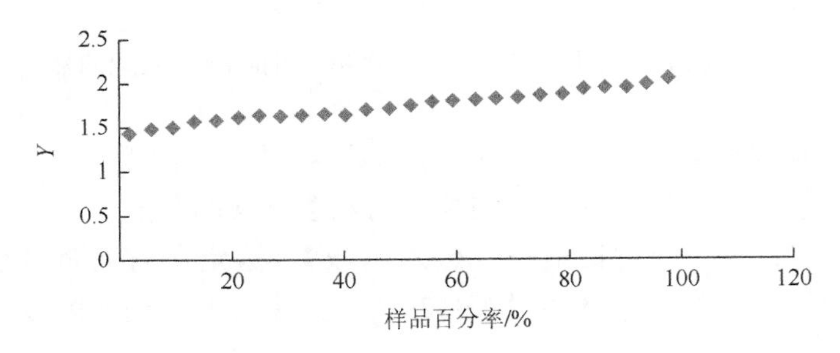

图 8-2　Log 脐血铅值的正态概率图

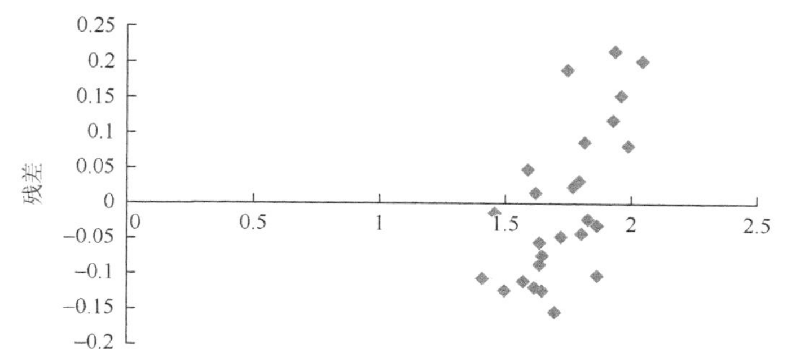

图 8-3　Log 脐血铅值的残差图

回归统计表是 Excel 回归分析结果的主要内容，表 8-1 中 Multiple R 为 0.747，说明铅环境浓度和婴儿脐血含量呈正相关，且相关程度较高。R^2 为 0.558，说明胎儿期室内环境铅暴露浓度可以解释 55.8%的婴儿脐血中铅含量。调整 R^2 为 0.540，说明环境铅暴露浓度可以解释 54.0%的婴儿脐血中铅含量，而剩下的 46%由其他因素解释。

（7）回归方程和回归系数的显著性检验。取检验水平为 0.05，即 $\alpha=0.05$，根据 Excel 插入函数 FDIST 计算获得 $k=1$，$n-k-1=24$，此时，$F_{0.05}$（1，24）$=4.26$。在表 8-2 中，母亲备孕期间室内环境铅暴露浓度与婴儿脐血中铅含量的 $F=30.36>F_{0.05}$（1，24）$=4.26$，说明两者之间回归方程的建立是显著的。

表 8-2　方差分析表

	自由度	平方和	平均平方和	F	显著性
回归分析	1	0.382425	0.382425	30.35995	1.15×10^{-5}
残差	24	0.302313	0.012596		
总计	25	0.684738			

针对多元回归方程，虽然 F 检验通过，但不能完全代表所有回归系数都显著，需采用 t 检验加以辅助验证。提出假设 H_0：$b=0$，即环境铅暴露浓度对脐血铅没有显著影响。在 $\alpha=0.05$ 时，查阅 t 检验临界值表，此时临界值 $t=2.064$，计算所得 t 值为 $11.25>t=2.064$，拒绝原假设，认为该回归系数与零有显著差异，本例中 b 统计量的显著性为 $1.15\times10^{-5}<0.05$（表 8-3），说明自变量的回归系数显著。此外，Excel 计算结果还显示，本例中截距（intercept）参数同样与零有显著差异。

表 8-3　回归参数表

	系数	标准误差	t 统计量	显著性	下限 95%	上限 95%
截距	1.175604	0.104497	11.25016	4.7×10^{-11}	0.959933	1.391275
X	0.356066	0.064622	5.509986	1.15×10^{-5}	0.222693	0.489439

虽然两个变量之间的回归关系显著，方程显示室内空气铅含量每增 1μg/m^3，胎儿脐血铅会相应升高 2.27μg/L，但不能直接表明完全是胎儿期室内空气暴露导致了婴儿脐血铅含量的升高，孕妇年龄、孕期膳食结构不合理、饮食暴露等都可能是胎儿铅暴露的重要因素。

8.2.4 一元线性回归分析

✧ **例 8-2** 采集 7 个城市的空气质量数据，试建立 $PM_{2.5}$浓度与城市空气质量之间的回归方程。

SPSS 操作步骤：

（1）打开例 8-2 $PM_{2.5}$与空气质量.sav 文件。

（2）绘制散点图，对两列数据之间是否存在线性关系有一个直观的评估。点击【图形（G）】→【旧对话框（L）】→【散点/点状（S）...】→【简单分布】→【定义】，得到简单散点图对话框，分别把两列数据填入【*X* 轴（*X*）】和【*Y* 轴（*Y*）】，点击【确定】，得到如图 8-4 所示的散点图。

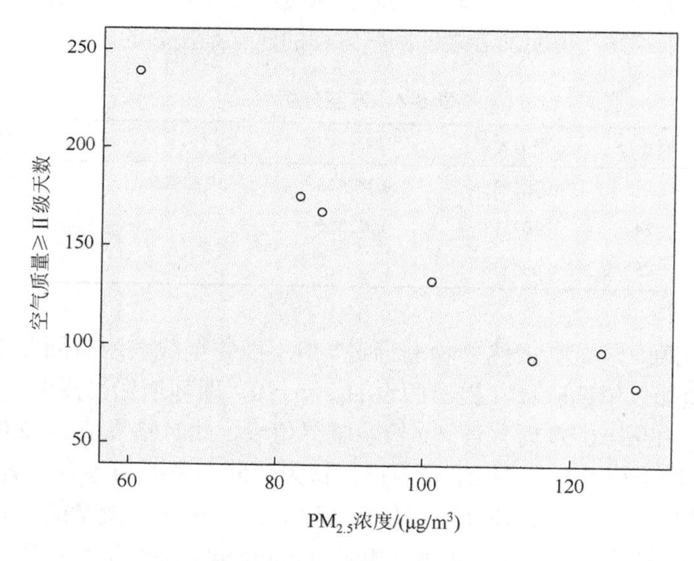

图 8-4 $PM_{2.5}$年平均浓度和空气质量散点图

（3）点击：【分析（A）】→【回归（R）】→【线性（L）...】，打开如图 8-5 所示线性回归对话框。

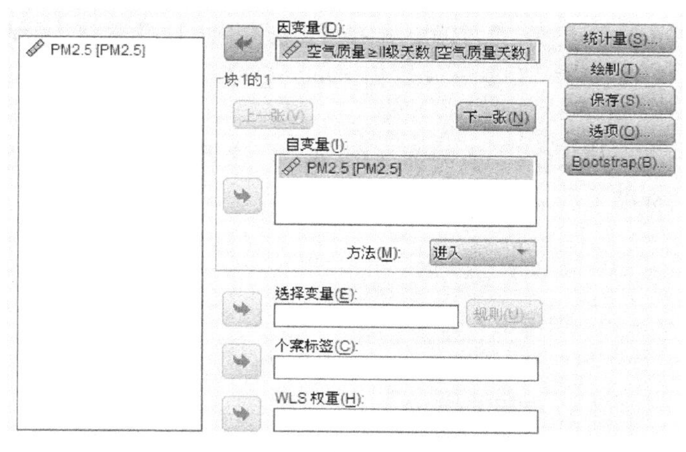

图 8-5 线性回归界面图

（4）“将空气质量≥Ⅱ级天数”选入【因变量（D）】，$PM_{2.5}$ 选入【自变量（I）】栏。【方法（M）】指的是筛选自变量的方法，包括输入法、逐步法、删除法、后退法、前进法。

（5）打开【统计量（S）...】对话框，在【估计（E）】、【模型拟合度（M）】、【Durbin-Watson（U）】选项打“√”，选择继续，此界面中选项意义如下：

（a）【估计（E）】：回归系数的估计值以及 t 检验显著性等。

（b）【模型拟合度（M）】：显示拟合优度统计量值。

（c）【Durbin-Watson（U）】：DW 检验，表示残差的序列相关性检验，判断残差是否独立，有助于判断本案例是否适用于线性回归。

（6）【绘制（T）...】界面如图 8-6 所示，选择【直方图（H）】和【正态概率图（R）】，单击继续。

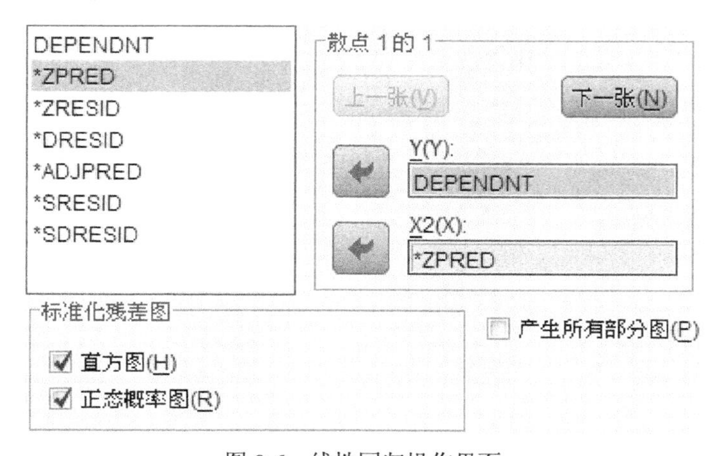

图 8-6 线性回归操作界面

（7）进入【保存（S）...】界面，选择【未标准化（U）】和【未标准化（N）】→【均值（M）】与【单值（I）】→【置信区间（C）】→【包含协方差矩阵（X）】，单击【继续】。

（8）打开【选项（O）...】界面（图 8-7），主要适用于变量进入方式设置 *F* 检验统计量的标准值和缺失值。

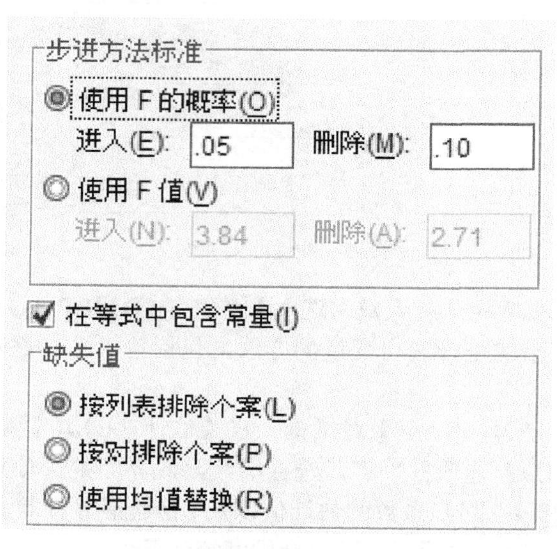

图 8-7　线性回归：选项界面

（9）结果与分析。单击【确定】，得到结果。图 8-8 和图 8-9 分别给出了标准化残差的直方图和标准化残差的 P-P 图，图 8-8 可以大致表明标准化残差符合正

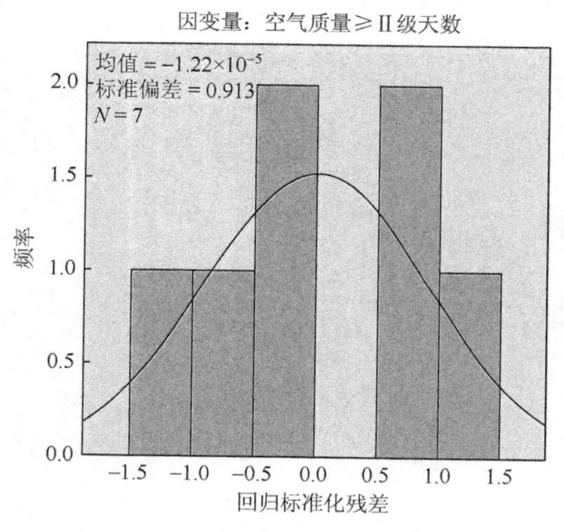

图 8-8　回归标准化残差的直方图

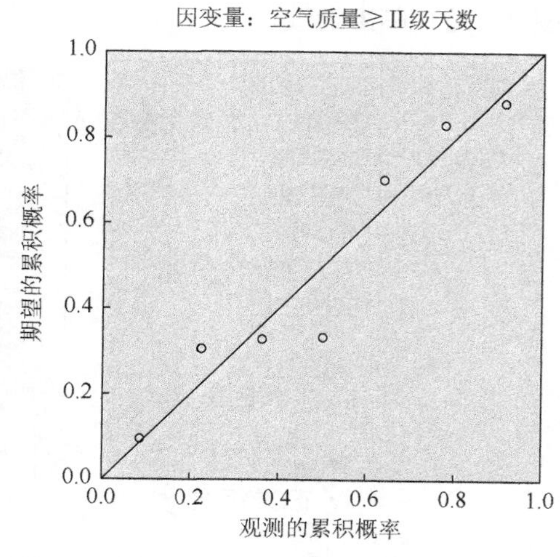

图 8-9　回归标准化残差的标准 P-P 图

态分布，均值为-1.22×10^{-5}，标准偏差为 0.913。P-P 图以实际观察值的累计概率为横坐标，期望的累积概率为纵坐标，如果数据符合正态分布，散点将分布在对角线附近，由此可以与图 8-8 共同说明标准化的残差符合正态分布。

由表 8-4 模型汇总表可以看出，相关系数 R 为 0.988，R^2 为 0.976，说明模型的拟合度很好，此例中表明空气质量等级天数变化可以由 $PM_{2.5}$ 浓度变化很好地解释，两者之间存在极其显著的线性关系。DW 验证法获得数据恰好在无法判断的范围，此时无法判断残差独立性，而本例中自变量数小于 4 个，统计量大于 2，基本上可确定残差间相互独立。

表 8-4　模型汇总表

模型	R	R^2	调整 R^2	标准估计的误差	Durbin-Watson
1	0.988	0.976	0.971	9.797	3.254

注：预测变量：（常量），$PM_{2.5}$ 浓度（μg/m^3）；
因变量：空气质量≥II 级天数。

在方差分析表中（表 8-5），回归的平方和远大于残差的平方和，表明方程的拟合效果好。回归模型 F 检验中 F 值等于 199.574，显著性 = 0.000<0.05，拒绝原假设"H_0：回归系数 $b=0$"，说明 $PM_{2.5}$ 浓度与空气质量等级建立的线性回归模型有显著统计学意义。

表 8-5　方差分析（ANOVA）表

模型		平方和	自由度	均方	F	显著性
1	回归	19155.797	1	19155.797	199.574	0.000
	残差	479.918	5	95.984		
	总计	19635.714	6			

注：因变量：空气质量≥II 级天数；
预测变量：（常量），$PM_{2.5}$ 浓度（μg/m^3）。

根据表 8-6 系数表可以得到，此线性回归模型中常数 a 和回归系数 b 分别为 369.369 和-2.291，同时，t 统计量检验假设的回归系数和截距为零的概率为 0.000，说明两者均存在，建立的回归方程 $y=-2.291x+369.369$ 有统计学意义。

表 8-6　系数表

模型	非标准化系数		标准系数试用版	t	显著性
	B	标准误差			
（常量）	369.369	16.614		22.233	0.000
$PM_{2.5}$ 浓度/(μg/m^3)	−2.291	0.162	−0.988	−14.127	0.000

注：因变量：空气质量≥II 级天数。

8.2.5　多元线性回归分析

多元线性回归与一元线性回归原理基本一样，差异主要在模型中对因变量产生影响的自变量个数。在实际回归分析法运用中，一个变量仅受另一个变量影响的案例较少，多元回归可以比较准确地分析多个不同因素对因变量的影响程度和拟合程度的高低。多个自变量对因变量的影响不同，主要反映在回归方程中自变量前的标准回归系数大小。

✧ **例 8-3**　本例中涵盖了 A 地土地盐碱化 30 个不同的采样地点盐碱化程度和环境因子的数据（所有数据为与最高值比值），试对重点环境因子建立多元回归模型，建立土壤含水率与植被盖度和地下水之间的预测模型，盐碱化程度“1、2、3、4”分别对应“轻度、中度、重度、极度”）。

（1）打开数据文件例 8-3 土地盐碱化.sav 和例 8-3 盐碱化程度.xlsx 文件。

（2）在选择【自变量（I）】栏时将两列数据均选入，其余步骤同一元回归处理。

（3）结果与分析。单击【确定】，主要得到以下结果。本例中标准化残差符合正态分布（图 8-10 和图 8-11），其中 N 为 30，均值为 5.59×10^{-16}，标准偏差为 0.965。

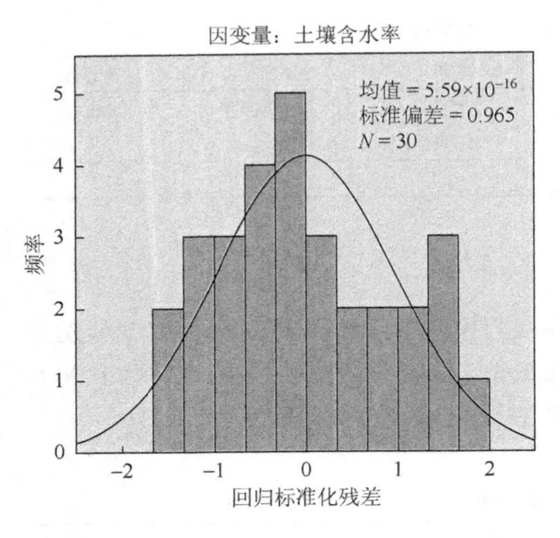

图 8-10　回归标准化残差直方图

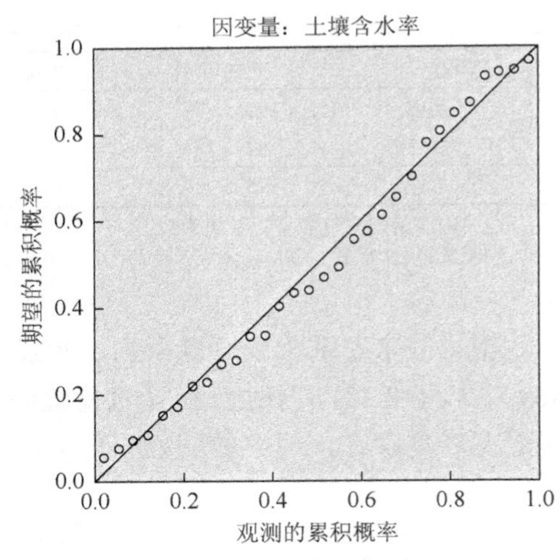

图 8-11　回归标准化残差的标准 P-P 图

由模型汇总表（表 8-7）可知 R^2 为 0.656，说明模型的拟合度好，表示此例中土壤含水率可以由地下水含量与植被盖度两个变量较好地解释。

表 8-7　模型汇总表

模型	R	R^2	调整 R^2	标准估计的误差	Durbin-Watson
1	0.810	0.656	0.630	9.74557	1.175

注：预测变量：（常量）、植被盖度、地下水；
因变量：土壤含水率。

在方差分析表中（表 8-8），回归的平方和 4889.510 大于残差的平方和 2564.357，回归模型 F 检验中 F 值等于 25.741，显著性 = 0.000＜0.05，表明方程的拟合效果好。

表 8-8　方差分析表

模型		平方和	自由度	均方	F	显著性
1	回归	4889.510	2	0.2444.755	25.741	0.000
	残差	2564.357	27	94.976		
	总计	7453.867	29			

注：因变量：土壤含水率；
预测变量：（常量）、植被盖度、地下水。

根据表 8-9 系数表，建立的回归方程 $y = -0.123x_1 + 0.483x_2 + 41.718$，植被盖度的系数 = 0.000＜0.05，说明此系数显著；而地下水的系数等于 0.472＞0.05，说明地下水对土壤含水率解释不显著。

表 8-9　回归方程系数表

模型		非标准化系数		标准系数试用版	t	显著性
		B	标准误差			
1	（常量）	41.718	12.469		3.346	0.002
	地下水	−0.123	0.169	−0.089	−0.729	0.472
	植被盖度	0.483	0.076	0.776	6.323	0.000

注：因变量：土壤含水率。

同时采用 Excel 进行“地下水”“植被盖度”两个变量影响“土壤含水率”多元回归模型建立，具体操作步骤大体与一元回归相同，主要区别在于选择【X 值输入区域（X)】时选择待分析的多列自变量数据，单击【确定】，得到结果。

得到的残差统计量（图 8-12）显示数据符合方差齐性。由 R^2 等于 0.656，可以看出此二元回归模型的拟合优度为 0.656，说明“土壤含水率”65.6%的变化是由于“地下水”和“植被盖度”变量引起的（表 8-10）。利用 Excel 插入函数得到 $F_{0.05}(2, 27) = 3.35 < F = 25.74$，$t_{0.025}(27) = 2.05 < 3.35 < 6.32$（表 8-11，表 8-12），说明建立的回归方程显著，且截距与“植被盖度”系数具有显著性，而地下水对土壤含水率的解释不显著。根据回归系数表可得出三元线性回归方程：$y = -0.123x_1 + 0.483x_2 + 41.718$。“地下水”所对应的 P 值为 0.602，不能满足 95% 的置信区间，说明此项回归不显著（表 8-11），植被盖度是影响土壤含水率的主要因素。

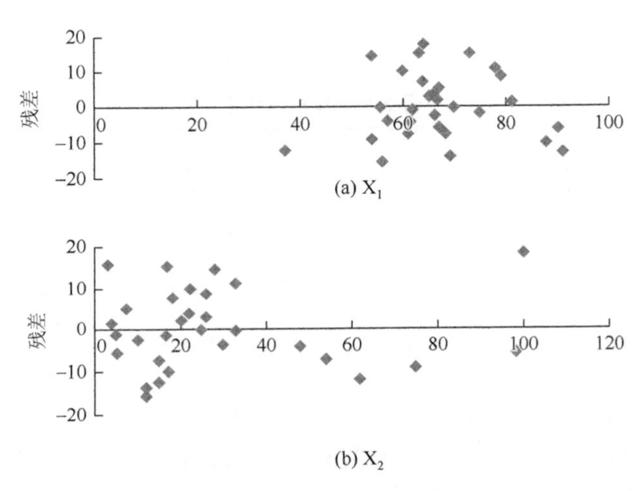

图 8-12　多元线性回归残差图

表 8-10　回归统计表

回归统计	结果
Multiple R	0.8099
R^2	0.6560
调整 R^2	0.6305
标准误差	9.7456
观测值	30

表 8-11　方差分析表

	自由度	平方和	平均平方和	F	显著性
回归分析	2	4889.510002	2444.755001	25.74071927	5.54698×10^{-7}
残差	27	2564.356665	94.97617277		
总计	29	7453.866667			

表 8-12　回归系数表

	系数	标准误差	t 统计量值	p	下限 95%	上限 95%
截距	41.71788	12.46858	3.345840	0.002422	16.1345	67.30130
x_1	−0.123473	0.16928	−0.729384	0.472047	−0.470817	0.223870
x_2	0.482707	0.076345	6.32268	9.08144×10^{-7}	0.326059	0.63935

8.3　非线性回归分析

8.3.1　非线性回归分析基本原理及内容

在实际环境领域中，严格的线性模型并不常见，非线性模型较为符合实际情况，对真实情况的分析更为准确，同时通过自变量的值来预测因变量的变化也较为准确。线性模型中的线性主要指：①线性变量，即变量以原型出现在方程中，X^{α} 中 α 取值为 1；②因变量是各个参数的线性函数。非线性回归与线性回归最主要的区别在于非线性回归的变量指数至少有一个不为 1。

处理非线性关系主要采用以下两种手段：①对非线性模型做一些适当的变换，但主要思路仍然是线性回归；②采用非线性模型来拟合。一般后者在 SPSS 软件应用中较权威。首先，通过适当的变换可以转换为线性函数，如倒数变换、对数变换、双对数变换、多项式变换等。倒数变换主要适用于双曲线模型，指数函数可以选用对数变换，幂函数型可以采用双对数变换，多项式变换主要适用于多项式型等。以 S 型曲线 $Y=\dfrac{1}{\beta_0+\beta_1\mathrm{e}^{-x}+\varepsilon}$ 为例，令 $Y'=\dfrac{1}{Y}$，$X'=\mathrm{e}^{-x}$，得到 $Y'=\beta_0+\beta_1X'+\varepsilon$。由此将原模型转化为标准的线性回归模型。对于一些比较复杂的非线性函数，常需要综合利用两个或者多个上述方法。

非线性模型分析的主要内容如下：

（1）通过绘制散点图的方式确定合适的非线性回归方程，将变量进行适当的变换，即对所得资料进行曲线拟合。

（2）对方程及各个系数进行显著性检验，判断回归模型是否有意义，主要包括回归模型的方差分析和回归系数的 t 检验。

8.3.2　非线性回归分析方法分类

非线性回归模型按照形式和估计方法可分为三种类型，第一大类是非标准线性模型，当因变量 Y 与自变量 X 存在非线性关系，但与参数存在线性关系时，称作非标准线性回归模型。其余两类根据是否可以通过适当变换将原方程转化为标准的线性回归模型，分为可线性化和不可线性化的非线性回归方程。前者又可分为通过简单换元变成线性回归模型和通过对数变换间接转化为线性回归方程。

非标准线性模型包括多项式函数模型、双曲线函数模型、对数函数模型、S型曲线模型等（表 8-13）。可线性化非线性回归模型包括幂函数和指数函数模型等。不可线性化的非线性回归主要采用搜索法、优化法和迭代线性化法进行线性化估计。

表 8-13　常见的可线性化的非线性模型

类别	非线性模型	回归方程	变换方法
非标准线性模型	双曲线模型	$Y=\beta_0+\beta_1\frac{1}{x}+\varepsilon$	$x'=\frac{1}{x}$，得到 $Y=\beta_0+\beta_1x'+\varepsilon$
	对数函数型	$Y=\beta_0+\beta_1\ln x+\varepsilon$	$x'=\ln x$，得到 $Y=\beta_0+\beta_1x'+\varepsilon$
	多项式型	$Y=\beta_0+\beta_1x+\beta_2x^2+\cdots+\beta_px^p+\varepsilon$	$x_1'=x$，$x_2'=x^2$，…，$x_p'=x^p$，得到 $Y=\beta_0+\beta_1x_1'+\beta_2x_2'+\cdots+\beta_px_p'+\varepsilon$
	S 型曲线型（Logistic 曲线）	$Y=\frac{1}{\beta_0+\beta_1\mathrm{e}^{-x}+\varepsilon}$	$Y'=\frac{1}{Y}$，$x'=\mathrm{e}^{-x}$，得到 $Y'=\beta_0+\beta_1x'+\varepsilon$
可线性化非线性回归模型	幂函数模型	$Y=\beta_0x_1^{\beta_1}x_2^{\beta_2}\ldots x_p^{\beta_p}\mathrm{e}^{\varepsilon}$	$Y'=\ln Y$，$\beta_0'=\ln\beta_0$，$x_1'=\ln x_1$，…，$x_p'=\ln x_p$，得到 $Y'=\beta_0'+\beta_1x_1'+\beta_2x_2'+\cdots+\beta_px_p'+\varepsilon$
	指数函数型	$Y=\beta_0\mathrm{e}^{\beta_1x+\varepsilon}$	$Y'=\ln Y$，$\beta_0'=\ln\beta_0$，得到 $Y'=\beta_0'+\beta_1x+\varepsilon$

线性化方法主要指变量代换，非标准型线性回归一般模型如下：

$$Y=\beta_0+\beta_1f_1(x_1,x_2,x_3,\cdots,x_k)+\beta_2f_2(x_1,x_2,x_3,\cdots,x_k)+\cdots+\beta_pf_p(x_1,x_2,x_3,\cdots,x_k)$$

令 $f_1=\alpha_1$，$f_2=\alpha_2$，…，$f_p=\alpha_p$，得到多元线性回归方程：

$$Y=\beta_0+\beta_1\alpha_1+\beta_2\alpha_2+\cdots+\beta_p\alpha_p+\varepsilon$$

8.3.3　非线性回归分析的 SPSS 操作

✧ **例 8-4**　已采集 20 个 A 地采样点的黑炭气溶胶浓度年均值与该地区风速年均值数据，试建立两者之间的回归模型。

SPSS 操作步骤：

（1）将相关数据输入 SPSS 20.0，定义变量，保存为例 8-4 风速与黑炭气溶胶浓度数据.sav 文件。

（2）绘制散点图（图 8-13），对两列数据之间是否存在线性关系有一个直观的评估。由此可以大致得出，两者之间并不存在一个完全线性的关系，仅在一定范围内具有线性关系，此时选用非线性模型进行分析。

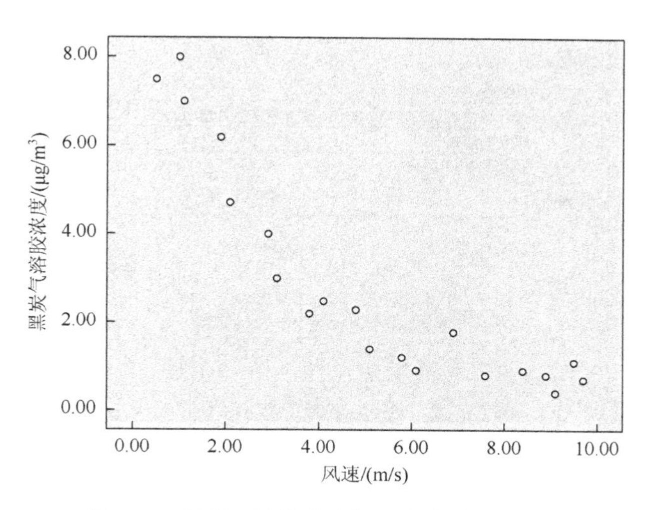

图 8-13　黑炭气溶胶浓度与风速关系的散点图

两个变量之间的分布曲线类似于指数 $Y=\beta_0 e^{\beta_1 x}$，进一步绘制 lg（黑炭气溶胶浓度）y(lgBC)与风速 x 之间的散点图（图 8-14），拟合两者之间的线性关系，得

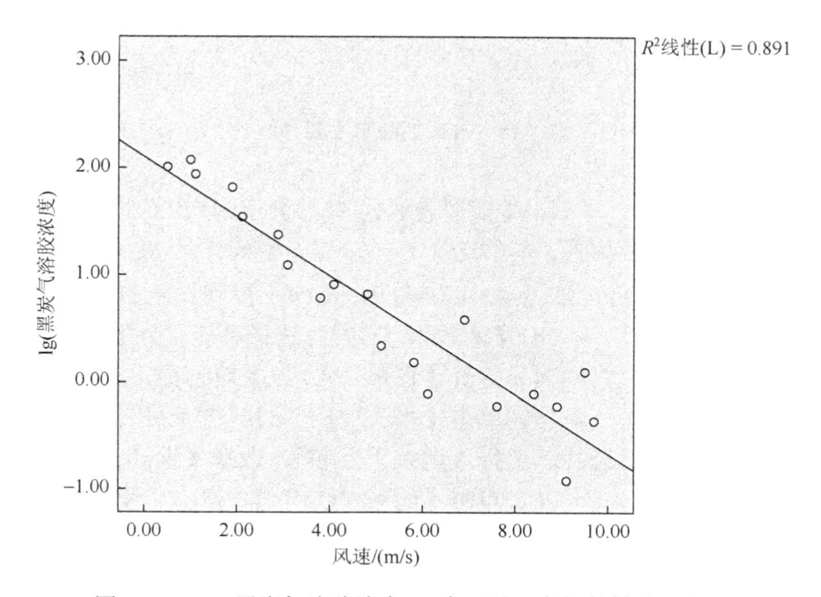

图 8-14　lg（黑炭气溶胶浓度）y 与风速 x 之间的散点示意图

到回归方程 $\ln BC = -0.278x + 2.107$，R^2 为 0.891，显著性 = 0.00，说明回归模型拟合较好，此回归模型有统计意义。

（3）选择【分析（A)】→【回归（R)】→【非线性（N）...】，打开主对话框（图 8-15）。将“黑炭气溶胶浓度（μg/m³）”选入【因变量（D)】。

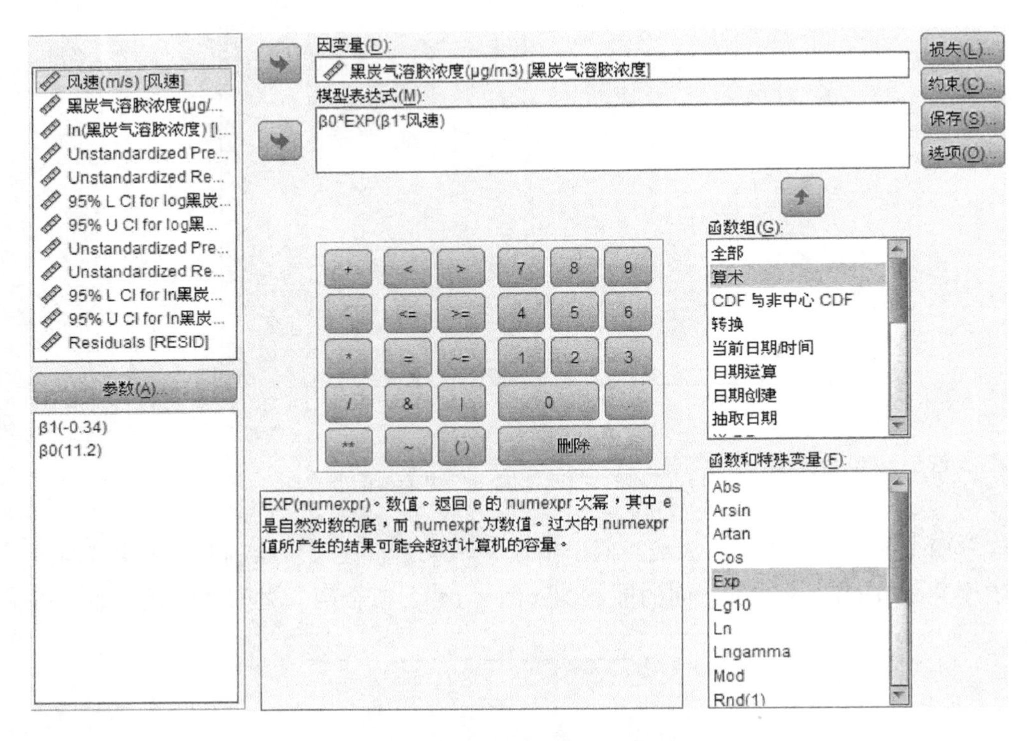

图 8-15　非线性回归主要界面

名称(N):
初始值(S):
添加(A)
更改(C)
删除(R)
β1(-0.34)
β0(11.2)
使用上一分析的起始值(U)

图 8-16　非线性回归：参数对话框

（a）【模型表达式（M)】：用于定义非线性回归模型表达式。本书选择 $Y = \beta_0 e^{\beta_1 x}$，首先估计 β_0，β_1 的初始值，令 $y = 8$，$x = 1$；$y = 2.9$，$x = 4$，得到 $\beta_0 = 11.2$，$\beta_1 = -0.34$。

（b）【函数组（G)】：选择可能用到的函数。

（4）打开【参数（A）...】对话框，如图 8-16 所示。

（5）单击【损失（L）...】：选择回归方程的残差计算公式。选择【残差平方和】，选择【继续】（图 8-17）。

（6）点击【约束（C）...】，弹出非线性回归：参数约束对话框。该对话框的默认选项为【未约束（U)】，未约束的对象指参数。如果选择【定义参数约束（D)】选项，可以在下拉列表中选择“＝”、“≤”、“≥”，设置相应参数的界限。本例中选择默认选项，单击【继续】。

（7）【保存（S）...】对话框内可选择【预测值（P）】、【残差】、【倒数（D）】和【损失函数值（L）】作为新变量保存。选择【残差】→【继续】。

（8）单击【选项（O）...】，打开如图 8-17 所示的界面，主要适用于设置回归参数。

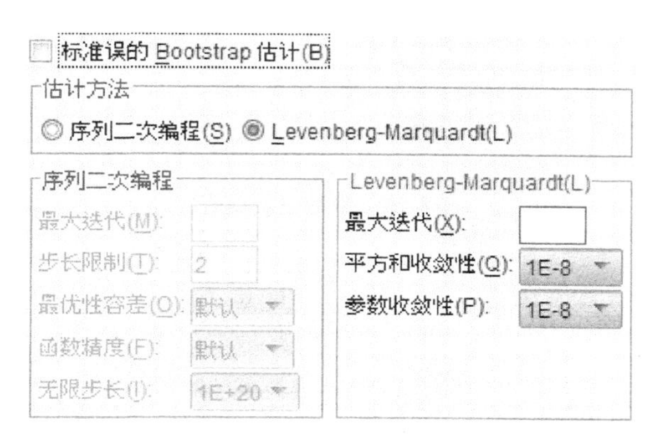

图 8-17　非线性回归：选项界面

（a）【标准误的 Bootstrap 估计（B）】：勾选该选项则采用 Bootstrap 法估计参数的标准误，即使用原始数据重复集中抽样估算标准误的方法，此时只能选择【序列二次编程（S）】。

（b）【序列二次编程（S）】：适用于有限制或无限制的模型，用于进一步定义序列二次编程的相关参数。

（c）【Levenberg-Marquardt（L）】：只适用于无限制的模型，其中可以选择：①【最大迭代（X）】：定义最大迭代次数。②【平方和收敛性（Q）】：设置方差的收敛标准，若超出该收敛范围，则认为模型不具有收敛性。③【参数收敛性（P）】：设置参数的收敛标准，变量超出范围时认为模型不具有收敛性。

本例中选择【标准误的 Bootstrap 估计（B）】，单击【继续】→【确定】，得到如表 8-14～表 8-16 所示结果。

表 8-14　迭代历史记录表

迭代数[a]	残差平方和	参数	
		β_1	β_0
0.1	8.636	−0.340	11.200
1.1	7.144	−0.366	11.198

续表

迭代数 [a]	残差平方和	参数	
		β_1	β_0
2.1	5.053	−0.321	9.809
3.1	5.042	−0.325	9.823
4.1	5.042	−0.325	9.821
5.1	5.042	−0.325	9.821
6.1	5.042	−0.325	9.821

a. 主迭代数在小数左侧显示，次迭代数在小数右侧显示；

注：在 6 迭代之后停止运行，已找到最优解。

表 8-15　参数估计值表

	参数	估计	标准误	95%置信区间		95%切尾极差	
				下限	上限	下限	上限
渐进	β_1	−0.325	0.023	−0.372	−0.277		
	β_0	9.821	0.489	8.794	10.849		
自引导 [a, b]	β_1	−0.325	0.025	−0.376	−0.274	−0.383	−0.281
	β_0	9.821	0.741	8.305	11.338	8.983	11.160

a. 以 30 样本为基础；

b. 损失函数值等于 5.042。

表 8-16　方差分析表

源	平方和	自由度	均方
回归	277.518	2	138.759
残差	5.042	18	0.280
未更正的总计	282.560	20	
已更正的总计	117.822	19	

注：因变量：黑炭气溶胶浓度（$\mu g/m^3$）；$R^2 = 1-$(残差平方和)/(已更正的平方和) = 0.957。

（9）结果分析。经过 6 迭代以后，找到最优解。根据参数估计值表，可得出指数方程：$y = 9.821 \times e^{-0.325x}$，决定系数 $R^2 = 0.957$，说明拟合效果较好。

8.4　Logistic 回归分析

8.4.1　Logistic 回归分析的基本原理

“Logistic regression”最早由大卫・科考夫在 1958 年提出。在因变量取值为

“1”或“0”的情况下，因变量取值为“1”的概率为 p，此时 p 与自变量的关系方程就称为“Logistic 回归”。Logistic 回归一般情况下多见于二分类情况，如“有/无”“通过/不通过”“存活/死亡”等。存在两个以上的结果类别常见于多元 Logistic 回归，如空气质量等级、土地沙漠化程度和土壤修复效果等，其因变量属于分类范畴。

Logistic 回归是一种广义上的线性回归，也是机器学习的入门算法。一般线性回归在应用于分类情况时难以解决一些问题，而 Logistic 回归做了一个较好的修正，并且对自变量的正态性和方差齐性不做要求。与一般的线性回归相比，Logistic 回归具有诸多优势。目前 Logistic 回归以一种有效的数据处理方式在流行病学调查、生物统计学、环境领域有着广泛的运用。

在 Logistic 回归模型中，因变量 Y 的取值为“0”和“1”，自变量为 $x_1, x_2, \cdots, x_n$，$Y=1$ 发生的概率为 $p(Y=1)$，此时建立回归模型：

$$p(Y=1)=\frac{\exp(\beta_0+\beta_1 x_1+\cdots+\beta_n x_n)}{1+\exp(\beta_0+\beta_1 x_1+\cdots+\beta_n x_n)}$$

或

$$p(Y=1)=\frac{1}{1+\exp(-\beta_0+\beta_1 x_1+\cdots+\beta_n x_n)}$$

式中，β_0 为与 x 无关的常数项；$\beta_1, \beta_2, \cdots, \beta_n$ 为回归系数，分别表示自变量 $x_1, x_2, \cdots, x_n$ 对 p 的贡献大小。

如果以 $q(Y=0)$ 表示 $Y=0$ 发生的概率，则有

$$q(Y=0)=1-p=\frac{1}{\exp(\beta_0+\beta_1 x_1+\cdots+\beta_n x_n)}$$

$$\log it(p)=\ln\frac{p}{q}=\beta_0+\beta_1 x_1+\cdots+\beta_n x_n$$

即 Logistic 函数，此公式也称作优势比的对数，是一种常见的统计学指标。

在多项分类中，即 $Y=1,2,3,\cdots,k$，可建立起多元 Logistic 回归模型：

$$\log it(p)=\ln\frac{p_i}{q_i}=\beta_{i0}+\beta_1 x_1+\cdots+\beta_n x_n$$

以下为 Logistic 回归适用的范畴：

（1）因变量是分类变量，且只能为数值；

（2）自变量与 Logistic 概率之间符合线性关系；

（3）样本规模应该远远多于自变量数量（5～10 倍），一般 10 倍以上拟合的模型较有信服度；

（4）自变量之间相互独立。

Logistic 回归模型的假设检验主要包括以下两种：

（1）Wald 卡方检验。主要适用于单一变量的回归系数检验，当回归系数绝对值很大时，导致本应该拒绝的零假设而未拒绝，因此不适用。

（2）似然比检验。似然比公式为 $G=-2\ln\dfrac{\text{无}x_i\text{似然}}{\text{含}x_i\text{似然}}$，$G$ 代表似然比，服从卡方分布。G 越大，则预测效果越好。似然比检验是基于整个模型进行的，所以结果相对可靠。

除验证回归模型是否具有统计学意义外，Logistic 回归中还有一个拟合优度的检验。评价拟合优度的指标主要包括 Pearson χ^2、Deviance、Hosmer-Lemeshow（H-L）准则、AIC、SC 指标等。前两个指标主要适用于自变量较少且为分类变量的情况，H-L 准则一般用于自变量增多且存在连续变量的情况，这三个指标在χ^2检验无统计学意义（$p>0.05$）时认为拟合效果较好。而后两者较小时认为拟合效果好。

8.4.2 二元 Logistic 回归分析

✧ **例 8-5** 研究两种农药（X_1：甲氰菊酯，X_2：硫丹）三种暴露浓度（2mg/L、3mg/L、5mg/L）对斑马鱼致死率的影响，评价致死效应指标为有效（$Y=1$）和无效（$Y=0$），试进行二元 Logistic 回归，分析致死效应（Y）和三种暴露浓度的关系。

SPSS 操作步骤：

（1）打开例 8-5 农药暴露浓度引起致死效应.sav 文件。

（2）点击【分析（A）】→【回归（R）】→【二元 Logistic...】，打开如图 8-18

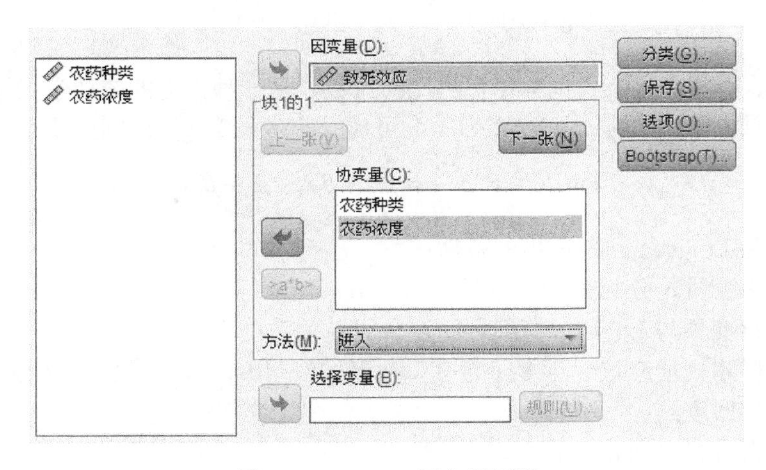

图 8-18 Logistic 回归界面图

所示的 Logistic 回归对话框，本例中将“致死效应”放入【因变量（D）】栏，“农药种类”“农药浓度”放入【协变量（C）】栏，协变量一般选择解释变量。

（3）【方法（M）】指自变量进入和剔除的方法，包括【进入】、【向前：条件】、【向前：LR】、【向前：Wald】、【向后：条件】、【向后：LR】、【向后：Wald】，此例方法选择进入。

（4）打开【分类（G）...】对话框，如图 8-19 所示，在选入协变量后，【对比（N）】界面激活。此界面中选项意义如下：

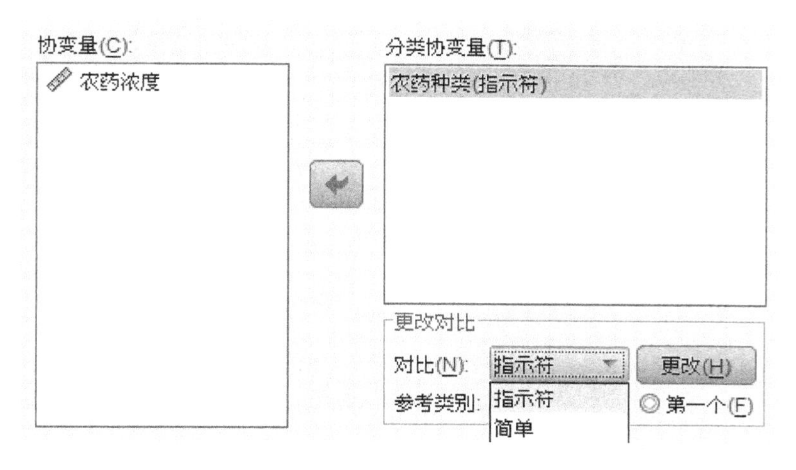

图 8-19　Logistic 回归：定义分类变量界面

（a）【指示符】：默认选项，选择【第一个（F）】或【最后一个（L）】作为对比基准。

（b）【简单】：与指定水平的均数作对比，分类变量各个水平和【第一个（F）】或【最后一个（L）】的均值进行比较。

（c）【差值】：分类变量每一类（第一类除外）都与前面的分类进行比较。

（d）【Helmert】：与差值正好相反，分类变量每一类（最后一类除外）都与后面的分类进行比较。

（e）【重复】：预测变量的每一类（第一类除外）与前面分类进行比较，分类变量的各个水平进行重复对比。

（f）【多项式】：每个水平按照分类变量顺序进行趋势估计分析。

（g）【偏差】：分类变量每个水平的均数与总体平均值进行比较，总平均值的范围基于【最后一个（L）】和【第一个（F）】在【参考类别】中的设定。

（5）单击【继续】→【保存（S）...】，选择【概率（P）】、【组成员（G）】，单击【继续】。

（6）进入【选项（O）...】界面（图 8-20），选择【分类图（C）】、【估计值的相关性（R）】、【迭代历史记录（I）】、【exp（B）的 CI（X）】，单击【继续】。

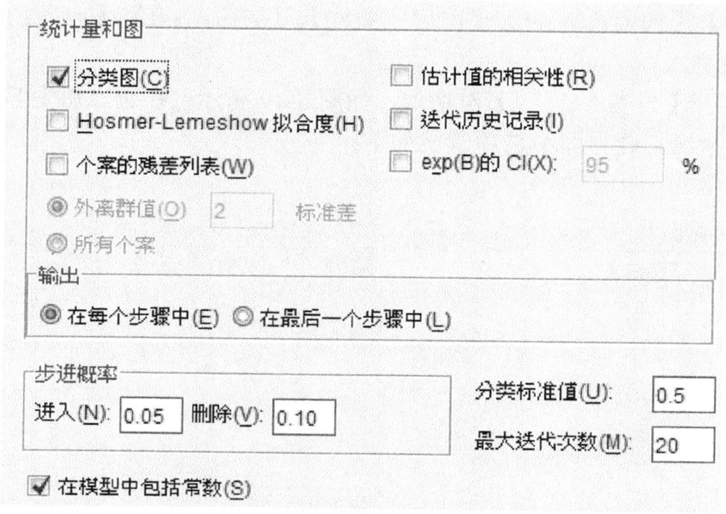

图 8-20 Logistic 回归：选项界面

在步骤 1 中输入的变量：农药浓度、农药种类

（7）结果与分析。单击【确定】，得到以下结果。表 8-17 给出了模型系数表，步骤 1 中基于该模块建立方程的卡方值为 10.897，显著性 = 0.004<0.05，认为农药种类和农药浓度与因变量致死率的 Logistic 回归方程有统计学意义。

表 8-17 模型系数的综合检验

		卡方	自由度	显著性
步骤 1	步骤	10.897	2	0.004
	块	10.897	2	0.004
	模型	10.897	2	0.004

模型摘要表（表 8-18）中的两个指标 Cox & Snell R^2 和 Nagelkerke R^2 是回归方程的拟合优度检验，反映了模型的拟合程度，本例中的 Cox & Snell R^2 为 0.261，Nagelkerke R^2 是 0.358。分类表（表 8-19）涵盖了观测值与预测值的分类表格，因变量结局为“无效”的预测正确率为 61.5%，结局为“显效”的预测正确率为 82.6%。对回归模型总的预测正确率为 75.0%，这说明预测效果良好，且结局为“显效”的正确率较高。

表 8-18　模型汇总表

步骤	−2 对数似然值	Cox & Snell R^2	Nagelkerke R^2
1	36.195[a]	0.261	0.358

a. 因为参数估计的更改范围小于 0.001，所以估计在迭代次数 5 处终止。

表 8-19　分类表

已观测			已预测		
			y		百分比校正/%
			0	1	
步骤 1	y	0	8	5	61.5
		1	4	19	82.6
	总计百分比				75.0

注：切割值为 0.500。

方程中的变量表（表 8-20）主要反映了模型中自变量的偏回归系数（B）、标准误、Wals 值、自由度、p 值和置信区间。自变量所建立的 Logistic 方程如下：$p = \exp(-4.247 + 1.103 \times x_1 + 0.969 \times x_2)/(1 + \exp(-4.247 + 1.103 \times x_1 + 0.969 \times x_2))$。

表 8-20　方程中的变量

		B	SE	Wals 值	自由度	显著性	Exp（B）	Exp（B）的 95%置信区间	
								下限	上限
步骤 1	农药浓度（x_1）	1.103	0.437	6.381	1	0.012	3.014	1.280	7.095
	农药种类（x_2）	0.969	0.826	1.377	1	0.241	2.635	0.522	13.298
	常量	−4.247	1.921	4.890	1	0.027	0.014		

注：SE 表示估计值的平均误差；Wals 值表示检验自变量对因变量影响的统计量。

8.4.3　多元 Logistic 回归分析

多元 Logistic 回归主要适用于因变量是分类变量的情况，也称多分类 Logistic 回归。环境领域中有较多 Logistic 回归方程的应用，如不同环境因子与流行病学（疾病种类为分类变量）、环境毒理学中的化学物质特性与病理学损伤种类之间关系的研究等。如果分类变量具有等级变量的数量特征，如环境污染程度（清洁、轻度污染、中度污染、重度污染）、污水处理厂的污水处理效果（优、良、差）等，则考虑进行有序多元 Logistic 回归分析。

✧ **例 8-6** 为研究肺病（y，哮喘、肺炎、肺癌分别表示为 1、2、3）与空气中首要污染物的关系，分析 $PM_{2.5}$ 和 PM_{10}（x_1 和 x_2，低，中，高含量分别对应 1、2、3）在肺病患者中的规律，共搜集 153 例患者及其生活空气环境中首要污染物情况，试进行多元 Logistic 回归分析。

（1）打开例 8-6 三种肺病患者与其空气污染物暴露情况.sav 文件。对数量统计进行加权，选择【数据（D）】→【加权个案（W）...】，将“统计数量”选入【频率变量（F）】。

（2）【分析（A）】→【回归（R）】→【多项 Logistic（M）...】，打开如图 8-21 所示的多项 Logistic 回归对话框，肺病种类选入【因变量（D）】，其因变量应为分类变量，$PM_{2.5}$ 和 PM_{10} 选入【协变量（C）】，【参考类别（N）...】选择（第一个），【类别顺序】可选择【升序（A）】或【降序（D）】。

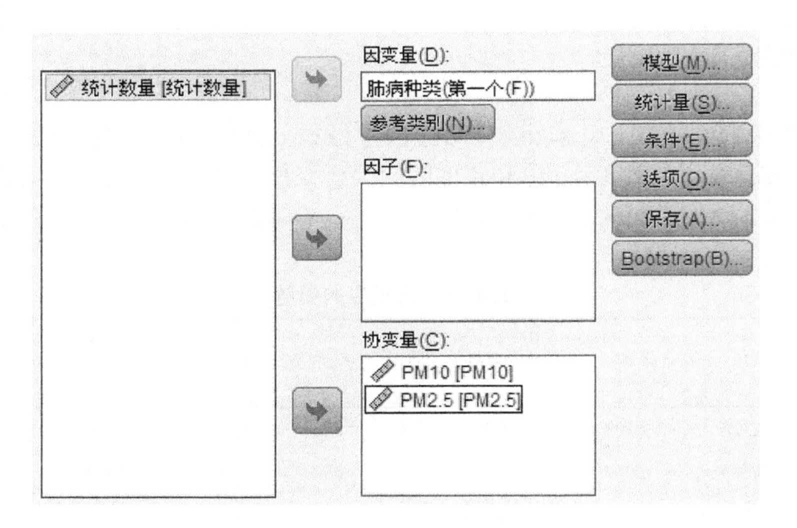

图 8-21 多项 Logistic 回归界面

（3）选择【继续】→【模型（M）...】，打开多项 Logistic：模型界面。主要包括【主效应（M）】、【全因子（A）】、【定制/步进式（C）】，勾选【在模型中包含截距（N）】选项。其中【定制/步进式（C）】将激活【因子与协变量（F）】、【强制输入项（O）】、【步进项（S）】、【步进法（W）】。全因子选项不仅包括主效应，还包括因子之间的相互作用。本例中选择默认选项。

（4）单击【继续】，选择【Statistics...】对话框，见图 8-22。单击【继续】，打开【条件（E）...】按钮。

（5）进入【多项 Logistic 回归：收敛性准则】对话框，选择如图 8-23 所示，单击【继续】。

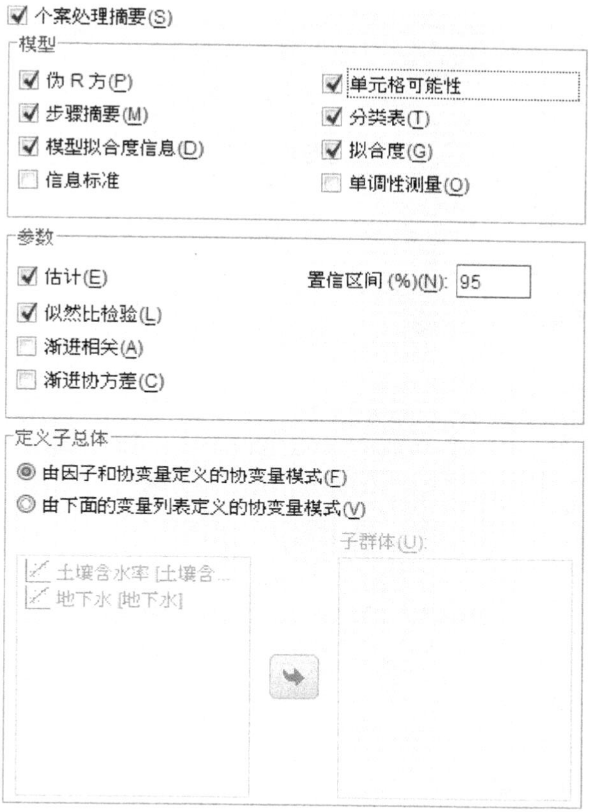

☑ 个案处理摘要(S)

模型

☑ 伪 R 方(P)　　☑ 单元格可能性

☑ 步骤摘要(M)　　☑ 分类表(T)

☑ 模型拟合度信息(D)　　☑ 拟合度(G)

☐ 信息标准　　☐ 单调性测量(O)

参数

☑ 估计(E)　　置信区间 (%)(N): 95

☑ 似然比检验(L)

☐ 渐进相关(A)

☐ 渐进协方差(C)

定义子总体

◉ 由因子和协变量定义的协变量模式(F)

○ 由下面的变量列表定义的协变量模式(V)

子群体(U):

土壤含水率 [土壤含...

地下水 [地下水]

图 8-22　多项 Logistic 回归：统计界面

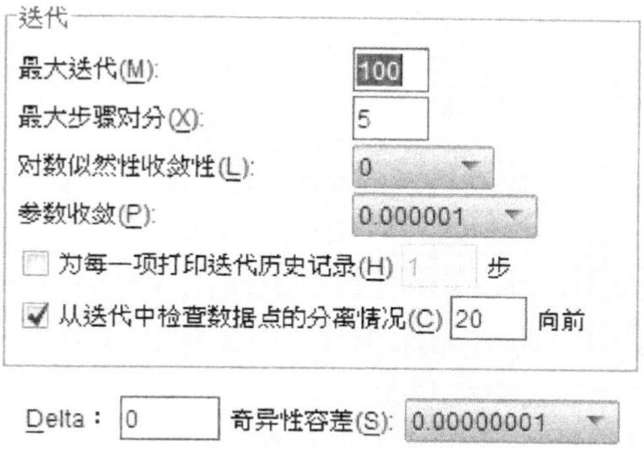

迭代

最大迭代(M): 100

最大步骤对分(X): 5

对数似然性收敛性(L): 0

参数收敛(P): 0.000001

☐ 为每一项打印迭代历史记录(H) 1 步

☑ 从迭代中检查数据点的分离情况(C) 20 向前

Delta： 0　奇异性容差(S): 0.00000001

图 8-23　多项 Logistic 回归：收敛性准则界面

（6）如图 8-24，图 8-25 所示，为【多项 Logistic 回归：选项】与【多项 Logistic 回归：保存】对话框，单击【继续】。

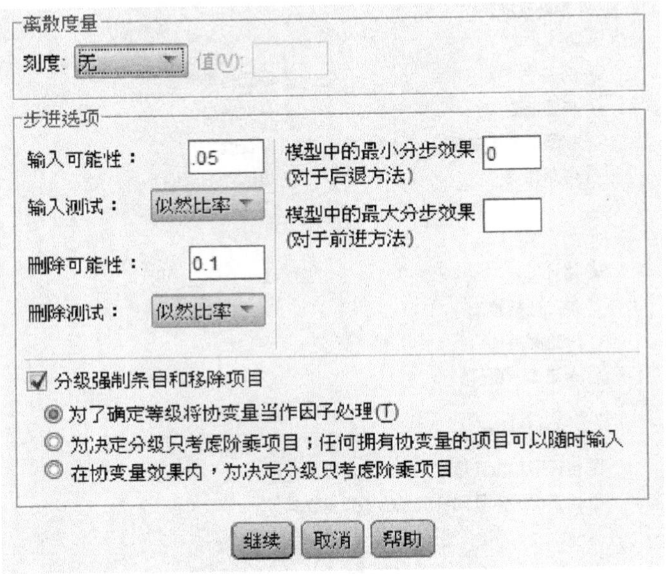

图 8-24　多项 Logistic 回归：选项界面

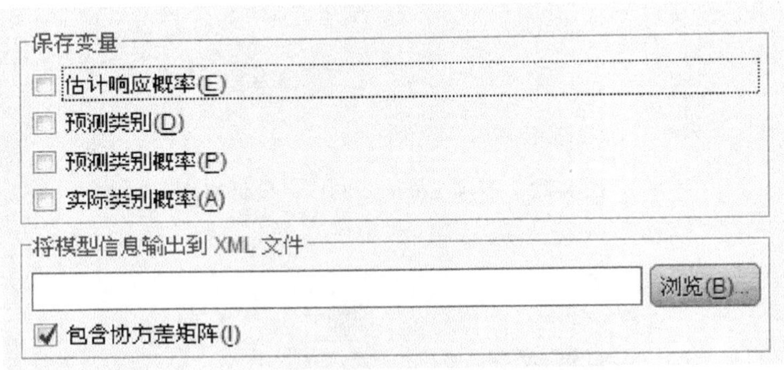

图 8-25　多项 Logistic 回归：保存界面

【分级强制条目和移除项目】用于设置对模型项目的包含方式，本例中选择默认选项。【保存变量】可选择【估计响应概率（E）】、【预测类别（D）】、【预测类别概率（P）】、【实际类别概率（A）】。

（7）结果与分析。单击【确定】，得到以下结果。表 8-21 为模型拟合信息表，主要包括仅截距和最终两个版本模型下的模型拟合结果与模型的似然比检验结果两大类。由表 8-21 得出–2 倍对数似然值分别为 222.016 和 28.504，二者之差为卡方值 193.512，显著性水平＜0.001，说明最终模型效果好于仅截距模型。

表 8-21　模型拟合信息表

模型	模型拟合标准（–2 倍对数似然值）	似然比检验		
		卡方	自由度	显著性水平
仅截距	222.016			
最终	28.504	193.512	4	0.000

拟合优度表（表 8-22）显示 Pearson 卡方为 9.321，偏差卡方为 11.608，二者显著水平分别为 0.675 和 0.478。

表 8-22　拟合优度表

	卡方	自由度	显著水平
Pearson	9.321	12	0.675
偏差	11.608	12	0.478

Cox 和 Snell、Nagelkerke 和 McFadden 系数，分别为 0.742、0.834 和 0.616，表示回归方程的拟合优度。伪 R 方的功能等同于线性回归中的 R 方，数值越大，说明方程的拟合效果越好。本例中肺病患者可以由常居住环境 $PM_{2.5}$ 和 PM_{10} 的解释部分大于 61%。

似然比检验表（表 8-23）显示，截距、$PM_{2.5}$ 和 PM_{10} 的似然比检验卡方分别为 127.539、178.409 和 21.598，显著水平分别为 0.000、0.000 和 0.000，小于 0.05，表明 $PM_{2.5}$ 和 PM_{10} 对患者肺病类型的回归方程具有统计学意义。

表 8-23　似然比检验表

效应	模型拟合标准（简化后模型的–2 倍对数似然值）	似然比检验		
		卡方	自由度	显著性
截距	156.043	127.539	2	0.000
PM_{10}	50.102	21.598	2	0.000
$PM_{2.5}$	206.913	178.409	2	0.000

注：卡方统计量是最终模型与简化后模型之间在–2 倍对数似然值中的差值。通过从最终模型中省略效应而形成简化后的模型。零假设就是该效应的所有参数均为 0。

参数估计表结果如表 8-24 所示，Wald 检验显著性显示，患者肺炎、肺癌的发病情况与 $PM_{2.5}$ 和 PM_{10} 的回归方程具有统计学意义（显著性<0.01）。由此得到预测回归方程：

$$\log it[p(y=2)] = 1.669x_1 + 4.894x_2 - 10.632$$
$$\log it[p(y=3)] = 3.595x_1 + 9.277x_2 - 25.890$$

表 8-24　参数估计表

非病种类[a]		B	标准误	Wald	自由度	显著性	exp（B）	exp（B）的置信区间 95%	
								下限	上限
肺炎	截距	−10.632	2.516	17.855	1	0.000			
	PM_{10}	1.669	0.621	7.227	1	0.007	5.308	1.572	17.925
	$PM_{2.5}$	4.894	0.957	26.154	1	0.000	133.502	20.459	871.120
肺癌	截距	−25.890	4.165	38.635	1	0.000			
	PM_{10}	3.595	0.916	15.410	1	0.000	36.424	6.051	219.254
	$PM_{2.5}$	9.277	1.296	51.220	1	0.000	10689.940	842.560	135628.081

a. 参考类别：哮喘。

预测百分比较正的总百分比为 83.9%＞50%，表明模型的预测效果良好（表 8-25）。

表 8-25　分类表

观察值	预测值			
	哮喘	肺炎	肺癌	百分比校正
哮喘	45	3	0	93.8%
肺炎	10	37	2	75.5%
肺癌	0	8	38	82.6%
总百分比	38.5%	33.6%	28.0%	83.9%

8.5　多项式回归分析

8.5.1　多项式回归分析的基本原理

多项式回归（polynomial regression）是指研究因变量与一个或多个自变量间多项式的回归分析方法，是非线性回归中的一类。1815 年格高尼（Goseph-Diaz Gergonne）设计了第一个多项式回归应用。当因变量与自变量的关系为非线性，又找不到适合的变量转换形式使其转换为直线模型时，可采用多项式回归描述二者关系。与一般回归方程类似，多项式回归也主要采用最小二乘法进行拟合。与其他回归模型相比，多项式回归分析优点在于可通过自变量的高次项来对实测点的值进行无限逼近，任何函数都可以在较小区间内进行多项式逼近。20 世纪，多项式回归在回归分析的发展中发挥了重要作用，并且更加强调了设计和推理的问题。最近，多项式模型的使用已经被其他方法不断补充。根据回归方程中自变量的数量和自变量的最高次数，可分为一元多次多项式模型和多元多次多项式模型。一元 n 次多项式回归方程为

$$y = \beta_0 + \beta_1 x + \beta_2 x^2 + \cdots + \beta_n x^n + \varepsilon$$

n 元 m 次多项式回归方程为

$$y_i = \beta_0 + \beta_1 x_i + \beta_2 {x_i}^2 + \cdots + \beta_m {x_i}^m + \varepsilon_i \quad i = 1,2,\cdots,n$$

式中，$\beta_0, \beta_1, \cdots, \beta_m$ 为待估参数；ε_i 为 y_i 在第 i 次试验点（x_i）上观察值的随机误差。上述方程式可以以线性方程组的形式呈现：

$$\begin{bmatrix} y_1 \\ y_2 \\ y_3 \\ \vdots \\ y_n \end{bmatrix} = \begin{bmatrix} 1 & x_1 & {x_1}^2 & \cdots & {x_1}^m \\ 1 & x_2 & {x_2}^2 & \cdots & {x_2}^m \\ 1 & x_3 & {x_3}^2 & \cdots & {x_3}^m \\ \vdots & \vdots & \vdots & & \vdots \\ 1 & x_n & {x_n}^2 & \cdots & {x_n}^m \end{bmatrix} \begin{bmatrix} \beta_0 \\ \beta_1 \\ \beta_2 \\ \vdots \\ \beta_m \end{bmatrix} + \begin{bmatrix} \varepsilon_1 \\ \varepsilon_2 \\ \varepsilon_3 \\ \vdots \\ \varepsilon_n \end{bmatrix}$$

即 $\vec{y} = x\vec{\beta} + \vec{\varepsilon}$ 。

多项式回归可以通过变量转化为多元线性回归问题来加以解决，如一元多次多项式模型，令 $x_1 = x, x_2 = x^2, x_3 = x^3, \cdots, x_n = x^n$ ，则一元 n 次多项式回归模型可转化为

$$y = \beta_0 + \beta_1 x_1 + \beta_2 x_2 + \cdots + \beta_n x_n + \varepsilon$$

进一步结合多元线性回归方程，便能获得 $\beta_0, \beta_1, \cdots, \beta_n$，并对其进行显著性检验，详见 8.2.5 小节“多元线性回归分析”。

随着自变量数量的增加，多项式回归的计算量急剧增加。在多项式回归中主要介绍一元 n 次多项式回归分析和多元二次多项式回归分析。

8.5.2　一元 n 次多项式回归分析

在 $y = \beta_0 + \beta_1 x + \beta_2 x^2 + \cdots + \beta_n x^n + \varepsilon$ 一式中，当 $n = 2$ 时，得到 $y = \beta_0 + \beta_1 x + \beta_2 x^2 + \varepsilon$ 。

当 $n = 3$ 时，得到 $y = \beta_0 + \beta_1 x + \beta_2 x^2 + \beta_3 x^3 + \varepsilon$ ，依此类推。

✧ **例 8-7**　测得太白红杉径向生长特征（y）在不同环境因子尺度上（x）的差异反映了自身生长特征（例 8-7 太白红杉土壤厚度与生长特征.sav 文件）。试通过多项式回归方程描述太白红杉径向生长量与环境土壤厚度之间的关系，并利用该回归方程指出有何实际生态意义。

（1）采用 SPSS 20.0 对数据作散点图，发现呈抛物线形状（图 8-26）。可用一元二次多项式 $y=\beta_0+\beta_1 x+\beta_2 x^2+\varepsilon$ 来拟合土壤层厚度（h）与平均径向生长量（y）的关系。

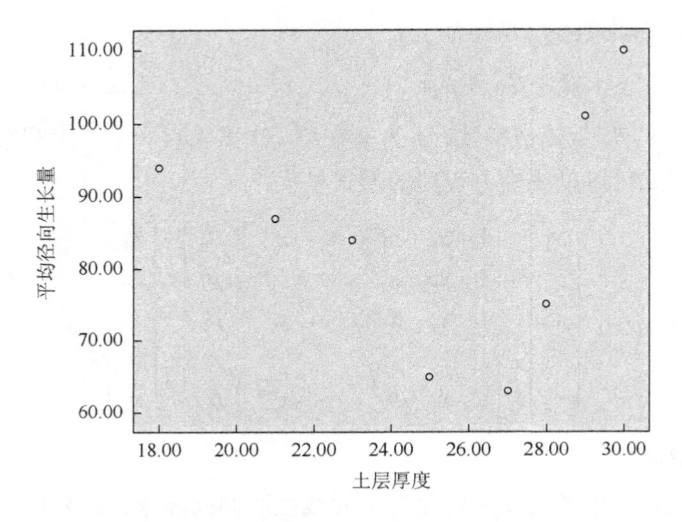

图 8-26　平均径向生长量与土层厚度之间散点图

（2）采用 Excel 中【数据分析】板块，选择【回归】，将平均径向生长量、土层厚度与厚度平方数据分别列入【Y 值输入区域（Y）】和【X 值输入区域（X）】，输出结果见表 8-26～表 8-28。如表 8-26 所示，R^2 为 0.589，显著性为 0.10，得到 $y=0.895x^2-42.87x+583.28$。

表 8-26　回归统计表

回归统计	结果
Multiple R	0.767552
R^2	0.589136
调整 R^2	0.424791
标准误差	12.66131
观测值	8

表 8-27　方差分析表

	自由度	平方和	平均平方和	F	显著性
回归分析	2	1149.3	574.7	3.58	0.10
残差	5	801.5	160.3		
总计	7	1950.9			

表 8-28　系数表

	系数	标准误差	t 统计量	p	下限 95%	上限 95%
截距	583.28	193.30	3.01	0.03	86.38	1080.18
x_1	−42.87	16.31	−2.63	0.05	−84.81	−0.93
x_2	0.895	0.34	2.66	0.05	0.03	1.76

本例中，太白红杉径向生长量与土壤层的厚度之间关系显著，当土壤层厚度 $x = 23.95$cm 时，太白红杉的最低径向生长量估计值为 69.89mm。

8.3.2 小节中包含多项式回归，在采用 SPSS 软件进行多项式回归分析时，可参照 8.3.3 小节步骤分析，详见例 8-7 太白红杉土壤厚度与生长特征.sav 文件。根据表 8-29 可见经过主迭代 2，次迭代数 1 之后，得到 β_0，β_1，β_2 分别为 583.282，−42.871，0.895，得出方程 $y = 0.895h^2 - 42.87h + 583.28$，与 Excel 工具所得结果一致。

表 8-29　SPSS 迭代历史记录表

迭代数 [a]	残差平方和	参数		
		β_0	β_1	β_2
1.0	2459.927	1126.000	−88.800	1.830
1.1	801.544	583.282	−42.871	0.895
2.0	801.544	583.282	−42.871	0.895
2.1	801.544	583.282	−42.871	0.895

a. 主迭代数在小数左侧显示，次迭代数在小数右侧显示；

注：导数是通过数字计算的；由于连续残差平方和之间的相对减少量最多为 SSCON = 1.000×10^{-8}，因此在 4 模型评估和 2 导数评估之后，系统停止运行。

进一步通过【曲线估计（C）】分析，选择如图 8-27、图 8-28 所示界面内的选项，由此判断常见的函数与多项式方程的差异，得到图 8-29。

表 8-30 所示为二次方程的拟合曲线，最终得出结果为 $y = 0.895h^2 - 42.87h + 583.28$，与上述结果一致，且显著性均小于 0.05，说明拟合效果良好。

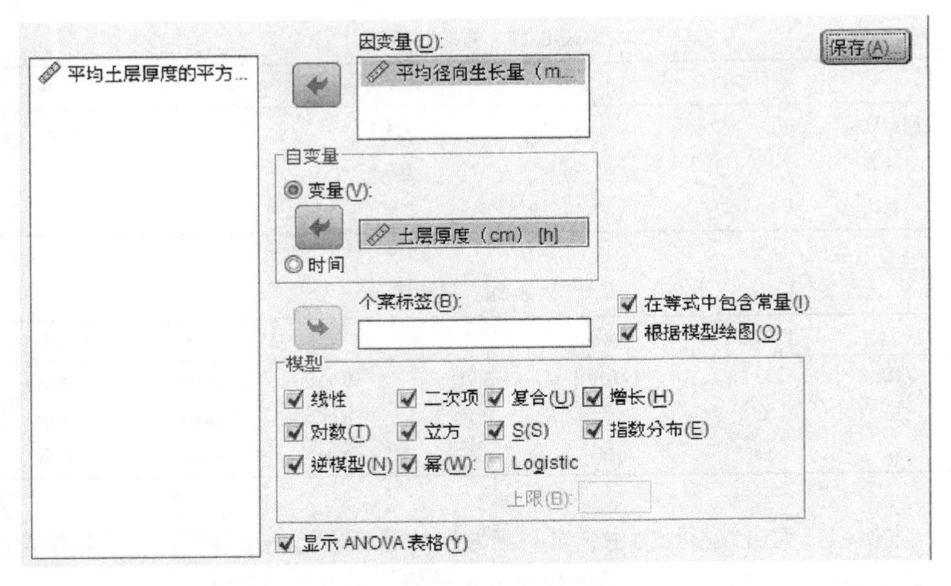

图 8-27　曲线估计对话框

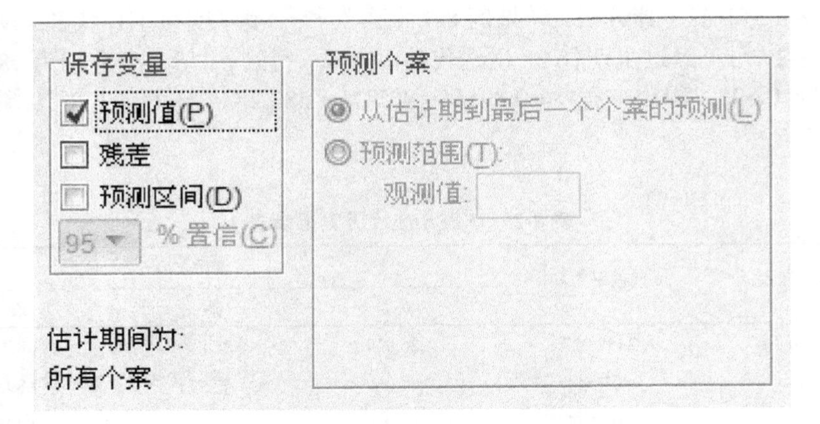

图 8-28　曲线估计：保存对话框

表 8-30　系数表

	未标准化系数		标准化系数 β	t 值	显著性
	B	标准误			
土层厚度/cm	–42.871	16.314	–10.759	–2.628	0.047
土层厚度的平方/cm^2	0.895	0.337	10.880	2.657	0.045
（常数）	583.282	193.302		3.017	0.030

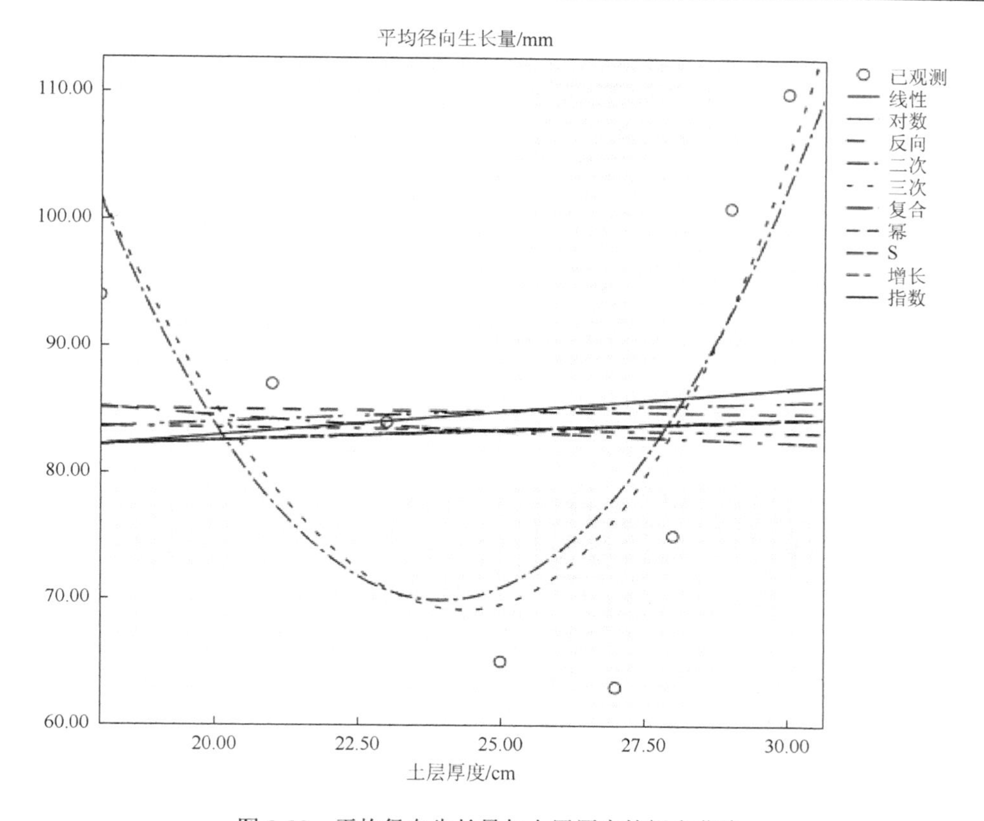

图 8-29　平均径向生长量与土层厚度的拟合曲线

8.5.3　多元二次多项式回归分析

在多元多项式回归中，实际应用最广泛的是多元二次多项式回归，而多元三次或更高次的多项式回归较少见，其分析方法与多元二次多项式类同。下面仅介绍多元二次多项式回归分析。

在二元二次多项式方程：$y=\beta_0+\beta_1x_1+\beta_2x_2+\beta_{11}{x_1}^2+\beta_{22}{x_2}^2+\beta_{12}x_1x_2+\varepsilon$ 中，若令 $\beta_3=\beta_{11},\beta_4=\beta_{22},\beta_5=\beta_{12}$；再令 $x_3=x_1^2$，$x_4=x_2^2$，$x_5=x_1x_2$，则该方程转换为五元线性回归方程：

$$y=\beta_0+\beta_1x_1+\beta_2x_2+\beta_3x_3+\beta_4x_4+\beta_5x_5+\varepsilon$$

可利用多元线性回归分析的方法来配置二元二次多项式回归方程并作显著性检验。同理，对于多元二次、三次甚至多次多项式回归分析，都可以借助多元线性回归分析方法来实现。

✧ **例 8-8**　搜集 2015 年广州市近地面臭氧 O_3 浓度（$\mu g/m^3$）与气象因子温度

和湿度之间的数据，共采集了 20 个数据（例 8-8 臭氧浓度与气象因子数据表.xls），试对两个气象因子与 O_3 之间的关系进行多项式回归分析。

通过 Excel“回归”模块进行分析，过程如图 8-30 所示。

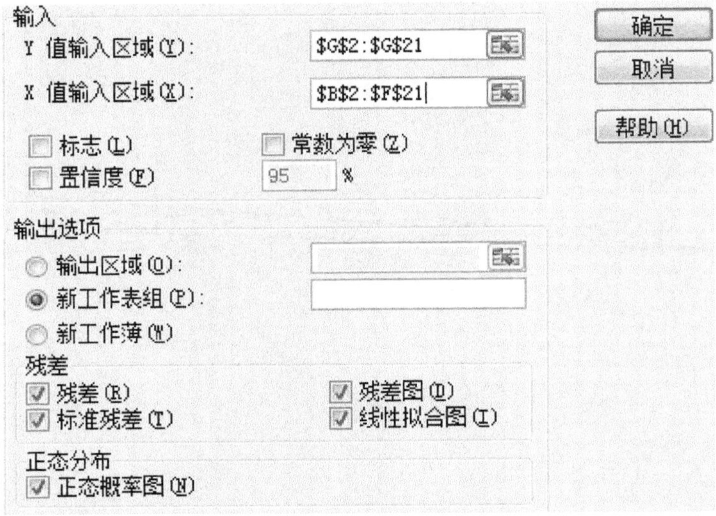

输入
Y 值输入区域(Y): $G$2:$G$21
X 值输入区域(X): $B$2:$F$21
标志(L)　常数为零(Z)
置信度(F) 95 %
确定
取消
帮助(H)
输出选项
输出区域(O):
新工作表组(P):
新工作薄(W)
残差
残差(R)　残差图(D)
标准残差(T)　线性拟合图(I)
正态分布
正态概率图(N)

图 8-30　Excel 回归界面图

输出得到结果如表 8-31、表 8-32 和表 8-33 所示，可得到如下相关方程：$y = 184.96 + 20.54x_1 - 1195.32x_2 + 0.20x_1^{\ 2} + 1285.40x_2^{\ 2} - 33.37x_1x_2$。

表 8-31　回归统计表

回归统计	
Multiple R	0.97296
R^2	0.946651
调整 R^2	0.927598
标准误差	46.06727
观测值	20

表 8-32　方差分析表

	自由度	平方和	平均平方和	F	显著性
回归分析	5	527202.5	105440.5	49.68	2.04×10^{-8}
残差	14	29710.7	2122.19		
总计	19	556913.2			

表 8-33　系数表

	系数	标准误差	t 统计量	p	下限 95%	上限 95%
截距	184.96	100.28	1.84	0.08	−30.11	400.04
x_1	20.54	5.65	3.64	0.003	8.43	32.66
x_2	−1195.32	324.01	−3.69	0.00	−1890.26	−500.38
x_3	0.20	0.13	1.50	0.15	−0.08	0.487
x_4	1285.40	279.62	4.60	0.00	685.68	1885.11
x_5	−33.37	4.58	−7.29	0.00	−43.18	−23.56

采用 SPSS 非线性回归，得到表 8-34 迭代历史记录表，据此可以得出多项式方程：$y=184.96+20.54x_1-1195.32x_2+0.20x_1^2+1285.40x_2^2-33.37x_1x_2$。

表 8-34　迭代历史记录表

迭代数[a]	残差平方和	参数					
		β_0	β_1	β_2	β_3	β_4	β_5
1.0	30140.034	184.000	20.000	−1190.000	0.200	1285.000	−33.000
1.1	29710.703	184.963	20.541	−1195.319	0.197	1285.399	−33.370
2.0	29710.703	184.963	20.541	−1195.319	0.197	1285.399	−33.370
2.1	29710.703	184.963	20.541	−1195.319	0.197	1285.399	−33.370

a. 主迭代数在小数左侧显示，次迭代数在小数右侧显示；

注：导数是通过数字计算的；由于连续残差平方和之间的相对减少量最多为 SSCON = 1.000×10^{-8}，因此在 4 模型评估和 2 导数评估之后，系统停止运行。

8.6　有 序 回 归

有序回归（ordinal regression）也称等级回归，是用于预测有序变量回归分析的一种类型，取值于任意尺度的变量且因变量为有序分类变量，可以认为它是回归和分类之间的中间问题。有序回归在环境风险评价及相关研究中应用广泛，例如，在环境清洁水平（从“严重污染”到“清洁”的 1～5 的范围内）的建模中，固体废弃物评估中的微小风险、较小风险、一般风险、较大风险和重大风险五个等级以及在信息检索中。

✧ **例 8-9**　以例 8-3 中的数据为例，尝试对地下水、土壤含水率两个因素与土地盐碱化之间的数据进行有序回归分析。

（1）【分析（A）】→【回归（R）】→【有序...】，界面如图 8-31 所示，注意因变量应为有序变量，此处选择“盐碱化程度”；【协变量（C）】选择“地下水”、“植被盖度”和“土壤含水率”，【因子（F）】应为分类变量。

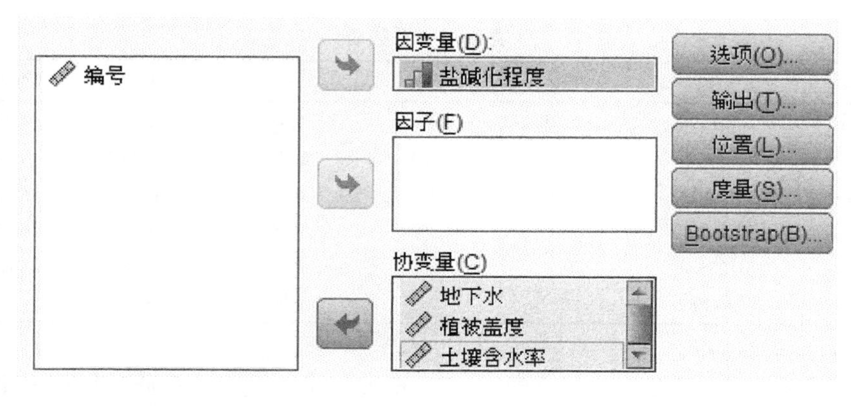

图 8-31　Ordinal 回归界面

（2）【选项（O）...】、【位置（L）...】选择默认，打开 Ordinal 回归：选择如图 8-32 所示。【参数估计（P）】选项输出参数估计值、标准误和置信区间。【平行线检验（L）】进行位置参数在多个水平上都相等的假设检验，该检验只可用于位置模型。

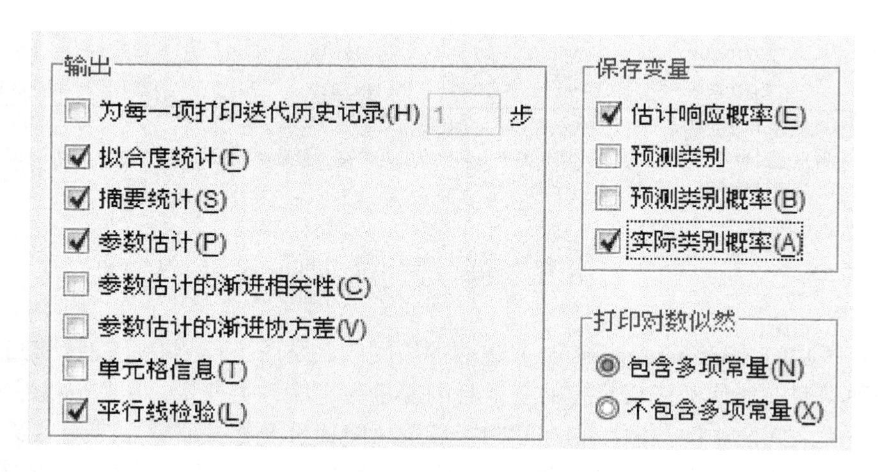

图 8-32　Ordinal 回归：输出界面

（3）主要结果分析。模型拟合信息表给出仅截距和最终模型（表 8-35），–2 对数似然值分别为 75.14 和 26.539，卡方为 48.608，显著性 $p = 0.000 < 0.001$，认为最终模型比仅截距模型更优，选择最终模型。拟合优度表中可以得出 Pearson 卡方和偏差卡方分别为 29.214 和 26.539（表 8-36），显著性均为 1.000，大于 0.05，认为有序回归适用于本例数据。伪 R^2 的三个值均大于 65%，详见表 8-37。表 8-38 显示位置参数 Wald 统计量的三个值分别为 6.695，4.992，8.550，显著性值分别为

0.010，0.025，0.003，均小于 0.05，认为地下水含量、土壤含水率、植被覆盖率与土地沙漠化程度之间的回归系数具有统计学意义。

表 8-35　模型拟合信息表

模型	−2 对数似然值	卡方	自由度	显著性
仅截距	75.147			
最终	26.539	48.608	3	0.000

注：连接函数：log *it*。

表 8-36　拟合优度

	卡方	自由度	显著性
Pearson	29.214	84	1.000
偏差	26.539	84	1.000

注：连接函数：log *it*。

表 8-37　伪 R^2

	伪 R^2
Cox 和 Snell	0.802
Nagelkerke	0.874
McFadden	0.647

注：连接函数：log *it*。

表 8-38　参数估计值

		估计	标准误	Wald	自由度	显著性	95%置信区间	
							下限	上限
阈值	[盐碱化程度 = 1.00]	−42.745	13.540	9.967	1	0.002	−69.282	−16.208
	[盐碱化程度 = 2.00]	−35.071	11.210	9.787	1	0.002	−57.043	−13.100
	[盐碱化程度 = 3.00]	−29.100	10.060	8.367	1	0.004	−48.818	−9.382
位置	地下水（x_1）	−0.225	0.087	6.695	1	0.010	−0.396	−0.055
	植被盖度（x_2）	−0.123	0.055	4.992	1	0.025	−0.231	−0.015
	土壤含水率（x_3）	−0.348	0.119	8.550	1	0.003	−0.581	−0.115

注：连接函数：log *it*。

表 8-39 平行线检验显示，卡方值为 26.539，显著性<0.01，位置参数在不同沙漠化程度上不相等。

表 8-39　平行线检验

模型	−2 对数似然值	卡方	自由度	显著性
零假设	26.539			
广义	0.000	26.539	6	0.000

log *it* 连接函数分别为

$$\text{link}_1 = -42.754 - (-0.225x_1 - 0.123x_2 - 0.348x_3)$$

$$\text{link}_2 = -35.071 - (-0.225x_1 - 0.123x_2 - 0.348x_3)$$

$$\text{link}_3 = -29.100 - (-0.225x_1 - 0.123x_2 - 0.348x_3)$$

第 9 章 环境数据时间序列分析

9.1 时间序列分析概述

9.1.1 时间序列

时间序列（time series）又称动态数据，是指随机变量的实测值按时间顺序组成的序列。它反映了变量动态变化的过程和特点，又强调相邻实测值间的依赖性，内部蕴含了事物发展的趋势与规律。时间序列具有四个基本特征：①长期趋势，指时间序列在较长时期内表现为某种持续发展变化的状态、趋向或规律；②季节变动，指时间序列由于季节的转变呈现周期性变化；③循环变动，指时间序列围绕着长期趋势呈现出的具有一定循环起伏形态的变动，其周期往往短于长期趋势而长于季节变动；④不规则变动，指时间序列受偶然因素影响所形成的不规则波动，通常无法预计。时间序列中每个观察值的大小，是各种不同因素在同一时刻发生作用的综合结果。

基于其特征，时间序列主要存在三种演变趋势：①时间序列不随时间推移发生变化，比较平稳，仅在一定范围内上下波动；②时间序列呈现明显的趋势如持续上升、下降或停留；③时间序列随自然季节的交替明显波动。在时间序列分析过程中，首先要判断数据是否具有上述趋势和特征，当呈趋势性或季节性时，需对其进行预处理以促进其保持平稳状态，这对准确预测数据至关重要。

9.1.2 时间序列分析

时间序列分析起源于 1927 年数学家耶尔（Yule）提出的自回归模型（autoregressive model，AR）。1931 年数学家沃克（Walker）建立了移动平均模型（moving average model，MA），并通过整合 AR 模型和 MA 模型得到自回归移动平均模型（auto regressive and moving average model，ARMA），这在极大程度上奠定了时间序列分析的方法学基础。20 世纪 60 年代后，时间序列分析在理论和分析方法方面得到极大扩展。20 世纪 70 年代，在参数估计、定阶方法及建模等多方面得以提升，被广泛应用于各个领域。近年来时间序列分析成为环境领域的研究热点，它揭示了污染的历史演变规律，预测了其在未来时间的动态趋势与存量信息，为污染控制决策的提出与实施提供了重要的统计学依据。

时间序列分析（time series analysis）是基于随机过程理论和概率统计学方法，分析实测时间序列相关的随机数据，通过数据生成模型进行类推或延伸，从而进行预测分析的一类统计分析方法。从数据生成角度来看，时间序列分析的是动态数据（纵向剖面数据），而多元统计分析针对的是静态数据（横向剖面数据）。

时间序列分析的基本原理是基于现象的延续性推测未来的演变趋势，考虑到各种不确定性因素的存在，在分析过程中融入了加权的思想，即赋予不同时期观测值以不同的权重，进行加权平均处理。这种方式存在一定的局限性，会导致预测值偏离实际值而影响预测结果。时间序列分析计算简便，易于掌握，但对数据需求量大，且不容许有缺失值存在。在分析过程中基于现象变化的延续性及规律性，忽视了偶然因素对其造成的影响，因此时间序列分析更适用于短、中期预测。

按照不同的资料分析方法，将时间序列分析分为如下几种：

（1）简单平均法，以过去观测值的算术平均数作为下期预测值，未考虑不同时期数据的权重问题，适用于预测平稳序列。

（2）加权平均法，根据近期和远期影响程度对历史数据进行加权，以加权后的算术平均数作为下期预测值。

（3）简单移动平均法，在所有观测值权重相同的基础上，对相同时距数据组逐期移动，计算出一系列的算术平均数作为下期预测值。对于平稳序列一般选择奇数项进行移动，对于具有周期性的序列选择其变动周期作为时距长度。

（4）加权移动平均数法，根据时间远近对历史数据进行加权后，对相同时距的数据计算算术平均数作为下期预测值。加权的原则为，对波动性较大的序列，权数随时间由近及远依次递减；对季节性序列，权重也呈季节性趋势。

（5）指数平滑法，对历史数据以指数加权的方法进行预测，即权数随时间由近及远呈指数下降的趋势，其实质上是加权平均法的特殊形式。

（6）季节指数分析法，通过分析变量的季节性变动而获得季节变动指数，并结合平均数的偏差程度来计算季节性变动影响程度，包括按季（月）平均法和移动平均法。按季（月）平均法是把各年度的数值按季度（月份）加以平均，除以所有年季度（月份）的总平均数求得；移动平均法是用移动平均数计算比例求出典型季节指数。

（7）市场寿命周期预测法，对产品市场寿命周期进行预测。

时间序列分析的核心思想是建模，不同的模型会产生截然不同的预测结果，因此需根据时间序列的特性建立适合的预测模型，建模的过程主要分为如下三步：

（1）搜集并记录时间序列动态数据。

（2）对数据进行相关性分析，绘制相关图并求得自相关函数。从相关图中了解现象的变化趋势及特殊点的信息。若存在跳点（与周围其他数据明显不同的观测值）且为真实值，则需在建模时额外考虑，为异常值时则需将其调整到期望值上；若存在拐点（前后序列变化趋势不一致的观测值），则需分段拟合建模。

（3）根据序列的特性，选择适当的随机模型进行曲线拟合。简单的时间序列通常采用趋势模型和季节模型加上误差进行拟合；平稳序列通常采用 AR、MA 或 ARMA 模型进行拟合；非平稳序列需通过差分转化为平稳序列后，再选择适当模型进行拟合。此外，当数据量较大时（≥50），一般采用 ARMA 模型进行拟合。

9.2　数据预处理

进行时间序列分析最关键的前期准备是对数据进行预处理，使其达到平稳状态。满足平稳化的条件为时间序列具有恒定的均值和方差，自协方差函数只与时滞有关，与时间点无关。SPSS 对时间序列的预处理过程包括对缺失数据的处理和对数据的变换处理。

9.2.1　定义日期

✧ **例 9-1**　已知 2017 年上半年某地区 $PM_{2.5}$ 的日均浓度（μg/m^3），试对该资料以“星期”为周期进行定义日期。

SPSS 分析过程：

（1）打开数据文件例 9-1 $PM_{2.5}$ 日均浓度.sav。

（2）点击【数据（D）】→【定义日期（D）...】按钮，打开定义日期主对话框（图 9-1）。

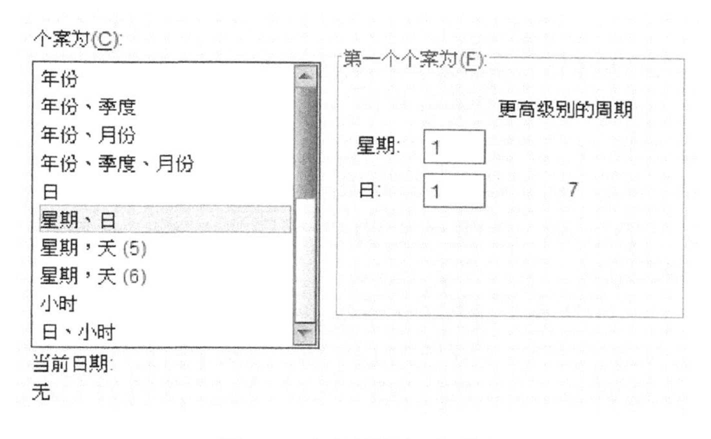

图 9-1　定义日期主对话框

（3）依次选择【星期、日】→【1、1】选项，点击【确定】按钮，完成时间变量的定义，此时系统自动创建了新的数值变量，本例为“WEEK–”、“DAY–”和“DATE–”（图 9-2）。

时间	PM2.5日均值	WEEK_	DAY_	DATE_
1Week-1	193	1	1	1 SUN
1Week-2	214	1	2	1 MON
1Week-3	172	1	3	1 TUE
1Week-4	171	1	4	1 WED
1Week-5	95	1	5	1 THU
1Week-6	31	1	6	1 FRI
1Week-7	33	1	7	1 SAT
2Week-1	42	2	1	2 SUN
2Week-2	72	2	2	2 MON
2Week-3	123	2	3	2 TUE
2Week-4	86	2	4	2 WED
2Week-5	41	2	5	2 THU
2Week-6	75	2	6	2 FRI
2Week-7	82	2	7	2 SAT
3Week-1	47	3	1	3 SUN
3Week-2	112	3	2	3 MON
3Week-3	66	3	3	3 TUE
3Week-4	82	3	4	3 WED
3Week-5	83	3	5	3 THU
3Week-6	68	3	6	3 FRI

图 9-2　新变量数据视图

9.2.2　创建时间序列

对原始时间序列进行变换处理，以达到平稳化，生成新变量。

✧ **例 9-2**　试对“例 9-1”数据文件的时间序列创建新变量。

SPSS 分析过程：

（1）打开数据文件例 9-1 $PM_{2.5}$ 日均浓度.sav。

（2）依次点击【转换（T）】→【创建时间序列（M）...】按钮，打开创建时间序列主对话框（图 9-3）。

【函数（F）】中以下 9 种函数处理方法：

（a）【差值】：即为差分，【顺序（O）】表示差分的阶数，1 阶差分是以当前值减去前一值得到的序列，可用于去除线性趋势；2 阶差分是在 1 阶差分序列的基础上，再进行一次差分，可用于去除抛物线趋势；依此类推。每进行一次差分处理都会生成一个系统缺失值。

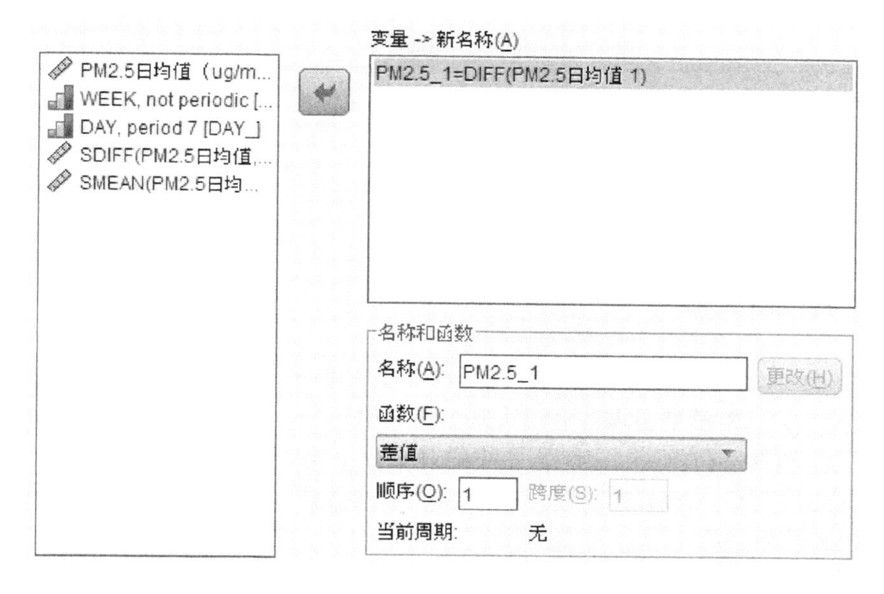

图 9-3　创建时间序列主对话框

（b）【季节性差分】：以时间序列的周期为间隔，进行差分化处理，即用后一周期相同位置的值减去前一周期相同位置的值。【顺序（O）】表示阶数，指进行差分的季节周期数，系统缺失值数等于阶数乘以差分间隔。

（c）【中心移动平均】：以当前序列值为中心，取指定【跨度（S）】范围数据的均值。

（d）【先前移动平均】：取当前序列值之前指定【跨度（S）】范围数据的均值。

（e）【运行中位数】：以当前序列值为中心，取指定【跨度（S）】范围数据的中位数。

（f）【累计求和（U）】：取当前序列值与其之前数据的和值。

（g）【滞后】：根据指定阶数 n，取当前序列值之前的第 n 个值代替当前值，系统将会缺失前 n 个数据。

（h）【提前】：根据指定阶数 n，取当前序列值之后的第 n 个值代替当前值，系统将会缺失后 n 个数据。

（i）【平滑】：对原数据进行 T4253H 法平滑处理。

（3）选择变量为【$PM_{2.5}$ 日均值】，新名称为【$PM_{2.5}$_1】，函数选择【1 阶差值】，点击【确定】按钮，得到原数据经 1 阶差分处理的结果。

SPSS 输出结果：

表 9-1 所示为 1 阶差分处理结果，新变量的序列名为“$PM_{2.5}$_1”，该序列有 2 个缺失值，有效个案数为 181，所用函数名称为 DIFF（$PM_{2.5}$ 日均值，1）。

表 9-1 创建序列

序列名	非缺失值的个案数		有效个案数	创建函数
	第一个	最后一个		
$PM_{2.5}$_1	2	182	181	DIFF（$PM_{2.5}$日均值，1）

9.2.3 替换缺失值

定义日期过程产生的系统缺失值，以及序列本身存在的缺失值情况均会影响参数模型（如 AR 模型要求数据没有缺失值）的建立，因此需对缺失值进行替换。

✧ **例 9-3** 在例 9-1 数据文件的基础上，现人为地剔除“1Week-3”、“2Week-3”及“3Week-3”所对应的 $PM_{2.5}$ 浓度数据，试对缺失值进行替换。

SPSS 分析过程：

（1）打开数据文件例 9-1 $PM_{2.5}$ 日均浓度.sav，人为删除“1Week-3”、“2Week-3”及“3Week-3”所对应的 $PM_{2.5}$ 浓度数据。

（2）依次点击【转换（T）】→【替换缺失值（V）...】按钮，打开替换缺失值主对话框（图 9-4）。

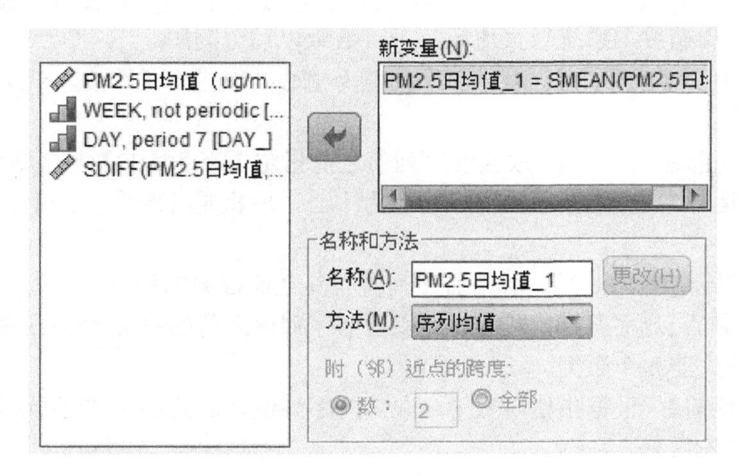

图 9-4 替换缺失值主对话框

【方法（M）】中提供了以下 5 种替换缺失值的方法：

（a）【序列均值】：用整个序列的均值替换缺失值。

（b）【临近点的均值】：选用【附（邻）近点的跨度：】范围内有效序列值的均值替换缺失值。

（c）【临近点的中位数】：选用【附（邻）近点的跨度：】范围内有效序列值的中位数替换缺失值。

（d）【线性插值法】：选取缺失值两侧最相邻的两个有效值作为插值，使用线性插值替换缺失值。

（e）【点处的线性趋势】：序列在指定跨度范围内呈线性回归趋势，使用其预测值替换缺失值。

（3）选择变量为【$PM_{2.5}$日均值】，新名称为【$PM_{2.5}$日均值_1】，方法选择【序列均值】，点击【确定】按钮，完成替换缺失值过程。

SPSS 输出结果：

表 9-2 为结果变量信息，新变量的名称为“$PM_{2.5}$日均值–1”，被替换的缺失值有 3 个，有效个案数为 182，所用函数名称为 SMEAN（$PM_{2.5}$日均值）。从生成的新变量序列可以看出，替换的缺失值与原数据有较大的差别，因此在做时间序列分析时，应尽可能地收集原始数据，使误差最小化。

表 9-2　结果变量

结果变量	被替换的缺失值数	非缺失值的个案数		有效个案数	创建函数
		第一个	最后一个		
$PM_{2.5}$日均值–1	3	1	182	182	SMEAN（$PM_{2.5}$日均值）

9.3　时间序列的图形化观察及检验

针对时间序列分析，进行图形化观察及检验，可以直观形象地了解时间序列的波动幅度、周期性规律及演变趋势等，这对分析过程中选择合适的分析模型极为重要。常采用的分析图形包括序列图、自相关图和互相关图。

9.3.1　序列图

时间序列图指按时间顺序将时间和变量分别作为横轴和纵轴进行作图获得的结果，可呈现出变量随时间的演变趋势。

✧ **例 9-4**　试对例 9-1 的数据绘制序列图。

Excel 分析过程：

（1）打开数据文件例 9-1 $PM_{2.5}$日均浓度.xlsx；

（2）选中区域“A1：B163”后，依次点击【插入】→【图表】→【折线图】→【确定】按钮，输出序列图结果（图 9-5）。平稳的时间序列直观上可以看作是一条围绕其均值上下波动的曲线。本例的时间序列为非平稳序列，需进行相应转换以使序列达到稳态。

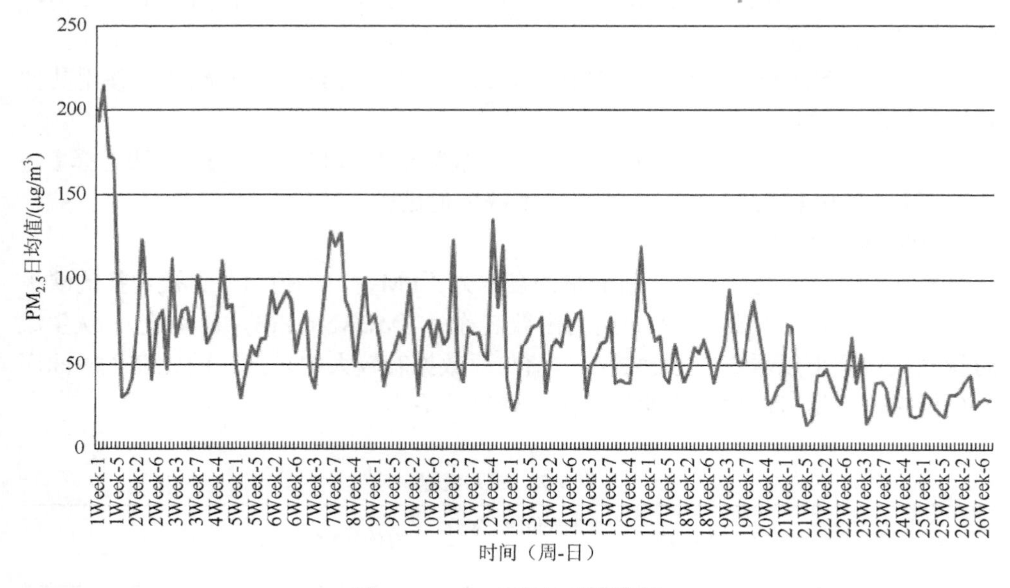

图 9-5　$PM_{2.5}$日均浓度折线图

SPSS 分析过程：

（1）打开数据文件例 9-1 $PM_{2.5}$日均浓度.sav。

（2）依次点击【分析（A）】→【预测（T）】→【序列图...】按钮，打开序列图主对话框（图 9-6）。

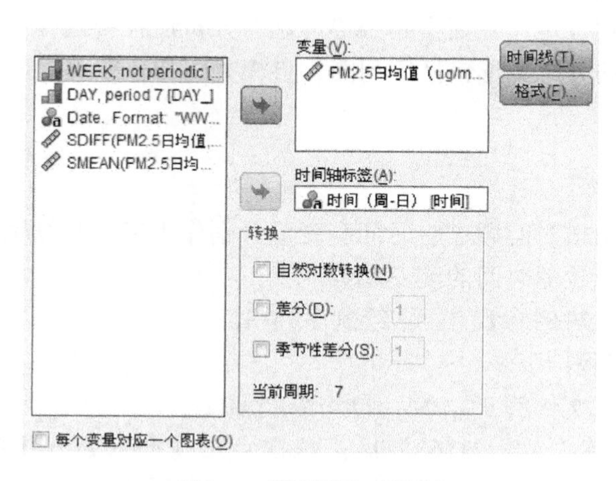

图 9-6　序列图主对话框

（3）选择【变量（V）】为【$PM_{2.5}$ 日均值】，【时间轴标签（A）】选择定义日期后的【时间（周-日）】，点击【时间线（T）...】按钮，打开时间轴参考线主对话框。

（4）选择【无参考线（N）】选项，点击【继续】→【格式（F）...】按钮，打开格式主对话框。

（5）依次选择【水平轴上的时间（T）】→【线图（L）】→【序列均值的参考线】选项，点击【继续】→【确定】按钮，生成时间序列图。

SPSS 输出结果：

图 9-7 为 $PM_{2.5}$ 浓度序列图，本例在添加了均值为参考线的情况下，可直观地观察到该时间序列为无规则、非平稳序列。

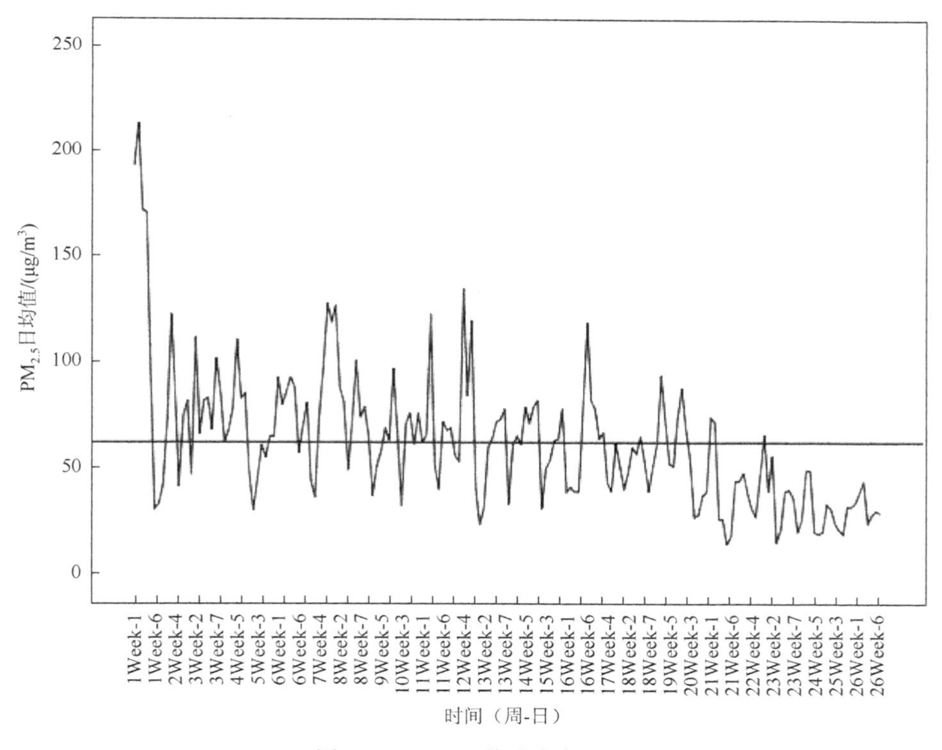

图 9-7　$PM_{2.5}$ 日均浓度序列图

9.3.2　自相关图

自相关是指原始序列与其自身经过 n 阶滞后的序列之间的相关性，偏自相关是指序列与其他给定条件下序列的相关性。时间序列经过差分处理后，为选择合适分析模型，需通过自相关函数（autocorrelation function，ACF）和偏自相关函数（partial autocorrelations function，PACF）来检验其是否存在截尾或拖尾现象。

自相关和偏自相关图可直观呈现各阶滞后的相关系数在指定置信区间的分布情况。自相关系数随滞后阶数增加迅速衰减至 0 的现象称为截尾；自相关系数呈指数或正弦波趋势缓慢衰减至 0 的现象称为拖尾。AR 模型适用于自相关系数拖尾、偏自相关系数截尾情况；MA 模型适用于自相关系数截尾、偏自相关函数拖尾情况；ARMA 及 ARIMA 模型适用于自相关函数和偏自相关函数均拖尾情况。

✧ **例 9-5**　试对“例 9-1”的数据绘制自相关和偏自相关图。

SPSS 分析过程：

（1）打开数据文件例 9-1 $PM_{2.5}$ 日均浓度.sav。

（2）依次点击【分析（A)】→【预测（T)】→【自相关（O）...】按钮，打开自相关主对话框。

（3）依次选择【$PM_{2.5}$ 日均值】→【1 阶差分】→【自相关】→【偏自相关】选项（从上一节的序列图中观察到，在不进行转换时，序列未达到平稳状态，故此处进行 1 阶差分处理），点击【选项（O）...】按钮，打开选项主对话框（图 9-8）。

图 9-8　选项主对话框

【标准误法】：指定计算相关系数标准差的方法，对置信区间有直接影响。

（a）【独立模型（I)】：假设以白噪声序列为基础计算标准差。

（b）【Bartlett 的近似值（B)】：根据 Bartlett 给出的估计自相关系数和偏自相关系数方差的近似式计算方差，适用于序列是一个 k–1 阶的移动平均过程，且标准差随阶数的增加而增大的情况。

（4）依次选择【最大延迟数（M)】= 16→【独立模型（I)】选项，点击【继续】→【确定】按钮，生成自相关和偏自相关图。

SPSS 输出结果：

（1）自相关系数在 1 阶滞后期后进入平稳置信区间并拖尾，说明该时间序列具有平稳性。通常可根据计算标准误差初步确定 q 值，自相关系数处于两倍标准差之外的滞后期的个数即为 q 值，本例 MA（q）的 q 取值为 2，见图 9-9 和表 9-3。

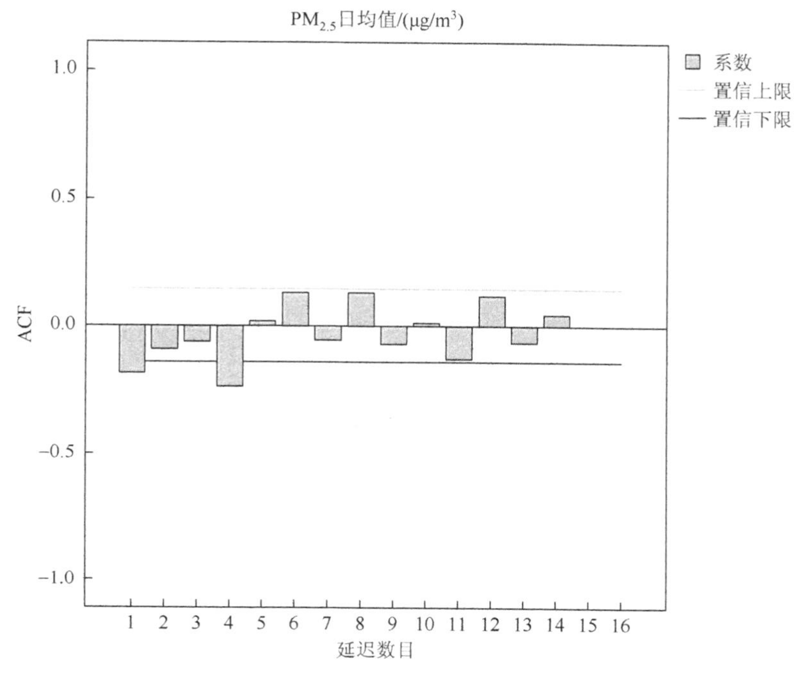

图 9-9　自相关图

表 9-3　自相关

滞后	自相关	标准误差[a]	Box-Ljung 统计量		
			值	自由度	显著性[b]
1	−0.182	0.074	6.074	1	0.014
2	−0.090	0.074	7.562	2	0.023
3	−0.061	0.073	8.251	3	0.041
4	−0.236	0.073	18.637	4	0.001
5	0.017	0.073	18.690	5	0.002
6	0.129	0.073	21.854	6	0.001
7	−0.055	0.072	22.435	7	0.002
8	0.128	0.072	25.549	8	0.001
9	−0.071	0.072	26.508	9	0.002
10	0.009	0.072	26.522	10	0.003
11	−0.128	0.072	29.700	11	0.002
12	0.118	0.071	32.408	12	0.001
13	−0.065	0.071	33.242	13	0.002

续表

滞后	自相关	标准误差[a]	Box-Ljung 统计量		
			值	自由度	显著性[b]
14	0.043	0.071	33.605	14	0.002
15	0.003	0.071	33.607	15	0.004
16	0.002	0.071	33.607	16	0.006

a. 假定的基础过程是独立性（白噪声）；

b. 基于渐进卡方近似。

（2）偏自相关系数在 1 阶滞后期后进入平稳置信区间并拖尾，自相关系数处于两倍标准差之外的滞后期的个数即为 p 值，本例 AR（p）的 p 取值为 3，见图 9-10 和表 9-4。

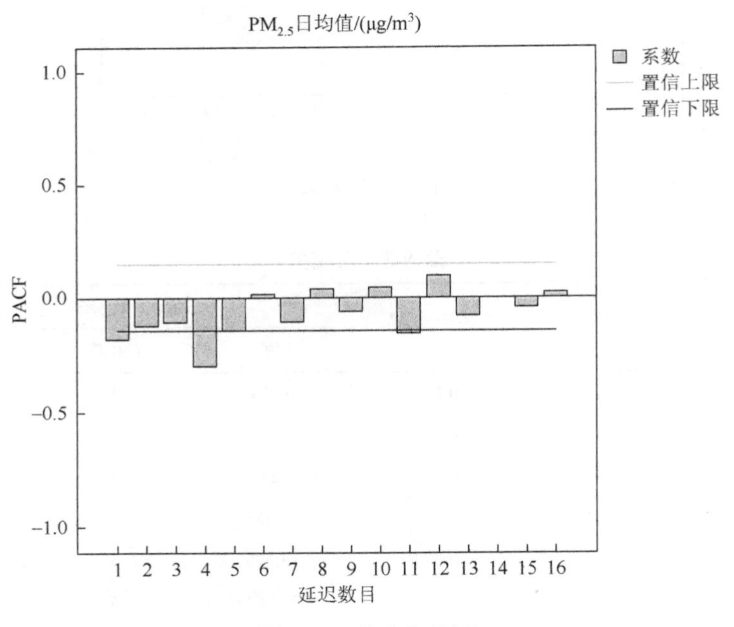

图 9-10　偏自相关图

表 9-4　偏自相关

滞后	偏自相关	标准误差
1	−0.182	0.074
2	−0.127	0.074
3	−0.107	0.074
4	−0.300	0.074

续表

滞后	偏自相关	标准误差
5	–0.145	0.074
6	0.017	0.074
7	–0.108	0.074
8	0.037	0.074
9	–0.061	0.074
10	0.040	0.074
11	–0.158	0.074
12	0.097	0.074
13	–0.078	0.074
14	0.003	0.074
15	–0.041	0.074
16	0.019	0.074

9.3.3　互相关图

互相关函数（cross-correlation function，CCF）是用于分析两个时间序列之间相关性的数学函数。互相关图可直观地比较两个序列不同滞后期的相关系数，探究序列间的相互联系。

✧ **例 9-6**　湖泊富营养化已成为世界上最为严重的水环境问题之一，研究发现某水体小球藻叶绿素 a 含量与磷浓度存在相关关系，现已建立数据文件，试绘制互相关图。

SPSS 分析过程：

（1）打开数据文件例 9-6 水体富营养化.sav。

（2）依次点击【分析（A）】→【预测（T）】→【互相关图（R）...】按钮，打开交叉相关性主对话框。

（3）依次选择【TP（磷浓度）】→【Chl-a（叶绿素 a）】选项，点击【选项（O）...】按钮，打开选项主对话框。

（4）选择【最大延迟数：7】，点击【继续】→【确定】按钮，生成互相关图。

SPSS 输出结果：

延迟数为 0 时，互相关系数最高，$r = 0.975$，说明总磷量与叶绿素 a 量在 0 阶滞后时呈相关关系，见图 9-11 和表 9-5。

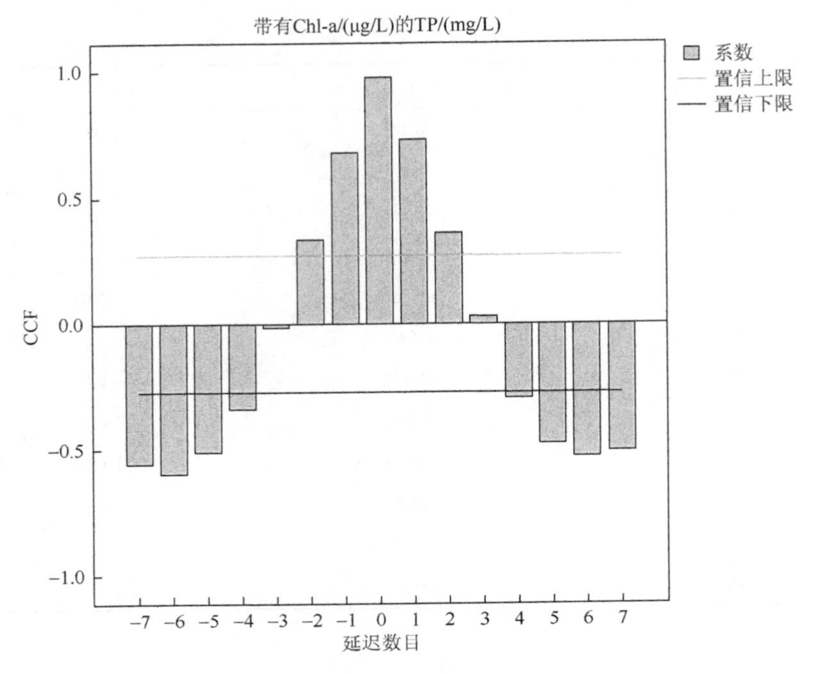

图 9-11　互相关图

表 9-5　交叉相关性［序列对：带有 Chl-a/(μg/L)的 TP/(mg/L)］

滞后	交叉相关	标准误差[a]
−7	−0.554	0.137
−6	−0.595	0.136
−5	−0.511	0.135
−4	−0.336	0.134
−3	−0.009	0.132
−2	0.335	0.131
−1	0.678	0.130
0	0.975	0.129
1	0.729	0.130
2	0.361	0.131
3	0.027	0.132
4	−0.294	0.134
5	−0.475	0.135
6	−0.527	0.136
7	−0.502	0.137

a. 基于以下假设：序列不具有交叉相关性，并且其中一个序列是白噪声。

9.4　指数平滑模型

指数平滑法起源于 1960 年布朗（Brown）提出的库存预测方法，本质是基于权数随时间由近及远呈指数递减的思想，对历史数据进行加权分析。与移动平均法相比，具有数据需求量小及运算简化的优点。其基本公式为

$$S_t = \alpha X_t + (1-\alpha)S_{t-1}$$

式中，X_t 为 t 时刻的实测值；S_{t-1} 为 $t-1$ 时刻的平滑值；α 为平滑系数 $(0 \leqslant \alpha \leqslant 1)$；$t$ 为周期数。通过逐层平滑计算，可以消除不确定因素对序列产生的影响，以便于挖掘序列深层的变化趋势与规律。

基于平滑的运算次数，可细分为一次指数平滑法、二次指数平滑法和三次指数平滑法等。其基本公式如下：一次指数平滑法要求序列平均水平基本保持不变，适用于无明显趋势变化的序列，这在实际情况中较难达到；二次指数平滑是在一次平滑的基础上再平滑，基于滞后偏差的规律建立预测模型，解决了一次平滑后滞后偏差较大的问题，适用于具有直线趋势的序列；但当序列呈现出二次曲线趋势时，二次平滑也无法解决滞后偏差的问题，需进行三次指数平滑以减小偏差。

$$S_t^{(1)} = \alpha X_t + (1-\alpha)S_{t-1}^{(1)}$$
$$S_t^{(2)} = \alpha S_t^{(1)} + (1-\alpha)S_{t-1}^{(2)}$$
$$S_t^{(3)} = \alpha S_t^{(2)} + (1-\alpha)S_{t-1}^{(3)}$$

初始值的确定及 α 的选择是指数平滑法预测成功的关键。初始值由时间序列数据的个数而定，数据越少，初始值对预测结果的影响越大。在预测过程中，通常取第一个观测值作为初始值，但对于小样本序列（$n<15$），则需选取前 3 个观测值的均值作为初始值。α 的大小决定了新预测值中新数据和原预测值所占的比例，α 越大表示新数据所占的比重越大，原预测值所占的比重越小。α 选择的原则为使预测误差最小，因此可选取几个 α 值进行试算，由最小的误差值确定 α 的大小。而在理论上，可根据序列的波动性初步确定 α 的范围，序列的波动性越大，α 的取值越大。

指数平滑法操作简便，对数据模式变化的自动化识别功能增强了其适用于预测多种不同趋势变化的时间序列的能力，对权数的指数化分配符合实际情况。然而，指数平滑法侧重于消除序列的趋势性，欠缺对转折点的数据鉴别能力，且指数性的权重分配对远期的数据效果不佳，因此多用于短期预测。

指数平滑法在环境预测方面有较强的实用性，如预测水体中水质污染指标的含量、预测城市区域噪声污染状况、预测城市化工“三废”的排放量、预测雾霾

天气的发展状况等，为短、中期内的环境污染控制提供了良好的决策，同时在实际情况预测的过程中需注意数据及时更新的问题。

✧ **例 9-7**　试用指数平滑法对例 9-6 中数据进行分析。

Excel 分析过程：

Excel 提供了指数平滑的数据处理方法，但是由于模型的限制，Excel 无法考虑趋势和季节性等因素，因此只能用于得到新的数据序列，包括一次、二次、三次平滑等。

（1）打开数据文件例 9-6 水体富营养化.xlsx。

（2）依次点击【数据】→【数据分析】→【指数平滑】按钮，打开指数平滑对话框（图 9-12）。

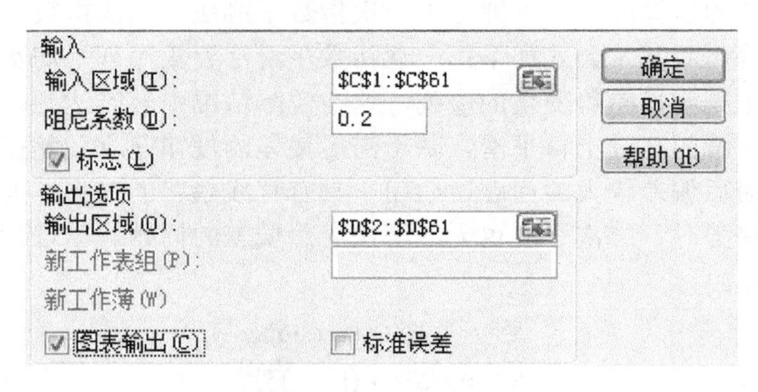

图 9-12　指数平滑对话框

（3）在【输入区域（I）：】中选择“C1：C61”，【阻尼系数（D）：】设为“0.2”，由于“C1”区为标签栏，因此选择【标志（L）】；【输出区域（O）：】中选择“D2：D61”，选择【图表输出（C）】，点击【确定】按钮，输出指数平滑结果。

Excel 输出结果：

Excel 在指定的区域输出了一次平滑的结果，可在此基础上继续进行下一阶平滑处理，以此类推。

SPSS 分析过程：

（1）打开数据文件例 9-6 水体富营养化.sav。

（2）定义日期。依次选择【数据（D）】→【定义日期（E）...】→【年份、月】→【2008、1】选项，点击【确定】按钮，完成时间变量的定义。

（3）依次点击【分析（A）】→【预测（T）】→【创建模型（C）...】按钮，打开时间序列建模器主对话框的【变量】选项卡（图 9-13）。

（4）依次选择【Chl-a（μg/L）（叶绿素 a）】→【指数平滑法】选项，点击【条件（C）...】按钮，打开指数平滑条件主对话框（图 9-14）。

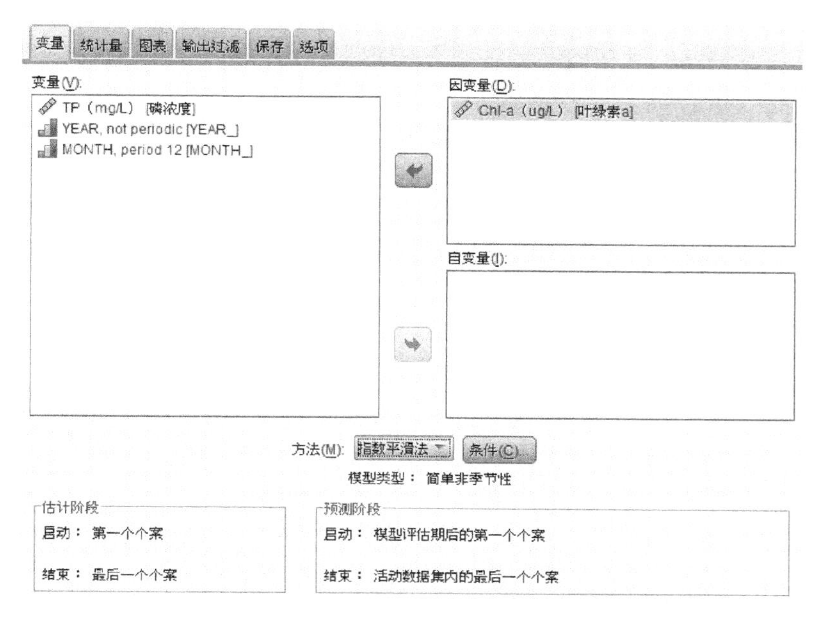

图 9-13　变量选项卡

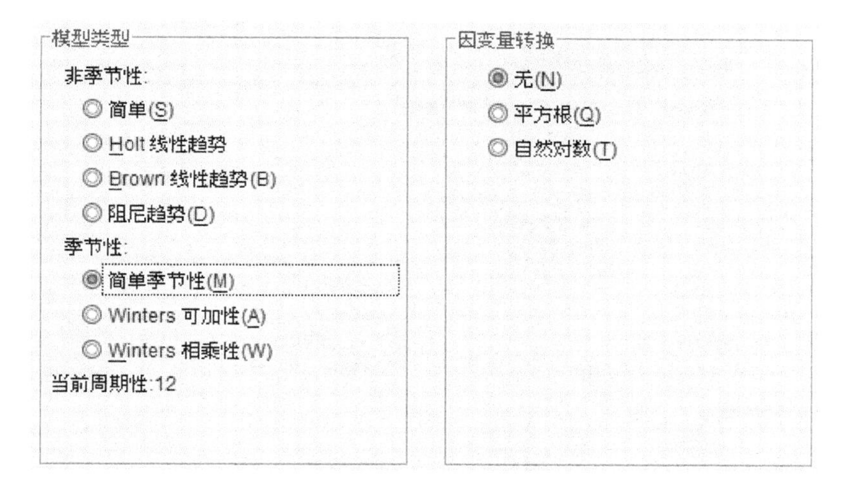

图 9-14　指数平滑条件主对话框

【模型类型】：SPSS 提供了“非季节性”和“季节性”两大类指数平滑模型。

（a）【简单（S）】：该模型适用于既无趋势性又无季节性的时间序列，平滑参数为水平，其中包含零阶自回归、一阶差分及一阶移动均值。

（b）【Holt 线性趋势】：该模型适用于具有线性趋势而无季节性的时间序列，平滑参数为水平和趋势，不受相互之间值的约束，其中包含零阶自回归、二阶差分及二阶移动均值。与 Brown 模型相比，Holt 模型更通用，但在计算大序列时耗时更长。

（c）【Brown 线性趋势（B）】：该模型适用于具有线性趋势而无季节性的时间序列，平滑参数为水平和趋势，并假设二者相等。

（d）【阻尼趋势（D）】：该模型适用于线性趋势逐渐消失且无季节性的时间序列，平滑参数为水平、趋势和阻尼趋势，其中包含一阶自回归、一阶差分及二阶移动均值。

（e）【简单季节性（M）】：该模型适用于无线性趋势且季节性趋势保持恒定的时间序列，平滑参数为水平和季节，其中包含零阶自回归、一阶差分、一阶季节差分，以及一阶、p（周期数）阶和 $p+1$ 阶移动均值。

（f）【Winters 可加性（A）】：该模型适用于具有线性趋势且季节性效应不依赖于序列水平的时间序列，平滑参数为水平、趋势和季节。

（g）【Winters 相乘性（W）】：该模型适用于具有线性趋势且季节性效应依赖于序列水平的时间序列，平滑参数为水平、趋势和季节。

（5）依次选择【简单季节性（M）】→【无（N）】因变量转换选项，点击【继续】→【统计量】按钮，切换到统计量选项卡（图 9-15）。

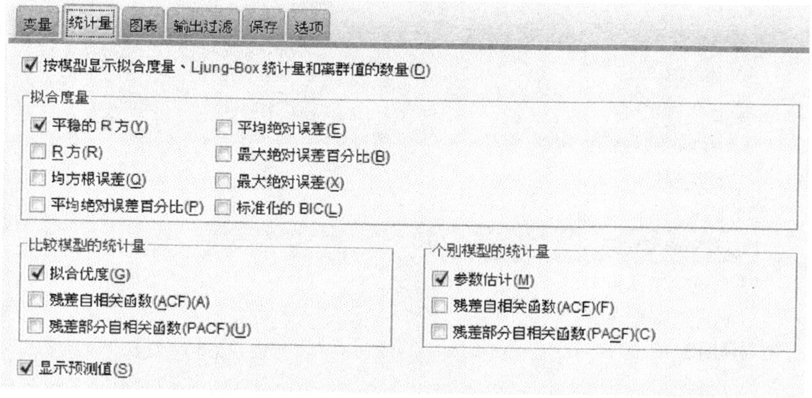

图 9-15　统计量选项卡

【拟合度量】：①【平稳的 R 方（Y）】：表示模型中的平稳部分与简单均值模型的差别，正值表示模型优于基线模型，且值越大说明拟合效果越好。当时间序列呈趋势性或季节性时，平稳的 R 方要优于 R 方统计量。②【R 方（R）】：表示模型解释的数据变异占总变异的比例，正值表示模型优于基线模型，且值越大说明拟合效果越好。③【均方根误差（Q）】：用于比较预测值与原始值的差异大小。④【平均绝对误差百分比（P）】：用于比较不同模型的拟合情况，且值越小说明拟合效果越好。⑤【平均绝对误差（E）】：值越小说明拟合效果越好。⑥【最大绝对误差（X）】：用于记录个案的预测误差情况。⑦【标准化的 BIC（L）】：基于均方误差统计，并考虑了模型的参数个数和序列数据个数，值越小说明拟合效果越好。

（6）依次选择【按模型显示拟合度量、Ljung-Box 统计量和离群值的数量（D）】→【平稳的 R 方（Y）】→【拟合优度（G）】→【参数估计（M）】→【显示预测值（S）】选项，点击【图表】按钮，切换到图表选项卡。

（7）依次选择【序列（E）】→【观察值（O）】→【预测值（S）】→【拟合值（I）】→【预测值的置信区间（V）】→【拟合值的置信区间（L）】选项，点击【输出过滤】按钮，切换到输出过滤选项卡。

（8）选择【在输出中包括所有的模型（I）】选项，点击【保存】按钮，切换到保存选项卡。

（9）本例不保存新变量，点击【选项】按钮，切换到选项选项卡。

（10）选择预测【2013 年 1 月叶绿素 a 的浓度】选项，点击【确定】按钮，生成指数平滑模型结果。

SPSS 输出结果：

（1）表 9-6 为模型拟合表，平稳的 R^2 值为 0.594，R^2 值为 0.702，由于因变量为季节性数据，因此平稳的 R^2 更具有代表性。

表 9-6　模型拟合表

拟合统计量	均值	SE	最小值	最大值	百分位						
					5	10	25	50	75	90	95
平稳的 R^2	0.594	—	0.594	0.594	0.594	0.594	0.594	0.594	0.594	0.594	0.594
R^2	0.702	—	0.702	0.702	0.702	0.702	0.702	0.702	0.702	0.702	0.702
RMSE	13.068	—	13.068	13.068	13.068	13.068	13.068	13.068	13.068	13.068	13.068
MAPE	24.990	—	24.990	24.990	24.990	24.990	24.990	24.990	24.990	24.990	24.990
MaxAPE	92.113	—	92.113	92.113	92.113	92.113	92.113	92.113	92.113	92.113	92.113
MAE	10.370	—	10.370	10.370	10.370	10.370	10.370	10.370	10.370	10.370	10.370
MaxAE	39.101	—	39.101	39.101	39.101	39.101	39.101	39.101	39.101	39.101	39.101
正态化的 BIC	5.277	—	5.277	5.277	5.277	5.277	5.277	5.277	5.277	5.277	5.277

（2）表 9-7 为模型统计量表，平稳的 R^2 值为 0.594，Ljung-Box Q 统计量值为 24.730，显著水平为 0.075，虽然未符合统计学中的显著标准，但已达到专业要求。

表 9-7 模型统计量表

模型	预测变量数	模型拟合统计量（平稳的 R^2）	Ljung-Box Q（18）			离群值数
			统计量	DF	显著性	
Chl-a（μg/L）-模型_1	0	0.594	24.730	16	0.075	0

（3）表 9-8 为指数平滑法模型参数表，水平值为 0.700，p 为 0.000，结果具有显著性。季节值为 1.244×10^{-5}，p 为 1.000，结果没有显著性，因此判断“叶绿素 a 浓度”尽管为季节性数据，但该序列仅有水平趋势而无季节性特征。

表 9-8 指数平滑法模型参数

模型			估计	SE	t	显著性
Chl-a（μg/L）-模型_1	无转换	α（水平）	0.700	0.136	5.150	0.000
		δ（季节）	1.244×10^{-5}	0.390	3.193×10^{-5}	1.000

（4）图 9-16 为指数平滑模型拟合图，包含了观测值、拟合值、置信区间上下限及预测值，观测值与拟合值有相似的变化趋势且大部分重合，说明模型拟合情况良好。本例中 5 年内同时期相比，叶绿素 a 浓度差异不大，说明该水体的富营养化现象持续存在，并未得到改善。每年的 5～9 月是叶绿素 a 浓度的至高期，表明夏季的富营养化情况最为严重，需加强控制与治理。

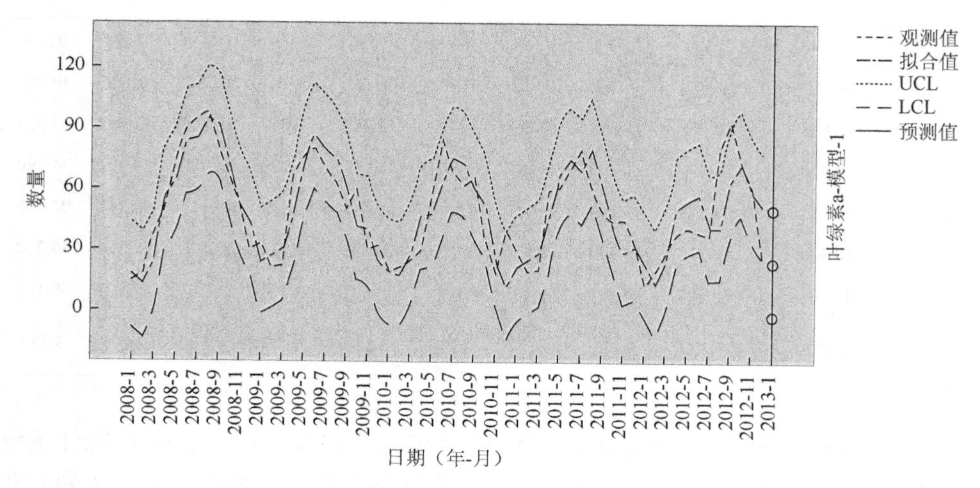

图 9-16 指数平滑模型拟合图

9.5　ARIMA 模型

指数平滑法要求预测误差为零均值、方差恒定的正态分布，在实际应用中很难达到，因此影响了预测结果的可信度，ARIMA 模型可较好地解决这一问题。

ARIMA 模型（综合自回归移动平均模型）是由博克思（Box）和詹金斯（Jenkins）于 20 世纪 70 年代初提出的时间序列预测方法，故又称为 Box-Jenkins 模型。它是将非平稳序列通过差分转化为平稳序列后，对因变量的滞后值及随机误差项的现值和滞后值进行回归分析的过程。

ARIMA 模型包含三个参数，又记为 ARIMA（p, d, q）模型，其中 p 为序列本身的滞后数，d 为差分达到平稳化的阶数，q 为预测误差的滞后数。当不同参数取 0 时，ARIMA 可以转化为不同形式，具体关系如下：

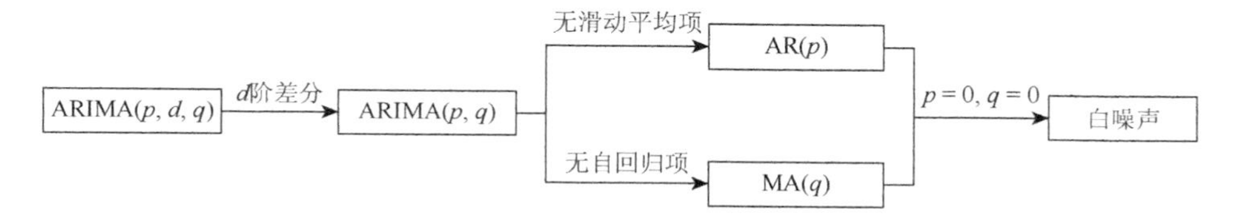

9.5.1　AR 模型

自回归模型（autoregressive model）是对序列自身做回归分析的过程，即以前期某时段序列的线性组合描述之后某时刻序列的线性规律，数学表达形式如下：

$$Y_t = e_t + \varphi_0 + \varphi_1 Y_{t-1} + \varphi_2 Y_{t-2} + \cdots + \varphi_p Y_{t-p}$$

式中，$\{Y_t, t = 0, \pm1, \pm2, \cdots\}$ 为时间序列；$\{e_t, t = 0, \pm1, \pm2, \cdots\}$ 为白噪声序列；对任意的 $s < t, E(Y_s e_t) = 0$。时间序列较强的自相关性是引用 AR 模型分析的基本要求。其自相关系数呈指数衰减形式，具有拖尾性；偏自相关系数在某阶滞后期后迅速衰减至 0，具有截尾性。

9.5.2　MA 模型

移动平均模型（moving average model）指当前数值是由之前 p 期观测值的随机误差项经加权平均而产生，其数学表达形式如下：

$$Y_t = e_t - \theta_1 e_{t-1} - \theta_2 e_{t-2} - \cdots - \theta_q e_{t-q}$$

式中，e 为方差为 σ^2 的白噪声，且各参数（$-\theta$）定义在−1 到 1 的闭区间上。MA

模型仅与滞后的白噪声因素相关，其自相关系数具有截尾性，偏自相关系数具有拖尾性。

9.5.3 ARMA 模型和 ARIMA 模型

当时序数据本身为平稳序列时，ARIMA 等同于 ARMA 模型，其一般形式为

$$Y_t-\varphi_1Y_{t-1}-\varphi_2Y_{t-2}-\cdots-\varphi_pY_{t-p}=e_t-\theta_1e_{t-1}-\theta_2e_{t-2}-\cdots-\theta_qe_{t-q}$$

式中，等式左边为模型的自回归部分，$\{\varphi_1,\varphi_2,\cdots,\varphi_p\}$ 为自回归系数；等式右边为模型的移动平均部分，$\{\theta_1,\theta_2,\cdots,\theta_q\}$ 为移动平均系数。ARIMA（p, d, q）模型的自相关和偏自相关函数均具有拖尾性。

ARIMA 建模分为以下四步：

（1）对时序数据进行图形化观察并检验其是否达到平稳化。检验的方法包括序列图、自相关图和偏自相关图判断或进行 ADF（augmented dickey-fuller）单位根检验（SPSS 中未提供此方法），对非平稳序列进行 d 阶差分运算直至满足平稳性条件。

（2）根据平稳后序列的自相关图和偏自相关图分析得出最佳的 p、q 值。

（3）检验模型参数的估计值是否具有显著性，并分析残差序列是否为白噪声，若检验不通过，则需重新确定 p、q 值。

（4）根据得到的 ARIMA（p, d, q）模型进行预测。

ARIMA 模型运算简单，对参数设置要求较低，不需借助外部变量即可达到较高的拟合优度，同时具备了 AR、MA 及 ARMA 模型的优点。但是其要求时间序列必须达到平稳态或差分后达到平稳态，且该模型对非线性关系预测效果不佳。

在实际环境中，污染物会受物理、化学、生物等因素的影响，在各种环境介质中迁移转化，给污染治理造成极大的困难。ARIMA 模型融合了时间序列和回归分析的优点，将污染变化的过程当作时间序列进行分析，在环境预测分析中作用显著，如预测河流水质中化学需氧量、氨氮及总磷等指标的排放量，预测城市的固体废弃物产生量，预测每日的空气污染指数及 $PM_{2.5}$ 浓度等，均得到了比较理想的效果。

✧ **例 9-8** 试用 ARIMA 模型对例 9-1 中 $PM_{2.5}$ 浓度的数据进行预测。

SPSS 分析过程：

（1）打开数据文件例 9-1 $PM_{2.5}$ 日均浓度.sav。

（2）依次点击【分析（A）】→【预测（T）】→【创建模型（C）...】按钮，打开时间序列建模器主对话框的【变量】选项卡。

（3）依次选择【$PM_{2.5}$日均值】→【ARIMA】选项，点击【条件（C）...】按钮，打开时间序列建模器 ARIMA 条件主对话框的【模型】选项卡（图 9-17）。

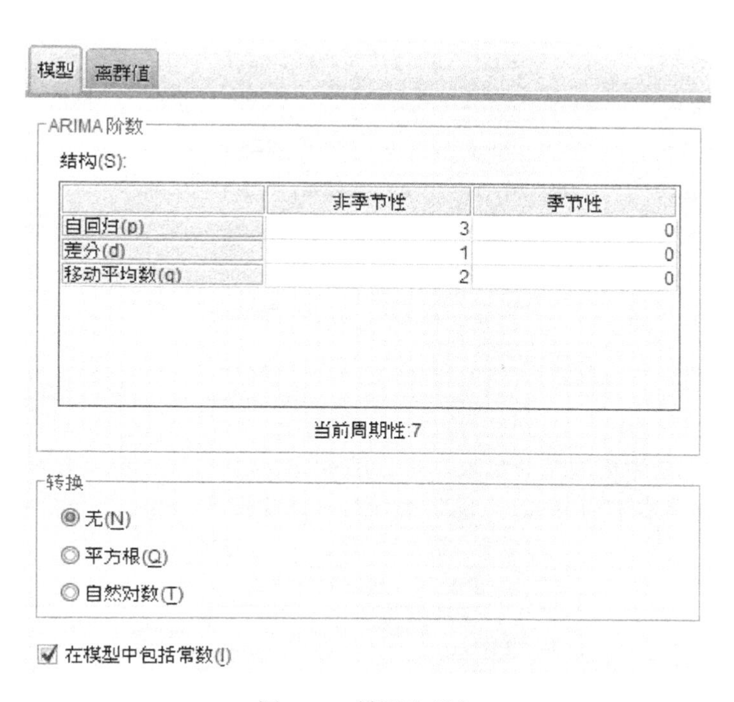

图 9-17　模型选项卡

【ARIMA 阶数】：在分析序列是否具有季节性的基础上，设定 ARIMA 模型的构成参数，包括自回归、差分及移动平均数。

（a）【自回归（p）】：基于指定部分序列值预测当前值。

（b）【差分（d）】：设定因变量序列差分的阶数，以使其达到平稳化。

（c）【移动平均数（q）】：基于指定部分先前值的序列平均离差预测当前值。

（4）依次设定【p、d、q】的值分别为“3、1、2”（详细分析见例 9-5），【无（N）】因变量转换，选择【在模型中包括常数（I）】选项，点击【离群值】按钮，切换到离群值选项卡。

（5）选择【不检测离群值或为其建模（D）】选项，点击【继续】按钮，后续选项的选择与解释同例 9-7，在最后的【预测阶段】选择预测下一周（28、1）的浓度值，点击【确定】按钮，生成 ARIMA 模型结果。

SPSS 输出结果：

（1）表 9-9 为模型拟合表，平稳的 R^2 值为 0.171，R^2 值为 0.452，表明拟合方程比基线方程更好。

表 9-9　模型拟合表

拟合统计量	均值	SE	最小值	最大值	百分位						
					5	10	25	50	75	90	95
平稳的 R^2	0.171	—	0.171	0.171	0.171	0.171	0.171	0.171	0.171	0.171	0.171
R^2	0.452	—	0.452	0.452	0.452	0.452	0.452	0.452	0.452	0.452	0.452
RMSE	22.910	—	22.910	22.910	22.910	22.910	22.910	22.910	22.910	22.910	22.910
MAPE	31.808	—	31.808	31.808	31.808	31.808	31.808	31.808	31.808	31.808	31.808
MaxAPE	286.255	—	286.255	286.255	286.255	286.255	286.255	286.255	286.255	286.255	286.255
MAE	16.100	—	16.100	16.100	16.100	16.100	16.100	16.100	16.100	16.100	16.100
MaxAE	88.739	—	88.739	88.739	88.739	88.739	88.739	88.739	88.739	88.739	88.739
正态化的BIC	6.436	—	6.436	6.436	6.436	6.436	6.436	6.436	6.436	6.436	6.436

（2）表 9-10 为模型统计量表，平稳的 R^2 值为 0.171，Ljung-Box Q 统计量值为 25.343，显著水平为 0.021，说明差异有统计学意义。

表 9-10　模型统计量表

模型	预测变量数	模型拟合统计量（平稳的 R^2）	Ljung-Box Q（18）			离群值数
			统计量	自由度	显著性	
$PM_{2.5}$ 日均值（μg/m³）-模型_1	0	0.171	25.343	13	0.021	0

（3）表 9-11 为 ARIMA 模型参数表，自回归部分的三项显著性水平分别为 0.810、0.370 和 0.251，移动平均部分的两项显著性水平分别为 0.937 和 0.721，说明本例的 p、q 值未达到统计学意义。

表 9-11　ARIMA 模型参数

					估计	SE	t	显著性
$PM_{2.5}$ 日均值-模型_1	$PM_{2.5}$ 日均值	无转换	常数		−0.364	0.083	−4.365	0.000
			AR	滞后 1	−0.180	0.747	−0.241	0.810
				滞后 2	0.397	0.442	0.898	0.370
				滞后 3	−0.098	0.085	−1.152	0.251
			差分		1			
			MA	滞后 1	0.214	2.721	0.079	0.937
				滞后 2	0.786	2.201	0.357	0.721

（4）图 9-18 为 ARIMA 模型拟合图，包含了观测值、拟合值、置信区间上下限及预测值，拟合值和观测值曲线在整个区间整体上拟合情况良好，但是拟合值的波动性明显小于实际观察值，说明本例的拟合效果一般，需考虑更换 ARIMA 模型参数或结合其他模型进行分析。

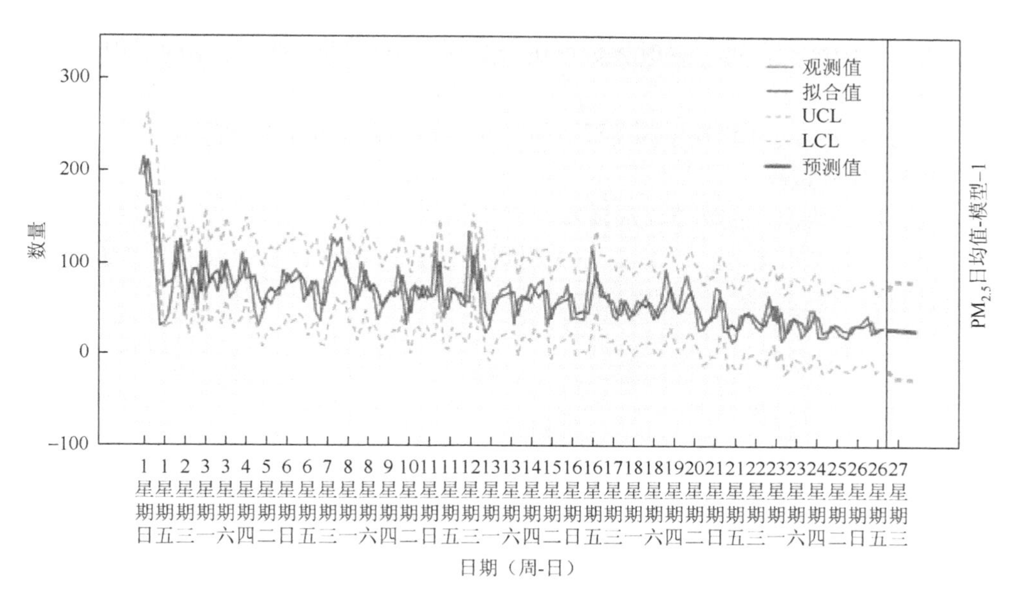

图 9-18　ARIMA 模型拟合图

9.6　季节分解模型

在实际工作中，许多现象往往具有季节性特征，如我国北方地区雾霾高发现象往往出现在冬季，且其中的重金属、多环芳烃等典型污染物也具有相似的规律；土壤中农药的含量会随着耕作期的时间分布呈现季节趋势；湖泊富营养化现象会受温度等因素的影响呈现夏季暴发的趋势。对这些数据进行分析时，需考虑季节因素发挥的作用，深入剖析隐藏在季节特征下的事物发展规律。

统计学中根据时间序列基本要素之间的相互关系，构成了时间序列的季节分解模型，用以预测未来值。基于对时间序列的影响程度，模型分为乘法模型、加法模型，其中最常用的是乘法模型。

$$乘法模型：Y = T \cdot S \cdot C \cdot I$$

$$加法模型：Y = T + S + C + I$$

加法模型要求各成分之间彼此独立，且与总变异地位同等。季节变动和循环变动在各自的周期时间范围内总和为零，误差随时间的延续也不断接近于 0。乘法模型要求各成分之间存在相互依赖的关系，总变异受各趋势的综合控制，因此各成分表示为与总变异的比值形式。季节变动和循环变动在各自的一个周期内平均为 1，误差随时间的延续也不断接近于 1。

模型的选择取决于序列自身的变化规律。乘法模型适用于季节波动逐渐变大的序列，加法模型适用于季节波动恒定的序列。而对于季节波动幅度和误差幅度均逐渐变大的序列，可以采取将数据进行对数变换后拟合加法模型的过程进行预测分析。

✧ **例 9-9**　试用季节分解模型对例 9-6 中叶绿素 a 含量的数据进行分析。

SPSS 分析过程：

（1）打开数据文件例 9-6 水体富营养化.sav。

（2）依次点击【分析（A）】→【预测（T）】→【季节性分解（S）...】按钮，打开周期性分解主对话框（图 9-19）。

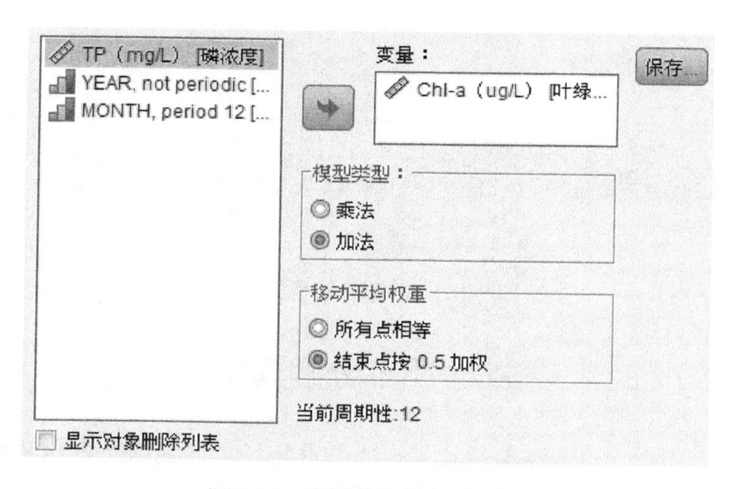

图 9-19　周期性分解主对话框

【移动平均权重】：

（a）【所有点相等】：使用等于周期的跨度及所有权重相等的点来计算移动平均值，适用于周期为奇数的序列。

（b）【结束点按 0.5 加权】：使用等于周期加 1 的跨度及以 0.5 加权的跨度的端点来计算移动平均值，适用于周期为偶数的序列。

（3）依次选择【Chl-a（叶绿素 a）】→【加法】→【结束点按 0.5 加权】选项，点击【保存...】按钮，打开保存主对话框。

（4）选择【添加至文件】选项，点击【继续】→【确定】按钮，生成季节分解模型结果。

SPSS 输出结果：

（1）表 9-12 为模型描述表，模型的名称为 MOD_6，类型为可加。

表 9-12　模型描述

模型名称	MOD_6
模型类型	可加
序列 1	Chl-a/(μg/L)
季节性期间的长度	12
移动平均数的计算方法	跨度等于周期加 1，端点权重为 0.5

注：正在应用来自 MOD_6 的模型指定。

（2）表 9-13 为季节性因素分布表，每年的 5 月、6 月、7 月、8 月、9 月的数值较大，说明夏季时期叶绿素 a 的浓度达到一年中的最高值，这一结果与指数平滑模型的结果一致，表明两种模型可结合应用。

表 9-13　季节性因素［序列名称：Chl-a（μg/L）］

时间	季节性因素
1 月	−22.919
2 月	−26.128
3 月	−22.086
4 月	1.924
5 月	11.237
6 月	22.174
7 月	28.539
8 月	21.049
9 月	11.372
10 月	1.581
11 月	−12.690
12 月	−14.055

第 10 章　环境数据降维分析

10.1　降维分析概述

环境大数据时代的来临，使研究人员可轻易地获得相关领域的海量数据信息。然而如何对规模大、维度高、结构复杂的环境数据资料进行专业化处理，挖掘出最具解释性的结论信息是数据分析的关键和难点所在。当前大数据处理平台和并行数据分析算法日渐成熟，其中数据降维（dimensionality reduction）以方便计算和可视化的优点，在数据处理过程中发挥了至关重要的作用。降维分析在环境领域中的应用非常广泛，在探寻污染起因及污染物内部关联方面得到了广泛认可。

数据降维，又称维数约简，目的是从高维、复杂的数据样本中提取有效信息或摒弃无用信息。其基本思想是将数据集通过线性映射或非线性映射从高维空间投影到低维空间，有助于揭示隐含在高维、复杂数据内部的重要信息。通过数据降维促进高维数据的分类、可视化及压缩，有利于降低数据分析难度，节省数据处理和分析时间，提升分析工作效率。

数据降维方法较多，几种常用经典方法简述如下：

（1）主成分分析（principal component analysis，PCA），基于正交变换将原始的 n 维数据集变换到新的数据集中，生成的新变量称为主成分，各主成分在相互正交的条件下对方差的解释比例逐渐变小。

（2）缺失值比率（missing values ratio），主要是去除数据列缺失值大于设定阈值的列，阈值设定越高，降维越少。

（3）随机森林/组合树（random forests），通过对目标属性分类，汇集包含信息量最大的特征子集，找出预测能力最佳的属性。

（4）低方差滤波（low variance filter），在对数据进行归一化处理后，去除数据列方差小的列。

（5）高相关滤波（high correlation filter），基于数据的归一化处理，通过计算相关系数分析各数据列的相似性，保留相关系数大于某个阈值的列。

（6）反向特征消除（backward feature elimination），在对所有分类算法进行 n 维特征训练后，逐层进行降维操作，以错分率变化最小的类别所用的特征作为降维后的特征集，以此迭代，最后得到降维结果。

（7）前向特征构造（forward feature construction），该方法是反向特征消除的逆过程。从 1 个特征训练开始，每次训练增加一个让分类性能得到最大提升的特征。

10.2　因 子 分 析

因子分析（factor analysis）的概念起源于 20 世纪初卡尔 • 皮尔逊（Karl Pearson）和查尔斯 • 斯皮尔曼（Charles Spearman）等关于智力测验的统计分析。它是基于原始变量相关矩阵内部的依赖关系，将大量复杂的变量表示为少数公共因子及其线性组合的形式，目的是简化变量内部结构，挖掘隐藏在变量之间的相互关系信息。在环境污染调查过程中，采取的样品数量庞大，潜在变量多且关系复杂，如何快捷有效地提取关键信息，挖掘污染内部的深层联系，找出污染变化的异常现象是环境数据分析的核心问题。利用因子分析方法对相互关联紧密的变量分类，以少数几个重要因子反映样品的大部分信息，可直观地呈现出数据背后的污染信息，为污染控制与预防决策提供理论依据。

因子分析基本思想是在保持原始变量大部分信息前提下，按相关性大小将变量分组，即同组变量之间存在较大相关性，不同组间变量相关性低。每个组别代表一个基本结构，即公共因子。原始变量信息可由公共因子的线性组合及与一个特殊因子（解释变量的剩余信息）的和的形式表示出来。根据处理对象不同，因子分析分为 R 型和 Q 型因子分析。R 型因子分析基于变量间的相关性，Q 型因子分析基于样品间的相关性，R 型和 Q 型因子分析的结合为对应分析。

因子分析模型的算法分为三步：

（1）$\{x_1, x_2, \cdots, x_n\}$ 为一组经过标准化处理的变量（均值为 0，标准差为 1），假设其可以由 $m(m < n)$ 个因子 $f_1, f_2, \cdots, f_m$ 线性表示，即

$$
\begin{gathered}
x_1 = a_{11}f_1 + a_{12}f_2 + \cdots + a_{1m}f_m + \varepsilon_1 \\
x_2 = a_{21}f_1 + a_{22}f_2 + \cdots + a_{2m}f_m + \varepsilon_2 \\
\vdots \\
x_n = a_{n1}f_1 + a_{n2}f_2 + \cdots + a_{nm}f_m + \varepsilon_n
\end{gathered}
$$

矩阵形式为 $X = AF + \varepsilon$，其中 X 为原始 n 维变量；F 为因子向量，即变量 X 的公共因子；矩阵 A 为因子载荷矩阵，因子载荷 a_{ij} 是第 i 变量与第 j 因子的相关系数；ε 为变量 X 的特殊因子，表示原始变量中不能被公共因子解释的部分。

（2）因子旋转。当因子载荷矩阵 A 不能很好地解释公共因子时，可进行正交变换（旋转），用旋转后的矩阵对因子进行解释。

（3）估计因子得分。由原始变量的线性组合对公共因子进行表示的函数称为因子得分函数，以此对各因子的重要性做出评估。

主成分分析是通过正交变换将原始变量转换为一组线性无关的变量，转换后的新变量称为主成分，原始变量的大部分信息由少数几个主成分表示。最经典的做法是通过线性组合的方差表示包含信息的多少，其中第一个线性组合（F_1）的方差最大，故作为第一主成分。当 F_1 不足以代表原来的大部分信息时，再选取具有第二大方差的线性组合（F_2），即第二主成分，此时 F_1 包含的信息不会出现在 F_2 中，两者之间相互独立$[\text{cov}(F_1,F_2)=0]$，依此类推构造出后续多个主成分。

主成分分析的算法分为以下四步：

（1）设原始矩阵 $X=(X_1,X_2,\cdots,X_p)^{\mathrm{T}}$ 为 p 维随机向量，表示为

$$\begin{bmatrix} x_{1,1} & x_{1,2} & \cdots & x_{1,p} \\ \vdots & \vdots & \vdots & \vdots \\ x_{n,1} & x_{n,2} & \cdots & x_{n,p} \end{bmatrix}$$

（2）其协方差阵如下，其中 $X_m=(x_{1,m},x_{2,m},\cdots,x_{n,m})^{\mathrm{T}}, m=1,2,\cdots,p$ 。

$$\begin{bmatrix} \text{var}(X_1) & \text{cov}(X_1,X_2) & \cdots & \text{cov}(X_1,X_p) \\ \vdots & \vdots & \vdots & \vdots \\ \text{cov}(X_p,X_1) & \text{cov}(X_p,X_2) & \cdots & \text{var}(X_p) \end{bmatrix} \triangleq \Sigma$$

（3）计算特征值与特征向量：$|\Sigma-\lambda I|=0$，其中 I 为单位向量，计算出的 p 个特征值满足 $\lambda_1 \geqslant \lambda_2 \geqslant \cdots \geqslant \lambda_p$； $a_1,a_2,\cdots,a_p$ 为维度均为 p 的单位正交特征向量。

（4）主成分可表示为矩阵 $Z=(Z_1,Z_2,\cdots,Z_p)^{\mathrm{T}}$，其中 $Z_i=a_i^{\mathrm{T}}X$ 。

因子分析和主成分分析均为基于变量内部相关性进行转化处理，由生成的较少的新变量反映原始变量大部分信息的过程，是多元统计分析中常见的降维方法。两者之间有以下几点差异：

（1）主成分分析可看作是因子分析的特例，因子分析则是主成分分析的扩展。主成分分析以得到较大的共性方差为前提，因子分析以变量内部的相关性为基础。

（2）主成分分析是从 m 个原始变量中提取 $k(k\leqslant m)$个互不相关的主成分。因子分析是提取 $k(k\leqslant m)$个支配原始变量的公共因子和 1 个特殊因子，各公共因子之间的相关性没有具体要求。

（3）主成分分析实质上是线性变换，主成分的数量与原始变量的数量一致（仅解释的信息量不等），无须进行因子旋转及假设检验。因子分析是统计模型，根据变异的累积贡献率人为地指定因子数量，同时需要对载荷矩阵实施因子旋转，计算因子得分以确定分析效果。

（4）因子分析提取的公因子比主成分分析提取的主成分更具解释性。主成分分析未涉及变量的度量误差问题，直接用线性组合的形式表示一个综合指标。因

子分析的潜在变量校正了度量误差，且在因子旋转后，潜在因子的实际意义更明确，分析结果更真实。

✧ **例10-1**　已知2017年1月某地区各项大气指标日均浓度：SO_2（μg/m^3）、NO（μg/m^3）、NO_2（μg/m^3）、NO_x（μg/m^3）、CO（μg/m^3）、O_3（μg/m^3）及$PM_{2.5}$（μg/m^3），试对这7项指标进行因子分析。

SPSS分析过程：

（1）打开数据文件例10-1大气.sav。

（2）依次选择【分析（A）】→【降维】→【因子分析（F）...】选项，打开因子分析主对话框（图10-1）。

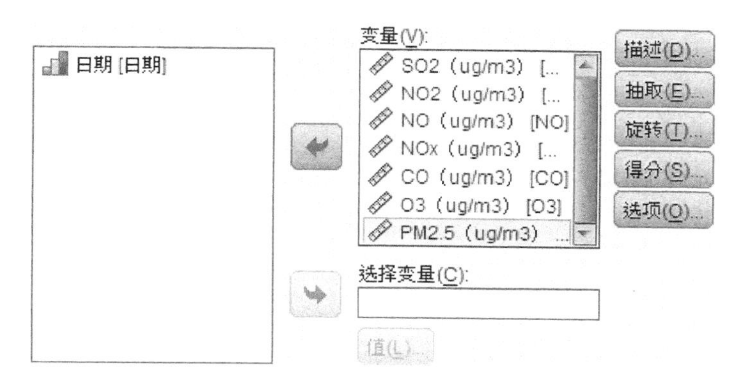

图10-1　因子分析主对话框

（3）将本例中7组变量全部选入变量栏。点击【描述（D）...】按钮，打开描述统计主对话框。

（a）【统计量】：设定原始变量的基本描述和原始分析结果。①【单变量描述性（U）】：包括每个变量的均值、标准差及有效例数。②【原始分析结果（I）】：包括初始公因子方差、特征值（即协方差矩阵对角线元素）及方差解释百分比。

（b）【相关矩阵】：①【系数（C）】：输出原始变量之间的相关系数矩阵，对角元素值为1，只有当矩阵中的大部分系数大于0.3时，才适合进行因子分析。②【显著性水平（S）】：表示估计总体参数落在某一区间内，可能犯错误的概率。③【KMO和Bartlett的球形度检验（K）】：KMO（Kaiser-Meyer-Olkin）检验统计量用于比较变量间简单相关系数和偏相关系数，取值在0和1之间，KMO值越接近1表示变量间的相关性越强，原变量适合作因子分析；KMO值越接近0表示变量间的相关性越弱，原变量不适合作因子分析。Bartlett球形度检验（Bartlett’s test of sphericity）用于检验相关矩阵中各变量间的相关性，即检验各个变量是否独立，由此判断因子分析是否恰当。④【再生（R）】：输出因子解的估计相关矩阵及残差（实际观察相关性与估计相关性之间的差值）。⑤【反映象（A）】：输出反映像矩阵，包括负偏协方差和负偏相关系数。理想的因子模型中大部分非对角线元素值较小，而对角线元素值接近 1，其中反映像相关矩阵的对角线元素称为某变量的取样足够度度量（MSA）。

（4）选择【统计量】及【相关矩阵】栏中的所有选项。点击【继续】→【抽取（E）...】按钮，打开抽取主对话框（图 10-2）。

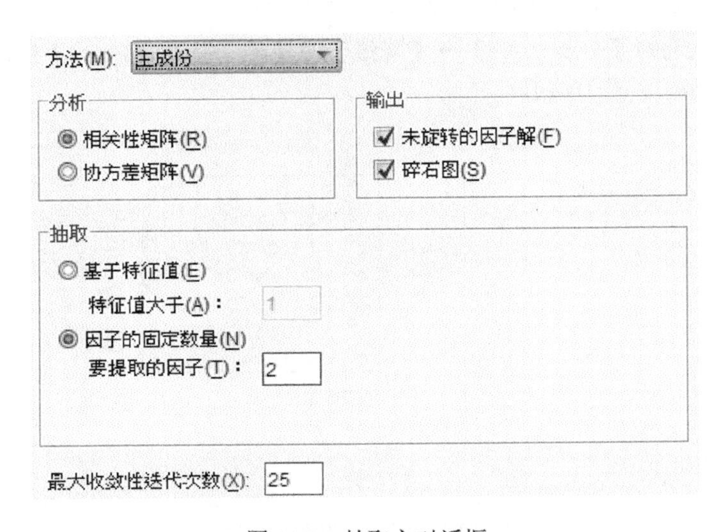

图 10-2　抽取主对话框

（a）【方法（M）】：①【主成分】：通过正交变换将一组变量转换生成新变量，新变量以较少的成分解释原始变量方差的较大部分，称为主成分，其中第一主成分具有最大方差，其余成分在互不相关的前提下对方差的解释比例逐渐变小。②【未加权的最小平方法】：通过最小化误差的平方和寻找数据的最佳匹配函数，使原始相关矩阵和再生相关矩阵的差值平方和最小。③【综合最小平方法】：在最小平方法的基础上对相关系数进行加权，权重为变量单值的倒数，单值高的变量的权重要比单值低的变量的权重小。④【最大似然（K）】：多元正态分布的样本，其参数估计值最可能生成原始相关矩阵，且相关系数以变量单值的倒数为权重进行加权，迭代运算。⑤【主轴因子分解】：因子载荷替代原始相关系数矩阵上的旧公因子方差（对角线元素）为新公因子方差，多元相关系数的平方（复决定系数）为公因子方差的初始估计值。当两次迭代之间公因子方差的差异值满足提取的收敛条件时，迭代过程终止。⑥【α 因子分解】：将分析变量视为来自潜在变量总体的一个样本，使因子的 α 可靠性最大。⑦【映像因子分解】：将变量的公共部分作为剩余变量的线性回归。

(b)【分析】: ①【相关性矩阵(R)】: 适用于度量单位不同的分析变量。②【协方差矩阵(V)】: 适用于每个变量中各组方差不同的因子分析。

(c)【输出】: ①【未旋转的因子解(F)】: 未旋转的因子载荷、公因子方差及因子解的特征值。②【碎石图(S)】: 特征值与因子数的散点图，根据图的形状可判断适用于因子分析的因子个数。典型的碎石图在前段大因子陡峭曲线和后段小因子平坦曲线之间有明显的拐点，即为碎石。

(5) 依次选择抽取方法为【主成分】，分析【相关性矩阵(R)】，输出【未旋转的因子解(F)】及【碎石图(S)】，因子的固定数量设定为【2】。点击【继续】→【旋转(T)...】按钮，打开旋转主对话框(图 10-3)。

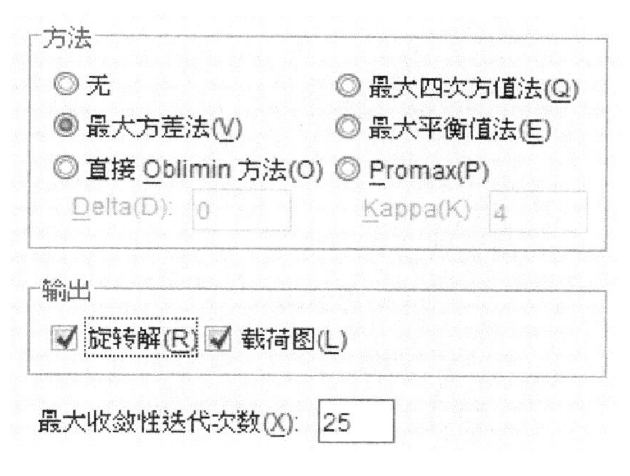

图 10-3　旋转主对话框

(a)【方法】: ①【最大方差法(V)】: 又称最大方差正交旋转法，使每个因子上具有最高载荷的变量数最小。②【直接 Oblinin 方法(O)】: 又称直接斜交旋转法，通过指定【Delta(D):】值产生最高(最斜交)的相关因子，值越接近 0 斜交程度越深，如果值为很大的负数，结果与正交旋转相似。③【最大四次方值法(Q)】: 使每个变量中需要解释的因子数最少，增强第一因子的解释力，同时削弱了其他因子的效力，简化对变量的解释。④【最大平衡值法(E)】: 又称等量正交旋转法，是最大方差法和最大四次方值法的组合，使每个因子具有的高载荷变量数最小及解释变量所需的因子数最少。⑤【Promax(P)】: 又称最优斜交旋转，使因子彼此相关，计算速度比直接斜交旋转快，适用于大数据因子分析。

(b)【输出】: ①【旋转解(R)】: 对正交矩阵旋转，显示旋转后的因子模式矩阵和因子转换矩阵；对斜交矩阵旋转，显示旋转后的因子模式矩阵、因子结构矩阵和因子相关系数矩阵。②【载荷图(L)】: 当因子数多于 2 时，生成前三个因子的三维因子载荷图；当只有两个因子时，生成二维因子载荷图；若为单因子，则不生成载荷图。

（6）依次选择【最大方差法（V）】→【旋转解（R）】→【载荷图（L）】选项。点击【继续】→【得分（S）...】按钮，打开因子得分主对话框（图 10-4）。

（a）【回归（R）】：因子得分的均值为 0，方差为估计因子得分与实际因子得分之间的多元相关系数的平方（复决定系数）。

（b）【Bartlett（B）】：因子得分的均值为 0，其他超出变量范围的各因子平方和最小。

（c）【Anderson-Rubin（A）】：对 Bartlett 法进行修正，使其因子得分的均值为 0，标准差为 1，且互不相关。

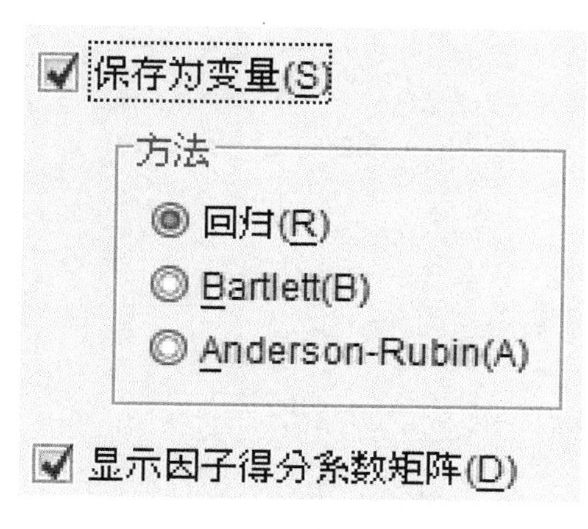

图 10-4　因子得分主对话框

（7）依次选择【保存为变量（S）】→【回归（R）】→【显示因子得分系数矩阵（D）】选项。点击【继续】→【选项（O）...】按钮，打开选项主对话框。

（8）依次选择【按列表排除个案（L）】→【按大小排序（S）】选项。点击【继续】→【确定】按钮，生成因子分析结果。

SPSS 输出结果：

（1）表 10-1 为描述统计表，包含 7 个变量的均值、标准差和分析例数。其中 CO 的均值和标准差较大，这可能受测量误差的影响，其他各变量数据相对准确，为后续的因子分析过程提供了一个直观的数据描述。根据环境保护部于 2016 年 1 月 1 日发布的《环境空气质量标准》(GB 3095—2012)，该地区除 $PM_{2.5}$ 指标（NO 指标标准中未列入）外，其余指标均可达到一级空气质量标准，$PM_{2.5}$ 指标在二级空气质量标准范围附近波动，说明 $PM_{2.5}$ 是该区空气污染的主导因素，需对其采取控制和预防措施。

表 10-1　描述统计量

	均值	标准差	分析 N
SO_2	9.23	5.390	31
NO	25.65	28.537	31
NO_2	44.68	19.065	31
NO_x	83.87	59.851	31
CO	661.29	587.468	31
O_3	27.74	16.858	31
$PM_{2.5}$	87.77	45.953	31

（2）表 10-2 为相关矩阵表，包含原始变量之间的相关系数。其中 SO_2 和 NO（0.434）、SO_2 和 NO_2（0.736）、SO_2 和 NO_x（0.552）、SO_2 和 CO（0.426）、SO_2 和 $PM_{2.5}$（0.747）、NO 和 NO_2（0.777）、NO 和 NO_x（0.979）、NO 和 CO（0.667）、NO 和 $PM_{2.5}$（0.675）、NO_2 和 NO_x（0.887）、NO_2 和 CO（0.585）、NO_2 和 $PM_{2.5}$（0.750）、NO_x 和 CO（0.672）、NO_x 和 $PM_{2.5}$（0.734）、CO 和 $PM_{2.5}$（0.547）的相关系数均大于 0.3，p 值均小于 0.05，按 $\alpha = 0.05$ 标准，认为这些变量之间的相关系数有统计学意义，线性关系较强，可提取公共因子，作因子分析。

表 10-2　相关矩阵

		SO_2	NO	NO_2	NO_x	CO	O_3	$PM_{2.5}$
相关系数	SO_2	1.000	0.434	0.736	0.552	0.426	−0.306	0.747
	NO	0.434	1.000	0.777	0.979	0.667	−0.716	0.675
	NO_2	0.736	0.777	1.000	0.887	0.585	−0.789	0.750
	NO_x	0.552	0.979	0.887	1.000	0.672	−0.774	0.734
	CO	0.426	0.667	0.585	0.672	1.000	−0.491	0.547
	O_3	−0.306	−0.716	−0.789	−0.774	−0.491	1.000	−0.379
	$PM_{2.5}$	0.747	0.675	0.750	0.734	0.547	−0.379	1.000
显著性（单侧）	SO_2		0.007	0.000	0.001	0.008	0.47	0.000
	NO	0.007		0.000	0.000	0.000	0.000	0.000
	NO_2	0.000	0.000		0.000	0.000	0.000	0.000
	NO_x	0.001	0.000	0.000		0.000	0.000	0.000
	CO	0.008	0.000	0.000	0.000		0.003	0.001
	O_3	0.047	0.000	0.000	0.000	0.003		0.018
	$PM_{2.5}$	0.000	0.000	0.000	0.000	0.001	0.018	

（3）KMO 测度的值越接近 1，表明变量间的公共因子越多，研究数据越适合

作因子分析。通常按如下标准解释该指标值的大小：KMO 值达到 0.9 以上为非常好，0.8～0.9 为好，0.7～0.8 为一般，0.6～0.7 为差，0.5～0.6 为很差，当值低于 0.5 时则不宜作因子分析。本例为 0.672，可用于作因子分析。Bartlett 球形度检验的近似卡方为 405.172，$p = 0.000 < 0.001$，按 $\alpha = 0.05$ 标准，拒绝原假设，即相关矩阵不是单位矩阵，说明变量之间存在相关关系，适合作因子分析，与相关系数矩阵表得出的结论相符，见表 10-3。

表 10-3　KMO 和 Bartlett 的检验

取样足够度的 KMO 值		0.672
Bartlett 的球形度检验	近似卡方	405.172
	自由度	21
	显著性	0.000

（4）表 10-4 为反映像相关矩阵表，对角线上元素的值越接近 1（标准为大于 0.5），说明这些变量的相关性越强，适合进行因子分析。

表 10-4　反映像矩阵表

		SO_2	NO	NO_2	NO_x	CO	O_3	$PM_{2.5}$
反映像协方差	SO_2	0.204	−0.002	−0.004	0.001	0.004	−0.089	−0.057
	NO	−0.002	0.000	0.000	-8.803×10^{-5}	−0.003	0.001	0.000
	NO_2	−0.004	0.000	0.001	0.000	−0.006	0.004	0.001
	NO_x	0.001	-8.803×10^{-5}	0.000	6.459×10^{-5}	0.002	−0.001	0.000
	CO	0.004	−0.003	−0.006	0.002	0.456	−0.016	−0.034
	O_3	−0.089	0.001	0.004	−0.001	−0.016	0.152	−0.070
	$PM_{2.5}$	−0.057	0.000	0.001	0.000	−0.034	−0.070	0.235
反映像相关	SO_2	0.743[a]	−0.303	−0.365	0.310	0.012	−0.507	−0.262
	NO	−0.303	0.574[a]	0.995	−1.000	−0.377	0.342	0.080
	NO_2	−0.365	0.995	0.589[a]	−0.996	−0.364	0.402	0.059
	NO_x	0.310	−1.000	−0.996	0.608[a]	0.370	−0.338	−0.090
	CO	0.012	−0.377	−0.364	0.370	0.821[a]	−0.062	−0.105
	O_3	−0.507	0.342	0.402	−0.338	−0.062	0.737[a]	−0.369
	$PM_{2.5}$	−0.262	0.080	0.059	−0.090	−0.105	−0.369	0.916[a]

a. 取样足够度度量（MSA）。

（5）公因子方差指变量之间的共同度，本例中初始共同度全部为 1，提取特征根的共同度中 SO_2 的公因子方差为 0.899，表示几个公因子能够解释 SO_2 的方差的 89.9%，其他变量公因子方差的解释类似。除 CO 外其他变量公因子方差均较大，变量共同度高，表明变量中的大部分信息均能够被因子所提取，因子分析的结果有效，见表 10-5。

表 10-5　公因子方差表

	初始	提取
SO_2	1.000	0.899
NO	1.000	0.885
NO_2	1.000	0.894
NO_x	1.000	0.958
CO	1.000	0.559
O_3	1.000	0.832
$PM_{2.5}$	1.000	0.862

（6）表 10-6 为解释的总方差表，左侧为初始特征值，中间为提取主因子结果，右侧为旋转后的主因子结果，“合计”指因子的特征值，“方差”指该因子的特征值占总特征值的百分比，“累积”指累积的百分比。本例是在固定两个提取因子的条件下得到总方差解释。其中第一个因子的特征值为 4.953，解释了总方差的 70.762%；第二个因子的特征值为 0.935，解释了总方差的 13.357%，两个因子的累积方差贡献率为 84.119%，即总体 84%的信息可以由这两个公因子来解释，丢失的信息较少，虽然第二个因子的特征值小于 1，在统计学上不应作为主要因子，但已达到专业意义要求，且累积方差贡献率超过 80%，故本例可提取前两个公因子。两个因子被提取和旋转后，其累积方差贡献率和初始解的前两个变量相同，经旋转后的每个因子方差贡献值得到重新分配，使得因子的方差更接近，便于解释后续信息。

表 10-6　解释的总方差表

成分	初始特征值			提取平方和载入			旋转平方和载入		
	合计	方差/%	累积/%	合计	方差/%	累积/%	合计	方差/%	累积/%
1	4.953	70.762	70.762	4.953	70.762	70.762	3.458	49.398	49.398
2	0.935	13.357	84.119	0.935	13.357	84.119	2.430	34.721	84.119
3	0.554	7.912	92.031						
4	0.357	5.100	97.131						
5	0.149	2.129	99.260						
6	0.052	0.739	99.999						
7	3.924×10^{-5}	0.001	100.000						

（7）特征值碎石图是初始特征值与成分数的点线图。本例中前两个因子的特征值较大，从第三个因子开始特征值明显变小，故选前两个因子为主因子，见图 10-5。

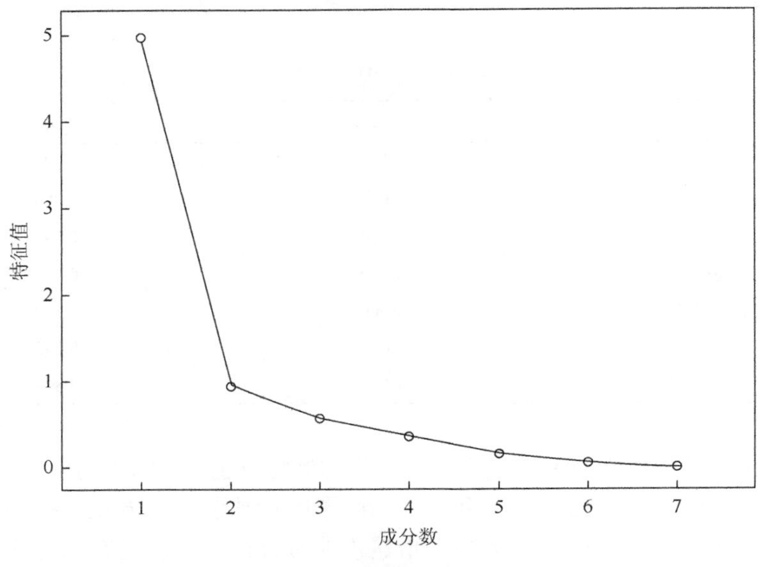

图 10-5 特征值碎石图

（8）成分矩阵指未旋转的因子载荷，所有变量在第一个因子上的载荷都高于第二个因子，说明第一个因子解释了变量的大部分信息，而第二个因子对变量的解释效果不明显，故本例需进行因子旋转，见表 10-7。

表 10-7 成分矩阵 [a]

	成分 1	成分 2
NO_x	0.964	−0.170
NO_2	0.945	0.044
NO	0.906	−0.253
$PM_{2.5}$	0.822	0.430
O_3	−0.767	0.494
CO	0.741	−0.095
SO_2	0.705	0.634

a. 已提取了 2 个成分。

（9）表 10-8 为再生相关性表，上半部分是再生相关矩阵，对角线元素是重新生成的公因子方差；下半部分是计算观察到的相关性和重新生成的相关性之间的残差，本例有 9 个绝对值大于 0.05 的非冗杂残差。

表 10-8　再生相关性表

		SO_2	NO	NO_2	NO_x	CO	O_3	$PM_{2.5}$
再生相关性	SO_2	0.899	0.478	0.693	0.571	0.462	–0.227	0.853
	NO	0.478	0.885[a]	0.845	0.916	0.696	–0.820	0.636
	NO_2	0.693	0.845	0.894[a]	0.903	0.696	–0.703	0.796
	NO_x	0.571	0.916	0.903	0.958[a]	0.731	–0.823	0.720
	CO	0.462	0.696	0.696	0.731	0.559[a]	–0.616	0.569
	O_3	–0.227	–0.820	–0.703	–0.823	–0.616	0.832[a]	–0.418
	$PM_{2.5}$	0.853	0.636	0.796	0.720	0.569	–0.418	0.862[a]
残差	SO_2		–0.044	0.043	–0.019	–0.036	–0.078	–0.105
	NO	–0.044		–0.068	0.063	–0.029	0.104	0.039
	NO_2	0.043	–0.068		–0.016	–0.111	–0.087	–0.046
	NO_x	–0.019	0.063	–0.016		–0.059	0.049	0.015
	CO	–0.036	–0.029	–0.111	–0.059		0.125	–0.022
	O_3	–0.078	0.104	–0.087	0.049	0.125		0.039
	$PM_{2.5}$	–0.105	0.039	–0.046	0.015	–0.022	0.039	

（10）旋转成分矩阵是旋转后的因子载荷矩阵，旋转方法为 Kaiser 标准化的正交旋转法。载荷范围介于–1～1，接近于–1 或 1 的载荷表明因子对变量的影响很强；接近于 0 的载荷表明因子对变量的影响很弱。因子载荷的绝对值<0.3 称为低载荷，≥0.4 称为高载荷。其中第一公因子更能代表 O_3、NO、NO_2、NO_x 和 CO；第二公因子更能代表 SO_2 和 $PM_{2.5}$，见表 10-9。

$$O_3 = -0.909F_1 + 0.077F_2$$
$$NO = 0.872F_1 + 0.352F_2$$
$$NO_x = 0.868F_1 + 0.453F_2$$
$$NO_2 = 0.722F_1 + 0.611F_2$$
$$CO = 0.646F_1 + 0.377F_2$$
$$SO_2 = 0.172F_1 + 0.932F_2$$
$$PM_{2.5} = 0.389F_1 + 0.843F_2$$

表 10-9　旋转成分矩阵

	成分 1	成分 2
O_3	–0.909	–0.077
NO	0.872	0.352
NO_x	0.868	0.453

续表

	成分 1	成分 2
NO_2	0.722	0.611
CO	0.646	0.377
SO_2	0.172	0.932
$PM_{2.5}$	0.389	0.843

（11）旋转空间成分图是旋转后的因子载荷散点图。其中 NO、NO_2、NO_x 和 CO 距离较近，表明它们可由同一个公因子解释；SO_2 和 $PM_{2.5}$ 则可由另一个公因子解释，见图 10-6。

（12）表 10-10 为成分得分系数矩阵表，由此得到最终的因子得分方程。

$$F_1 = -0.301SO_2 + 0.310NO + 0.123NO_2 + 0.265NO_x + 0.181CO - 0.445O_3 - 0.149PM_{2.5}$$
$$F_2 = 0.624SO_2 - 0.103NO + 0.153NO_2 - 0.025NO_x + 0.011CO + 0.324O_3 + 0.466PM_{2.5}$$

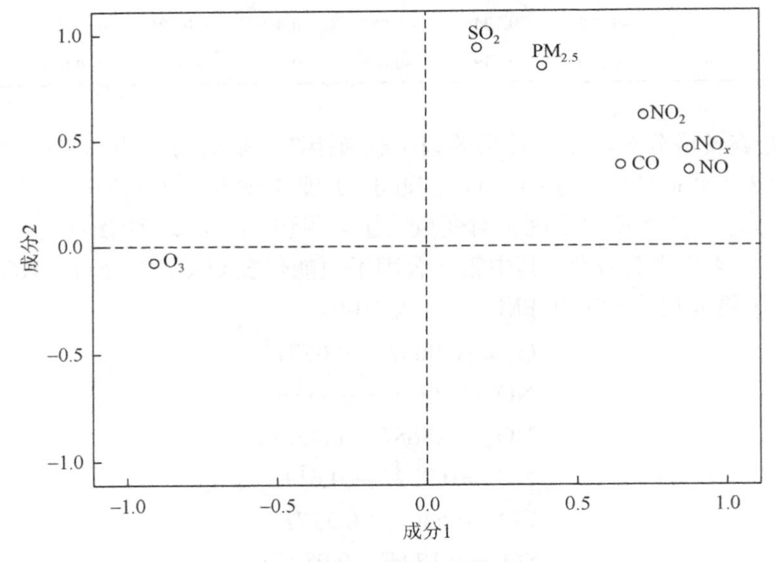

图 10-6　旋转空间成分图

表 10-10　成分得分系数矩阵表

	成分 1	成分 2
SO_2	−0.301	0.624
NO	0.310	−0.103
NO_2	0.123	0.153
NO_x	0.265	−0.025

续表

	成分 1	成分 2
CO	0.181	0.011
O_3	−0.445	0.324
$PM_{2.5}$	−0.149	0.466

综上所述，第一公因子 F_1 支配了 NO、NO_x、CO、O_3，第二公因子 F_2 支配了 SO_2、NO_2、$PM_{2.5}$，故可将 7 个变量指标分为两类。结合本例的分析表明，大气中 $PM_{2.5}$ 的浓度与 SO_2 和 NO_2 的浓度有极大的相关性，而 SO_2 和 NO_2 等酸性气体主要是由化石燃料燃烧和机动车尾气排放产生，这对源头控制空气污染有重要理论意义。

10.3 对应分析

对应分析（correspondence analysis，CA）是一种流行的数据分析方法，由法国统计学家让-保罗·贝内泽（Jean-Paul Benzécri）于 1970 年提出。他将因子分析中的 R 型因子分析和 Q 型因子分析结合，同时研究变量、样品及变量和样品之间的相互关系，因此对应分析又称 R-Q 分析。对应分析的基本思想是将联列表中行和列元素的比例结构以点的形式呈现在低维空间。由于变量中的样品因素与样品中的变量因素在各自的总方差中贡献相同，因此可采用相同的因子轴同时反映变量与样品间的关系信息，继而进行分类与解释。对应分析在生态环境领域应用广泛，对探寻不同类别环境因素的相互联系方面效果显著。

对应分析的基本步骤如下：

（1）设原始变量有 M 个样本，每个样本包含 n 个指标，表示为

$$X=[x_{ij}]=\begin{bmatrix} x_{11} & x_{12} & \cdots & x_{1n} \\ x_{21} & x_{22} & \cdots & x_{2n} \\ \vdots & \vdots & & \vdots \\ x_{m1} & x_{m2} & \cdots & x_{mn} \end{bmatrix}$$

式中，$i=1,2,\cdots,m;\ j=1,2,\cdots,n$

（2）对 X 进行变换，得到过渡矩阵 $Z=[z_{ij}]_{mn}$。

$$z_{ij}=\frac{x_{ij}-\dfrac{x_i\cdot x_j}{T}}{\sqrt{x_i\cdot x_j}}$$

式中，$i=1,2,\cdots,m;j=1,2,\cdots,n$；$x_i,x_j,T$ 分别代表 X 的行和、列和及总和。

（3）对过渡矩阵进行因子分析。

R 型因子分析：计算变量协方差矩阵 $A = Z'Z$ 的特征根、单位特征向量及因子载荷，利用前两个公因子的因子载荷绘制变量的二维因子载荷平面图。

Q 型因子分析：样品协方差矩阵 $B = ZZ'$ 与变量协方差矩阵有相同的非零特征根，计算得到其对应的单位特征向量和因子载荷，利用前两个公因子的因子载荷绘制样品的二维因子载荷平面图。

与因子分析不同，对应分析并未涉及统计检验，结果仅以图的形式展现，且维度的选择由分析人员决定，受人为因素的影响较大，本质上为一种描述性统计方法。它适用于分析包含较多分类变量的数据，直观地呈现变量类别信息，且分类变量越多，优势越明显。

✧ **例 10-2**　试用对应分析法分析我国六大流域水质分布情况（数据来源于全国环境监测总站 http: /www.cnemc.cn/csszzb2093030. jhtml）。

SPSS 分析过程：

（1）打开数据文件例 10-2 水质.sav。

（2）对数据文件进行处理。对应分析要求变量必须为名义变量，当有频率变量存在时，需先作加权处理。具体方法为点击【数据（D)】→【加权个案（W）...】按钮，打开加权个案主对话框，将【断面数】导入【频率变量（F)：】选项栏，点击【确定】按钮。

（3）依次选择【分析（A)】→【降维】→【对应分析（C）...】选项，打开对应分析主对话框（图 10-7)。

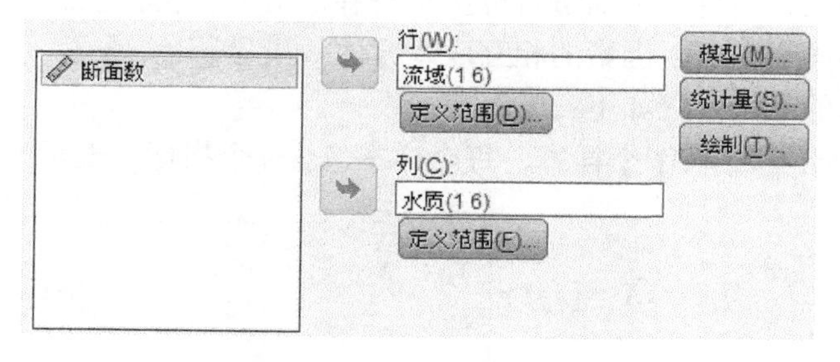

图 10-7　对应分析主对话框

（4）选择行变量为【流域】，点击【定义范围（D）...】按钮，打开定义行范围主对话框（图 10-8)。

（a）【无（N)】：不进行任何约束。

（b）【类别必须相等（C)】：各类别必须具有相同得分，消除列联表中理论频数过少的单元格。适用于类别顺序不理想的情况。相等的行类别的最大值可限定为有效行类别总数减 1。

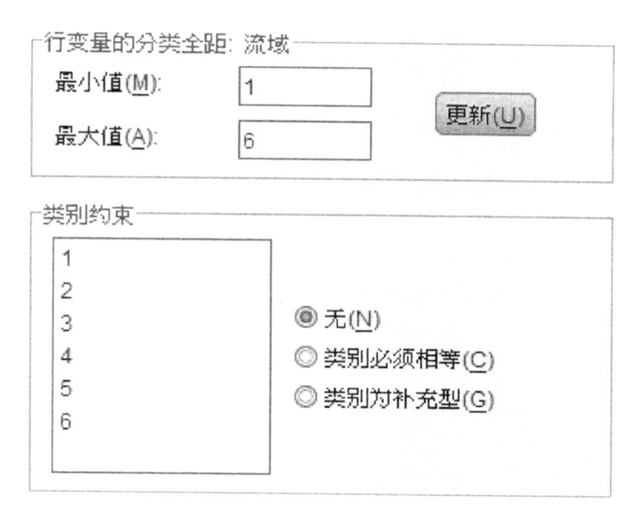

图 10-8　定义行范围主对话框

（c）【类别为补充型（G）】：指定某些分类值不参与分析但会在图形中显示，消除列联表中异常值对分析结果的影响。补充类别不影响分析结果，但会在由活动类别定义的空间中出现，且补充类别对维数的定义不起作用，最大数目等于行类别总数减 2。

（5）依次选择行变量为【流域】，其中最小值为【1】，最大值为【6】；列变量为【水质】，其中最小值为【1】，最大值为【6】，【无】类别约束。点击【继续】→【模型（M）...】按钮，打开模型主对话框（图 10-9）。

（a）【解的维数（D）】：指定对应分析的维数，即公因子的个数。最大维数取决于活动类别数及等式约束的数目。通常采用以下两项中的较小者：活动行类别数减去约束为相等的行类别数，加上受约束的行类别集数；活动列类别数减去约束为相等的列类别数，加上受约束的列类别集数。

（b）【距离度量】：①【卡方（H）】：表示列联表的卡方距离，即加权轮廓距离，权重是行或列的质量。卡方是标准对应分析所必需的度量，适用于分析定序变量或定类变量。②【Euclidean（E）】：表示列联表的欧氏距离，即使用行对和列对之间平方差之和的平方根进行度量，适用于分析定距变量。

（c）【标准化方法】：①【行和列均值已删除（M）】：行和列均为中心，适用于标准对应分析。②【行均值已删除（R）】：以行为中心。③【列均值已删除（O）】：以列为中心。④【使行总和相等，删除均值（W）】：在以行为中心前，使行边距相等。⑤【使列总和相等，删除均值（Q）】：在以列为中心前，使列边距相等。

（d）【正态化方法】：①【对称（S）】：对于每个维度，行得分等于列得分的加权平均值除以对应的奇异值，列得分等于行得分的加权平均值除以对应的奇异值，

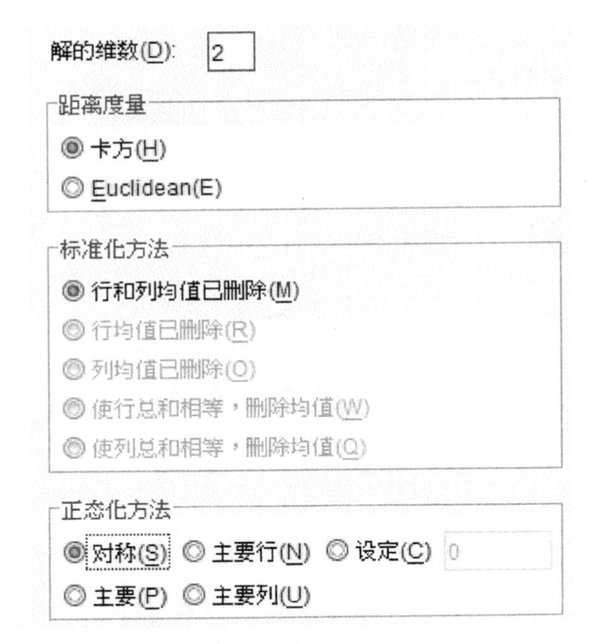

图 10-9 模型主对话框

用于检验两个变量类别之间的差异性或相似性。②【主要（P）】：行点和列点间的距离是所选度量距离的近似值，用于检验一个或两个变量类别间的差别。③【主要行（N）】：行得分是列得分的加权平均值，用于检验行变量类别之间的差异性或相似性。④【主要列（U）】：列得分是行得分的加权平均值，用于检验列变量类别之间的差异性或相似性。⑤【设定（C）】：指定介于–1～1 的值，“–1”表示主要列，“1”表示主要行，“0”表示对称，其他值在不同程度上将惯量分布于行得分和列得分上。

（6）依次选择【卡方】→【行和列均值已删除】→【对称】选项。点击【继续】→【统计量（S）...】按钮，打开统计量主对话框。

（7）依次选择【对应表（C）】→【行点概览（R）】→【列点概览（L）】→【行轮廓表（O）】→【列轮廓表（U）】选项。点击【继续】→【绘制（T）...】按钮，打开图主对话框。

（8）依次选择【双标图】→【显示解中的所有维数】选项。点击【继续】→【确定】按钮，生成对应分析结果。

SPSS 输出结果：

（1）对应表即“流域”和“水质”的交叉表，“有效边际”指各行、列的总计。本例共分析断面数 112 个，按流域分类，包含松花江流域 26 个、辽河流域 10 个、海河流域 9 个、淮河流域 28 个、黄河流域 15 个、长江流域 24 个；按水质分类，包含Ⅰ类 6 个、Ⅱ类 52 个、Ⅲ类 26 个、Ⅳ类 14 个、Ⅴ类 6 个、劣Ⅴ类 8 个，见表 10-11。

表 10-11　对应表

流域	水质						有效边际
	Ⅰ类	Ⅱ类	Ⅲ类	Ⅳ类	Ⅴ类	劣Ⅴ类	
松花江流域	1	10	11	2	1	1	26
辽河流域	1	5	1	1	1	1	10
海河流域	1	3	1	2	1	1	9
淮河流域	1	9	9	7	1	1	28
黄河流域	1	8	1	1	1	3	15
长江流域	1	17	3	1	1	1	24
有效边际	6	52	26	14	6	8	112

（2）由每个单元格中频数与该行个案总数的比值得到行简要表。本例中松花江和淮河流域以Ⅱ类和Ⅲ类水质为主，辽河、黄河和长江流域以Ⅱ类水质为主，海河流域以Ⅱ类和Ⅳ类水质为主，见表 10-12。

表 10-12　行简要表

流域	水质						有效边际
	Ⅰ类	Ⅱ类	Ⅲ类	Ⅳ类	Ⅴ类	劣Ⅴ类	
松花江流域	0.038	0.385	0.423	0.077	0.038	0.038	1.000
辽河流域	0.100	0.500	0.100	0.100	0.100	0.100	1.000
海河流域	0.111	0.333	0.111	0.222	0.111	0.111	1.000
淮河流域	0.036	0.321	0.321	0.250	0.036	0.036	1.000
黄河流域	0.067	0.533	0.067	0.067	0.067	0.200	1.000
长江流域	0.042	0.708	0.125	0.042	0.042	0.042	1.000
质量	0.054	0.464	0.232	0.125	0.054	0.071	

（3）摘要表作用类似于因子分析的总方差表，用于检验每个维度的行得分和列得分及其对分类变异的解释比例。“维数”表示特征值的个数；“奇异值”表示行得分和列得分的相关关系；“惯量”即为特征值，数值上等于奇异值的平方，值越大表示该维度对差异的解释越强；“卡方”表示对列联表作卡方检验得到的观测值；“Sig.”为计算得到的检验值。本例检验值为 0.280，认为行变量和列变量不存在显著的相关关系。第一维度解释了所有分类变异的 58.1%，第二维度解

释了所有分类变异的 27.6%，两个维度共同解释了所有分类变异的 85.7%，说明大部分信息可以由第一、二维度进行描述，见表 10-13。

表 10-13　摘要表

维数	奇异值	惯量	卡方	Sig.	惯量比例		置信奇异值	
					解释	累积	标准差	相关
								2
1	0.385	0.148			0.581	0.581	0.083	0.047
2	0.266	0.071			0.276	0.857	0.088	
3	0.162	0.026			0.102	0.959		
4	0.102	0.010			0.041	1.000		
总计		0.256	28.625	0.280[a]	1.000	1.000		

a. 25 自由度。

（4）表 10-14 中，“质量”表示该类别个案与总个案数目的比值；“维中的得分”表示各行类别在第一、二维度上的得分，也是散点图的坐标值；“惯量”为各类别特征值；“贡献”表示点对维或者维对点变异的解释能力，本例中淮河流域对第一维度影响的差异最大，为 30.7%；海河流域对第二维度影响最大，为 31.9%；第一、二维度对所有流域的解释值（维对点惯量总贡献）均达到 80%以上，说明二维图形可很好地描述“流域”分类间的信息。

表 10-14　概述行点

流域	质量	维中的得分		惯量	贡献				
					点对维惯量		维对点惯量		总计
		1	2		1	2	1	2	
松花江流域	0.232	−0.549	0.465	0.049	0.182	0.189	0.545	0.270	0.816
辽河流域	0.089	0.547	−0.316	0.016	0.069	0.034	0.660	0.152	0.812
海河流域	0.080	0.187	−1.026	0.026	0.007	0.319	0.042	0.871	0.913
淮河流域	0.250	−0.687	−0.332	0.058	0.307	0.104	0.781	0.126	0.906
黄河流域	0.134	0.872	−0.334	0.053	0.264	0.056	0.745	0.076	0.821
长江流域	0.214	0.553	0.609	0.054	0.170	0.299	0.470	0.393	0.863
有效总计	1.000			0.256	1.000	1.000			

（5）本例中III类水质对第一维度影响的差异最大，为 48.2%；Ⅳ类水质对第二维度影响最大，为 41.3%。第一、二维度对所有流域的解释值（维对点惯量总贡献）均达到65%以上，说明二维图形仍能较好地反映“水质”分类间的大部分信息，见表 10-15。

表 10-15　概述列点

水质	质量	维中的得分		惯量	贡献				
					点对维惯量		维对点惯量		总计
		1	2		1	2	1	2	
Ⅰ类	0.054	0.400	−0.586	0.012	0.022	0.069	0.274	0.407	0.681
Ⅱ类	0.464	0.400	0.339	0.046	0.193	0.200	0.618	0.306	0.924
Ⅲ类	0.232	−0.895	0.330	0.083	0.482	0.095	0.860	0.081	0.941
Ⅳ类	0.125	−0.661	−0.937	0.058	0.142	0.413	0.365	0.507	0.871
Ⅴ类	0.054	0.400	−0.586	0.012	0.022	0.069	0.274	0.407	0.681
劣Ⅴ类	0.071	0.866	−0.754	0.044	0.139	0.153	0.464	0.243	0.707
有效总计	1.000			0.256	1.000	1.000			

（6）散点图反映了变量间各分类值的位置关系，相邻区域内的分类值彼此之间有关联，且距离越近其关系越密切。本例中长江和松花江流域分别以Ⅱ类和Ⅲ类水质为主；淮河流域以Ⅲ类和Ⅳ类水质为主；黄河、辽河及海河流域水质跨度范围大，见图 10-10。

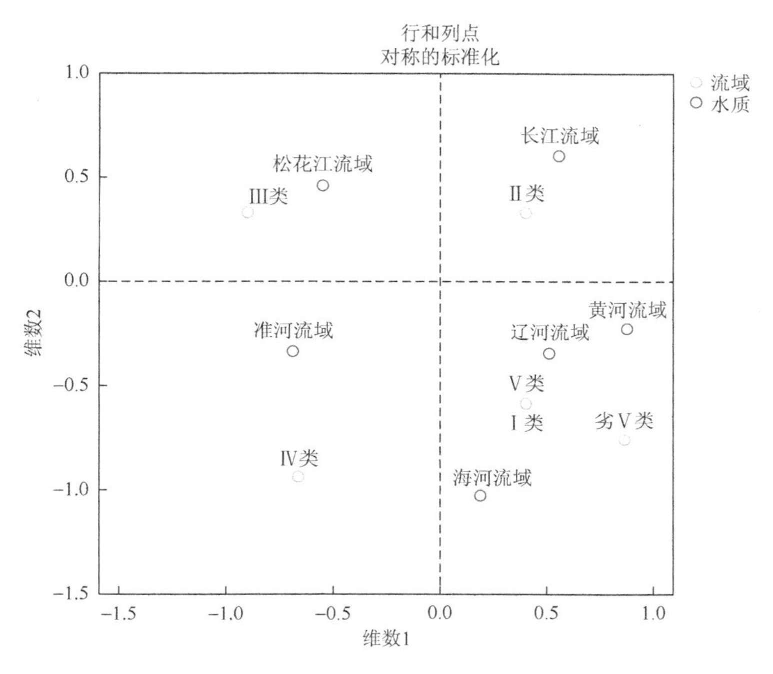

图 10-10　行与列点散点图

10.4　最优尺度分析

最小二乘法的最优尺度分析（optimal scaling by alternating least squares）是由美国气象学家朱尔·格雷戈里·查尼（Jule Gregory Charney）于 1948 年提出，用于解决对分类变量进行量化的问题。其基本原理是在保证变换后的各变量间存在线性关系的条件下，采用非线性变换方法进行重复迭代过程，找出每个类别的最佳量化评分并以此替代原始变量进行后续分析。SPSS 的最优尺度分析可进行多重对应分析（multiple correspondence analysis，MCA）、分类主成分分析（categorical principal components analysis，CATPCA）及非线性典型相关分析（nonlinear canonical correlation analysis，OVERALS）。

10.4.1　最优尺度分析操作方法

依次选择【分析（A）】→【降维】→【最优尺度（O）...】选项，打开最佳尺度主对话框（图 10-11）。

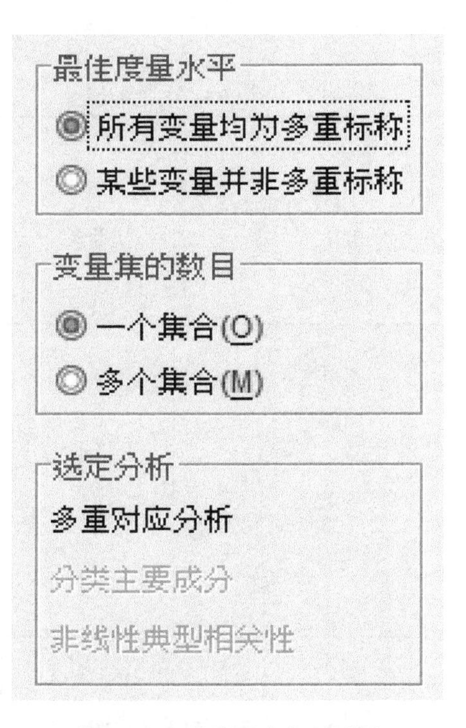

图 10-11　最佳尺度主对话框

（1）【所有变量均为多重标称】：表示所有变量均为不同维度下的分类变量。

（2）【某些变量并非多重标称】：表示变量中含有非分类变量。

（3）【一个集合（O）】：数据仅包含一组变量，是对应分析的简单扩展，用于分析多个分类变量的关系。

（4）【多个集合（M）】：数据包含多组变量，用于分析不同集合变量之间的相关性。

10.4.2　多重对应分析

简单对应分析只适用于研究两个分类变量间的关系，当分类变量超过两个时，应采用多重对应分析（multiple correspondence analysis，MCA）。其基本原理是通过分析变量间的交互汇总表揭示各类别间的对应关系。多重对应分析在环境领域的应用主要集中于健康风险评估方面。在研究分类变量间的关系时，有多重对应分析、卡方检验和 Pearson 列联系数等方法。卡方检验和 Pearson 列联系数只能用于简单地揭示较少个数变量间有无关联，且很难得到变量内部之间的信息。多重对应分析可通过因子载荷图的形式，直观地反映多个变量内部及变量间的对应关系。但由于其仅用一张 MCA 关联图来表示大量的组别及变量信息，导致各分类点在关联图中交叉重合，影响结果的判断，且多重对应分析没有固定的判别标准，受人为因素影响较大，对专业知识方面要求较高。

✧ **例 10-3**　对例 10-2 的信息做进一步分析，从所有断面中随机选取 36 个断面，综合考虑 COD_{Mn}、NH_3-N、BOD_5 和 DO 指标，试对其进行多重对应分析。

SPSS 分析过程：

（1）打开数据文件例 10-3 水质指标.sav。

（2）在最佳尺度主对话框中，依次选择【所有变量均为多重标称】→【一个集合（O）】选项，点击【定义】按钮，打开多重对应分析主对话框（图 10-12）。

（3）选择所有 5 个变量作为分析变量，点击【离散化（C）...】按钮，打开离散化主对话框。

（4）对所有变量选择【未指定】离散化方法。点击【取消】→【缺失（M）...】按钮，打开缺失值主对话框。

（5）对所有变量选择【排除缺失值】→【众数（O）】模式。点击【取消】→【选项（I）...】按钮，打开选项主对话框（图 10-13）。

【正态化方法】：设定对象标准化得分的正态化方法。

（a）【主要变量】：可优化变量间的关联性，对象空间中的变量坐标为成分载荷。

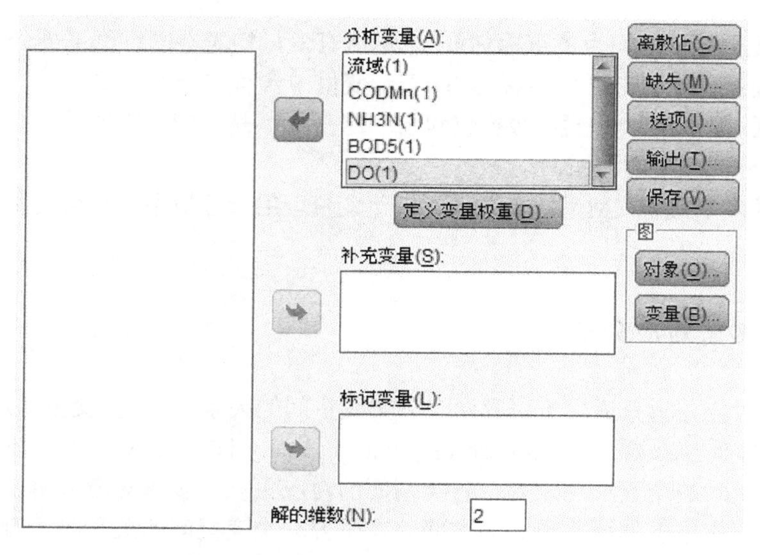

图 10-12　多重对应分析主对话框

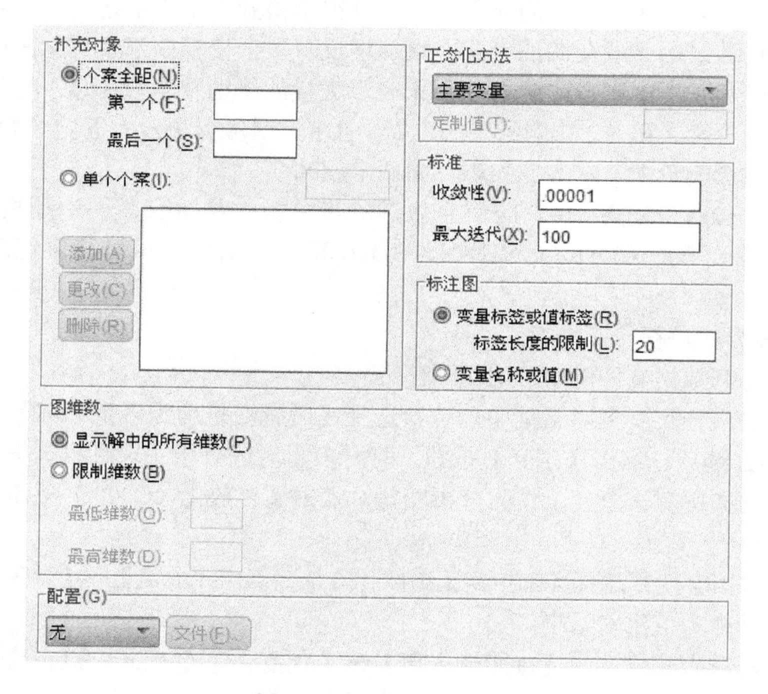

图 10-13　选项主对话框

(b)【主要对象】：可优化对象间的距离，用于了解对象间的区别或相似性。

(c)【对称】：同一般对应分析中的对称法，用于了解对象与变量之间的关系。

(d)【因变量】：检查对象间的距离及变量间的相关性。

(e)【设定】：指定介于–1 和 1 的“定制值（T）”而将惯量特征值分布于对象和变量上，其中“–1”相当于主要变量，“0”相当于对称，“1”相当于主要对象。

(6) 默认【选项】中所有选项。点击【继续】→【输出（T）...】按钮，打开输出主对话框。

(7) 依次选择【区分测量（S）】→【转换变量的相关性（E）】选项。点击【继续】→【保存（V）...】按钮，打开保存主对话框。

(8) 本例不保存任何项。点击【继续】→【对象（O）...】按钮，打开对象图主对话框。

(9) 依次选择【对象点（O）】→【个案号（C）】选项。点击【继续】→【变量（B）...】按钮，打开变量图主对话框（图 10-14）。

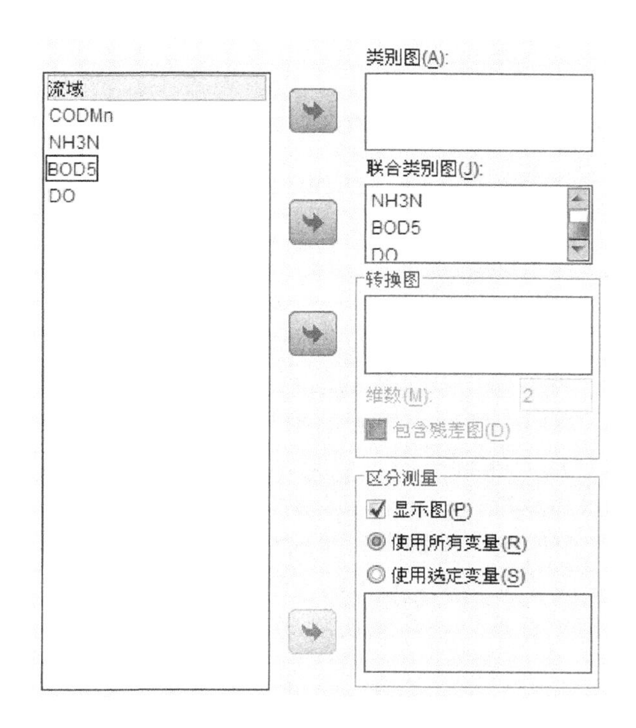

图 10-14　变量图主对话框

(a)【类别图（A）】：绘制选中变量的质心坐标图。

(b)【联合类别图（J）】：绘制选中变量质心坐标的单图。

(c)【转换图】：绘制最优类别量化与类别指示符的比较图，可选择在指定“维数（M）”的每一维度分别生成一个图，也可选择“包含残差图（D）”绘制选中变量的残差图。

（d）【区分测量】：绘制选中变量区分测量的单图，可选择“使用所有变量（R）”或“使用选定变量（S）”生成单图。

（10）将本例中5个变量全部选入【联合类别图（J）】选项栏，选择“所有变量”生成单图。点击【继续】→【确定】按钮，生成多重对应分析结果。

SPSS 输出结果：

（1）表10-16为模型汇总表，包含各个维度的特征值、惯量及方差的百分比信息。其中第一维度的特征值为2.651，惯量为0.530，方差的百分比为53.020%；第二维度的特征值为2.222，惯量为0.444，方差的百分比为44.442。两个惯量累计达到0.975，说明所有变量和维度的关系十分密切。

表10-16　模型汇总表

维数	Cronbach α	解释		
		总计（特征值）	惯量	方差的百分比/%
1	0.778	2.651	0.530	53.020
2	0.687	2.222	0.444	44.442
总计		4.873	0.975	
均值	0.737	2.437	0.487	48.731

（2）类别点联合图可直观地反映变量间各分类值的位置关系。从图形中心（0，0）出发，若变量中某个类别的点与其他变量中某个类别的点在同一方位上距离较近，表明二者间有较强的相关性；若距离较远或不在同一方位，表明两者相关性较弱。本例中海河、黄河及辽河流域水质状况相似，BOD_5和DO达到Ⅲ类水质标准，COD_{Mn}接近Ⅳ类水质标准，NH_3-N达到Ⅰ类水质标准；长江、淮河及松花江流域水质状况相似，BOD_5和DO达到Ⅰ类水质标准，NH_3N达到Ⅱ类水质标准，COD_{Mn}接近Ⅲ类水质标准。总体来说，各流域水质基本达到Ⅲ类标准以上，水质状况良好，但个别地区存在严重超标现象，见图10-15。

（3）辨别度量表是对模型汇总表的具体展开，记录了每个变量在各个维度的特征值信息。对同一变量在两个维度的特征值比较中看出，除流域外，各变量在两个维度的区分度较高，见表10-17。

（4）对于同一变量，辨别度量越大表示变量在这一维度上的分散性越大，即变量在该维度上有较高的区分度；对于不同变量，夹角越小表示两个变量间的性质越接近。本例中COD_{Mn}、NH_3-N及DO在第一维度上有较大的辨别度量，说

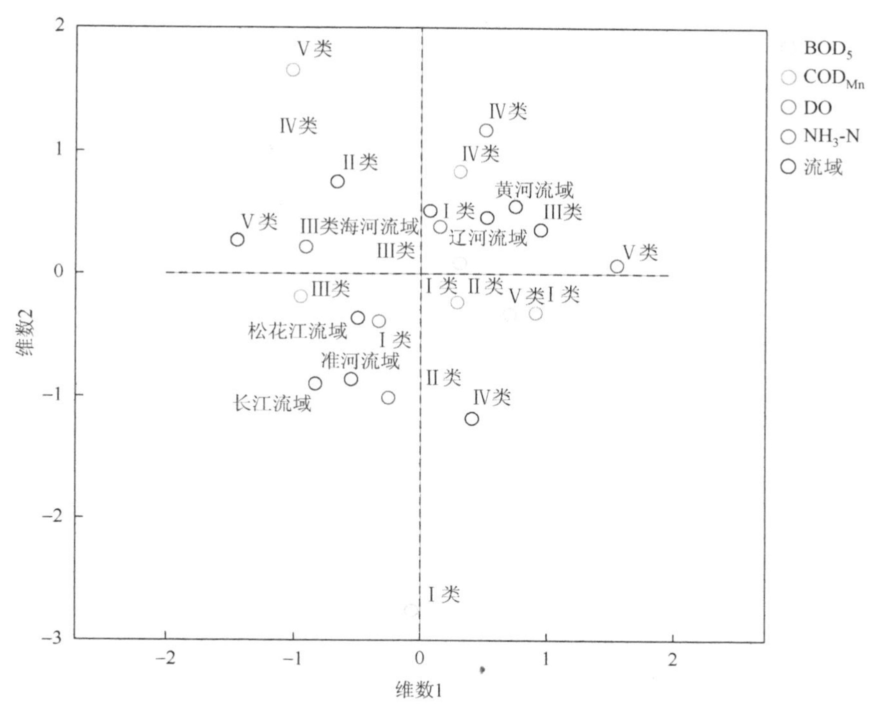

图 10-15　类别点联合图

表 10-17　辨别度量表

	维数		均值
	1	2	
流域	0.356	0.387	0.372
COD_{Mn}	0.541	0.286	0.413
NH_3-N	0.728	0.506	0.617
BOD_5	0.350	0.583	0.467
DO	0.677	0.459	0.568
有效总计	2.651	2.222	2.437
方差的百分比/%	53.020	44.442	48.731

明这三个变量的类别属性在第一维度上有较高的区分度和分散度；BOD_5 在第二维度上有较大的辨别度量，说明其在第二维度上有较高的区分度和分散度；流域在两个维度的区分效果均不明显。NH_3-N 和 DO 具有相似的属性，说明两者之间存在一定的联系，BOD_5 和 COD_{Mn} 性质相差较大，彼此之间相关性较小，见图 10-16。

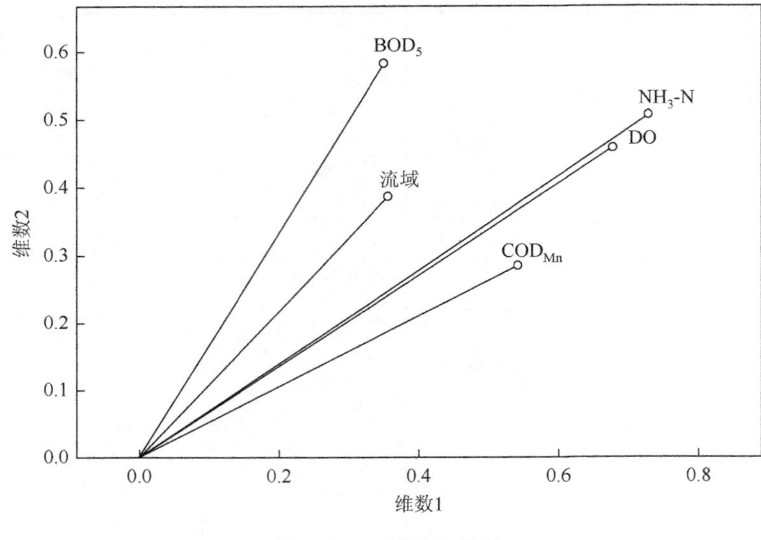

图 10-16　辨别度量图

主要变量标准化

（5）在对象点图中，带有相似属性的对象在图中位置接近，属性相差较大的对象彼此远离，对特殊点的判断极为有效。本例中 6 号、7 号、17 号、26 号、32 号、34 号及 35 号位点同绝大部分位点相距较远，且它们彼此之间也存在较大的差异，说明这些位点的水质状况特殊，需特别注意，见图 10-17。

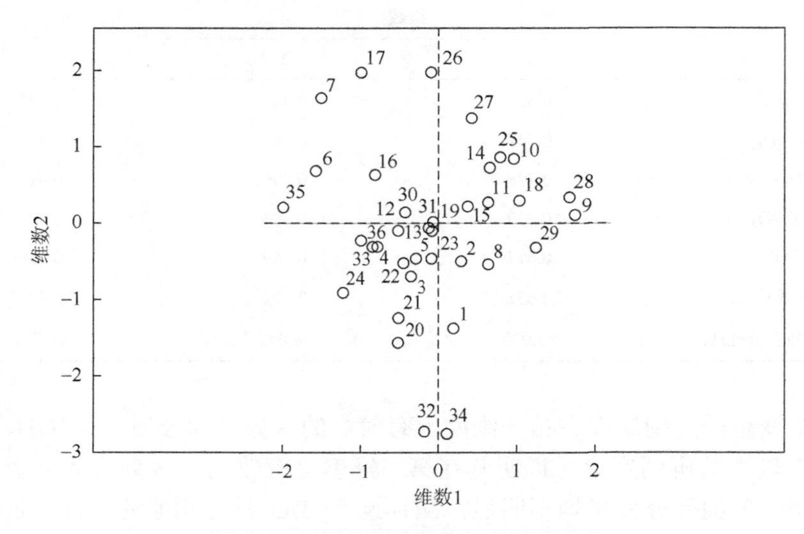

图 10-17　按案例数加注标签的对象点

主要变量标准化；按 NH_3-N 加权的案例

综上所述，多重对应分析在对特殊位点的排查方面较一般对应分析有显著优势，因此加强两者的结合分析对水质指标管控工作具有重要帮助。

10.4.3　分类主成分分析

分类主成分分析法（categorical principal components analysis，CATPCA）是在主成分分析的基础上，对分类变量进行降维处理的统计学方法。其基本原理是通过最优尺度变换将变量间的相关性转换为线性关联，用转换后的量化评分代替原变量进行主成分分析，最后将分析结果映射回原始类别。分类主成分分析适用范围广，对变量所服从的分布类型也没有特定要求。但是由于其本质仍然是主成分分析，因此无法用统计检验的方法对结果加以验证。

✧ **例 10-4**　为了更好地宣传环保知识，提高公众的环保意识，某组织随机对一所小区的 100 名居民进行环境知识问卷调查，最终将调查结果分为 5 类，1（非常了解，时常关注当下最新消息）、2（了解大部分内容，具备一定的环境常识）、3（半知半解，偶尔关注相关信息）、4（了解少部分内容，被动接受信息）、5（不了解，不关心），保存于文件例 10-4 环境知识调查问卷.sav，试对这 5 种结果进行分类主成分分析。

SPSS 分析过程：

（1）打开数据文件例 10-4 环境知识调查问卷.sav。

（2）在最佳尺度主对话框中，依次选择【某些变量并非多重标称】→【一个集合】选项，点击【定义】按钮，打开分类主成分分析主对话框。

（3）后续操作流程同 10.4.2 小节，生成分类主成分分析结果。

SPSS 输出结果：

（1）表 10-18 为模型汇总表，其中第一维度方差的百分比为 35.905%，第二维度方差的百分比为 28.828%，两个维度的方差百分比累积达到 64.733%，说明两个主成分可解释所有变量 64.733%的信息，适合进行分类主成分分析。

表 10-18　模型汇总表

维数	Cronbach α	解释	
		总计（特征值）	方差的百分比/%
1	0.405	1.436	35.905
2	0.177	1.153	28.828
总计	0.818	2.589	64.733

（2）表 10-19 为成分负荷表，其中第一成分主要解释水方面知识（0.708）和大气方面知识（0.664），第二成分主要解释固废方面知识（0.725）。

表 10-19 成分负荷表

	维数	
	1	2
水方面知识	0.708	–0.328
大气方面知识	0.664	0.403
土壤方面知识	0.565	–0.598
固废方面知识	0.418	0.725

（3）成分负荷图可直观地描述主成分和变量之间的关系、每个变量在每个主成分中的相关性，以及变量之间的相关性。本例中维数 1 主要解释了水方面知识和大气方面知识，维数 2 主要解释了固废方面知识。4 种变量之间相关性不强，说明对环保概念总体比较模糊，见图 10-18。

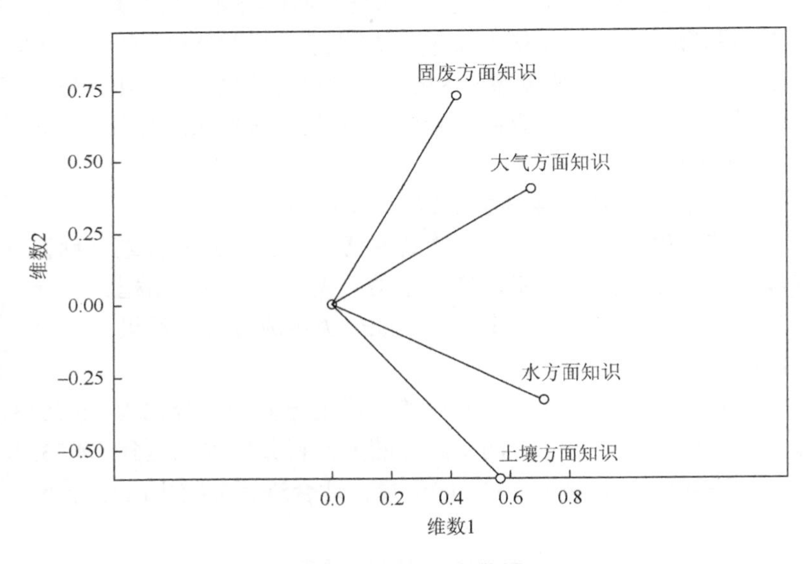

图 10-18 成分负荷图

10.4.4 非线性典型相关分析

在实际应用中，环境数据类别较多，变量复杂，且很难呈现出正态分布的形式，相关系数较小，因此采用典型相关分析效果并不理想。针对这种非线性的数据关系，较好的分析方法是非线性典型相关分析（nonlinear canonical correlation analysis，OVERALS）。该方法基于核理论的思想，通过非线性映射的方法将原始变量映射到高维空间，再利用线性算法间接地实现原始变量的求解。非线性典型相关分析对数据要求较低，在探究变量的组间及组内整体相关性方面极为有效，为环境数据分析提供了新思路。

✧ **例 10-5**　对例 10-3 的信息做进一步补充，将每个断面在所属流域的位置进行描述（1-上游，2-中游，3-下游），试对流域、地区和 COD_{Mn} 或 NH_3-N 的关系进行非线性典型相关分析。

SPSS 分析过程：

（1）打开数据文件例 10-5 流域位置.sav。

（2）在最佳尺度主对话框中，依次选择【某些变量并非多重标称】→【多个集合】选项。点击【定义】按钮，打开非线性正态协变量分析主对话框（图 10-19）。

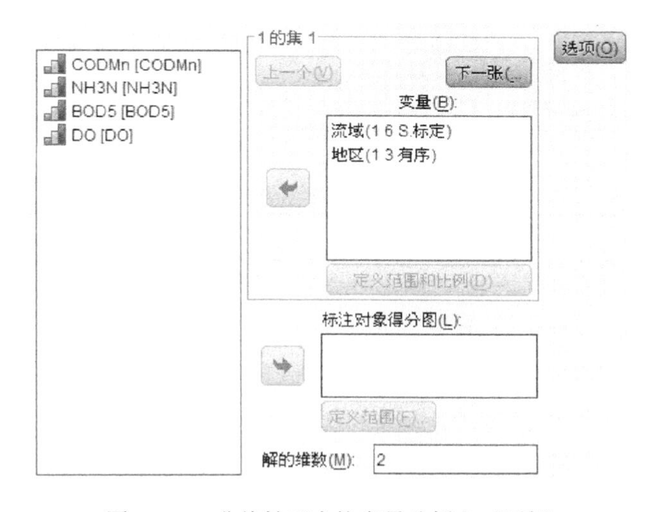

图 10-19　非线性正态协变量分析主对话框

（3）依次选择变量【流域】→【地区】选项。点击【定义范围和比例（D）...】按钮，打开定义范围和比例主对话框。

（4）选择流域范围为【1、6】，度量标度为【单标定（S）】；选择地区范围为【1、3】，度量标度为【序数（O）】。点击【下一张】按钮，依次选择变量【COD_{Mn}】→【NH_3-N】选项，其中 COD_{Mn} 范围为【1、5】，度量标度为【序数】；NH_3-N 范围为【1、5】，度量标度为【序数】。点击【选项】按钮，打开选项主对话框。

（5）依次选择【频率（F）】→【质心（C）】→【权重和成分载入（W）】→【单拟合和多拟合（G）】→【类别坐标（S）】选项。点击【继续】→【确定】，生成非线性典型相关分析结果。

SPSS 输出结果：

（1）边际频率表中显示了各变量的边际频率，见表 10-20～表 10-23。

（a）集合 1：

表 10-20　流域边际频率

	边际频率
松花江流域	6
辽河流域	6
海河流域	6
淮河流域	6
黄河流域	6
长江流域	6
缺失	0
集合内的缺失值	0

表 10-21　地区边际频率

	边际频率
上游地区	6
中游地区	13
下游地区	17
缺失	0
集合内的缺失值	0

（b）集合 2：

表 10-22　COD_{Mn} 边际频率

	边际频率
Ⅰ类	8
Ⅱ类	9
Ⅲ类	11
Ⅳ类	5
Ⅴ类	3
缺失	0
集合内的缺失值	0

表 10-23　NH_3-N 边际频率

	边际频率
Ⅰ类	9
Ⅱ类	12
Ⅲ类	9
Ⅳ类	3
Ⅴ类	3
缺失	0
集合内的缺失值	0

（2）第一维度中权重和成分负荷较大的变量为流域，第二维度中权重和成分负荷较大的变量为地区，而 COD_{Mn} 和 NH_3-N 在第一维度和第二维度的权重和成分负荷值相当，说明黄河和长江流域易发生 COD_{Mn} 和 NH_3-N 超标情况，且下游地区格外严重，见表 10-24 和表 10-25。

表 10-24　权重

集合		维数	
		1	2
1	流域	0.931	−0.149
	地区	0.124	0.709
2	COD_{Mn}	−0.750	0.465
	NH_3-N	−0.752	−0.463

表 10-25　成分负荷

集合		维数	
		1	2
1	流域[a, b]	0.941	−0.093
	地区[b, c]	0.198	0.697
2	COD_{Mn}[b, c]	−0.598	0.559
	NH_3-N[b, c]	−0.601	−0.557

a. 最佳刻度水平：单定类；
b. 对象空间中单一量化变量的投影；
c. 最佳刻度水平：序数。

（3）第一维度中流域的多拟合度和单一拟合度均较高，第二维度中地区的多拟合度和单一拟合度均较高，COD_{Mn} 和 NH_3-N 在两个维度中的多拟合度和单一拟合度相当，结果与权重表类似，见表 10-26。

表 10-26　拟合表

集合		多拟合度			单一拟合度			单一损耗		
		维数		和	维数		和	维数		和
		1	2		1	2		1	2	
1	流域[a]	0.867	0.033	0.899	0.866	0.022	0.899	0.000	0.011	0.011
	地区[b]	0.015	0.504	0.519	0.015	0.502	0.517	0.000	0.002	0.002
2	COD_{Mn}[b]	0.565	0.224	0.788	0.562	0.217	0.779	0.003	0.007	0.010
	NH_3-N[b]	0.571	0.256	0.828	0.565	0.214	0.780	0.006	0.042	0.048

a. 最佳刻度水平：单定类；

b. 最佳刻度水平：序数。

（4）多类别坐标图可直观地描述两集合元素间的关系，但不能比较同一集合内的变量，坐标图上各分类值距离的远近表示彼此联系的密切程度。本例中黄河流域和辽河流域 NH_3-N 和 COD_{Mn} 污染现象严重，其他流域水质状况良好。下游地区易发生 COD_{Mn} 超标情况，上游和中游地区易发生 NH_3-N 超标情况，见图 10-20。

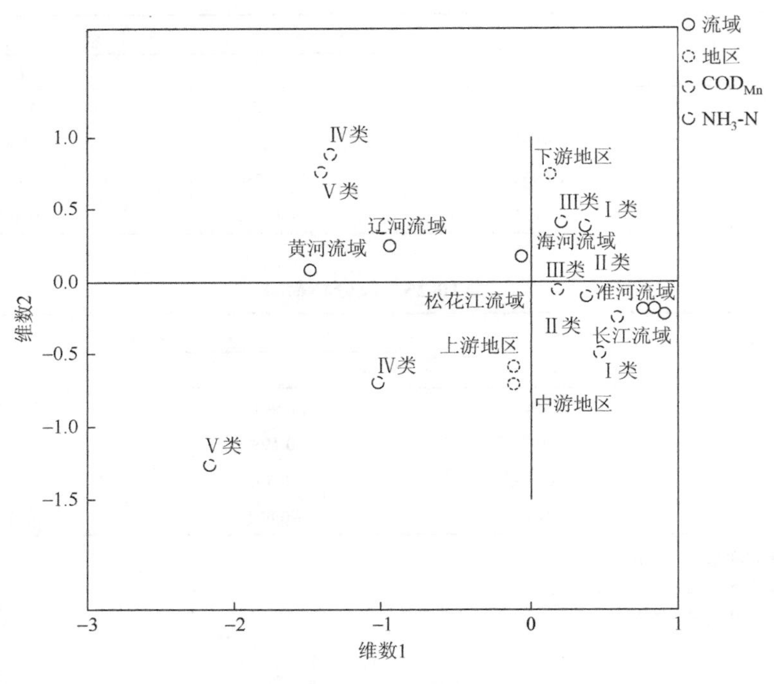

图 10-20　多类别坐标图

第 11 章　环境数据尺度分析

环境数据尺度分析方法是针对不同环境样本或变量进行定位直观分析，符合调查者对特定环境的评价要求和调查所得环境数据可靠性的统计方法。其中，主要可分为信度分析和多维尺度分析。信度分析主要用于检验环境调查结果的一致性和稳定性；多维尺度分析主要用于考量不同研究对象（如环境指标）之间的相似性或相异性程度。

11.1　信 度 分 析

量表（调查问卷）是用来收集数据的一种常用方式，在环境调查中经常使用。在环境调查中，量表使用的目的是对环境中调查对象的某一特征进行了解，由此，在设计量表时需要围绕这一特征开展。量表设计的优劣与结果的稳定性和可靠性直接相关。若量表中的项目无法体现所需要的调查特征，说明量表的可靠性低。

量表的可靠性可通过信度分析进行衡量，因此信度分析也称可靠性分析，是对某种调查结果一致性和稳定性的判定指标。信度越高表示测量结果越可靠。信度分析主要有两大特征：①一致性，即内在信度，主要考察量表中项目之间是否具有较高的内在一致性。一致性程度越高，各项目的目的性越统一。②稳定性，即外在信度，在不同时间点用相同的量表对相同调查对象进行重复测验时，所得结果的一致性越相近，说明稳定性越高。

信度分析的方法主要包括：①克朗巴哈 α 系数信度法，是最常用方法之一，用于测定各项目间的相关性，以检测量表的内在信度。②折半信度法，常用于检测量表项目之间内在一致性。基本分析过程是利用奇偶分组法将量表分成两组后计算两部分的相关性，再进一步获取折半系数，该系数测量的是量表两个部分的一致性。③重测信度法，主要用于测定量表的稳定性。基本分析过程是用同样的量表对同批调查对象在设立的间隔时间前后进行两次重复测试，计算两次结果的相关系数，相关程度越高表明稳定性越好。④复本信度法，主要用于测定量表结果的等值性。基本分析过程是让调查对象同时填写两份量表复本，其中两份量表复本仅在表达方式上有所区别。然而这种方法在实际调查中实施难度较大。

信度系数是用来计算项目间的信度估计，信度系数可用下列公式表示：

$$R_{xx} = \frac{S_{\mathrm{T}}^2}{S_x^2}$$

式中，R_{xx}为测量的信度；S_T^2为真值的方差；S_x^2为测量值的方差。此公式是用于估计一组待测数据中实际测量值与真值的差异程度。

然而实际数据分析过程中，通常只能获得实际测量值及方差，真值及其方差是无法获得的。因此在统计上通常将两组变量之间相关系数表示为信度系数，根据不同的系数对上述公式进行修正。信度系数与可靠性程度之间具有相应关系（表 11-1）。信度系数小于 0.7 时，说明量表的设计存在问题，需要剔除部分相关性较弱的项目；在 0.7～0.8 时，说明量表中某些项目需进一步修改；在 0.8～0.9 时，说明量表设计合格；信度系数大于 0.9 时，说明量表的信度较好。

表 11-1　信度系数与可靠性程度关系

信度系数	可靠性程度
＜0.7	较低，项目相关性较弱
0.7～0.8	低，项目需修改
0.8～0.9	合格
＞0.9	较好、可靠

SPSS 信度分析的基本原理是对量表中各项目之间的内在一致性进行考量。初步的信度分析主要包括：各个项目基本的统计信息的获取，各项目间简单相关系数的计算，删除某项目后其余项目间相关系数的计算，进一步采用不同信度系数分析量表的内在信度或外在信度。

近年来队列研究成为环境学领域的研究热点，能为研究者提供系统的环境因子以及完整的结局信息，并揭示多种暴露因素与不良结局之间的关系，为动态追踪污染物低剂量长期暴露和生命早期暴露对整个生命阶段的影响提供重要统计信息。该研究需要全面的大量数据，包括职业、生活地点、营养状况、体重情况、行为因素、环境因素、医疗情况等。相关数据主要利用随访与问卷调查获得，通过编制调查表进行数据分析。此外，其余流行病学研究、暴露研究等均需可靠性的问卷来保证研究的科学性和严谨性。基于大量调查问卷结果，通常采用软件进行信度分析。具体方法是利用数据录入软件整理调查问卷数据，进而采用统计分析软件进行信度分析。通常在资料录入过程中注意用数字替代不同的问题选项，如某问题中选项 A、B、C、D 可替换为 1、2、3、4。此外，若选项中具有等级关系，数字顺序与选项顺序应保持一致，如每天接触、经常接触、较少接触、不接触，可替换为 1、2、3、4 且数字顺序不能改变。某些数据录入软件可进行逻辑与一致性检查，支持多人同时操作录入，以确保数据录入的快速性与准确性。

✧ **例 11-1**　为调查孕前母亲的环境暴露与学龄前儿童发育影响关联，设立调查问卷追访孕前母亲的环境暴露情况（数据文件：例 11-1 信度分析.xls），利用可靠性分析对调查问卷结果信度进行分析。

数据描述：

例题包含 5 个调查问题，119 位调查对象。每行代表一个单独研究对象，每列代表一种调查项目。调查问题分别为“上夜班”“使用化妆品”“养宠物”“工作环境嘈杂”“使用手机”。被调查者对每个调查的问题作出“是”或“否”的答复。对调查问卷结果进行可靠性分析。

SPSS 分析流程：

（1）打开数据文件例 11-1 信度分析. sav。

（2）单击【变量视图】，建立变量（即调查的问题），分别为“上夜班”“使用化妆品”“养宠物”“工作环境嘈杂”“使用手机”，共 5 个变量。对接触变量进行赋值（0＝无，1＝有）。

（3）在菜单栏中依次选择【分析（A）】→【度量（A）】→【可靠性分析（R）...】，打开可靠性分析主对话框，将“上夜班”“使用化妆品”“养宠物”“工作环境嘈杂”“使用手机”选入【项目（I）】框中，如图 11-1 所示。

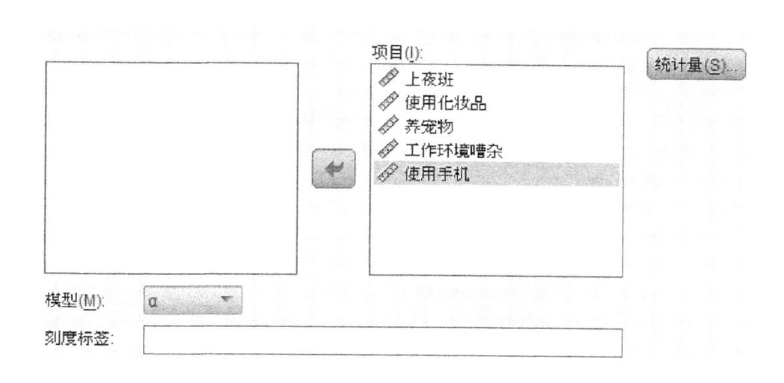

图 11-1　可靠性分析主对话框

【项目（I）】：列表框中的数据应是可度量的，且由于可靠性分析主要是考察项目之间的一致性，因此至少需要选择两个或以上的变量进入【项目（I）】列表框中。

（4）在可靠性分析主对话框中下拉【模型（M）】列表框选择【α】模型。

【模型（M）】：用于指定需要使用的信度模型以及对应的系数，分别包括【α】、【Cuttman】、【平行】、【严格平行】。

（a）【α】：Cronbach α 系数模型。Alpha（Cronbach）模型用于计算基于平均项之间的相关性，从而探究内部一致性。α 系数的表达公式如下：

$$\alpha=\left(\frac{n}{1-n}\right)\left(1-\frac{\sum_{i=1}^{n}S_i^2}{S_x^2}\right)$$

式中，n 为测量的项目个数；S_i^2 为第 i 个项目测量值的方差；S_x^2 为全部项目测量值的方差。α 系数与项目个数 n 存在相关性，随项目数增多，信度系数增大。

【折半】折半信度模型。折半模型将研究项目分割成两个部分，计算这两个部分的测量值之间的相关性。①SPSS 中采用前后分半方法进行计算，折半系数表达公式如下：

$$R_{xx} = \frac{(S_x^2 - S_1^2 - S_2^2)/2}{S_1^2 S_2^2}$$

式中，S_1^2、S_2^2 分别为前后两个部分的方差，且前半部分的项目个数为 $(n-1)/2$。②若对量表采用奇偶分半方法，具体公式如下（Spearman-Brown）：

$$R_{xx} = \frac{2R_{yy}}{1+R_{yy}}$$

式中，R_{yy} 为两个部分变量测量值间的相关系数，其余与上述相同。此计算公式适用于两部分项目个数相同、结果平均值与方差相近的情况。为保证信度系数的准确性，项目数应大于 10。

（b）【Cuttman】：Cuttman 系数模型。Cuttman 模型是通过计算 Cuttman 的下界以进行可靠性分析。当量表中仅存在客观题时，可用此模型。Cuttman 系数的表达公式如下：

$$R_{xx} = \left(\frac{n}{1-n}\right)\left(1 - \frac{\sum_{i=1}^{n} a_i b_i}{S_x^2}\right)$$

式中，a_i 为第 i 个项目的正确率；b_i 为第 i 个项目错误率；其余与上述相同。

（c）【平行】：平行测量的信度模型。此模型是基于所有测量项目中具有同等的方差，并且重复项之间具有同等的误差方差。

（d）【严格平行】：在平行测量模型的基础上，假定所有项目测量具有同等的均值进行分析。

（5）单击【统计量】，打开统计量对话框，在【描述性】栏中依次选择【项（I）】→【度量（S）】→【如果项已删除则进行度量（A）】；在【项之间】栏中选择【相关性（L）】→【协方差（E）】；在【摘要】栏中选择【均值（M）】→【方差（V）】；在【ANOVA 表】栏中选择【无】。

（6）单击【继续】→【确定】，得到输出结果。

SPSS 输出结果：

（1）表 11-2 所示为案例处理汇总结果，其中有效案例个数 119，无个例缺失。

表 11-2　案例处理汇总

	N	占比/%
有效案例	119	100.0
已排除[a]	0	0.0
总计	119	100.0

a. 在此程序中基于所有变量的列表方式删除。

（2）表 11-3 所示为可靠性分析统计量，共 5 项，符合原始数据。Cronbach α 系数为 0.975，说明此调查问卷的可靠性较好。

表 11-3　可靠性统计量

Cronbach α	基于标准化项的 Cronbach α	项数
0.975	0.976	5

（3）表 11-4 所示为项目间相关性统计结果，各项之间的相关性较强，上夜班和使用化妆品的相关性最高。

表 11-4　项间相关性矩阵

	上夜班	使用化妆品	养宠物	工作环境嘈杂	使用手机
上夜班	1.000	0.982	0.964	0.785	0.965
使用化妆品	0.982	1.000	0.946	0.766	0.947
养宠物	0.964	0.946	1.000	0.785	0.965
工作环境嘈杂	0.785	0.766	0.785	1.000	0.782
使用手机	0.965	0.947	0.965	0.782	1.000

表 11-5 所示为项间协方差矩阵，正值表明具有正相关性。

表 11-5　项间协方差矩阵

	上夜班	使用化妆品	养宠物	工作环境嘈杂	使用手机
上夜班	0.235	0.232	0.227	0.190	0.229
使用化妆品	0.232	0.237	0.223	0.186	0.225
养宠物	0.227	0.223	0.235	0.190	0.229
工作环境嘈杂	0.190	0.186	0.190	0.249	0.191
使用手机	0.229	0.225	0.229	0.191	0.239

（4）表 11-6 所示为输出项目的统计量，包括所有项目均数、极小值、极大值、范围、极小值与极大值比值、方差与项数。

表 11-6　输出项目统计量

	均值	极小值	极大值	范围	极大值/极小值	方差	项数
项的均值	0.390	0.370	0.445	0.076	1.205	0.001	5
项方差	0.239	0.235	0.249	0.014	1.060	0.000	5

（5）表 11-7 所示为在删除某一项后对应输出的信度系数的变化值。从左到右包含的内容分别为删除某项后对应均值的变化、删除某项后对应方差的变化、该项与总分的相关系数、多相关系数的平方以及该项删除后 α 值，表中结果可看出工作环境嘈杂项去除后，α 值上升较多，说明此项对问卷可靠性影响较大。

表 11-7　项总计统计量

	项已删除的刻度均值	项已删除的刻度方差	校正的项与总计相关性	多相关系数的平方	项已删除的 Cronbach α 值
上夜班	1.58	3.449	0.974	0.979	0.962
使用化妆品	1.57	3.467	0.956	0.965	0.965
养宠物	1.58	3.466	0.962	0.947	0.964
工作环境嘈杂	1.50	3.676	0.791	0.630	0.990
使用手机	1.56	3.452	0.962	0.948	0.964

11.2　多维尺度分析

在实际调查中，由于不同调查对象之间评判指标数量不明确或指标含义不清晰，研究者无法对研究对象（变量或样本）做出准确考量。多维尺度法（multidimensional scaling，MDS）常被用来分析不同对象间的关系。MDS 分析也称“相似度结构分析”，是通过可视化方式将调查对象的相似或相异程度清晰地展现出来的一种多元统计分析方法。MDS 在低维空间中对具有多维含义的变量或样本进行定位，进行分析与归类，探究不同样本或项目间的相似或相异程度，属于多重变量分析。在降维的同时尽可能保留研究对象间的原始关系。

MDS 分析原理主要是将多个调查对象置于构建的低维空间，同时保留各个对象间关系，若这个低维空间为二维或三维，则可以画出基于维度的可视化空间感知图，图中的点代表每个研究对象，点间距离表示不同对象间的相似性或相异性程度。通过观察点的聚集以及各个点与坐标轴（维度）的距离，可分析出不同维度所蕴含的信息，并可推测出其他潜在维度。MDS 分析对数据的基本要求是数据的大小应能反映出研究对象间的相似性或差异性程度。

MDS 分析主要分为六个步骤（图 11-2）。根据研究问题进行课题的设立；选择获取数据的途径；根据数据类型和分析目的选取合适的 MDS 模型；确定需要的维数（一般情况下，维数少利于分析，维数多利于获取更多信息）；对空间结构进行全面的解析；评估输出结果的有效性与可靠性。

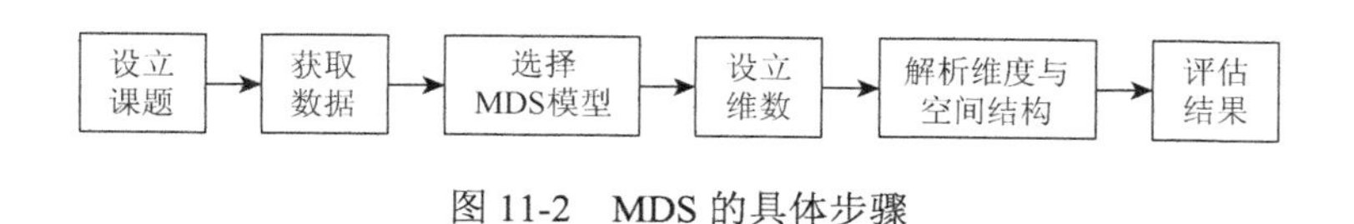

图 11-2　MDS 的具体步骤

11.2.1　多维尺度分析与因子分析和聚类分析的异同

多维尺度分析和因子分析都是利用降低维度的方法进行。因子分析侧重于利用相关系数检验相似性矩阵中的相似程度；多维尺度分析侧重于分析相异性数据。与因子分析不同点在于，多维尺度分析的核心在于将数据差异程度转换为概念空间中的距离进行分析。若需要利用较少的几个共性因子代表整个变量组进行分析时，可以采用因子分析；若需要将研究对象降维并在直观图中表示出来进行分析时，可以采用 MDS 分析。

MDS 分析和聚类分析都具有检验变量间的相似性或相异性的功能；聚类分析涉及按质分组，将分组或聚类作为分析结果；MDS 分析主要是分析直观的多维尺度图。若需要对不同研究对象按照标准分类时，可以采用聚类分析，一般同时采用聚类分析和 MDS 分析进行分类观测。

11.2.2　MDS 分析的应用

MDS 分析在市场调研中主要分析消费者对产品或品牌的偏好程度。MDS 分析在研究环境问题过程中逐渐得到了广泛应用，可用于揭示与环境污染相关的各类关键环境影响因子，如生态群落结构、职业病等与环境因子的关系，污染物的时空分布特征等。通常对调查对象进行二维或三维空间定位，计算得到的差异程度反映了不同对象间的相似性或差异程度。

11.2.3　MDS 分析的测量标准

MDS 模型拟合优度可采用应力系数（stress）进行检验。克鲁斯卡尔（Kruskal）提出了一种基于经验标准的评价标准，stress 系数越小，表明拟合程度越高，并且空间图中数据关系与源数据越相近。应力系数与拟合优度的关系见表 11-8。

表 11-8　应力系数与拟合优度的关系

应力系数	拟合优度
≥20%	较差
≤10%	一般
≤5%	好
≤2.5%	很好
0	完全匹配

决定系数（R square，RSQ）是指在因变量的总平方和中，由自变量引起平方和所占的比例。RSQ 能反映 MDS 的拟合程度，其大小决定了模型能够在多大程度上解释总变异。RSQ 数值越接近 1，表明拟合效度越好，说明模型与总变异相关度越高，模型拟合优度越好。一般情况下 RSQ 需大于 0.6。

11.2.4　MDS 分析的模型

MDS 分析包括度量型 MDS 分析（metric MDS）与非度量型 MDS 分析（non-metric MDS）。以是否采用欧氏距离作为考量距离标准，度量 MDS 可分为经典 MDS 分析（classical MDS）和非经典 MDS 分析（non-classical MDS）。

MDS 分析中的数据尺度可分为区间、比率、有序三种，当选择的尺度不同时需选择合适的 MDS 模型。针对测量尺度为“区间”“比率”的 MDS 分析，通常利用度量 MDS 比较分析研究对象两两之间的相似或差异程度或对其两点间距离进行对比；当研究对象涉及的是“有序”测量尺度时，由于不能准确计算其相似性或差异性，此时进行定性多维量表分析，采用非度量 MDS 评估。

1. 经典 MDS 模型

经典 MDS 模型是常用的度量模型，其基本原理是在某个维数较少的 r 维空间中，将 n 个对象之间的相似性或差异性展现出来，即将数据关系转换为相似性矩阵或者差异性矩阵再在空间图中进行表示。以考量差异性为例，以 d 表示研究对象之间的欧氏距离，经典 MDS 模型以 d 值的差异近似代表数据之间的差异性进行分析，测量的距离值越大，差异程度就越大。经典 MDS 适用于分析单个矩阵。若数据包含不同研究对象的多个矩阵，则需进行重复 MDS 分析。

2. 非度量型 MDS 模型

在实际调查中，当研究对象的数据类型是有序形式时，即无法精确进行测量而只能获取次序关系，此时经典 MDS 模型就很难适用，需要采用非度量 MDS 模型。非度量 MDS 模型是通过适当的降维将相似性或差异性数据的排序信息在低维度空间中利用点与点之间的距离表示。其基本原理是将研究对象间的差异与空间图中点间距离视为单调函数（当数据为相似性时即为单调减函数，距离越小表明相似程度越高；当数据为相异性时即为单调增函数，距离越大表明相异程度越高）；在保留原始数据等级关系的基础上，用相同顺序的数列代替原始数据，并进行多次定量多维量表分析，直至获得最佳尺度差。

✧ **例 11-2**　在某湖水中进行水样调查，采样点共 9 处，9 处采样点的距离见表 11-9，各个采样点分别命名为 D1、D2、D3、D4、D5、D6、D7、D8、D9，试以这 9 个采样点的距离进行多维尺度分析。

表 11-9　某湖水 9 处采样点的距离（m）

	D1	D2	D3	D4	D5	D6	D7	D8	D9
D1	0								
D2	58	0							
D3	121	92	0						
D4	193	170	83	0					
D5	60	120	172	233	0				
D6	75	70	163	235	110	0			
D7	215	186	95	34	260	250	0		
D8	218	177	105	96	274	205	68	0	
D9	52	60	149	230	92	20	244	230	0

SPSS 分析流程：

（1）打开数据文件例 11-2 MDS1.sav。

（2）在菜单栏中依次选择【分析（A）】→【度量（A）】→【多维尺度（ALSCAL）（M）...】选项，打开多维尺度主对话框（图 11-3）。

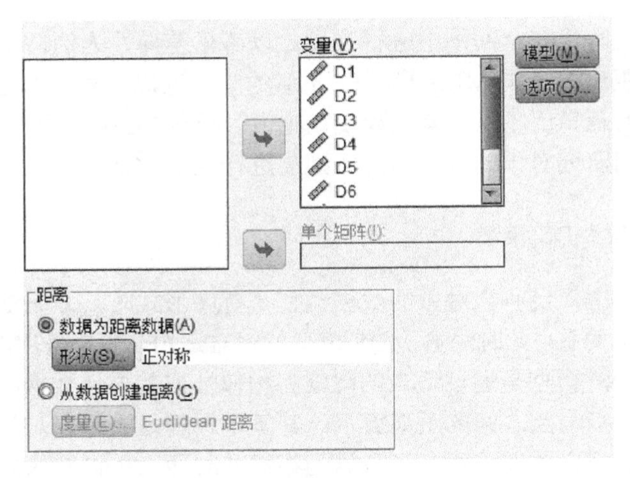

图 11-3　多维尺度主对话框

（a）【变量（V）】：若数据为相异性的，要求所有变量都是相同度量的定量资料。本例中变量全部引入。

（b）【单个矩阵（I）】：选择【距离】中【从数据中创建距离（C）】时才能选择此选项。由于本例是矩阵资料，不需要选择此项。

（c）【距离】：①【数据为距离数据（A）】：相异性矩阵中每个数值代表矩阵中行与列的相异程度。②【从数据创建距离（C）】：将原始数据变换为相异正方形对称矩阵。

（3）在【距离】复选框中选择【数据为距离数据（A）】→【形状（S）...】，打开数据形状对话框，本例中选择【正对称】。若数据集代表一组对象中的距离或者代表两组对象间的距离，需指定矩阵的形状才能得到正确结果。

（4）单击【继续】→【模型（M）...】，打开模型对话框，本例中在模型对话框中依次选择【区间】→【矩阵（M）】→【Euclidean 距离】，【维数】中【最小（M）】值为 2，【最大（X）】值为【2】，即默认值，如图 11-4 所示。

多维尺度分析模型对话框中的选择主要是取决于数据与模型自身的特征。

（a）【度量水平】：指定数据的度量标准。①【序数（O）】：根据排序进行定性分析；其中【打开结观察值（U）】是指将变量视为连续变量生产零件的规格尺寸，例如，人体测量的身高、体重、胸围等变量即为连续变量，其数值只能用测量或计量的方法取得。②【区间】：进行的是定量分析。对于区间属性，值之间的差是有意义的，即存在测量单位，如日期、摄氏度。③【比率（R）】：进行的是定量分析。对于比率属性，差和比率都有意义。

（b）【条件性】：①【矩阵（M）】：每个距离阵代表一个不同的个体时采用，距离矩阵中每个变量具有相同的意义和单位。②【行（W）】：当数据矩阵为非对

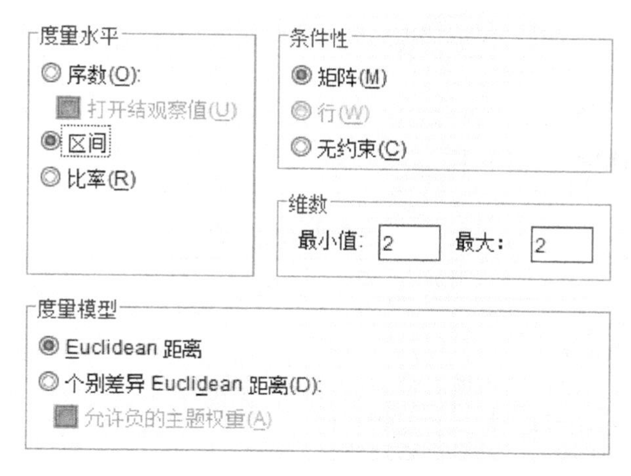

图 11-4　模型对话框

称及长方形时可以选择，可以比较矩阵中各列间的差异。③【无约束（C）】：可进行矩阵所有值的比较，任意两个数据比较均有意义。

（c）【维数】：指定多维尺度分析中需要的维度，在设定范围内每个维度生成 1 个结果。维数的范围一般在 1～6，默认值为 2。

（d）【度量模型】：选择尺度分析中的模型，本例不考虑个体差异，选择【Euclidean 距离】；若考虑个体差异，可选择【个别差异 Euclidean 距离（D）】以及【允许负的主题权重（A）】。

（5）单击【继续】→【选项（O）...】，打开选项对话框，本例中在选项对话框中依次选择【组图（G）】→【个别主题图（I）】→【数据矩阵（D）】→【模型和选项摘要（M）】，其余均保留默认值，即【标准】中【S 应力收敛性（S）】为 0.001，【最小S应力值（N）】为 0.005，【最大迭代（X）】为 30。

（6）单击【继续】→【确定】，得到输出结果。

SPSS 输出结果：

（1）生成数据选项（data options）、分析模型选项（model options）、输出选项（output options）及算法选项（algorithmic options）。此输出是在操作选项对话框中选择【模型和选项摘要（M）】复选框后计算得到。结果会显示出非常详细的模型拟合参数汇总表，通过了解这些参数有利于深入了解模型拟合时需考虑的问题。

（2）由模型算出的在二维空间内 9 个采样点的坐标值：D1（0.9841，–0.3064），D2（0.5532，0.2737），D3（–0.6170，–0.1943），D4（–1.5310，–0.5584），D5（1.5165，–0.8409），D6（0.9841，–0.3064），D7（–1.8263，–0.2434），D8（–1.6060，0.8047），D9（1.3152，0.3202）。对模型拟合程度进行分析，RSQ = 0.99405，说明模型的拟

合效果较好；应力 = 0.03438，小于 5%，说明 MDS 模型对这 9 个采样点间距离的拟合程度较好。

（3）表 11-10 输出结果为最优尺度数据矩阵（optimally scaled data），即变换后的相异性数据矩阵。

表 11-10　最优尺度数据矩阵

	1	2	3	4	5	6	7	8	9
1	0.000								
2	0.794	0.000							
3	1.598	1.228	0.000						
4	2.517	2.224	1.113	0.000					
5	0.820	1.585	2.249	3.028	0.000				
6	1.011	0.947	2.134	3.053	1.458	0.000			
7	2.798	2.428	1.266	0.488	3.372	3.244	0.000		
8	2.836	2.313	1.394	1.279	3.551	2.670	0.922	0.000	
9	0.718	0.820	1.956	2.989	1.228	0.309	3.168	2.989	0.000

（4）图 11-5 为派生激励配置图。这些采样点的相对距离和地图上位置近似相同，但与地图上排列并不相同，这是由选择的多维尺度模型和数据度量决定的。模型所要求的坐标只需保持相对位置与原始数据差异程度相一致，不需要绝对位置相同。这是 MDS 模型进行了正交变换（如在实际位置的基础上平移或旋转）但不改变数据本身性质的具体表现。

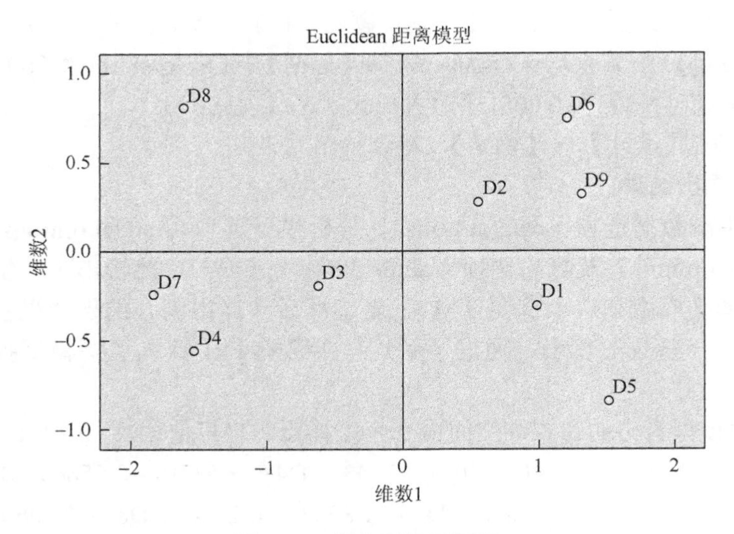

图 11-5　派生激励配置图

（5）图 11-6 是将源数据的相异程度转换为欧氏距离后由模型拟合的效果散点图，提供了由模型算出的欧氏距离和数据中实际距离为坐标的散点。若拟合效果好，欧氏距离和实际距离之间会呈良好的线性相关性，所有的散点会集中在同一条线上。

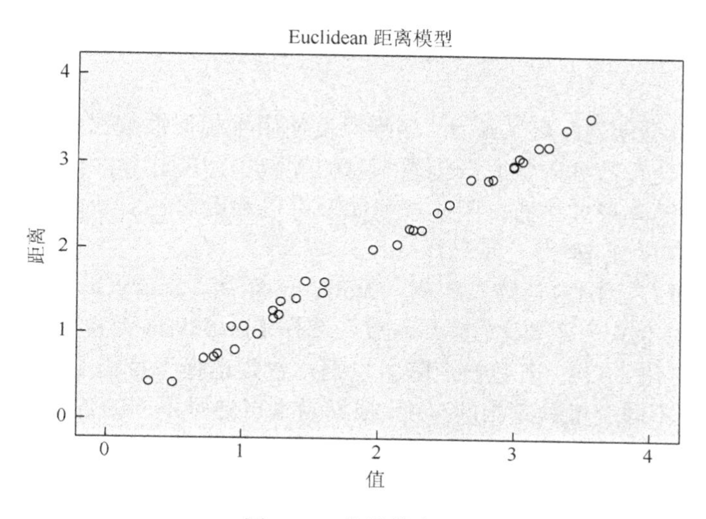

图 11-6　线性散点图

本例中选用的数据度量方式为区间，若要进行排序分析，可选择有序度量，其余操作和分析与本例基本一致。

在实际环境调查中，一般会涉及多个研究对象的多个指标，采用手动输入相异性矩阵较为烦琐，可利用 SPSS 对数据进行矩阵的创建，并根据研究对象差异性获得空间定位图。另外不同研究对象的多个指标往往具有不同量纲与量级，若直接使用原始数据进行分析，会导致结果发生偏差。因此对于不同指标进行标准化处理较为关键，SPSS 的多维尺度分析中具有相应标准化的功能。

✧ **例 11-3**　根据某城市重点工业行业资源消耗与“三废”治理情况分析不同行业对环境影响的差异程度，具体指标包括工业总产值、煤炭消耗量、水消耗量、固体废物产量、烟尘排放量、SO_2 排放量（本例中假设这些指标具有相同的权重）。根据每个行业的环境影响数据，从中分析不同行业的差异程度，并进一步给出导致这种差异性的解释。

SPSS 分析流程：

（1）打开数据文件例 11-3 MDS2.sav。

（2）在菜单栏中选择【分析（A）】→【度量（A）】→【多维尺度（ALSCAL）（M）...】选项。

（3）将“A 工业总产值”“B 煤炭消耗量”“C 水消耗量”“D 固体废物产量”“E 烟尘排放量”选入【变量（V）】中。

（4）在【距离】复选框中选择【从数据创建距离】→【度量（E）】，打开从数据创建距离对话框，在从数据创建距离对话框中选择【区间（N）】，并在【区间（N）】下拉框中选择【Euclidean 距离】，【转换值】中选择【标准化（S）】下拉框中的【Z 得分】→【按照变量（V）】，【创建距离矩阵】中选择【个案间（E）】。

（a）【从数据创建距离（A）】：多维尺度使用不相似性数据创建尺度分析解，如果数据为多变量数据，就必须创建不相似性数据才能计算多维尺度解。由于本例不是以数据矩阵形式排布，因而选择此项可以利用 SPSS 功能将源数据转化为相异正方形的对称矩阵。

（b）【区间（N）】：包括欧氏距离、Euclidean 距离、Chebychev、块、Minkowski 或设定距离。本例中只需要比较差异程度，选择【Euclidean 距离】即可。

（c）【标准化（S）】：若数据矩阵中量纲一致则选择下拉框【无】；若变量量纲不一致时需使不同变量具有相同尺度，根据需求可选择不同的数据标准化的方式。本例中采用的是【Z 得分】，即测量值与均值间差值再除以标准差。①【按照变量（V）】：标准化过程是按照变量中的数据进行标准化，即某一变量中的标准化。本例选择此选项。②【按照个案（C）】：标准化过程是按照个案中的数据进行标准化，即某一个案中对应各个变量值进行标准化。

（d）【创建距离矩阵】：可以选择要分析的单位。选项有“变量间”或“个案间”。①【变量间（L）】：输出的是变量间的空间定位图。②【个案间（E）】：输出的是个案间的空间定位图。

（5）单击【继续】→【模型（M）...】，打开模型对话框，本例中在模型对话框中依次选择【区间（I）】→【矩阵（M）】→【Euclidean 距离】，【维数】中【最小（M）】值为 2，【最大（X）】值为【2】，即默认值。

（6）单击【继续】返回多维尺度主对话框，在对话框中选择【选项（O）...】，打开选项对话框，本例中在模型对话框中依次选择【组图（G）】→【数据矩阵（D）】→【模型和选项摘要（M）】，其余均保留默认值，即【标准】中【S 应力收敛性】为 0.001，【最小 S 应力值（N）】为 0.005，【最大迭代（X）】为 30。

（7）单击【继续】返回多维尺度主对话框，点击【确定】，获得输出结果。

（本例操作中部分 SPSS 解析可参考例 11-2）

SPSS 输出结果：

（1）本例中输出的选项摘要以及个案间（针对指标一：工业产值）的原始与最优尺度数据矩阵可在 SPSS 输出界面中查看。

（2）使用 Young S 应力公式进行迭代，经过 3 次迭代达到二维计算结果。第

3 次迭代 S 应力（S-stress）为 0.12793，增量（improvement）为 0.00044，小于 0.001 的收敛标准，停止迭代过程。

（3）应力（stress）= 0.09462，RSQ = 0.97278，说明用 Euclidean 模型描述各工业间对环境影响的相异性是比较满意的。

（4）图 11-7 输出的为派生的激励配置图，即 8 个工业在模型中拟合的空间定位图。通过图 11-7 可以发现 VAR2、VAR3、VAR4、VAR5 分布集中，其余三个行业分布较散。位于空间图中靠左位置的电煤水的生产供应（VAR7）是中低收益、高能源使用、高排放的产业；而位于右边的分布集中的工业为中等收益、较低能源使用及低排放的行业，说明维数 1 可能反映了不同工业对资源消耗与污染排放的影响程度。此外，位于空间图靠上位置的机械设备制造（VAR6）为高收益、中等程度的能源使用与排放量的产业；与其余产业对比可发现维数 2 可能是反映工业产值的情况。对每个象限做出初步解读，可根据这些工业处于象限的位置及距离观察在产值与环境影响间的差异程度。

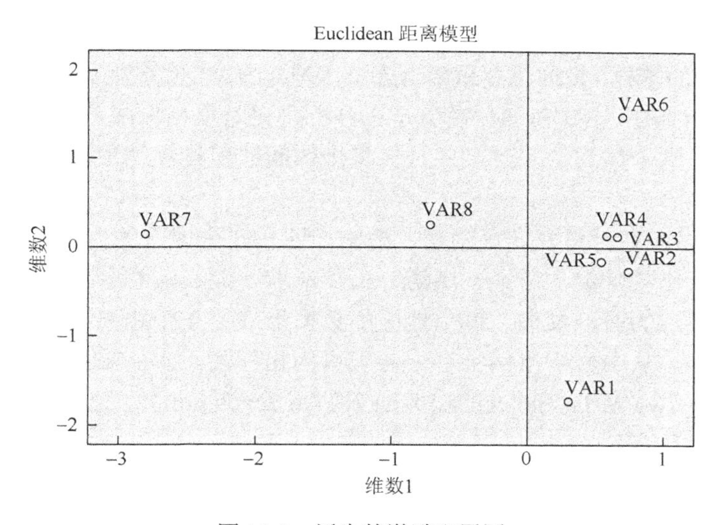

图 11-7 派生的激励配置图

（5）图 11-8 为基于欧氏距离的模型拟合效果散点图，所有散点均接近分布在同一条直线上，说明拟合效果较好。

11.2.5 考虑个体差异的 MDS 模型

例 11-2 中案例只涉及单个矩阵，然而在许多环境研究中会涉及多个研究对象（样本与变量）的数据，而每个研究样本的数据都可以构成一个矩阵。当使用重复

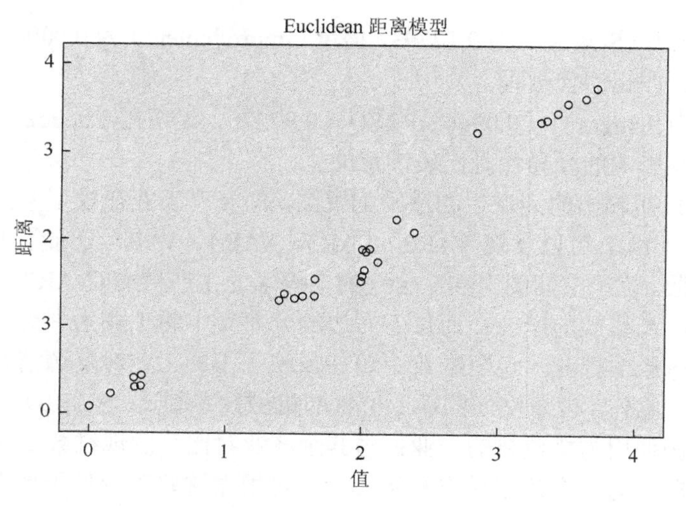

图 11-8　线性拟合散点图

MDS 模型（RMSD）重复分析不同研究样本矩阵中不同变量间的相异性时，无法考虑到个体间的差异，此时需要采用考虑个体差异的 MDS 模型（individualdifference scaling，INDSCAL）。INDSCAL 模型是在分析研究对象相似或差异程度的基础上，进一步分析不同个体间的差异，并且会将个体间的差异性纳入研究对象尺度差异分析。

✧ **例 11-4**　针对黑龙江，湖南，海南，四川四个地区的自然灾害损失情况，主要选取了农作物受灾，旱灾，洪涝、山体滑坡、泥石流和台风，低温冷冻和雪灾四种因素导致的面积损失。每个地区的数据形成了一个距离阵，4 个距离阵纵向叠加在一起，从中分析自然灾害中各因素的相异性。本例采用数据来自中国统计年鉴（http: //www.stats.gov.cn/tjsj/ndsj/2017/indexch.htm）。

SPSS 分析流程：

（1）打开数据文件例 11-4 个体差异.sav。

（2）在菜单栏中依次选择【分析（A）】→【度量（A）】→【多维尺度（ALSCAL）（M）...】选项。

（3）在多维尺度主对话框中将“农作物受灾”、“旱灾”、“洪涝、山体滑坡、泥石流和台风”、“低温冷冻和雪灾”四个变量选入【变量】列表框中。

（4）在多维尺度主对话框【距离】选项框中选择【数据为距离数据】，在【形状（S）】列表框中选择【正对称】。

（5）选择【模型（M）...】，打开模型对话框，依次选择【区间（I）】→【矩阵（M）】→【个别差异 Euclidean 距离（D）】，【维数】中【最小（M）】值为【2】，【最大（X）】值为【2】，即默认值。

考虑到每个地区具有一定的差异性，因此使用个体差异的多维尺度模型进行分析。

（6）单击【继续】→【选项（O）…】，打开选项对话框，选择【组图（G）】，其余采用默认值。

（7）单击【继续】→【确定】，得到输出结果。

（以上 SPSS 解析部分可参照例 11-2）

SPSS 输出结果：

（1）使用 Young S 应力公式进行迭代，经过 18 次迭代得到二维计算结果。第 18 次迭代 S 应力（S-stress）为 0.19476，增量（improvement）为 0.0008，小于 0.001 的收敛标准，停止迭代过程。

（2）表 11-11 输出的结果为 4 个矩阵分别拟合 MDS 模型，然后按照加权的方式进行模型效果的平均，可以发现不同地区对应的拟合效果相差很大，如黑龙江拟合模型的决定系数为 0.951，湖南拟合模型的决定系数为 0.983，广西拟合模型的决定系数为 0.967，四川拟合模型的决定系数为 0.020。最终加权平均后的总模型决定系数为 0.73018，应力系数为 0.11658。相较于前面的例题，个体差异中的模型拟合效果较差，这是由于此模型纳入的只是单个个体。

表 11-11　模型的分别拟合效果

矩阵	应力系数	RSQ	矩阵	应力系数	RSQ	矩阵	应力系数	RSQ	矩阵	应力系数	RSQ
1	0.047	0.951	2	0.065	0.983	3	0.080	0.967	4	0.204	0.020

（3）表 11-12 输出的结果为每一个调查地区拟合的模型在总模型中的权重大小，其中黑龙江、四川两地的模型权重为负值。

表 11-12　平均主体权重

主体模型序号	点号	变量
1	1	−1.2774
2	2	0.9882
3	3	0.9661
4	4	−0.6770

（4）图 11-9（a）为四个变量指标的空间定位图。可见这四种因素都散落在坐标中的四个象限中，差异程度都比较大。图 11-9（b）表示不同地区在各维度中的差异分配，即不同主体模型在空间各维度中的重要性，并以散点图的形式存在。可以发现不同地区之间存在一定差异。湖南和海南在空间图中比较相近，差异程

度较小。上述定位图可以和地区的方位、天气、地形等背景资料相结合从而对驱动因素进行精确的定位和解释。

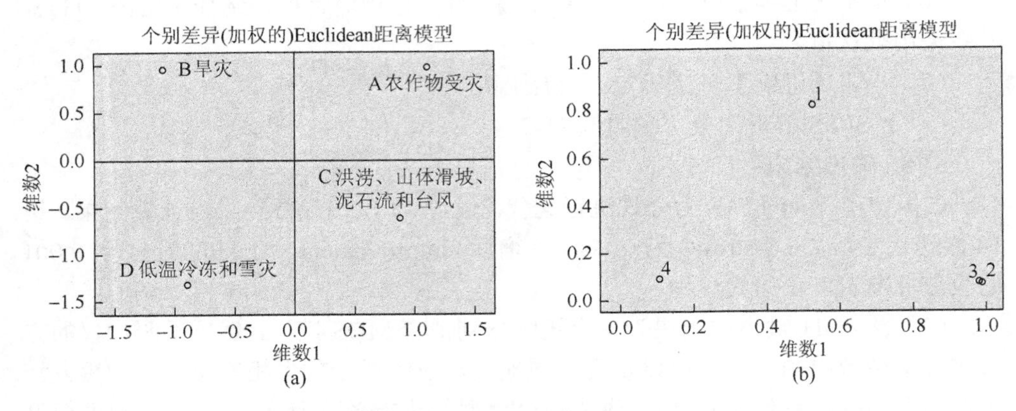

图 11-9 空间定位图（a）和个体差异图（b）

（5）图 11-10（a）是模型对源数据的拟合效果散点图，一般来说所有点越集中在一条线时拟合效果越好，由于个体差异模型中会纳入不止一个主体，因而拟合效果会比较差，但总体趋势是较为一致的。图 11-10（b）是根据每个主体模型在总模型中的权重大小进行排序，权重越大在图中对应的位置越高。

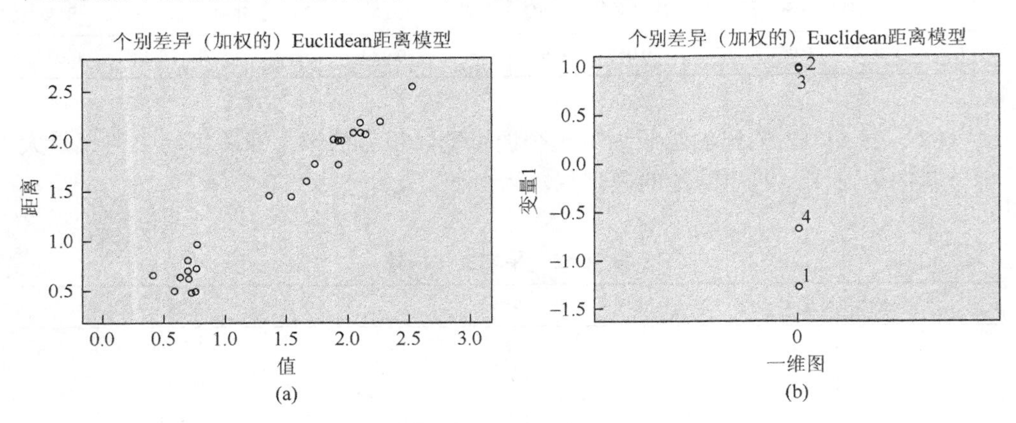

图 11-10 线性拟合图（a）和主体重要性一维图（b）

11.2.6 多维邻近尺度分析

多维尺度分析（ALSCAL）过程仅能对相异性数据进行分析，无法直接评估相似性数据。为直接对相异性或相似性数据进行分析，在常规统计模型框架下对数据可以进行最优尺度变换，即多维邻近尺度分析（PROXSACAL）。PROXSCAL

除可以分析相似性数据，还提供了更为丰富的 MDS 模型分析。PROXSCAL 的拟合效果一般采用标准化原始应力表示（表 11-13）。

表 11-13　应力与拟合效果的关系

应力	拟合效果
0.2	差
0.1	一般
0.05	良好
0.025	优
0	极优

✧ **例 11-5**　为更好地比较 MDS 与 PROXCAL 两种模型的区别，以例 11-4 作为参照进行 PROXCAL 分析。

SPSS 分析流程：

本例中数据属于差异性数据，分析时需考虑个体差异。针对 PROXCAL 分析操作，本例中适当修改内容："黑龙江"赋值为"1"；"湖南"赋值为"2"；"海南"赋值"3"；"四川"赋值为"4"，并创建数据文件例 11-5 PROXSACAL.sav。

（1）打开数据文件例 11-5 PROXSACAL.sav。

（2）依次选择【分析（A）】→【度量（A）】→【多维尺度（PROXSCAL）...】选项，打开多维尺度数据格式主对话框（图 11-11）。

（3）在多维尺度数据格式主对话框中依次选择【数据是近似值（X）】→【多个矩阵源（M）】→【堆积矩阵中的跨列近似值（T）】，单击【定义】按钮生成多维尺度（矩阵中的跨列近似值）主对话框，将"A 农作物受灾""B 旱灾""C 洪涝、山体滑坡、泥石流和台风""D 低温冷冻和雪灾"选入【近似值（X）】框中，"LOCATION"选入【源（S）】框中，如图 11-12 所示。

（a）【数据格式】：用于确定数据的性质，若需要进行相似性度量则可以选择【从数据中创建近似值（C）】。

（b）【源的数目】：用于确定数据矩阵是单个还是多个的形式。

（c）【一个源】：当【源的数目】中选择【一个矩阵源（O）】时，对应具有两种排列方式，分别为【矩阵中的跨列近似值（A）】与【矩阵中的单列近似值（S）】，前者排列情况较为常见，即数据是以方阵的形式分布在多列上。

（d）【多个源】：当【源的数目】中选择【多个矩阵源（M）】时，对应具有三种排列方式。【堆积矩阵中的跨列近似值（T）】表示为多个矩阵按照次序在相同列中排序；【多列的近似值，每列一个源（N）】表示为各距离阵在单独列中；【单列中堆积的近似值（K）】表示为所有矩阵被放置在同一列中。

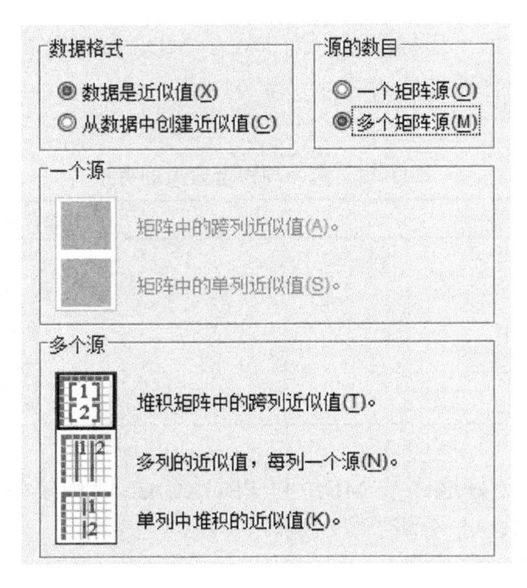

图 11-11　数据格式主对话框

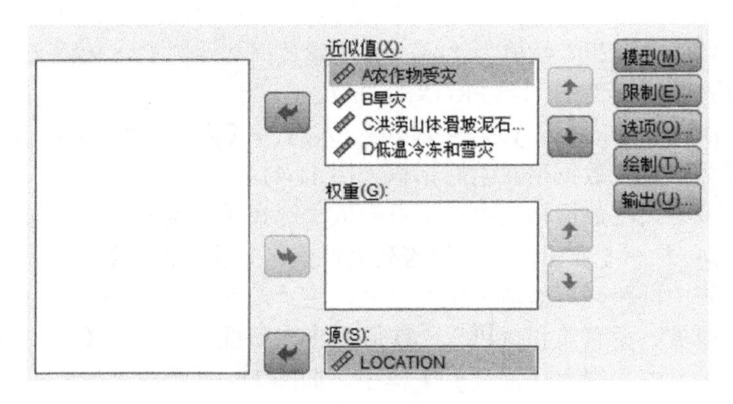

图 11-12　多维尺度（矩阵中的跨列近似值）对话框

（4）单击【模型（M）...】，打开模型对话框，依次选择【加权欧几里德（W）】→【区间（V）】→【分别在每个源内（H）】→【下三角矩阵（L）】→【不相似值（D）】，【维数】中均为 2，如图 11-13 所示。

【度量模型】：

（a）【恒等函数（I）】：所有源具有相同设置。

（b）【加权欧几里德（W）】：个体差异模型，每个源在各维度中具有不同权重。

（c）【广义欧几里德（G）】：个体差异模型，各主体空间为公共空间的不同旋转。

（5）单击【继续】→【确定】，得到输出结果。

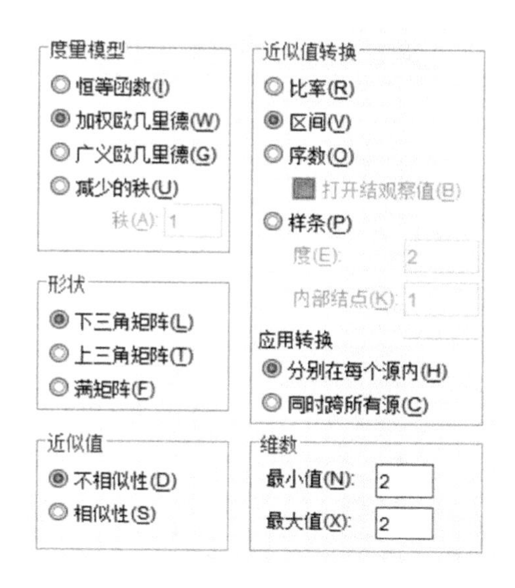

图 11-13 多维尺度模型对话框

SPSS 输出结果：

（1）基于应力与拟合效果的关系（表 11-14），标准化初始应力为 0.0117，另一指标离散所占比例（D.A.F.）为 0.9883，此指标类似于经典多维尺度分析中的决定系数，数值越接近 1 表明拟合效果越好，由此可进一步说明本例中拟合效果比较好。

表 11-14 应力和拟合度量

标准化初始应力	0.0117
stress-I	0.1083[a]
stress-II	0.3980[a]
S-stress	0.0409[b]
离散所占比例（D.A.F.）	0.9883
Tucker 同余系数	0.9941

注：PROXSCAL 使“标准化初始应力”最小化；

a. 最优定标因子 = 1.012；

b. 最优定标因子 = 0.984。

（2）表 11-15 和图 11-14 表示了自然灾害的空间定位情况。MDS 发现大致方向与前面分析一致，只是维度的位置发生了变化，但这并不影响对图形的解释。由于在本例中空间距离不接近，无法看出空间位置上的区别，最优尺度分析后可将各个散点间的距离拉开，进一步增加对维度的划分，有利于对图形中散点的分析。

表 11-15　公共空间最终坐标

	维数	
	1	2
A 农作物受灾	1.058	−1.177
B 旱灾	−1.108	−0.752
C 洪涝、山体滑坡、泥石流和台风	0.934	0.658
D 低温冷冻和雪灾	−0.884	1.271

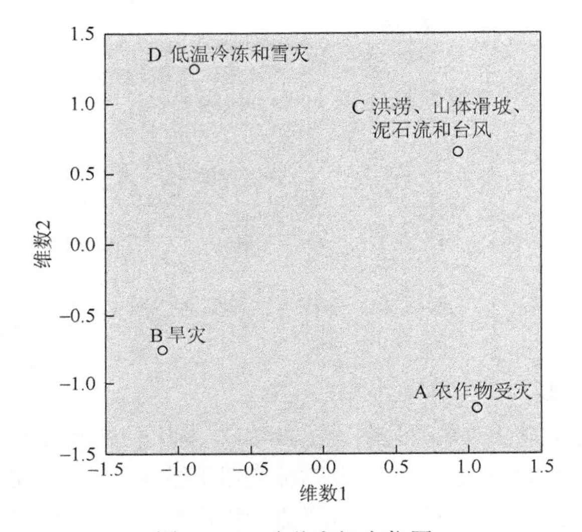

图 11-14　公共空间定位图

（3）图 11-15 是不同地区的个体差异定位图，可以发现在本例中每个主体间距离减小，极端样本数量相对减少。

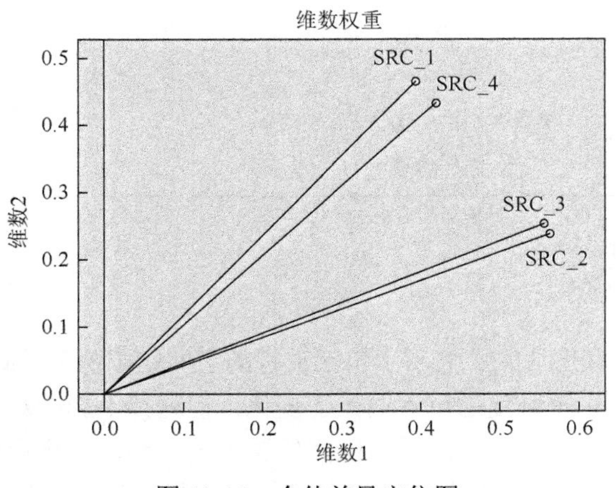

图 11-15　个体差异定位图

第 12 章　环境数据多重响应分析

多重响应（multiple response）又称多选项分析，主要运用于对多选题的分析，是在社会调查、市场调研、科学研究中极为常见的一种数据分析方法。这种多重应答数据本质上属于分类数据，但由于各选项间存在一定的相关性，共同反映研究对象的某些特征，不能进行单独分析，而需要多设置几个变量并将其定义为一个变量集。因此，在多重响应分析时的关键和首要步骤就是定义多响应集，并进行频数分析和交叉表分析，从而直观反映多选题中各个选项的被选比例，同时通过设置分层变量比较出关键的控制因素。与列联表相比，多重响应无法运用 t 检验比较样本间的关联程度，但是可以彻底比较分层变量。

在统计软件中用于多选题的定义和编码的两种常见方法是多重二分法（multiple dichotomy method）和多重分类法（multiple category method）。多重二分法是指在编码时，多选题的一个选项对应一个变量，有几个选项就有几个变量，这些变量均为二分类变量，用“0”“1”或其他数值代表“选中”“不选中”。在 SPSS 中对多选题的数据录入与单选题基本相同，首先在变量视图定义变量，每个选项定义一个变量并进行取值说明（图 12-1），再在数据视图按规定的取值录入。

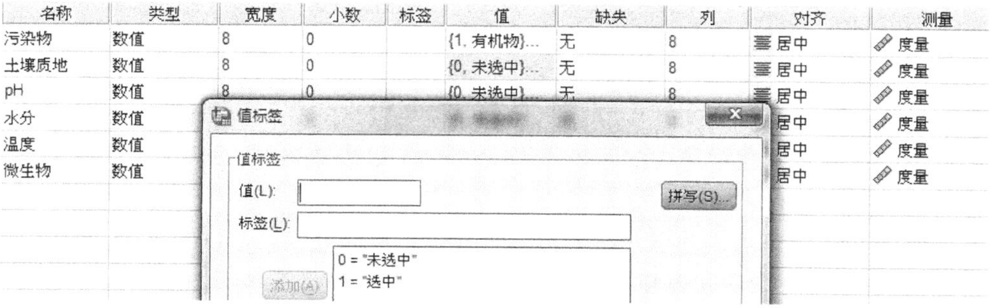

图 12-1　多重二分法定义变量（变量视图）

多重二分法是多重响应分析的标准数据格式，但是当备选答案较多时大部分数据都需要录入为“未选中”，此时会增加不必要的工作量。因此，遇到这种情况时考虑使用多重分类法简化工作。

多重分类法也是利用多个变量来定义一个多选题的答案，每个变量代表一次选择，用多少个变量由研究对象最多选择多少个答案而定，与多重二分法在数据录入时的比较见图 12-2。

污染物	土壤质地1	pH1	水分1	温度1	微生物1	土壤质地2	pH2	水分2	温度2	微生物2
1	0	0	1	1	1	3	4	5	.	.
2	1	1	1	1	0	1	2	3	4	5
1	1	0	1	1	1	1	3	4	5	.
1	1	0	0	0	0	1	.	.	.	.
1	0	1	1	1	1	2	3	4	5	.
2	1	1	0	0	0	1	2	.	.	.
1	0	1	0	0	1	2	5	.	.	.
2	0	0	1	0	0	3	.	.	.	.
2	1	1	0	0	1	1	2	5	.	.
2	0	0	0	1	0	4	.	.	.	.

图 12-2 多重二分法和多重分类法数据录入比较

需要注意的是，多重二分法录入数据时必须都为二分类并采用相同的两数值代表“选中”和“不选中”，采用多重分类法录入时，必须为多分类并共用一套值标签。数据录入完毕后，在分析之前，还需要定义多选题集，即多重响应集，并在此基础上，进行多重响应频率分析与交叉表分析。

12.1 定义多重响应集

不管是用多重二分法还是多重分类法进行数据录入工作，下一步都需要定义多重响应变量集。在 SPSS 中表（tables）模块和多重响应（multiple response）菜单都可以用来设定多选题变量集。两者的不同点是多重响应菜单中的定义变量集（define sets）项定义变量集信息不能在 SPSS 数据文件中保存，再打开时需要重新定义，而表模块可以随文件保存。此外，表模块定义的变量集只能用于普通表分析，不能在多重响应模块中显示，但两者的操作和结果基本一致，下面操作通过多重响应菜单进行。

✧ **例 12-1** 在土壤环境中影响有机物和重金属迁移转化的因素存在差异，经试验测得 20 种重金属和有机物在土壤性质方面具有显著性影响的因素，数据存储于例 12-1 污染物影响因素.sav 文件中，试通过 SPSS 定义多响应变量集（土壤质地 1、pH1、水分 1、温度 1、微生物 1 五个变量采用多重二分法编码，土壤质地 2、pH2、水分 2、温度 2、微生物 2 五个变量采用多重分类法编码。）。

SPSS 操作过程：

（1）打开数据文件例 12-1 污染物影响因素.sav。

（2）依次选择【分析（A）】→【多重响应（U）】→【定义变量集（D）...】选项，打开定义多响应集对话框（图 12-3）。

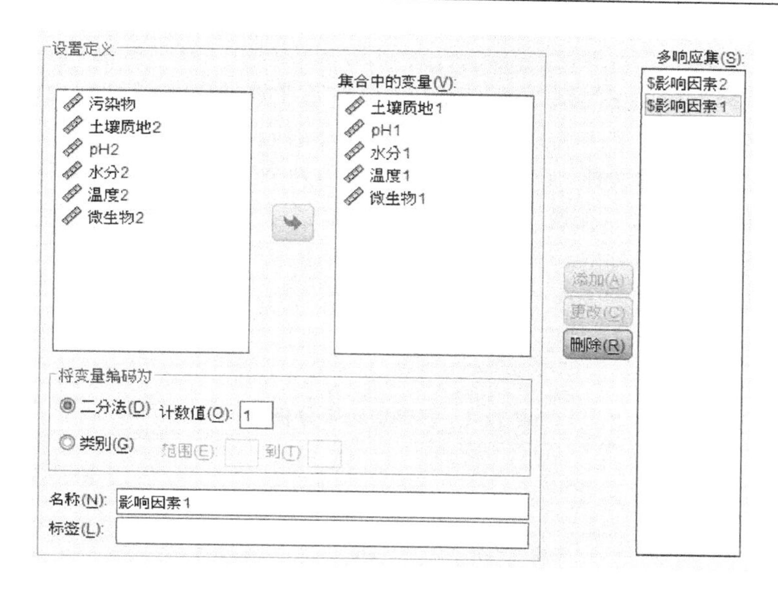

图 12-3　定义多响应集对话框

（3）将多选变量添加到【集合中的变量（V）】，并在【将变量编码为】框组中勾选编码方法，分为【二分法（D）】和【类别（G）】，即多重二分法和多重分类法。在【二分法（D）】后【计数值（O）】中填入代表“选中”的数值，在【类别（G）】后【范围（E）】填入编码的范围。在本例中将土壤质地 1、pH1、水分 1、温度 1、微生物 1 五个变量采用多重二分法编码，因此选择【二分法（D）】且【计数值（O）】为 1；土壤质地 2、pH2、水分 2、温度 2、微生物 2 五个变量采用多重分类法编码，因此选择【类别（G）】且【范围（E）】为 1 到 5。

（4）在【名称（N）】和【标签（L）】后填入定义的多响应集的名称和标签。在本例中分别将两类变量命名为影响因素 1 和影响因素 2。

（5）点击【添加（A）】→【关闭】，即可完成多响应集的定义。

12.2　多重响应频率分析

多重响应频率分析可以对多重响应集进行简单描述，包括有效例数、缺失值例数、各项计数、响应百分比和个案数的百分比。

本例采用例 12-1 数据，在 12.1 节定义多重响应集后继续进行多重响应频率分析。

（1）依次选择【分析（A）】→【多重响应（U）】→【频率（F）...】选项，打开多响应频率对话框。

（2）将“$影响因素 1”添加到【表格（T）】中。在【缺失值】框组中选择对缺省值的处理方式，二分法和分类法要注意勾选对应选项，【在二分集内按照列表顺序排除个案（D）】和【在类别内按照列表顺序排除个案（G）】分别对应多重二分法和多重分类法。在本例中选择【在二分集内按照列表排除个案（D）】。

（3）点击【确定】按钮，得到两个表格，分别为个案摘要表和频率表（表 12-1）。个案摘要表统计样本中有效个案数和缺失个案数以及百分比。频率表分别对五个选项进行描述，响应列的百分比指每个选项被选中的次数占总选次数的比例，即应答人次百分比。右侧的个案数百分比指选择某项的人数占总人数的比例，即应答人数百分比。

表 12-1　多响应频率分析表

		响应		个案数的百分比/%
		N	百分比/%	
$影响因素 1[a]	土壤质地 1	10	18.9	50.0
	pH1	11	20.8	55.0
	水分 1	10	18.9	50.0
	温度 1	12	22.6	60.0
	微生物 1	10	18.9	50.0
总计		53	100.0	265.0

a. 二分法组值为 1 时进行制表。

12.3　多重响应交叉表分析

12.2 节给出了多重响应集的频数表，如果还希望对不同类别的研究对象分别进行描述，如例 12-1 有机物和重金属影响因素的差异，这时需要对多选题变量集和其他分类变量进行交叉描述，称为交叉表或列联表的描述和分析。

本例采用例 12-1 数据，在之前定义多重响应集并分析多响应频率后继续进行多重响应交叉表分析。

（1）依次选择【分析（A）】→【多重响应（U）】→【交叉表格（C）...】选项，打开多重响应交叉表格对话框（图 12-4）。

（2）将变量和多响应变量集选入【行（W）】、【列（N）】和【层（L）】列表框中用于表格设计，尽量使表格清晰明了，利于分析。将分类变量“污染物”选入【行（W）】并点击下方【定义范围（G）】按钮定义变量范围，因为 1 代表“有机物”，“2”代表“重金属”，所以最小值为 1，最大值为 2。

（3）将【多响应集（M）】中的“影响因素 1”选入【列（N）】。

（4）点击【选项（O）…】按钮，打开选项对话框（图 12-5），在“单元格百分比”框组下勾选【行（W）】、【列（C）】和【总计】，设置输出行百分比、列百分比和总百分比。【百分比基于】框组用于定义交叉表中的比例计算是基于【个案（S）】（应答人数）还是【响应（R）】（应答次数），本例采用【个案（S）】。最下方的【缺失值】框组用于指定处理缺失值的方法，与频率分析中的一致，本例勾选【在二分集内按照列表顺序排除个案（E）】，点击【继续】。

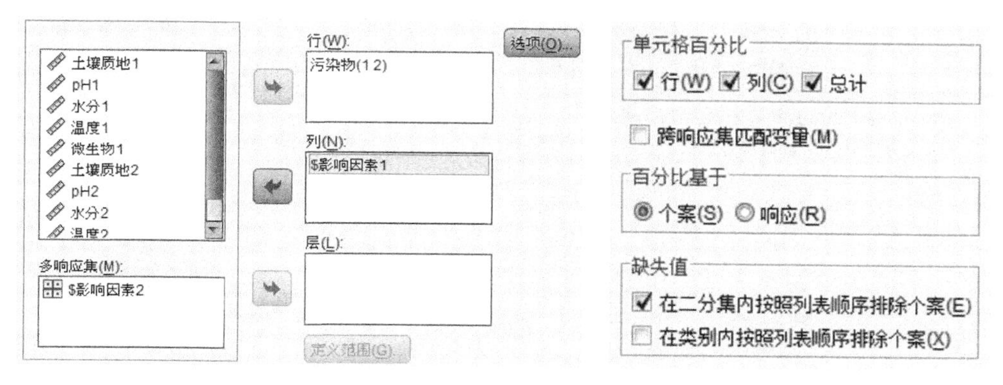

图 12-4　多重响应交叉表格对话框　　　　图 12-5　多响应交叉表格选项

（5）点击【确定】，得到两个表格，分别为个案摘要表和多响应分析交叉表（表 12-2），其中个案摘要表与频率分析中的个案摘要表一致。多响应分析交叉表分别列出了两类污染物各自的显著影响因素分布情况。单元格内描述的计数是选中此项的个案数，百分比是基于个案而言选中例数占总例数的应答人次百分比。由表 12-2 可知，试验所选的 11 种有机物和 9 种重金属对于各个影响迁移转化因素的分布较为均匀，对于有机物而言温度和微生物为主要的显著影响因素，而对于重金属而言土壤质地和水分是主要影响因素。

表 12-2　多响应分析交叉表

			$影响因素 1[a]					总计
			土壤质地 1	pH1	水分 1	温度 1	微生物 1	
污染物	有机物	计数	5	7	5	8	8	11
		在污染物内百分比	45.5%	63.6%	45.5%	72.7%	72.7%	
		在$影响因素 1 内百分比	50.0%	63.6%	50.0%	66.7%	80.0%	
		占总额的百分比	25.0%	35.0%	25.0%	40.0%	40.0%	55.0%

续表

		$影响因素 1[a]					总计
		土壤质地 1	pH1	水分 1	温度 1	微生物 1	
污染物 重金属	计数	5	4	5	4	2	9
	在污染物内百分比	55.6%	44.4%	55.6%	44.4%	22.2%	
	在$影响因素 1 内百分比	50.0%	36.4%	50.0%	33.3%	20.0%	
	占总额的百分比	25.0%	20.0%	25.0%	20.0%	10.0%	45.0%
总计	计数	10	11	10	12	10	20
	占总额的百分比	50.0%	55.0%	50.0%	60.0%	50.0%	100.0%

注：百分比和总数是基于响应者；

a. 二分法组值为 1 时进行制表。

第 13 章　环境数据生存分析

13.1　生存分析概述

生存分析（survival analysis）是针对一个事件从开始到结束所持续的时间（即生存时间）过程进行系统分析的一类统计学方法。通过描述生存时间的分布特征以及生存概率，生存分析可用于揭示影响生存时间和结局的主要因素，用以追踪事件的发展规律。从 20 世纪 70 年代中期至今，生存分析在理论方法以及具体应用方面得到了快速的发展。

描述生存时间分布特征的主要统计量有生存函数和风险函数。生存函数又称累积生存率，采用公式 $S(t) = P(T > t)$ 来表达，其中 T 为生存时间，反映了生存时间超过某一时间点 t 的概率。利用生存函数对生存时间进行估计是生存分析的关键性步骤。生存时间分布类型不确定，一般表现为正偏态分布，常存在删失数据，此种情况需要分时段计算生存概率。风险函数指研究对象在某一时间点的死亡概率，该概率的大小反映了研究对象试验发生可能性的大小。

生存分析主要包括四类分析方法：①描述法。根据观测的样本值，用公式计算出每个时刻或每个时间区间上的生存函数、死亡函数、风险函数等，并用列表或绘图的形式表示生存时间的分布规律。②参数法。根据观测的样本值，估计假定分布模型中的参数，获得生存时间的概率分布模型。常用的参数模型有指数分布模型、Weibull 分布模型、对数正态分布模型、对数 Logistic 分布模型、gamma 分布模型。③非参数法。没有参数模型可以拟合时，通常采用非参数方法进行生存分析。常用非参数模型包括寿命表法和 Kalpan-Meier 方法。④半参数法。不需假定生存时间的分布，可以通过一个模型来分析生存时间的分布规律，以及危险因素对生存时间的影响。半参数方法比参数方法灵活，更容易解释分析结果，常用的半参数模型为 Cox 模型。

生存分析主要用途概括如下：①个案比较：对不同样品组的生存率进行比较，如比较不同自来水消毒的有效时间，以了解哪种方案较优。②因素分析：分析影响生存时间的因素，或控制某些因素研究某个或某些因素对生存率的影响。如为提高污染物的降解率，应了解影响其降解率的主要因素，包括温度、pH、催化剂等。③预测分析：根据样本生存资料预测总体生存时间、生存率、中位生存期等，或对具有不同因素水平的个体进行生存预测，如根据自来水的消毒方案预测该方案的有效时间。

13.2 寿命表法

13.2.1 概述

寿命表（life table）又称生命表、死亡表或死亡率表，属于非参数估计方法，最早由天文学家埃德蒙·哈雷（Edmund Halley）提出，主要适用于生存时间分段记录的样本量较大的数据。寿命表法是根据概率论的乘法定理，将逐年生存概率相乘，求出各年限的生存率，生成生存曲线以观察治疗后的生存动态。其原理是将生存时间划分为较小的时间区间，通过对每个时间区间内所有生存时间不小于该时长的个案进行分析，计算该时间区间内的生存率，然后用每个时间区间的生存率估计在不同时间点的生存概率，分析生存规律。寿命表通常分为定群寿命表（队列寿命表）和现时寿命表，不仅被广泛应用于人口统计学、医学和保险，在环境领域也被大量应用，如研究环境因子威胁下生物种群的生存分析。

13.2.2 SPSS 分析过程

✧ **例 13-1**　调查了 30 位不同生活环境居民的生存时间，试对此进行寿命表分析。

（1）打开数据文件例 13-1 生活环境.sav，变量：生活时间（年），生活环境（1：未污染，2：污染），死亡原因（1：正常，2：非正常死亡）。

（2）选择【分析（A）】→【生存函数（S）】→【寿命表（L）…】，打开寿命表对话框（图 13-1）。

【时间（T）】选择定量变量，本例为生存时间（年）。【显示时间间隔】设置为 0 到 100，步长为 10。

【状态（S）】选择分类变量或二进制变量，本例为死亡原因。单击【定义事件（D）…】，打开为状态变量定义事件对话框，如图 13-2 所示。【表示事件已发生的值】有两种方式，【单值（S）】和【值的范围（V）】，本例选择【单值（S）】，设置为 1，则个案中死亡原因设置为 1 的视为完全数据，其他个案视为删失数据。

单击【继续】，设置【因子（F）】，本例为生活环境。单击【定义范围（E）】，打开定义因子范围对话框，如图 13-3 所示，因子变量在定义范围内的个案则纳入分析。本例设置【最小（N）】为 1，【最大（X）】为 2。

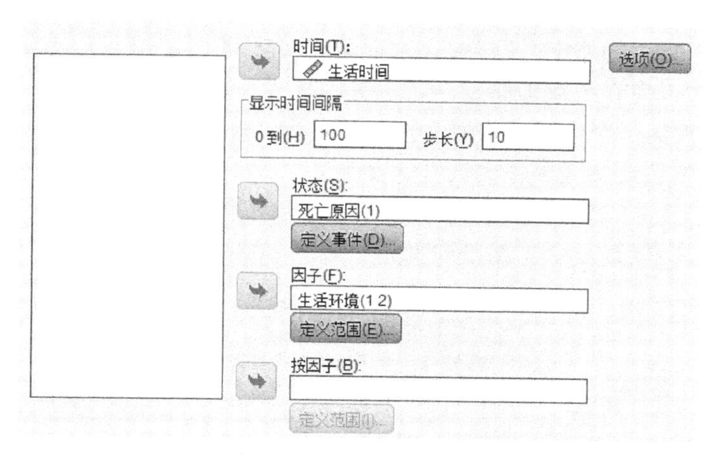

图 13-1　寿命表对话框

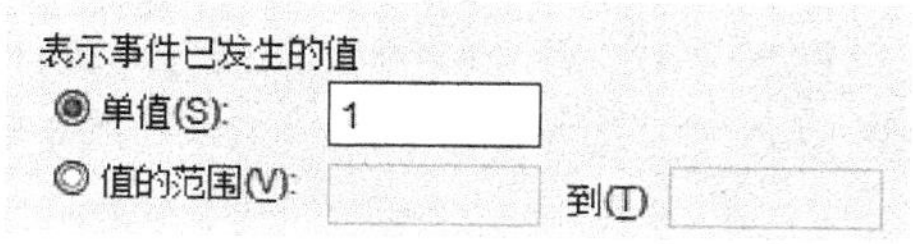

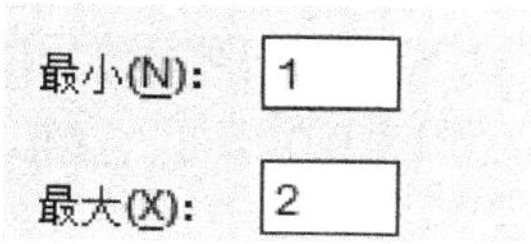

图 13-2　寿命表：为状态变量定义事件对话框　图 13-3　有效表格：定义因子范围对话框

（3）单击【继续】→【选项（O）…】，打开选项对话框，如图 13-4 所示。

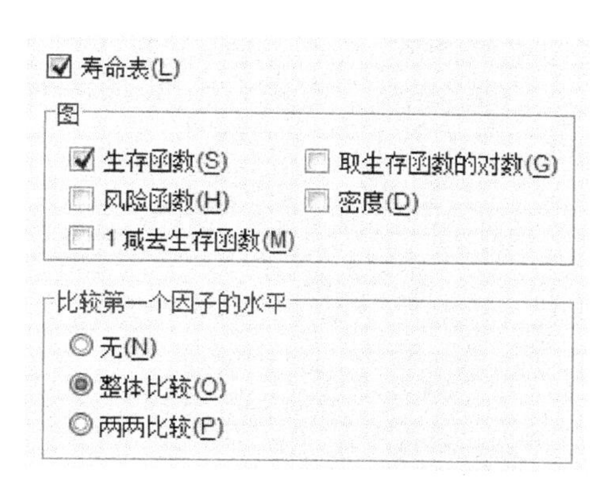

图 13-4　寿命表：选项对话框

（a）【寿命表（L）】。

（b）【图】：【生存函数（S）】即生存率曲线 $S(t)$，在线性刻度上绘制累积生存函数，表示生存时间大于 t 的概率。【取生存函数的对数（G）】则在对数刻度上绘制累积生存函数。【风险函数（H）】即危险函数 $h(t)$，在线性刻度上绘制累积危险函数，表示生存时间大于 t 后的瞬间死亡率。【密度（D）】绘制密度函数曲线 $f(t)$，表示每个时刻死亡的概率。【1 减去生存函数（M）】又称累积分布函数，在线性刻度上绘制“1–生存函数”曲线，表示生存时间不超过 t 的概率。

（c）【比较第一个因子的水平】可选择【无（N）】、【整体比较（O）】、【两两比较（P）】，本例选择【整体比较（O）】。

（4）单击【继续】→【确定】，得出主要结果并分析。

生存时间中位数显示 1 组的时间中位数为 80.00，2 组的时间中位数为 72.20（表 13-1）。

表 13-1　生存时间中位数

一阶控制		时间中位数
生活环境	1	80.00
	2	72.20

总体对不同生活环境的居民生存率进行比较，用 Wilcoxon（Gehan）统计检验，$P=0.004<0.01$，具有统计学意义（表 13-2）。

表 13-2　总体比较

Wilcoxon（Gehan）统计	自由度	显著性
8.403	1	0.004

寿命表显示生活在未污染环境的居民（1 组）60 岁时的生存率为 0.92，生活在污染环境的居民（2 组）60 岁时的生存率为 0.73，结合图 13-5 生存函数曲线，发现 2 组生存率明显小于 1 组生存率。

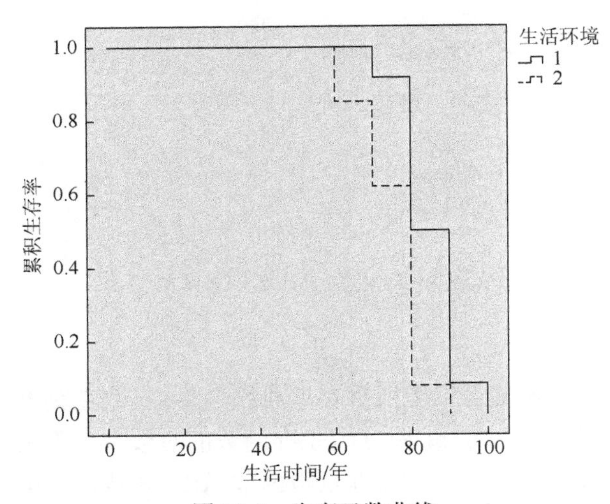

图 13-5　生存函数曲线

13.3　Kaplan-Meier 法

13.3.1　概述

Kaplan-Meier 法是估计生存函数的一种非参数法，又称极大似然估计法或乘积极限估计法，由爱德华·林恩·卡普兰（Edward Lynn Kaplan）和保罗·迈尔（Paul Meier）于 1958 年在论文“Nonparametric estimation from incomplete observations”中首次提出。Kaplan-Meier 法通过概率乘法原理估计生存率，适用于小样本数据，所分析的生存时间数据需包含每一个个体时间发生的点。

Kaplan-Meier 法主要用于分析未分组资料。在估计各分组资料的生存分布是否有显著性差异时，Kaplan-Meier 法能够容许一个分层变量，并且可针对一个分组变量的生存率进行组间比较。如果每个分组区间只有 1 个观察值，则 Kaplan-Meier 法和寿命表法的分析结果完全相同。Kaplan-Meier 法与寿命表法存在一定的差异：

（1）基本原理不同。寿命表法计算每个小的时间区间内的生存率，重点分析总体的生存规律；Kaplan-Meier 法计算每一个“结局”事件发生时的生存率，除了研究总体生存规律外，重点关注相关影响因素。

（2）适用范围不同。寿命表法适用于样本量大、生存时间分段记录的数据；Kaplan-Meier 法适用于样本量少、生存时间记录准确完整的数据。

（3）生存曲线不同。寿命表法主要应用于分析分组生存资料，其生存曲线是以生存时间为横轴，生存率为纵轴绘制的连续型折线形曲线，重点说明记录时间内的生存率情况；Kaplan-Meier 法主要应用于分析未分组资料，其曲线是以生存时间为横轴、生存率为纵轴绘制的连续型阶梯形曲线，更倾向于说明某种因素对生存时间的影响。

（4）统计方法不同。寿命表法采用 Wilcoxon 法；Kaplan-Meier 法采用 Log rank 法、Breslow 法、Tarone-Ware 法。

13.3.2　SPSS 分析过程

✧ **例 13-2**　现有采用两种方案治疗的 25 例癌症病人的随访记录，试以 Kaplan-Meier 法对此进行回归分析。

（1）打开数据文件例 13-2 癌症.sav，变量：生存时间（天），是否死亡（0：否，1：是），治疗方式（1，2）。

（2）选择【分析（A）】→【生存函数（S）】→【Kaplan-Meier…】，打开 Kaplan-Meier 对话框，如图 13-6 所示。

（a）【时间（T）】应为定量变量，本例为生存时间。

（b）【状态（U）】选择是否死亡，单击【定义事件（D）…】，打开定义状态变量事件对话框，如图 13-7 所示，设置【单值（S）】为 1。

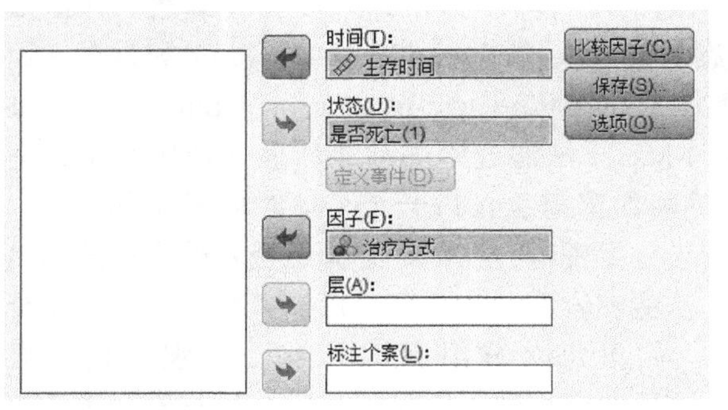

图 13-6　Kaplan-Meier 对话框

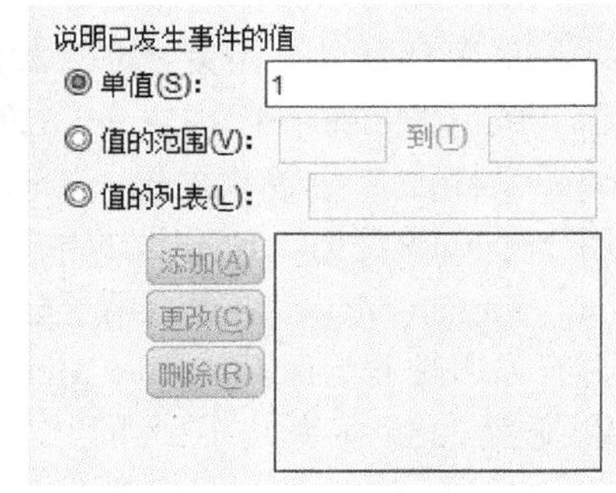

图 13-7　Kaplan-Meier：定义状态变量事件对话框

（c）【因子（F）】选择治疗方式。

（3）单击【比较因子（C）…】，打开比较因子级别对话框，如图 13-8 所示。

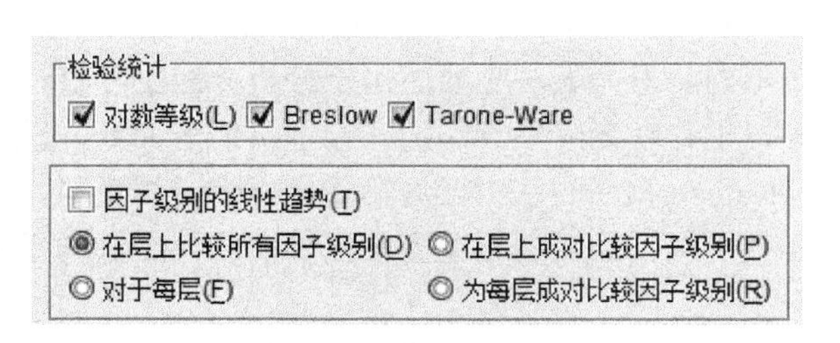

图 13-8　Kaplan-Meier：比较因子级别对话框

（4）单击【继续】→【保存（S）…】，打开保存新变量对话框，如图 13-9 所示。【生存函数（S）】即累积生存概率估计值，变量名默认前缀为 sur_顺序号。【生存函数的标准误差（E）】即累积生存概率估计值的标准误，变量名默认前缀为 se_顺序号。【风险函数（H）】即累积危险函数估计值，变量名默认前缀为 haz_顺序号。【累积事件（C）】即个案按生存时间及状态排序的事件发生的累积频率，变量名默认前缀为 cum_顺序号。

（5）单击【继续】→【选项（O）…】，打开选项对话框，如图 13-10 所示。

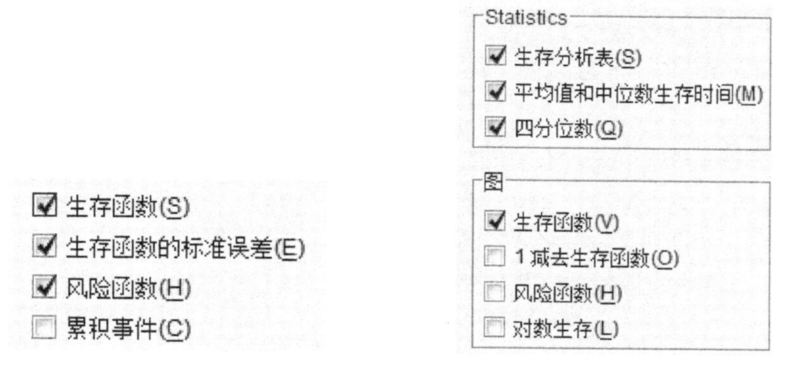

图 13-9　Kaplan-Meier：保存新变量对话框　　图 13-10　Kaplan-Meier：选项对话框

【Statistics】可选择【生存分析表（S）】、【平均值和中位数生存时间（M）】和【四分位数（Q）】。

【图】可选择【生存函数（V）】、【1 减去生存函数（O）】、【风险函数（H）】和【对数生存（L）】。

（6）单击【继续】→【确定】，得出主要结果并分析。

如表 13-3 所示，生存时间的平均值和中值显示，无论是平均生存时间还是半数生存时间，采用治疗方案 1 的患者均比采用治疗方案 2 的患者生存时间长。

表 13-3　生存时间的平均值和中值

治疗方式	平均值				中位数			
	估算	标准错误	95%置信区间		估算	标准错误	95%置信区间	
			下限值	上限			下限值	上限
1	1022.833	275.545	482.766	1562.901	221.000	—	—	—
2	606.769	226.496	162.838	1050.700	190.000	77.290	38.512	341.488
总体	839.525	200.141	447.249	1231.801	205.000	33.307	139.719	270.281

如表 13-4 所示，采用治疗方案 1 的患者半数生存期高于采用治疗方案 2 的患者，但上四分位生存期低于采用治疗方案 2 的患者。

表 13-4　百分位数

治疗方式	25.0%		50.0%		75.0%	
	估算	标准错误	估算	标准错误	估算	标准错误
1	—	—	221.000	—	53.000	41.250
2	700.000	508.902	190.000	77.290	70.000	43.267
总体	2239.000	—	205.000	33.307	63.000	31.430

总体比较表显示了 3 种方法对两种治疗方法的生存率进行比较（表 13-5），显著性均大于 0.05，认为采用两种治疗方案的患者生存率相同。

表 13-5　总体比较

	卡方	自由度	显著性
Log Rank（Mantel-Cox）	1.193	1	0.275
Breslow（Generalized Wilcoxon）	0.223	1	0.637
Tarone-Ware	0.586	1	0.444

如图 13-11 所示，在 500 天之前，两种治疗方案有多个交点，且生存率下降较快，500 天之后，治疗方案 1 的生存率高于治疗方案 2。

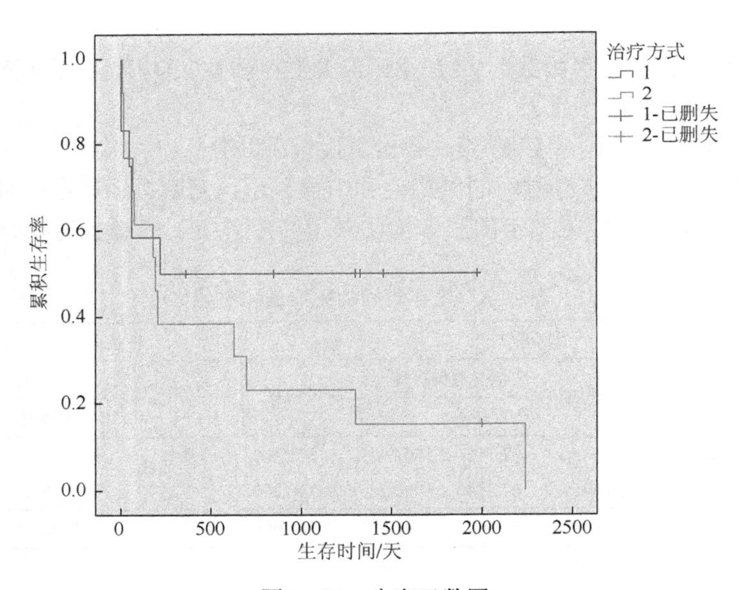

图 13-11　生存函数图

13.4　Cox 回归法

13.4.1　概述

Cox 回归又称比例风险模型，由英国统计学家戴维·罗斯贝·科克斯（David Roxbee Cox）在 1972 年提出，用于肿瘤和其他慢性病的预后分析。Cox 回归同时考虑生存结局和生存时间的长短，建立生存时间和多个危险因素间的定量模型，分析危险因素对生存时间的影响。用户选择变量时，首先应考虑该变量数据是否容易收集、样本稳定性等现实因素。其次纳入模型的变量只是统计学上的与生存时间有关的变量，未纳入模型的变量不一定都是无关变量，因此用户在分析模型时需要结合现实因素考虑变量的作用。

Cox 比例风险回归模型具有 Logistic 回归模型的所有优点，可以分析生存时间分布无规律的样本，也可以处理删失数据。对于服从偏态分布的连续变量，一般进行对数变换后纳入分析。删失数据的比例不宜太高，若超过 30%可能会影响分析结果的准确性。为比较某因素不同水平的生存时间有无差异时采用 K-M 法，研究多种因素对生存时间的影响时采用 Cox 模型，在 Cox 模型中选一个因素分析时是单因素分析，如果有意义再纳入多因素分析，并且可采用一次引入一个变量的方法，检查变量间的交互作用是否显著（其对应的回归系数是否为 0）。

Cox 回归风险函数的基本形式如下所示：

$$h(t)=h_0(t)\exp(b_1X_1+b_2X_2+L+b_nX_n)$$

式中，$h(t)$ 为风险函数，又称风险率或瞬间死亡率；$h_0(t)$ 为基准风险函数，是与时间有关的任意函数；X,b 分别为观测因素及其回归系数。使用该模型的前提是危险因素的作用不随时间改变，若不满足该前提，则应使用含时间依存协变量的 Cox 回归模型。

风险函数与生存函数存在 $S(t)=\exp\left[-\int_0^t h(t)\mathrm{d}t\right]$ 关系，因此可以推出 $S(t)=\exp\left[-\int_0^t h_0(t)\exp(b_1X_1+b_2X_2+\cdots+b_nX_n)\mathrm{d}t\right]$，通过此公式，可以得到相应的生存函数图。需要注意的是，生存曲线不能随便延长或用于预测，只有经过大量研究得到的生存曲线才有可能推广应用。

13.4.2　SPSS 分析过程

✧ **例 13-3**　记录了 60 名白血病人外周血中的细胞数量、浸润等级、巩固治疗情况、生存时间和状态变量，试对此进行 Cox 回归分析。

（1）打开数据文件例 13-3 白血病.sav，变量：生存时间（年），巩固治疗情况（1：是，2：否），结局（0：生存，1：死亡），指示变量（1：完全数据，2：删失数据）。

（2）选择【分析（A）】→【生存函数（S）】→【Cox 回归...】，打开 Cox 回归对话框，如图 13-12 所示。

（a）【时间（I）】应为定量变量，本例为生存时间。

（b）【状态（U）】应为指示变量，单击【定义事件（F）...】，打开为状态变量定义事件对话框，如图 13-13 所示，设置【单值（S）】为 1。

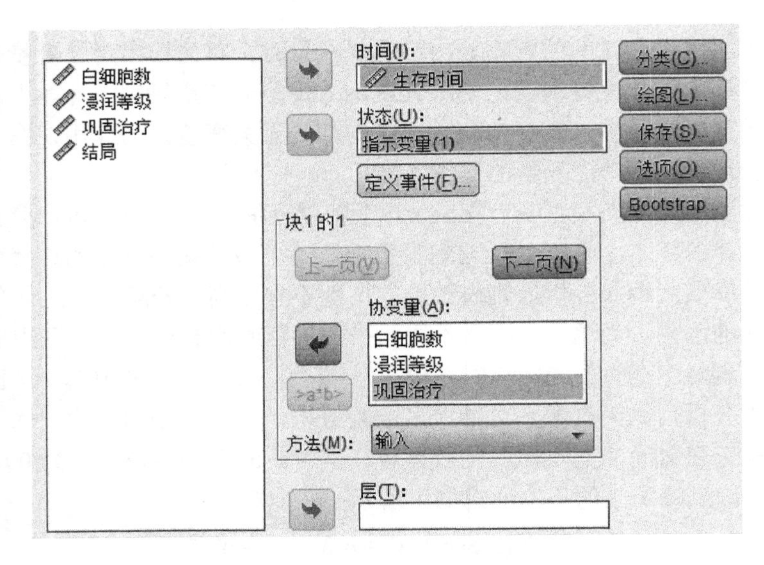

图 13-12　Cox 回归对话框

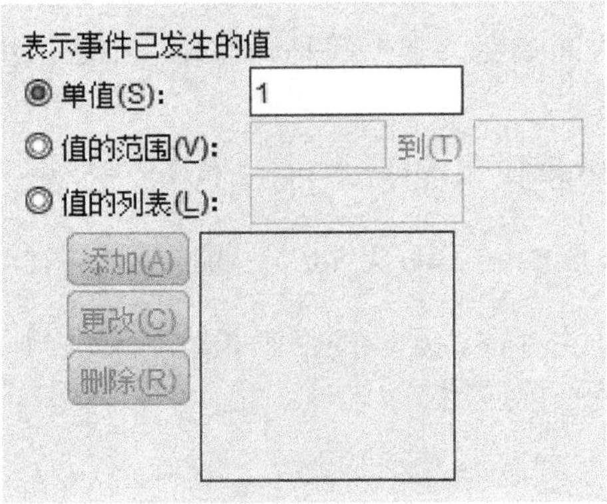

图 13-13　Cox 回归：为状态变量定义事件对话框

（c）【协变量（A）】应为连续变量或分类变量，本例选择白细胞数、浸润等级和巩固治疗三个变量。

（d）【方法（M）】:【输入】即强迫引入法，【向前：有条件的】即前向逐步法（条件似然比），【向前：LR】即前向逐步法（似然比），【向前：Wald】即前向逐步法（Wald），【向后：有条件的】即后向逐步法（条件似然比），【向后：LR】即后向逐步法（似然比），【向后：Wald】即后向逐步法（Wald）。

（e）【层（T）】应为分类变量，本例未选择。

（3）单击【分类（C）…】，打开定义分类协变量对话框，如图 13-14 所示。

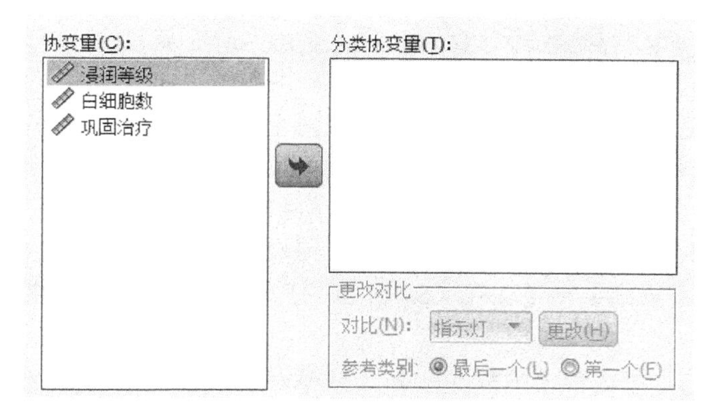

图 13-14　Cox 回归：定义分类协变量对话框

(a)【分类协变量（T）】列出分类协变量，各变量的括号中包含所选的对比编码。

(b)【更改对比】：SPSS 提供 7 种【对比】方式。

(4) 单击【继续】→【绘图（L）…】，打开图对话框，如图 13-15 所示。

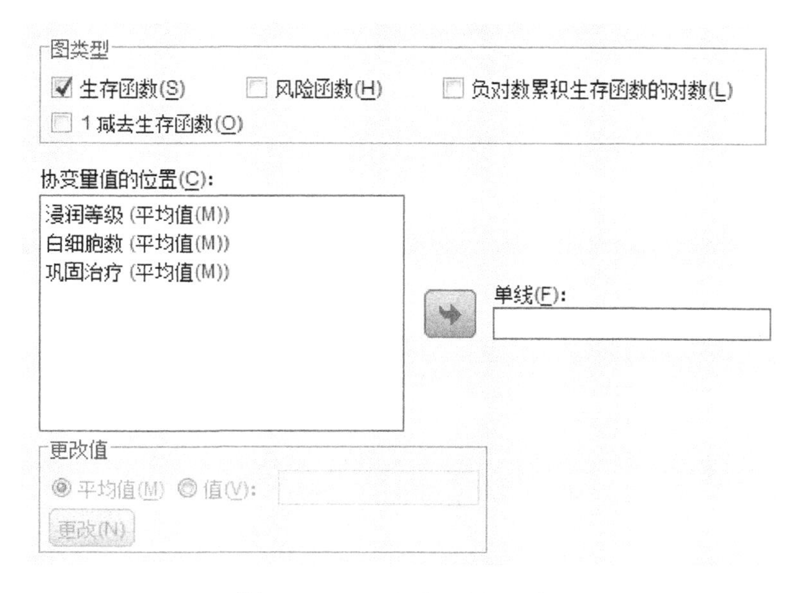

图 13-15　Cox 回归：图对话框

(a)【图类型】：【生存函数（S）】即生存率曲线 $S(t)$，在线性刻度上绘制累积生存函数。【风险函数（H）】即危险函数 $h(t)$，在线性刻度上绘制累积危险函数。【负对数累积生存函数的对数（L）】进行 ln(–ln)变换之后绘制累积生存函数。【1 减去生存函数（O）】在线性刻度上绘制 1–生存函数曲线。

（b）【协变量值的位置（C）】默认使用每个协变量的平均值作为常数值，用户也可以自定义数值，使用协变量常数值绘制函数与时间的关系图。

（c）【单线（F）】指对分类变量的每个值绘制一条独立的线。

（d）【更改值】可选择【平均值（M）】或设定相应的【值（V）】。

（5）单击【继续】→【保存（S）…】，打开保存新变量对话框，如图 13-16 所示。

【生存函数】可选择【函数（F）】、【标准误差（S）】、【负对数累积生存函数的对数（L）】、【风险函数（H）】、【偏残差（P）】、【DfBeta】和【X*Beta】。

（6）单击【继续】→【选项（O）…】，打开选项对话框，如图 13-17 所示。

【模型统计】:【CI 用于 exp】，即相对危险度的置信区间，默认为 95%，用户

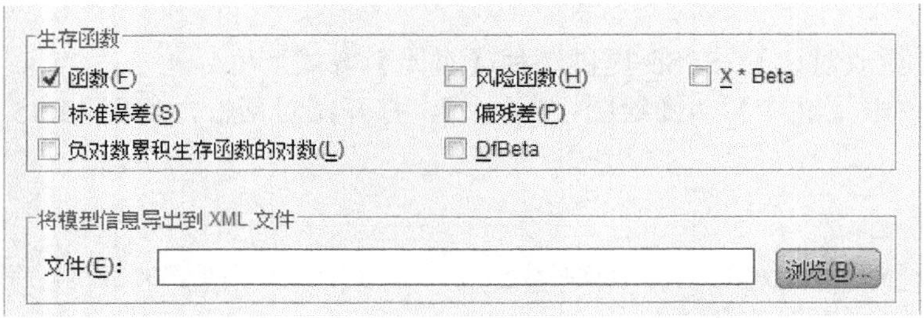

图 13-16　Cox 回归：保存新变量对话框

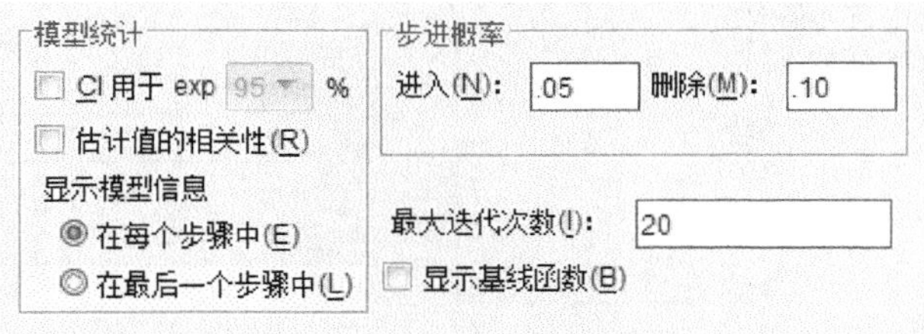

图 13-17　Cox 回归：选项对话框

还可选择【估计值的相关性（R）】,【显示模型信息】可选择【在每个步骤中（E）】或【在最后一个步骤中（L）】。【步进概率】即逐步概率，仅用于逐步法，可设置【进入（N）】和【删除（M）】概率。【最大迭代次数（I）】默认为 20。【显示基线函数（B）】显示协变量平均值下的基线危险函数和累积生存率，不能用于指定时间依赖协变量的情况。

（7）单击【继续】→【确定】，得出主要结果并分析。

根据表 13-6，引入协变量，得到 Cox 回归方程，$h(t,x)=h_0(t)e^{0.501x_2-1.782x_3}$ $(P<0.01)$，x_2 指浸润等级，x_3 指巩固治疗。可以看出白细胞数的回归系数为 0，浸润等级的回归系数为 0.501＞0，为危险因素，每增加一个等级，相对危险度 Exp(B) 为 1.65 倍；巩固治疗的回归系数为–1.782，为保护因素，相对危险度降低 1–0.168 = 0.832。图 13-18 为协变量平均值处的生存函数图。

表 13-6　方程式中的变量

	B	SE	Wald	df	显著性	Exp（B）	Exp（B）的 95.0%CI	
							下限	上限
白细胞数	0.000	0.002	0.021	1	0.885	1.000	0.996	1.004
浸润等级	0.501	0.191	6.902	1	0.009	1.650	1.136	2.398
巩固治疗	–1.782	0.334	28.481	1	0.000	0.168	0.087	0.324

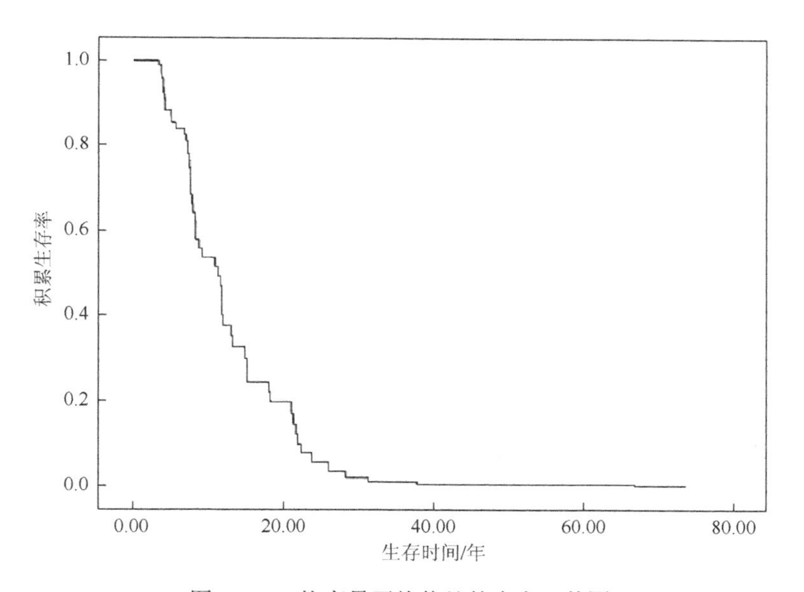

图 13-18　协变量平均值处的生存函数图

第 14 章　环境数据聚类分析

14.1　聚类分析概述

14.1.1　聚类分析的概念

聚类分析（cluster analysis），又称集群分析，是对分类变量和连续变量按照距离或性质相似程度分成不同类别的统计方法。聚类分析指导原则是高类内相似度和低类间相似度，常用于探索性分析，在分类数目和标准不清楚的情况下，可对新事物进行类别预测，将其自动归入相应聚类。

从对象与聚类关系角度，聚类分析主要分为模糊聚类和非模糊聚类。模糊聚类中，对象与聚类的从属关系是具有一定概率的；非模糊聚类中，对象与聚类的从属关系是确定的。

从数据分析角度，聚类分析包括对样本进行分类的样品聚类分析（Q 型聚类）和对指标进行分类的变量聚类分析（R 型聚类）。样品聚类通常和判别分析一起使用，如各类总体情况不明确时，可先对原始样本聚类，然后建立判别函数，对新样本进行判别分析。变量聚类通常和回归分析一起使用，若自变量个数太多且相关性很大时，可先对自变量聚类，找出彼此独立且有代表性的自变量进行回归，这样能够减少进入回归方程的自变量个数。因此，聚类分析与判别分析、回归分析综合使用，可以有效解决多变量的统计分析问题。

从数据挖掘方法角度，聚类分析分为层次聚类（hierarchical clustering）、划分聚类（partitive clustering）、基于密度的聚类、基于网格的聚类和其他聚类。SPSS 软件提供 6 种主要的聚类方法，包括两步聚类、K-均值聚类、系统聚类以及树分析、判别分析和最近邻元素分析。

当前高维数据和海量数据的聚类分析成为聚类分析的一个重要研究方向。许多聚类方法处理低维数据效果良好，但处理高维数据时往往聚类效果并不理想。处理高维、海量数据，可以组合使用多种方法，如聚类分析与因子分析、回归分析、多元分析、分类等方法联用，用于高效、精确的数据分析。

14.1.2　聚类分析的步骤

聚类分析一般过程的步骤包括：①数据变换处理。聚类分析前，为克服原始数据计量单位不同对结果产生不合理的影响，需对原始数据进行变换处理。将原始数据矩阵中的每个元素，根据某种特定的运算方法，变为一个新值，并且数值变化与其他原始数据的新值无关。常用变换方法有标准化变换、规格化变换、极差标准化变换、中心化变换等。②计算聚类统计量。聚类统计量是根据变换处理后的数据计算得到的一个新数据，用于表明各样本或变量间的距离或性质相似程度。常用的统计量有两个：距离和相似系数。③选择聚类方法。根据聚类统计量，将距离相近或性质相似的样本或变量聚为一类，将距离较远或性质不太相似的样本或变量加以区分。选择聚类方法是聚类分析最重要的一步。

1. 数据变换处理

设原始数据构成如下数据矩阵：

$$X=\begin{bmatrix} X_{11} & X_{12} & \cdots & X_{1p} \\ X_{21} & X_{22} & \cdots & X_{2p} \\ \vdots & \vdots & \ddots & \vdots \\ X_{n1} & X_{n2} & \cdots & X_{np} \end{bmatrix}$$

式中，n 为样本数；p 为原始变量个数；X_{ij} 为第 i 个样本在第 j 个变量上的值。

1）标准化变换

标准化变换在实际中应用最多，是把原始数据转换为标准 Z 分数（Z score）的变换方法，其变换公式为

$$X_{ij}'=\frac{X_{ij}-\bar{X}_j}{S_j}(i=1,2,\cdots,n;j=1,2,\cdots,p)$$

式中，X_{ij}' 表示标准化数据；$\bar{X}_j=\frac{1}{n}\sum_{i=1}^{n}X_{ij}$ 表示变量 j 的均值；S_j 表示变量 j 的标准差，即

$$S_j=\sqrt{\frac{1}{n-1}\sum_{i=1}^{n}(X_{ij}-\bar{X}_j)^2}$$

则原始数据矩阵可表示为

$$X'=\begin{bmatrix} \frac{X_{11}-\bar{X}_1}{S_1} & \frac{X_{11}-\bar{X}_2}{S_2} & \cdots & \frac{X_{11}-\bar{X}_p}{S_p} \\ \frac{X_{21}-\bar{X}_1}{S_1} & \frac{X_{21}-\bar{X}_2}{S_2} & \cdots & \frac{X_{21}-\bar{X}_p}{S_p} \\ \vdots & \vdots & \ddots & \vdots \\ \frac{X_{n1}-\bar{X}_1}{S_1} & \frac{X_{n1}-\bar{X}_2}{S_2} & \cdots & \frac{\bar{X}_{n1}-\bar{X}_p}{S_p} \end{bmatrix}$$

经过标准化变换后的数据矩阵式中每列数据的平均值为 0，方差为 1。

2）规格化变换

规格化变换又称极差正规比变换，用数据矩阵中每个原始数据减去该变量中的最小值，再除以极差，即得规格化变换后的数据。其变换公式为

$$X_{ij}' = \frac{X_{ij} - \min\limits_{1 \leqslant i \leqslant n}\{X_{ij}\}}{\max\limits_{1 \leqslant i \leqslant n}\{X_{ij}\} - \min\limits_{1 \leqslant i \leqslant n}\{X_{ij}\}} (i = 1, 2, \cdots, n; j = 1, 2, \cdots, p)$$

经过规格化变换后的数据矩阵式中每列的最大数据为 1，最小数据为 0，其余数据取值在 0～1。

3）极差标准化变换

极差标准化变换公式为

$$X_{ij}' = \frac{X_{ij} - \overline{X}_j}{\max\limits_{1 \leqslant i \leqslant n}\{X_{ij}\} - \min\limits_{1 \leqslant i \leqslant n}\{X_{ij}\}} (i = 1, 2, \cdots, n; j = 1, 2, \cdots, p)$$

经过极差标准化变换后的数据矩阵式中每列数据之和为 0，极差为 1，其余数据取值在−1～1。

4）中心化变换

中心化变换是一种坐标轴平移处理方法，用原始数据减去该变量的样本平均值，即得中心化变换后的数据，其变换公式为

$$X_{ij}' = X_{ij} - \overline{X_j} (i = 1, 2, \cdots, n; j = 1, 2, \cdots, p)$$

经过中心化变换后的数据矩阵式中每列数据之和为 0。

上述方法都是通过对变量进行变换处理，也可以对样本进行变换处理，但是实际中应用较多的是变量变换处理。

2. 聚类统计量

研究样本或变量常用的聚类统计量有两大类，即距离和相似系数。距离一般用于样品聚类，如欧氏距离、切比雪夫距离、明考斯基距离、绝对值距离等。相似系数一般用于对变量聚类，如夹角余弦、相关系数等。样本或变量的测量尺度不同，所采用的统计量也就不同。

1）定距、定比变量的聚类统计量

定距、定比变量的聚类统计量可以分为两类：距离和相似系数。距离一般用于样品聚类分析，而相似系数一般用于变量聚类分析。

（1）距离（distance）。

把每个个案看成 p（变量个数）维空间的一点，在 p 维坐标系中计算点与点

之间的某种距离。根据点与点之间的距离进行分类，将距离较近的点归为一类，距离较远的点归为不同的类，各种距离的计算公式见表 14-1。

表 14-1　距离计算公式

距离计算方法	距离定义
欧氏距离（Euclidean distance）	第 i 个样本与第 k 个样本之间的每个变量值之差的平方和的平方根，即 $d_{ik}=\sqrt{\sum_{j=1}^{p}(X_{ij}-X_{kj})^2}$
欧氏距离平方（squared Euclidean distance）	欧氏距离的平方，即样本之间的距离是每个变量值之差的平方和
切比雪夫距离（Chebychev distance）	第 i 个样本与第 k 个样本之间的任意一个变量值之差的最大绝对值，即 $d_{ik}=\max\limits_{1\leqslant j\leqslant p}\{\lvert X_{ij}-X_{kj}\rvert\}$
明考斯基距离（Minkowski distance）	第 i 个样本与第 k 个样本之间的每个变量值之差的 q 次方值的绝对值之和的 q 次方根，即 $d_{ik}=\left[\sum_{j=1}^{p}\lvert X_{ij}-X_{kj}\rvert^{q}\right]^{1/q}$
绝对值距离（block distance）	第 i 个样本与第 k 个样本之间的每个变量值之差的绝对值总和，即 $d_{ik}=\sum_{j=1}^{p}\lvert X_{ij}-X_{kj}\rvert$
自定义距离（customized distance）	用户指定指数 q_1 和开方次数 q_2，（q_1、q_2 可取 1～4 的不同值），即 $d_{ik}(q_1,q_2)=\left[\sum_{j=1}^{p}\lvert X_{ij}-X_{kj}\rvert^{q_1}\right]^{1/q_2}$

聚类分析中使用最广泛的是欧氏距离，将所有行之间的欧氏距离算出，可以得到一个 $n\times n$ 的矩阵：

$$D=\begin{bmatrix} d_{11} & d_{12} & \cdots & d_{1n} \\ d_{21} & d_{22} & \cdots & d_{2n} \\ \vdots & \vdots & \ddots & \vdots \\ d_{n1} & d_{n2} & \cdots & d_{nn} \end{bmatrix}$$

式中，$d_{ij}(i=1,2,\cdots,n;j=1,2,\cdots,n)$ 表示式中第 i 行和第 j 列的欧氏距离。

（2）相似系数（similarity）。

无论是行、列，相似系数的计算一般有两种方法：一种是夹角余弦；另一种是相关系数。

距离与相关系数有这样的关系：$d_{ij}^{\ 2}+r_{ij}^{\ 2}=1$。越相近的样本或变量，它们的相关系数越接近于 1 或−1；而彼此关系越疏远的样本或变量，它们的相关系数则越接近于 0。这样，就可以根据样本或变量的相似系数大小，把比较相似的样本或变量归为一类，把不相似的样本或变量归为不同的类。

（a）夹角余弦。

在 p 维空间中，如果 $\cos\theta_{ik}$ 表示第 i 行和第 k 行数据值的夹角余弦，则有

$$\cos\theta_{ik}=\frac{\sum_{j=1}^{p}X_{ij}\cdot X_{kj}}{\sum_{j=1}^{p}X_{ij}^{2}\cdot X_{kj}^{2}}(i,k=1,2,\cdots,n)$$

将所有行之间的夹角余弦都算出来，则构成一个 $n\times n$ 的夹角余弦矩阵：

$$\cos\theta=\begin{bmatrix}\cos\theta_{11} & \cos\theta_{12} & \cdots & \cos\theta_{1n}\\ \cos\theta_{21} & \cos\theta_{22} & \cdots & \cos\theta_{21}\\ \vdots & \vdots & \ddots & \vdots\\ \cos\theta_{n1} & \cos\theta_{n2} & \cdots & \cos\theta_{nn}\end{bmatrix}$$

如果 X_i 和 X_k 比较相似，则它们的夹角接近于 0，$\cos\theta_{ik}$ 接近于 1。

在 n 维空间中，向量 $X_i=(X_{1i},X_{2i},\cdots,X_{ni})'$ 与 $X_j=(X_{1j},X_{2j},\cdots,X_{nj})'$ 的夹角记作 α_{ij}，则变量第 i 列和第 j 列的数据余弦为

$$\cos\alpha_{ij}=\frac{X_i'X_j}{\sqrt{X_i'X_i}\sqrt{X_j'X_j}}=\frac{\sum_{k=1}^{n}X_{ki}X_{kj}}{\sqrt{\sum_{k=1}^{n}X_{ki}^{\ 2}}\sqrt{\sum_{k=1}^{n}X_{kj}^{\ 2}}}(i,j=1,2,\cdots,p)$$

将所有列之间的夹角余弦都算出来，则构成一个 $p\times p$ 的夹角余弦矩阵：

$$\cos\alpha=\begin{bmatrix}\cos\alpha_{11} & \cos\alpha_{12} & \cdots & \cos\alpha_{1p}\\ \cos\alpha_{21} & \cos\alpha_{22} & \cdots & \cos\alpha_{2p}\\ \vdots & \vdots & \ddots & \vdots\\ \cos\alpha_{p1} & \cos\alpha_{p2} & \cdots & \cos\alpha_{pp}\end{bmatrix}$$

如果 X_i 与 X_j 比较相似，则它们的夹角接近于 0，$\cos\theta_{ij}$ 接近于 1。

（b）相关系数。

在 p 维空间中，如果以 r_{ik} 表示第 i 行和第 k 行数据的相关系数，则有

$$r_{ik}=\frac{\sum_{j=1}^{p}(X_{ij}-\bar{X}_i)(X_{kj}-\bar{X}_k)}{\sqrt{\sum_{j=1}^{p}(X_{ij}-\bar{X}_i)^2\sum_{j=1}^{p}(X_{kj}-\bar{X}_k)^2}}(i,k=1,2,\cdots,n)$$

将所有行之间的相关系数都算出来，就构成一个 $n\times n$ 的相关系数矩阵：

$$R=\begin{bmatrix} r_{11} & r_{12} & \cdots & r_{1n} \\ r_{21} & r_{22} & \cdots & r_{2n} \\ \vdots & \vdots & \ddots & \vdots \\ r_{n1} & r_{n2} & \cdots & r_{nn} \end{bmatrix}$$

如果行之间（即样本之间）越相近，它们的相关系数就越接近 1 或–1；彼此无关的样本，它们的相关系数就接近于 0。

在 n 维空间中，如果以 r_{ij} 表示第 i 列和第 j 列数据值的相关系数，则有

$$r_{ij}=\frac{\sum_{k=1}^{n}(X_{ki}'-\bar{X}_i')(X_{kj}'-\bar{X}_j')}{\sqrt{\sum_{k=1}^{n}(X_{ki}-\bar{X}_i)^2\sum_{k=1}^{n}(X_{kj}-\bar{X}_j)^2}}(i,j=1,2,\cdots,p)$$

将所有列之间的相关系数都算出来，就构成一个 $p\times p$ 的相关系数矩阵：

$$R=\begin{bmatrix} r_{11} & r_{12} & \cdots & r_{1p} \\ r_{21} & r_{22} & \cdots & r_{2p} \\ \vdots & \vdots & \ddots & \vdots \\ r_{p1} & r_{p2} & \cdots & r_{pp} \end{bmatrix}$$

和行与行之间的相关系数一样，如果列之间（即变量之间）越相近，它们的相关系数就越近于 1 或–1；彼此无关的变量，它们的相关系数就接近于 0。

2）计数变量（count）（离散变量）的聚类统计量

计数变量（离散变量）的聚类统计量主要包括卡方测度（Chi-square measure）和 Phi 方测度（Phi-square measure）。卡方测度的大小取决于进行近似计算的两个变量的总频数期望值，其值是卡方值的平方根。Phi 方测度主要考虑减少样本量对测度值的实际预测频率减少的影响，该测度把卡方除以合并的频率平方根，使不相似性的卡方测度规范化，其值是 F 平方统计量的平方根。

3）二值（binary）变量的聚类统计量

二值变量的聚类统计量主要有欧氏距离、欧氏距离平方、大小不同的测度、模式差异的测度等。

14.2　两步聚类分析

14.2.1　概述

两步聚类分析（two step cluster analysis）是揭示数据集自然分组（分类）的

探索性分析方法，是 BIRCH 层次聚类算法的改进版本。两步聚类采用似然距离度量（likelihood distance measure）处理分类变量和连续变量，并且假设所有变量独立，分类变量服从多项分布，连续变量服从正态分布。在这种假设下，两步聚类包括预聚类和正式聚类两个步骤。预聚类针对每个记录，从根开始进入聚类特征数，并依照节点中条目信息的指引找到最接近的子节点，建立聚类特征树（CFT）。子节点的数量就是预聚类数量。正式聚类利用层次聚类法对 CFT 上每个节点进行组合，生成不同聚类数的聚类方案，根据 Schwarz Bayesian（BIC）或 Akaike 信息准则（AIC）自动确定最优聚类数。

假设聚类数为 k，则 BIC 和 AIC 的计算公式如下：

$$\mathrm{BIC}_k = -2\sum_{v=1}^{k}\varepsilon_v + r_k \lg(N)$$

$$\mathrm{AIC}_k = -2\sum_{v=1}^{k}\varepsilon_v + r_k$$

$$r_k = k\left[2k^a + \sum_{k=1}^{k^b}(l_k - 1)\right]$$

式中，v 为第 v 个聚类类别；k^a 为聚类过程中使用的连续变量的总数；k^b 为聚类过程中使用的离散变量的总数；l_k 为第 k 个离散变量的编号。

14.2.2　SPSS 操作

✧ **例 14-1**　2016 年全国 31 座城市气候指标，包含年平均气温（x_1，℃）、年平均相对湿度（x_2，%）、全年降水量（x_3，mm）及全年日照时数（x_4，h）等数据，并建立数据文件例 14-1 气候.sav，试根据气候指标进行样品聚类分析。

（1）打开数据文件例 14-1 气候.sav。

（2）选择【分析（A）】→【分类（F）】→【两步聚类（T）…】，打开二阶聚类分析对话框，如图 14-1 所示。

（3）单击【选项（O）…】，打开选项对话框，如图 14-2 所示。

（a）【离群值处理】：离群值指聚类结束后未分配到聚类的变量，其聚类被赋值为–1，不包含在聚类数的计数中。CFT 填满时，即 CFT 的叶子中不能接受更多个案且不能拆分，需要特别的方法处理离群值。【使用噪声处理（U）】需设置【百分比（P）】，如果某叶子包含的个案数占叶子包含个案数最大值的比例小于设置的百分比，则认为该叶子是稀疏的。CFT 填满时，将稀疏叶子中

地区
分类变量(V):
连续变量(C):
年平均气温
年平均相对湿度
全年降水量
距离测量
对数相似值(L)
Euclidean
连续变量计数
要标准化的计数: 4
假定已标准化的计数: 0
聚类数量
自动确定(D)
最大(X): 15
指定固定值(E)
数(M): 5
聚类准则
施瓦兹贝叶斯准则 (BIC)
Akaike 信息标准 (AIC)

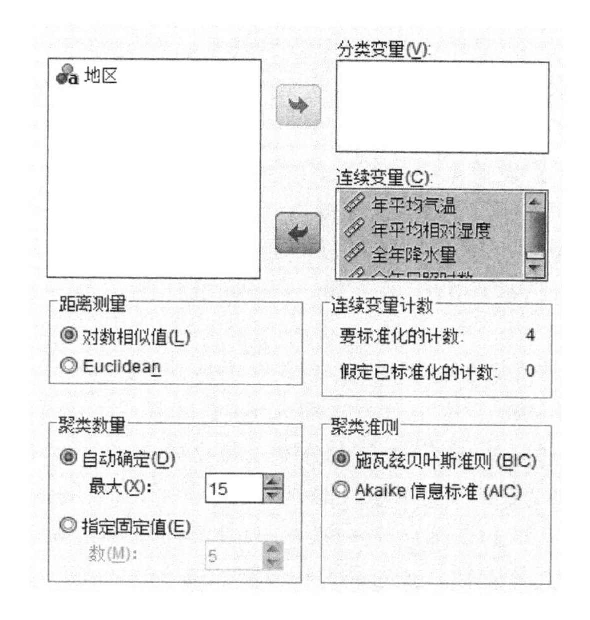

图 14-1　二阶聚类分析对话框

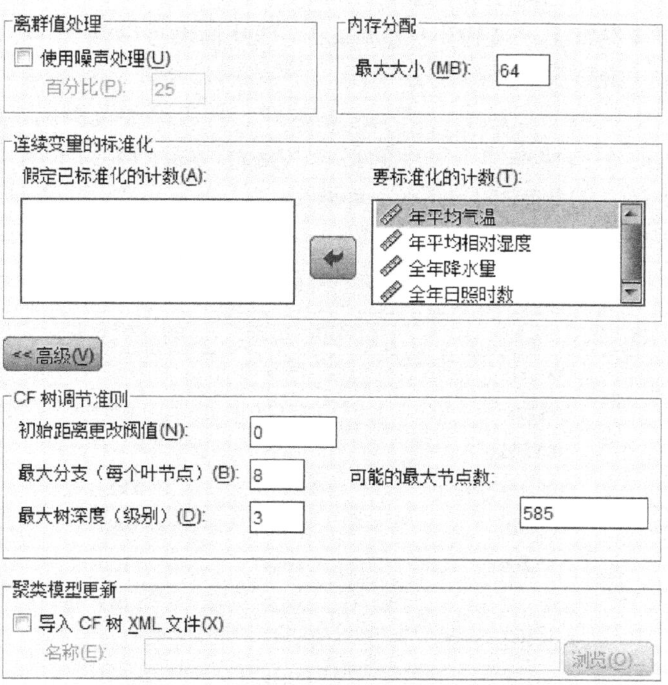

离群值处理
使用噪声处理(U)
百分比(P): 25
内存分配
最大大小 (MB): 64
连续变量的标准化
假定已标准化的计数(A):
要标准化的计数(T):
年平均气温
年平均相对湿度
全年降水量
全年日照时数
<< 高级(V)
CF 树调节准则
初始距离更改阈值(N): 0
最大分支（每个叶节点）(B): 8
可能的最大节点数:
最大树深度（级别）(D): 3
585
聚类模型更新
导入 CF 树 XML 文件(X)
名称(E):
浏览(O)...

图 14-2　二阶聚类：选项对话框

的个案放到“噪声”叶子中。CFT 重新生长后，尽可能将离群值放置在 CFT 中，否则舍弃离群值。如果不选择【使用噪声处理（U）】，CFT 填满时，将调大距离更改阈值。

（b）【内存分配】设置聚类计算时的【最大大小（MB）】，最小可设置为 4，但内存设置过小，可能无法找到或完成指定的聚类数，本例为 64。

（c）【连续变量的标准化】设置需要处理标准化的连续变量。【假定已标准化的计数（A）】指已被标准化的变量，【要标准化的计数（T）】指未标准化的变量。

（d）【CF 树调节准则】设置 CFT 特殊聚类算法。【初始距离更改阈值（N）】即 CFT 生长的初始阈值，将指定个案插入 CFT 叶子后，如果紧实度小于阈值，则不拆分叶子，否则拆分叶子。【最大分支（每个叶节点）（B）】即叶节点的最大子节点数，默认为 8。【最大树深度（级别）（D）】即 CFT 的最大级别数，默认为 3。【可能的最大节点数】根据 $(b^{d+1}-1)/(b-1)$ 计算，表示可能生成的 CFT 最大节点数，其中 b 为最大分支数，d 为最大树深度，本例为 585。如果 CFT 过大，可能会影响程序性能。

（e）【聚类模型更新】：通过【导入 CF 树 XML 文件（X）】的方式，引入历史分析的模板并更新当前生成模型。

（4）单击【继续】→【输出（U）…】，打开输出对话框。

（5）单击【继续】→【确定】，得出主要结果并分析。

一般情况下，BIC 值越小，聚类方案越好，相应聚类数最优。此外，好的聚类方案要求 BIC 更改比率和距离度量比率也较大。如表 14-2 所示，本例最佳聚类方案是分两个类，因此程序自动分成两类。

表 14-2　自动聚类表

聚类数	施瓦兹贝叶斯准则（BIC）	BIC 更改	BIC 更改比率	距离度量比率
1	111.406			
2	86.828	–24.577	1.000	6.480
3	106.268	19.439	–0.791	1.668
4	128.925	22.657	–0.922	1.450
5	153.076	24.151	–0.983	1.150
6	177.660	24.584	–1.000	1.606
7	203.333	25.673	–1.045	1.037
8	229.071	25.738	–1.047	1.161
9	255.049	25.978	–1.057	1.281
10	281.355	26.306	–1.070	1.392

续表

聚类数	施瓦兹贝叶斯准则（BIC）	BIC 更改	BIC 更改比率	距离度量比率
11	307.989	26.634	−1.084	1.066
12	334.675	26.686	−1.086	1.150
13	361.464	26.789	−1.090	1.134
14	388.334	26.870	−1.093	1.157
15	415.286	26.952	−1.097	1.222

如表 14-3 所示，第一类有 16 个个案，第二类有 15 个个案。活动数据集生成一个新变量 TSC_5292（二阶集群编号），以此作为分组变量。从 TSC_5292（二阶集群编号）变量可知，归入第一类的地区主要为北方城市，有北京、天津、石家庄、太原、呼和浩特、沈阳、长春、哈尔滨、济南、郑州、拉萨、西安、兰州、西宁、银川和乌鲁木齐，归入第二类的地区主要为南方城市，有上海、南京、杭州、合肥、福州、南昌、武汉、长沙、广州、南宁、海口、重庆、成都、贵阳和昆明。

表 14-3　聚类分布表

		数字	占组合的百分比/%	占总数的百分比/%
聚类	1	16	51.6	51.6
	2	15	48.4	48.4
	组合	31	100	100
总计		31		100%

表 14-4 显示了两类指标的平均值和标准偏差。

表 14-4　质心表

		年平均气温		年平均相对湿度		全年降水量		全年日照时数	
		平均值（E）	标准偏差	平均值（E）	标准偏差	平均值（E）	标准偏差	平均值（E）	标准偏差
聚类	1	10.744	3.7497	56.875	7.3473	606.344	225.1822	2494.363	343.6499
	2	18.707	2.6588	77.933	3.4942	1686.340	493.0591	1575.253	310.1195
	组合	14.597	5.1665	67.065	12.1297	1128.923	663.1802	2049.632	567.3904

双击模型概要，打开模型查看器，如图 14-3 所示。聚类质量图显示，凝聚和分离的轮廓度量值大于 0.5，表示聚类质量良好。预测变量重要性条形图

中，各预测变量重要性依次为年平均相对湿度、全年降水量、全年日照时数和年平均气温。

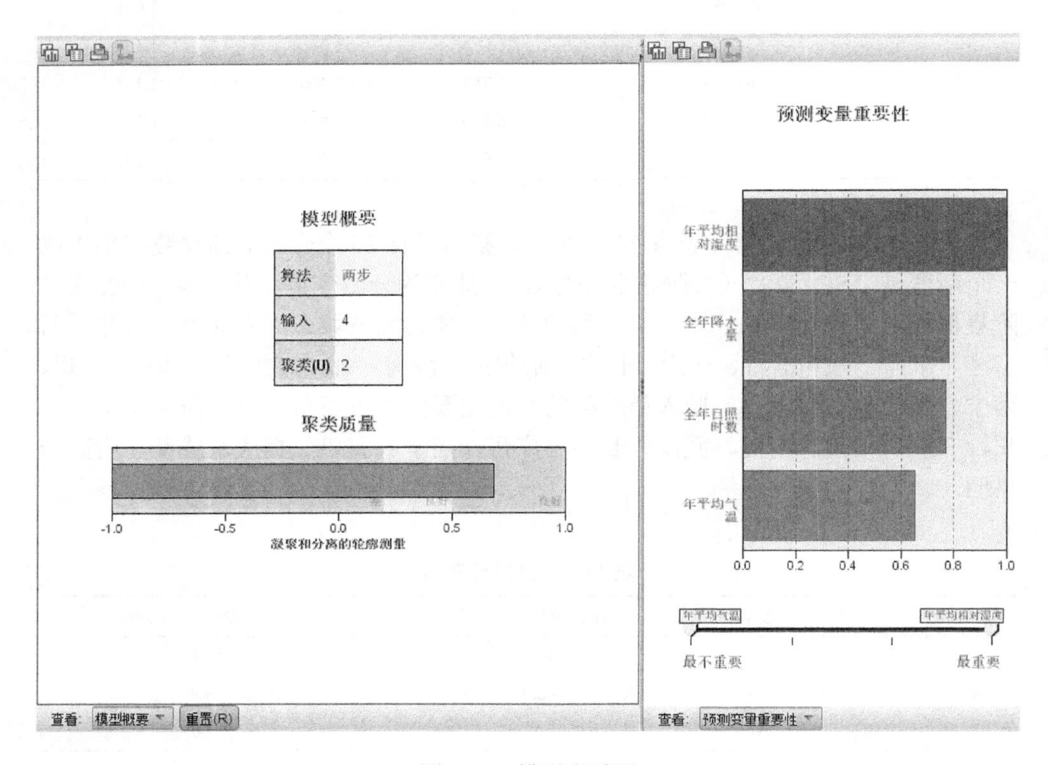

图 14-3　模型查看器

14.3　K-均值聚类分析

14.3.1　概述

K-均值聚类分析（K-means cluster）又称逐步聚类分析、快速聚类分析（quick cluster）或动态聚类分析（dynamic cluster），算法简单，计算量很小，适合对大样本数据进行分析。K-均值聚类分析对异常数据和数据噪声比较敏感，必须在平均值有意义的情况下才能使用，只能对连续性变量进行样品聚类（Q 型聚类）。

用户指定需要的聚类数目 k，K-均值算法首先随机选择 k 个点作为初始凝聚点（也可人为指定初始凝聚点），根据就近原则将其余个案向初始凝聚点凝聚，根据欧氏距离函数计算出各个初始聚类的中心位置（均值），用计算出的中心位置重新进行聚类，如此反复，直至凝聚点收敛为止，把数据分入 k 个聚类中。收敛条件一般包括以下几种情况：①小于最小数目的数据点被重新分配给不同聚类；②小于最小数目的聚类中心发生变化；③误差平方和（SSE）局部最小。

但是，不同聚类数目 k 的结果相差很大。在聚类过程中可能出现空聚类（即某些聚类中心没有被分配任何数据），为了解决这一问题，可以选择一个数据点作为替代的聚类中心。因此，在应用场景不明确且 k 值不太大时，可以先通过迭代求出损失函数最小时的 k 值即聚类数目。

14.3.2　SPSS 操作

✧ **例 14-2**　根据 2016 全年监测数据，对中国各地区土地利用类型情况进行等级划分，监测变量包括农用地（x_1，千公顷）、园地（x_2，千公顷）、牧草地（x_3，千公顷）、居民点及工矿用地（x_4，千公顷）、交通运输用地（x_5，千公顷）及水利设施用地（x_6，千公顷），试对全国 31 个地区土地利用类型情况进行 K-均值聚类分析。

（1）打开数据文件例 14-2 土地.sav。

（2）选择【分析（A）】→【分类（F）】→【K-平均值聚类...】，打开 K 平均值聚类分析对话框。

（a）【变量（V）】应为定量变量（定距或定比），如果要分析二进制变量或计数变量，需使用系统聚类分析。本例变量为 x_1～x_6。

（b）【标注个案（B）】：本例未选择。

（c）【聚类数（U）】：本例为 4 类。

（d）【方法】可选择【迭代与分类】或【仅分类】，本例选择【迭代与分类（T）】。

（e）【聚类中心】可选择【读取初始聚类中心（E）】和【写入最终聚类中心（W）】。

（3）单击【迭代（I）...】，弹出迭代对话框。需要注意，此对话框的选项只有选择了【迭代与分类】时才能设置。

（4）单击【继续】→【保存（S）...】，打开保存新变量对话框。

（a）【聚类成员（C）】变量值介于 1～k，可指示每个个案的最终聚类成员。

（b）【与聚类中心的距离（D）】为每个个案到聚类中心的 Euclidean 距离。

（5）单击【继续】→【选项（O）...】，打开选项对话框。

（a）【Statistics】:【初始聚类中心（I）】指各聚类变量平均值的初始估计值，用于第一轮分类并将进一步更新。【ANOVA 表】即方差分析表，各聚类的单变量 F 检验。如果所有个案分配到一个聚类中，则不显示方差分析表。【每个个案的聚类信息（C）】包括个案的最终聚类分配、个案到其聚类中心的 Euclidean 距离及最终聚类中心间的 Euclidean 距离。

(b)【缺失值】：默认格式为【按列表排除个案（L）】，排除任何有缺失值的个案。【按对排除个案（P）】根据所有非缺失值变量计算得到的距离将个案分配到聚类。

(6) 单击【继续】→【确定】，得出主要结果并分析。

本例是对中国 31 个地区废水中污染物排放情况进行等级划分，表 14-5 和表 14-6 显示聚类数指定为 4 类，初始聚类中心与最终聚类中心不同。

表 14-5　初始聚类中心

	聚类			
	1	2	3	4
农用地	45091.7	314	42160.6	87234.0
园地	6.1	16.5	730.1	1.5
牧草地	40798.9	0.0	10957.2	70685.9
居民点及工矿用地	238	275.1	1560.7	103.4
交通运输用地	52.3	30.3	151.7	41.2
水利设施用地	63.4	3.1	122.7	8.2

表 14-6　最终聚类中心

	聚类			
	1	2	3	4
农用地	48400.6	10970.8	38336.7	85058.3
园地	314.3	459.5	801.8	29.0
牧草地	38262.9	434.5	4066.6	60102.9
居民点及工矿用地	727.5	1051.4	1214.7	731.1
交通运输用地	102.2	117.2	141.5	134.9
水利设施用地	151	113.6	161.6	38.8

ANOVA 显示聚类间的差别（表 14-7），即对各变量进行单因素方差分析，只有农用地和牧草地的差别具有统计学意义。

表 14-7　ANOVA 结果

	聚类		错误		F	显著性
	均方	自由度	均方	自由度		
农用地	4341055571	3	33173170.47	27	130.860	0.000
园地	254619.020	3	162692.958	27	1.565	0.221
牧草地	2884914709	3	12822654.78	27	224.986	0.000

续表

	聚类		错误		F	显著性
	均方	自由度	均方	自由度		
居民点及工矿用地	158157.195	3	405556.911	27	0.390	0.761
交通运输用地	886.893	3	3918.370	27	0.226	0.877
水利设施用地	6920.517	3	6438.281	27	1.075	0.376

如表 14-8 所示，每个聚类的个案数量显示第一类有两个个案，新生成变量 QCL_1，以此作为分组变量。从 QCL_1 变量可知，归入第一类的地区为青海和新疆，农用地和牧草地面积大，但小于内蒙古和西藏，可见第一类为农用地和牧草地面积较大的地区。归入第三类的地区为黑龙江、四川和云南，农用地面积较大，牧草地面积较少，可见第三类为农用地面积较大、牧草地面积较小的地区。归入第四类的地区为内蒙古和西藏，农用地和牧草地面积远远超过其他地区，可见第四类为农用地和牧草地面积大的地区。其余地区归入第二类，农用地和牧草地最小，可见第二类为农用地和牧草地最小的地区。

表 14-8　每个聚类中的个案数量

聚类	1	2.000
	2	24.000
	3	3.000
	4	2.000
有效		31.000
缺失		0.000

14.4　系统聚类分析

14.4.1　概述

系统聚类分析又称分层聚类分析，可对变量或样品聚类，常用于小样品分析，是目前使用较多的聚类方法。其主要思想是将每个个案看作一类，根据聚类方法将相似程度高的两类合并为一个新类，再将新类与相似程度高的类进行合并，直至所有个案合并为一类，整个聚类过程可以用一个聚类谱系图表示。其统计结果有凝聚表（agglomeration schedule）、距离矩阵（distance matrix）或相似性矩阵

(similarity martix)、聚类成员解的范围、垂直冰柱图(vicicle)、水平冰柱图(hicicle)或树系图（dendrogram）等。

14.4.2 变量聚类分析（R 型聚类）

变量聚类分析又称 R 型聚类分析，即对观测指标进行聚类，下面以 2016 年中国各地区废水中污染物排放情况为例进行探索分析，具体操作步骤如下：

✧ **例 14-3** 根据 2016 年全年监测数据，对中国各地区废水中污染物排放情况进行等级划分，监测变量包括废水中化学需氧量（x_1，万吨）、氨氮（x_2，万吨）、总氮（x_3，万吨）、总磷（x_4，万吨）、六价铬（x_5，kg）及砷（x_6，kg），试对全国 31 个地区废水中污染物排放情况进行变量聚类分析。

（1）打开数据文件例 14-3 废水.sav。

（2）选择【分析（A)】→【分类（F)】→【系统聚类（H）…】，打开系统聚类分析对话框，如图 14-4 所示。

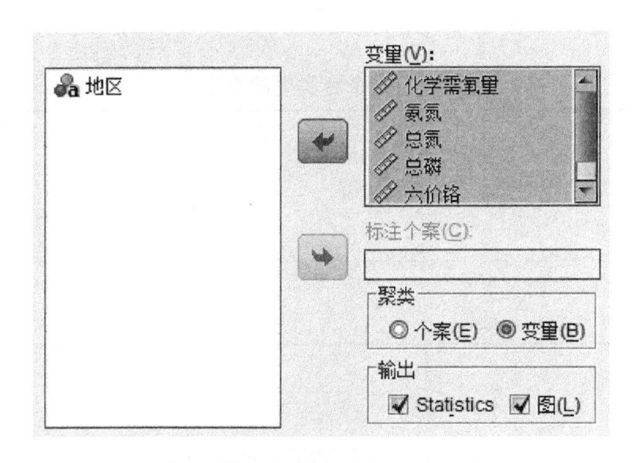

图 14-4 系统聚类分析对话框

（3）单击【Statistics…】，打开统计对话框，如图 14-5 所示。

【方案范围（R)】需设置【最小聚类数（M)】和【最大聚类数（X)】。

（4）单击【继续】→【绘图（T）…】，打开图对话框，如图 14-6 所示。

(a)【谱系图（D)】直观地表示系统聚类分析过程中每步结合的聚类及距离系数值，竖线的连接表示变量的结合，可用于评估聚类模型的凝聚性，并提供保持适当聚类数的信息。

(b)【冰柱】显示变量聚类的过程，在水平图右侧，未合并任何变量，从右到

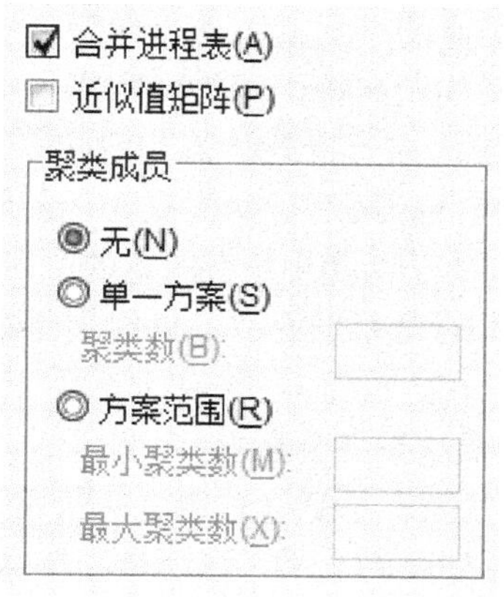

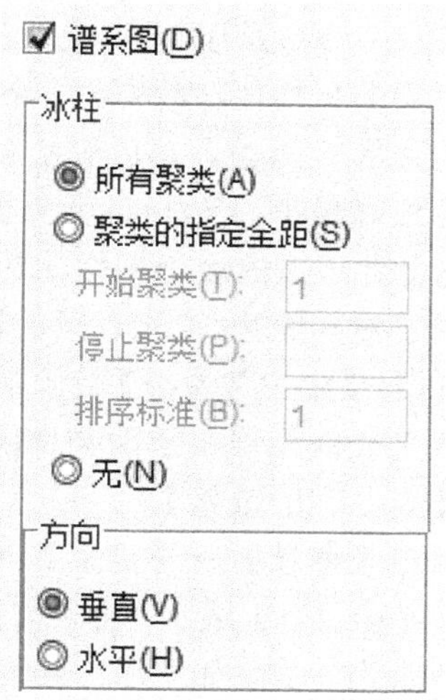

图 14-5　系统聚类分析：统计对话框　图 14-6　系统聚类分析：图对话框

左通过 X 或条进行聚类合并，不同分类用项间空格表示。默认格式是【所有聚类（A）】，【聚类的指定全距（S）】需设置【开始聚类（T）】、【停止聚类（P）】和【排序标准（B）】。【方向】可选择【垂直（V）】或【水平（H）】。

（5）单击【继续】→【方法（M）…】，打开方法对话框，如图 14-7 所示。

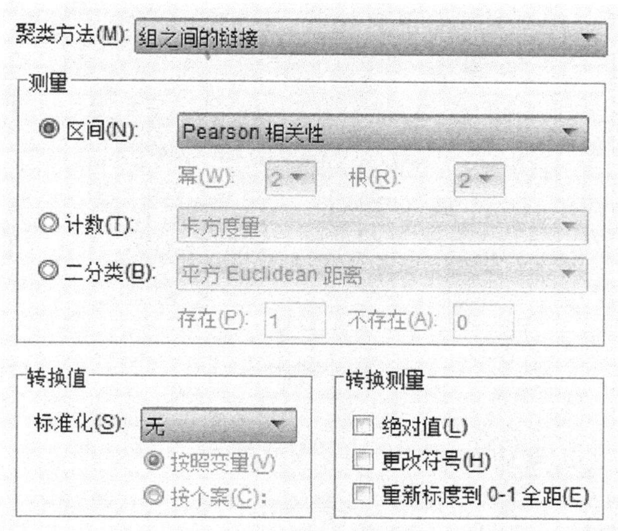

图 14-7　系统聚类分析：方法对话框

【聚类方法（M）】有 7 种。【组之间的链接】定义类间距离等于两类中所有变量对之间距离的平均值，使两类间所有变量对之间的平均距离最小。【组内的链接】定义类间距离等于两类合并后变量对之间距离的平均值，使合并后类中所有变量之间的平均距离最小。【最近邻元素】定义类间距离等于两类中距离最小的变量间距离，首先合并最近的或最相似的两项。【最远邻元素】定义类间距离等于两类中距离最大的变量间距离。【质心聚类】定义类间距离等于两类重心间的距离，只能用于样品聚类。【中位数聚类】定义类间距离等于两类中所有距离的中间值。【Ward 的方法】定义类间距离等于两类中所有样本的离差平方和，只能用于样品聚类。本例选择【组之间的链接】。

（6）单击【继续】→【确定】，得出主要结果并分析。

根据图 14-8 和图 14-9，化学需氧量、氨氮、总氮、总磷、六价铬及砷经过 5 次合并后聚合为一类。如果用户要求把变量划分为 3 类，则可在图 14-9 的标尺线查到类间距离 5～10 之间对应三条谱线，聚合为三类的变量为（化学需氧量、氨氮、总氮、总磷）、（六价铬）、（砷）。

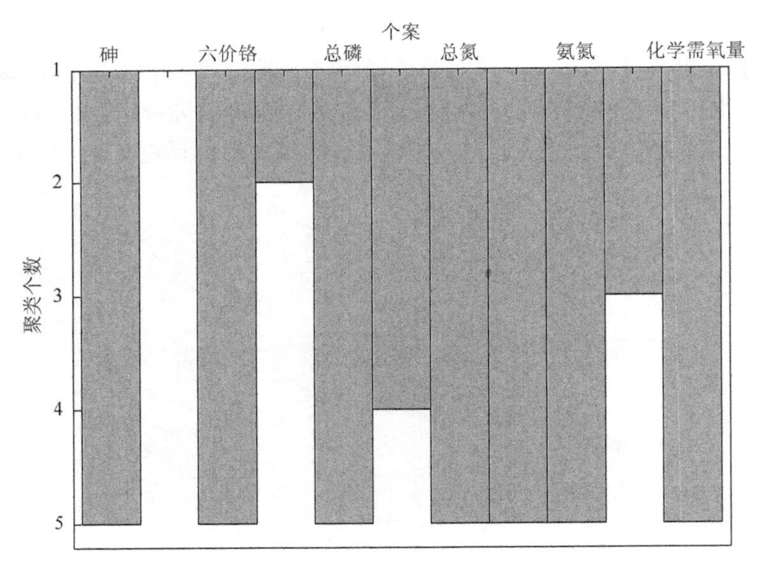

图 14-8　垂直冰柱图

（7）各类典型变量的选择。

已经聚合的各类变量，可从每类中挑选出一个有代表性的变量作为典型变量。

（a）化学需氧量、氨氮、总氮、总磷的 Pearson 相关系数见表 14-9。

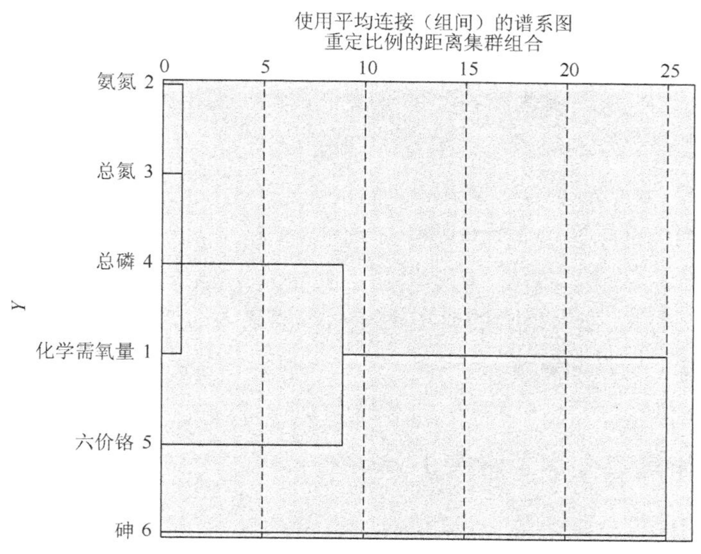

图 14-9　使用平均连接的树系图

表 14-9　相关性结果

		化学需氧量	氨氮	总氮	总磷
化学需氧量	Pearson 相关	1	0.970**	0.952**	0.961**
	显著性（双尾）		0.000	0.000	0.000
	N	31	31	31	31
氨氮	Pearson 相关	0.970**	1	0.990**	0.972**
	显著性（双尾）	0.000		0.000	0.000
	N	31	31	31	31
总氮	Pearson 相关	0.952**	0.990**	1	0.973**
	显著性（双尾）	0.000	0.000		0.000
	N	31	31	31	31
总磷	Pearson 相关	0.961**	0.972**	0.973**	1
	显著性（双尾）	0.000	0.000	0.000	
	N	31	31	31	31

** 表示在 0.01 水平（双尾）上显著相关。

（b）计算每个变量与其他变量的相关指数（相关系数的平方）的平均值，计算公式如下：

$$R_i^2 = \left(\sum r_{ij}^2\right) / (m-1)$$

式中，$i, j = 1, 2, \cdots, m$，m 为所在类的变量个数；r_{ij} 为相关系数，$i \neq j$。

对于变量“化学需氧量”：R_1^2=0.924；

对于变量“氨氮”：R_2^2=0.955；

对于变量“总氮”：R_3^2=0.944；

对于变量“总磷”：R_4^2=0.938。

挑选最大的 R_i^2 作为该类的典型指标，本例最大的为 R_2^2，对应变量为氨氮，即该聚类的典型变量为氨氮。

14.4.3　样品聚类（Q 型聚类）分析

Q 型聚类分析又称样品聚类分析，根据个案各特征变量值进行聚类，以全国 31 个地区废气中主要污染物排放情况为例进行探索分析，具体操作步骤如下：

✧ **例 14-4**　根据废气中二氧化硫、氮氧化物和烟（粉）尘排放量（单位：万吨）对地区进行分类，根据 2016 年全年监测数据，试对全国 31 个地区废气中主要污染物排放情况进行样品聚类分析。

（1）打开数据文件例 14-4 废气.sav。

选择【分析（A）】→【分类（F）】→【系统聚类（H）…】，打开系统聚类分析对话框，【变量（V）】为“二氧化硫”“氮氧化物”“烟（粉）尘”。【聚类】选择【个案（E）】。【输出】选择【Statistics】和【图】。

（2）单击【Statistics…】，打开统计对话框，选择【合并进程表（A）】和【近似值矩阵（P）】，【聚类成员】选择【单一方案（S）】，聚类数设置为 6。

（3）单击【继续】→【绘图（T）…】，选择【谱系图（D）】，【冰柱】选择【无（N）】。

（4）单击【继续】→【方法（M）…】，【聚类方法（M）】选择【组之间的链接】，【测量】选择【平方 Euclidean 距离】，【转换值】的【标准化（S）】选择【Z 分数】。

（5）单击【继续】→【保存（A）…】，打开保存对话框。

【聚类成员】默认格式为【无（N）】，【单一方案（S）】可增加一个新变量储存某类的成员，需设置聚类数。【方案范围（R）】可增加一些新变量储存某范围内的聚类成员，需设置最小和最大聚类数。

（6）单击【继续】→【确定】，得出主要结果并分析。

由图 14-10 可以直观地显示出聚类的全过程。

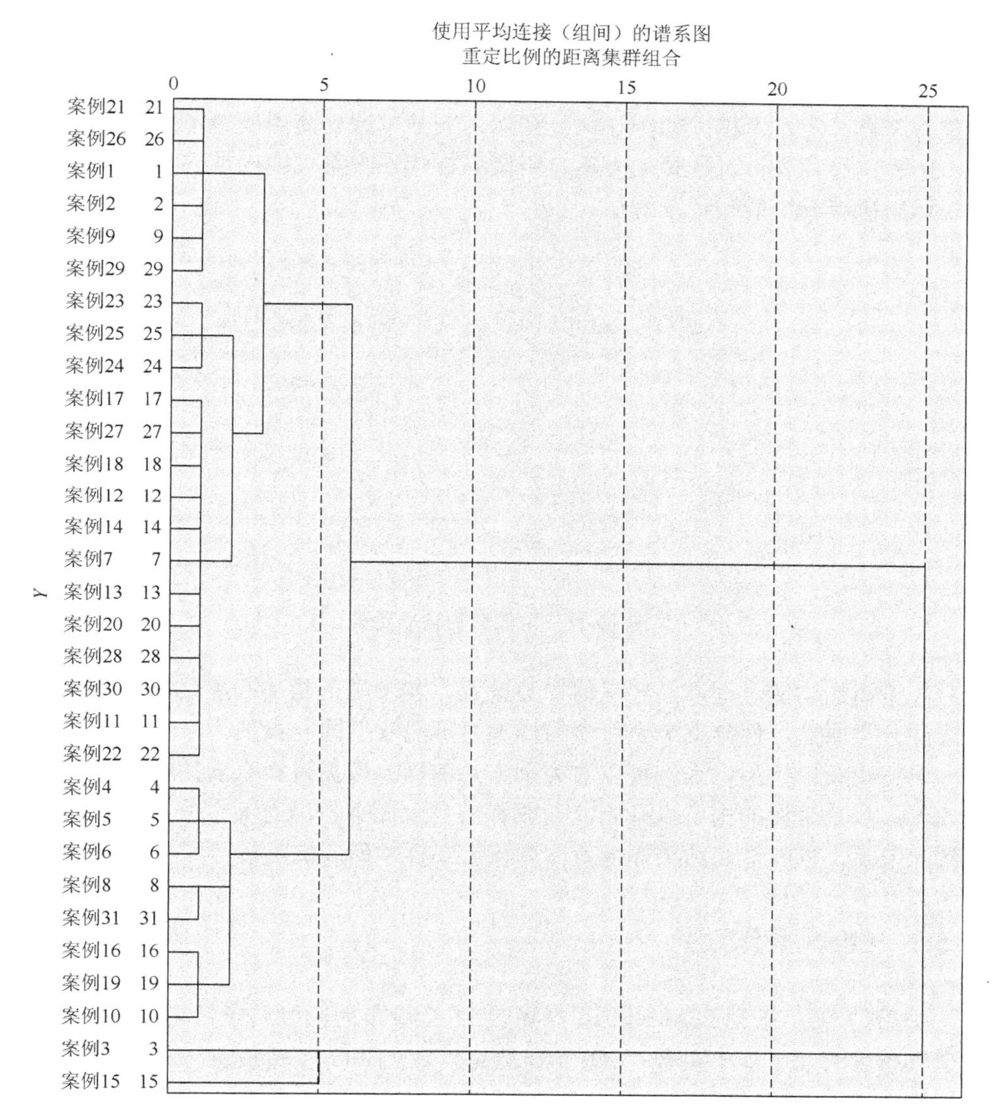

图 14-10　不同地区废气中主要污染物排放情况的树系图

14.5　树　分　析

14.5.1　概述

决策树（decision tree）又称谱系图，是根据训练集的样本数据建立树形的分类决策树，将数据分成离散类，直观地显示整个聚类过程。每个决策或事件（即自然状态）都可能引出两个或多个事件，导致不同的结果，这种决策分支像一棵树的枝干，故称决策树。决策树的构成有四个要素：①决策节点；②方案枝；③状态节点；④概率枝。如图 14-11 所示，其基本原理是用决策节点代表决策问题，用方案枝代表可供选择的方案，用概率枝代表方案可能出现的各种结果，是直观运用概率分析的一种图解法。

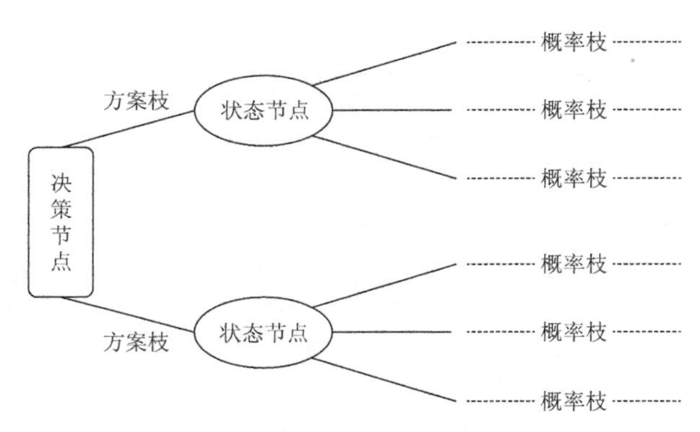

图 14-11　决策树的构成要素

决策树的构造过程不需要任何参数设置，其本质上是递归函数，关键在于如何选择分类属性，使分支节点包含的样本尽可能属于同一类别。

根据决策树模型，人们可以对类别未知的样本数据进行直观的归类，分类过程如下：从决策树的根节点开始，一般都是自上而下，沿着某个分支进行搜索，直到叶节点，以叶节点的类标号值作为该未知样本所属的类标号即可。

14.5.2　SPSS 操作

✧ **例 14-5**　采用 2011～2016 年我国 31 个城市的空气质量指标数据，根据影响空气质量的几个基本要素：SO_2 年排放量（x_1）、NO_x 年排放量（x_2）、烟（粉）尘年排放量（x_3）以及空气质量二级以上频率（y，频率≥80%，$y=1$；频率＜80%，$y=0$），对空气污染问题进行决策树分析。

（1）打开数据文件例 14-5 空气质量.sav。

（2）选择【分析（A）】→【分类（F）】→【树（R）…】，打开决策树分析对话框。在打开决策树分析对话框之前，系统会弹出一个提示对话框，提醒用户在进行决策树分析之前，必须为相应变量设置正确的度量水平并为分类变量设置相应的值标签。

【生长法（W）】:【CHAID】即卡方自动交互检测，CHAID 每一步都选择与因变量最强交互的自变量（预测变量），如果每个自变量的类别与因变量并非显著不同，则合并这些类别。【穷举 CHAID】检查每个预测变量所有可能的拆分。【CRT】将数据拆分为若干尽可能与因变量同质的段。所有个案中因变量值都相同的终端节点是同质的“纯”节点。【QUEST】是快速、无偏、有效的统计树，它可避免其他方法对具有许多类别的预测变量的偏倚，只有在因变量是名义变量时才能指定 QUEST。本例选择【CHAID】。

（3）单击【输出（U）…】，打开输出对话框，如图 14-12 所示。

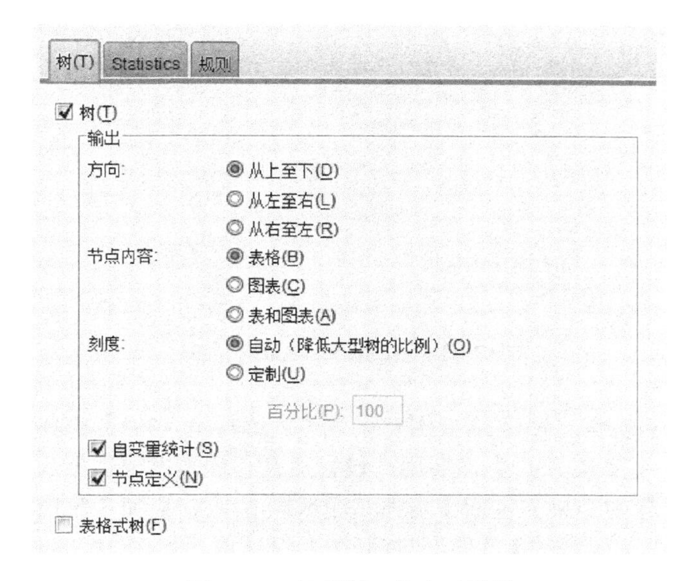

图 14-12　决策树：输出对话框

【树（T）】：表示输出决策树，并激活输出选项组，用户可设置输出方向、节点内容和刻度等。【表格式树（F）】表示以表格格式输出决策树。

【Statistics】：【模型】用于设置模型的输出信息，包括【摘要（S）】、【风险（R）】、【分类表（C）】和【成本、先验概率、得分和利润值（O）】。【自变量】中的【对模型的重要性】对模型中的自变量按重要性排序，仅在 CRT 方法下可选择，【替代变量】给出所有可能方案，仅在 CRT 和 QUEST 方法下可选择。【节点性能】用于设置决策树节点的输出信息。

【规则】可以调用生成的模型对新的数据进行预测。

（4）单击【继续】→【验证（L）】，打开验证对话框，如图 14-13 所示。

【无（N）】即不验证生成的模型。

【交叉验证（C）】将样本分解为多个子样本，对一个子样本用不包含它的其他子样本建立决策树进行验证，需要用户设置样本群数（U）。

【拆分样本验证（S）】将样本分为训练样本和检验样本，SPSS 提供两种划分

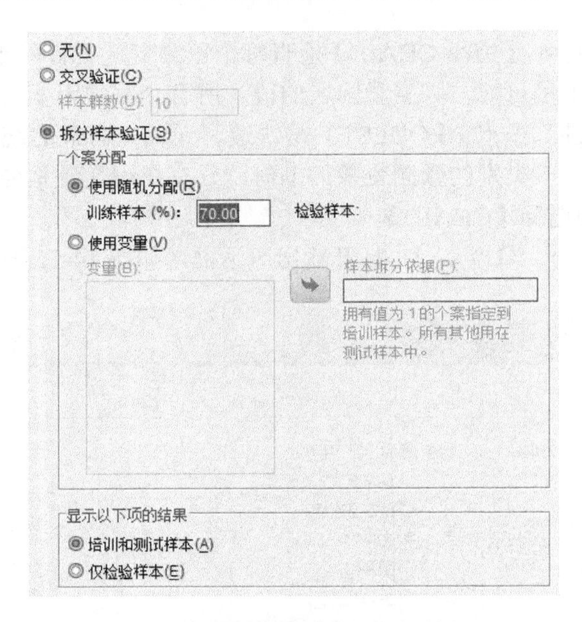

图 14-13 决策树：验证对话框

方式。【使用随机分配（R）】需要用户设置【训练样本（%）】，本例选择此法，设置为 70%。【使用变量（V）】需要用户设置变量和样本拆分依据。

【显示以下项的结果】包括【培训和测试样本（A）】和【仅检验样本（E）】。

（5）单击【继续】→【条件】，打开条件对话框，如图 14-14 所示。

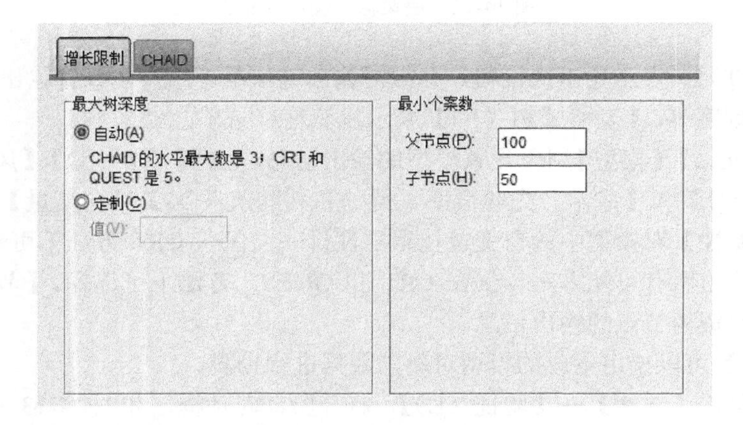

图 14-14 决策树：标准-增长限制对话框

【增长限制】：【最大树深度】包括【自动（A）】和【定制（C）】，【定制（C）】需要设置【值（V）】，本例选择【自动（A）】。【最小个案数】需要用户设置【父节点（P）】和【子节点（H）】，默认值分别为 100 和 50。

【CHAID】:【显著性水平】可设置【拆分节点（S）】和【合并类别（M）】。【模型估计】可设置【最大数（X）】和【期望单元格频率的最小更改（N）】。【卡方统计】可选择【Pearson】或【似然比（L）】。

【区间】即刻度自变量的区间，可设置【固定数字（F）】或【定制（C）】。

（6）单击【继续】→【保存（S）...】，打开保存对话框。【保存变量】可选择【终端结点编号】、【预测值】、【预测概率】和【样本分配（训练/检验）】，【将树模型导出为 XML】可选择【培训样本】和【检验样本】。

（7）单击【继续】→【确定】，得出主要结果并分析。

如图 14-15 和图 14-16 所示，本例用于分类的指标只有烟（粉）尘含量，只需进行一次决策就可解决，即单阶段决策问题。如果某地的烟（粉）尘含量≤4.270 万吨，则该地区的空气质量较好。表 14-10 显示培训和检验总体百分比均大于 60%，因此该决策树的分析具有一定参考价值。

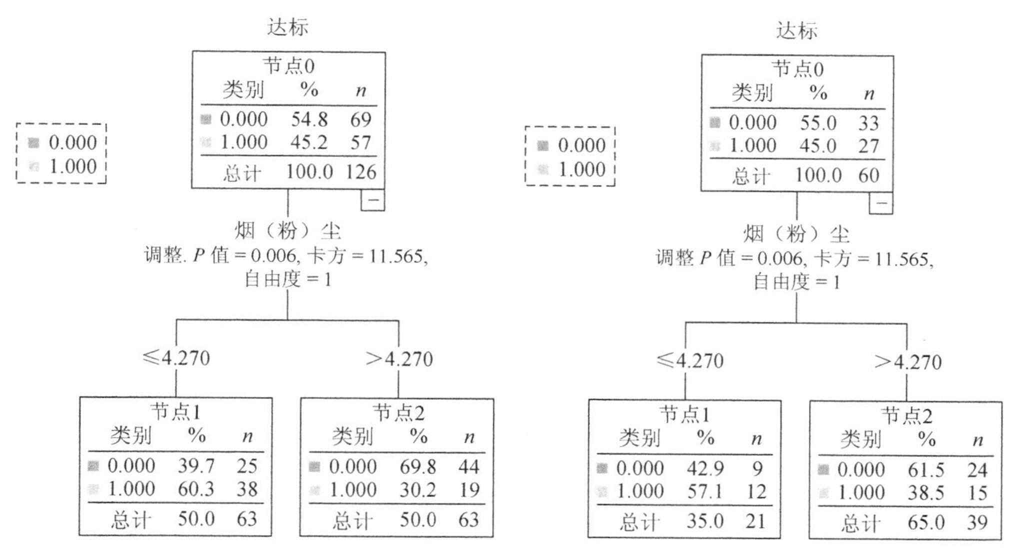

图 14-15　训练样本树形图　　图 14-16　检验样本树形图

表 14-10　分类

样本	观测值	预测值		
		0	1	正确百分比
培训	0	44	25	63.8%
	1	19	38	66.7%
	总体百分比	50.0%	50.0%	65.1%

续表

样本	观测值	预测值		
		0	1	正确百分比
检验	0	24	9	72.7%
	1	15	12	44.4%
	总体百分比	65.0%	35.0%	60.0%

14.6 判别分析

14.6.1 概述

判别分析（discriminant analysis）由费希尔在植物分类研究中首先提出，是一种重要的判别样本类型的多元统计分析方法，其原理是根据多种变量对事物的影响，对事物进行判别分类。判别分析的目的是建立原始变量的线性组合，使不同类别间的差异最大化。变量较多时，一般需要因子分析筛选有统计意义的变量，避免原始变量的共线性关系影响分析结果。判别分析根据一定量已知分类的个案数值特征建立分组预测模型，根据各组最优判别的预测变量的线性组合，生成一个或多个判别函数，用于预测未知分组的新个案分组情况。

有四种判别分析思想：最大似然法、距离判别、Fisher 判别和 Bayes 判别。最大似然法基于独立事件概率乘法定理，适用于自变量为分类变量情况。距离判别适用于自变量为连续变量的情况，对变量分布类型无严格要求，原理是由训练样本得出每个分类的重心坐标，根据新样本与各重心的距离分类。Fisher 判别使用较多，对分布、方差等无限制，原理是投影。Bayes 判别适用于变量服从多元正态分布、各组协方差齐性且均值有显著性差异的情况，原理是根据总体的先验概率，使误判平均损失达到最小，可用于多组判别问题。

建立判别函数有四种方法，包括全模型法、向前选择法、向后选择法和逐步选择法，与 13.4.2 小节【方法（M）】类似。

14.6.2 SPSS 操作

SPSS 有 6 种方法建立判别函数，包括一起输入自变量法（enter independent together）、Wilks λ 法（Wilks' lambda）、未解释方差法（unexplained variance）、Mahalanobis 距离法（Mahalanobis distance）、最小 F 值法（smallest F ratio）和劳氏 V 法（Rao's V）。

生成的统计量包括每个变量的平均值、标准差、单变量方差分析，每个分析的 Box M 统计量、组内相关矩阵、组内协方差矩阵、分组协方差矩阵、总体协方差矩阵，每个典型判别函数的特征值、方差百分比、典型相关、Wilks λ 统计量、卡方统计量，判别分析过程中每步的先验频率、Fisher 函数系数、非标准化函数系数、每个典型函数的 Wilks λ 统计量。

✧ **例 14-6**　根据 5 个农业相关指标（x_1：机耕面积，x_2：农用塑料薄膜使用量，x_3：农用柴油使用量，x_4：农药使用量，x_5：化肥施用量）对 2016 年浙江省不同地区（根据农业增加值分为三类）的数据，试进行判别分析。

（1）打开数据文件例 14-6 农业.sav。

（2）选择【分析（A）】→【分类（F）】→【判别（D）…】，打开判别分析对话框。

【分组变量（G）】必须包含有限数目的分类，编码必须为整数，单击【定义范围（D）…】，设置最小值为 1，最大值为 3。

【自变量（I）】选择一个或多个数值变量，本例为 x_1～x_5。有两种建立判别函数的方法，容差标准均为 0.001。默认方式为【一起输入自变量（E）】，本例选择此方法。如果选择【使用步进法（U）】，单击【方法（M）】，打开步进法对话框，如图 14-17 所示。

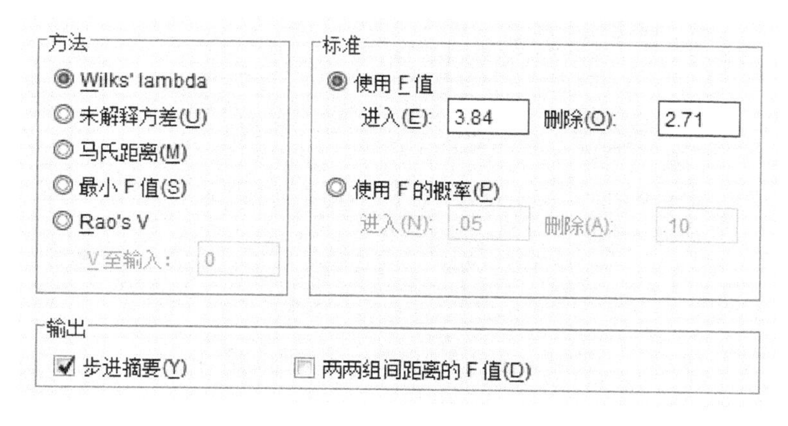

图 14-17　判别分析：步进法对话框

【方法】：【Wilks' lambda】又称 Wilks 法，总体 Wilks 统计量最小的变量先引入判别函数。若单独的变量 $\lambda = SS_{within}/SS_t$，$\lambda = 1$，所有变量的组内平均值相等；$\lambda$ 越小，组内平均值间的差异越大；λ 越大，组内平均值间的差异越小。【未解释方差（U）】组内未解释变异之和最小的变量先引入判别函数。【马氏距离（M）】组间 Mahalanobis 距离最大的变量先引入判别函数。【最小 F 值（S）】根据马氏距离法计算的组间最小 *F* 比最大的变量先引入判别函数。【Rao's V】Rao *V* 值增量最大的变量先引入判别函数，用户需要设置【V 至输入】值。

【标准】:【使用 F 值】需要设置【进入（E)】值和【删除（O)】值，【进入（E)】值必须大于【删除（O)】值，且均为正数，默认【进入（E)】值为 3.84，【删除（O)】值为 2.71。当变量的*F*值大于进入值，模型引入该变量，反之，删除该变量。【使用F的概率（P)】需要设置【进入（N)】值和【删除（A)】值，【进入（N)】值大于【删除（A)】值，且介于 0～1，默认【进入（N)】值为 0.05，【删除（A)】值为 0.10。当变量*F*值的显著性水平小于进入值，模型引入该变量，反之，删除该变量。

【输出】:【步进摘要（Y)】显示每步所有变量的统计量，【两两组间距离的 F 值（D)】显示分组间的两两 *F* 比矩阵。

【选择变量（T)】只使用选择变量具有指定值的个案计算判别函数，同时为选定和未选定的个案生成统计分类结果。通过该方法，可将数据分为训练子集和检验子集，并验证生成模型。

（3）单击【Statistics…】，打开统计对话框。

（4）单击【继续】→【分类（C）…】，打开分类对话框，如图 14-18 所示。

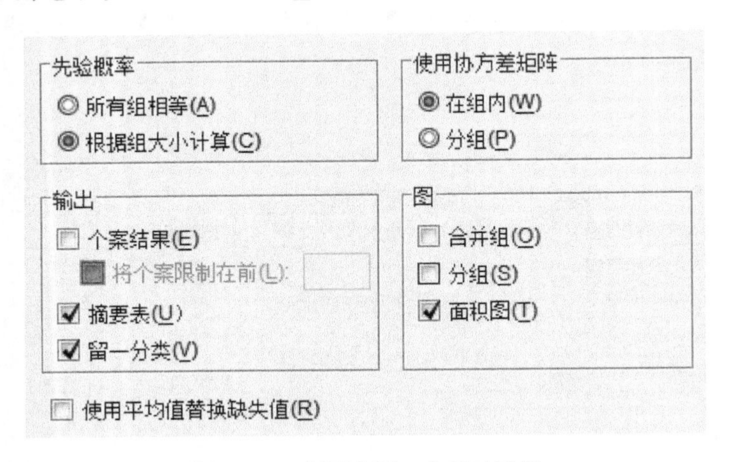

图 14-18　判别分析：分类对话框

【先验概率】指用于确定组成员的先验知识是否调整分类系数。【所有组相等（A)】假设各组先验概率相等，系数没有影响。【根据组大小计算（C)】根据样本中观测组大小决定组成员的先验概率，本例选择此项。

【输出】包括【个案结果（E)】、【摘要表（U)】和【留一分类（V)】。【个案结果（E)】显示每个个案的实际分组编码、预测分组、后验概率和判别值。【摘要表（U)】又称混乱矩阵，显示判别分析的正确分组或错误分组的个案数。

【使用协方差矩阵】:【在组内（W)】使用合并组内协方差矩阵进行个案分类。

【分组（P）】使用分组内协方差矩阵进行个案分类，分类的方法基于判别函数。

【图】:【合并组（O）】指前两个判别函数值的所有分组散点图，只有一个函数时绘制直方图。【分组（S）】指前两个判别函数值的分组散点图，只有一个函数时绘制直方图。【面积图（T）】指将个案基于函数值分组的边界，边界个数代表分组数，每个组的平均值在边界内用*表示，只有一个函数时不绘制此图。

【使用平均值替换缺失值（R）】在分类阶段使用自变量的平均值替换缺失值。

（5）单击【继续】→【保存（A）…】，打开保存对话框。

用户可选择【预测组成员（P）】、【判别分数（D）】和【组成员概率（R）】，也可以【将模型信息输出到 XML 文件】。

（6）单击【继续】→【确定】，得出主要结果并分析。

组平均值的同等检验即 Wilks λ 检验，检验哪些变量是显著的预测变量。本例中 x_1＜0.05，x_2＜0.05，x_3＞0.05，x_4＞0.05，x_5＜0.05（表 14-11）。

表 14-11　组平均值的同等检验表

	Wilks'λ	F	df1	df2	显著性
机耕面积	0.406	5.853	2	8	0.027
农用塑料薄膜使用量	0.395	6.137	2	8	0.024
农用柴油使用量	0.930	0.299	2	8	0.749
农药使用量	0.520	3.686	2	8	0.073
化肥施用量	0.446	4.973	2	8	0.039

特征值表显示在分析中共提取了两个判别函数，第一个函数解释了所有变异的 87.1%，第二个函数解释了剩余的 12.9%（表 14-12）。

表 14-12　特征值表

函数	特征值	方差百分比/%	累积百分比/%	规范相关性
1	3.771[a]	87.1	87.1	0.889
2	0.561[a]	12.9	100.0	0.599

a. 在分析中使用第一个 2 规范判别式函数。

Wilks' lambda 用于检验各判别函数有无统计学意义。如表 14-13 所示，本例中，第一个函数的 Wilks λ 值为 0.134，卡方为 12.046，显著性为 0.282＞0.05，无统计学意义，第二个函数的 Wilks λ 值为 0.641，卡方为 2.671，显著性为 0.614＞0.05，无统计学意义。

表 14-13 Wilks λ 结果

函数检验	Wilks λ	卡方	自由度	显著性
1 通过 2	0.134	12.046	10	0.282
2	0.641	2.671	4	0.614

标准规范判别式函数系数给出两个判别函数中各变量的标准化系数。本例中，

$$ZFunc1 = -1.133x_1 - 1.189x_2 + 1.840x_3 + 2.268x_4 - 0.625x_5;$$

$$ZFunc2 = 0.003x_1 - 0.368x_2 + 1.494x_3 + 2.410x_4 - 1.104x_5。$$

结构矩阵按绝对值大小给出判别变量与标准化判别函数之间的相关系数，并且判断各函数受哪些判别变量影响最大。如表 14-14 所示，本例中，第一个函数受 x_3、x_2 和 x_5 影响较大，第二个函数受 x_1 和 x_4 影响较大。

表 14-14 结构矩阵表

	函数	
	1	2
农用塑料薄膜使用量	−0.621*	0.378
化肥施用量	−0.567*	0.229
农用柴油使用量	0.141*	−0.001
机耕面积	−0.573	0.632*
农药使用量	−0.441	0.577*

* 表示在 0.05 水平上显著相关。

规范判别式函数系数直接通过原始变量计算，为非标准化系数。如表 14-15 所示，本例中，$Func1 = -0.028x_1 + 0.002x_4 - 0.261x_5 + 0.557$；$Func2 = 0.002x_4 - 0.461x_5 - 3.759$。

表 14-15 规范判别式函数系数

	函数	
	1	2
机耕面积	−0.028	0.000
农用塑料薄膜使用量	0.000	0.000
农用柴油使用量	0.000	0.000
农药使用量	0.002	0.002
化肥施用量	−0.261	−0.461
（常量）	0.557	−3.759

表 14-16 分类函数系数即 Fisher 线性判别函数，本例中，

$Cfunc1 = -0.050x_1 + 2.641\times10^{-5}x_3 + 0.007x_4 - 0.105x_5 - 19.005$；

$Cfunc2 = -0.085x_1 - 0.001x_2 + 2.691\times10^{-5}x_3 + 0.007x_4 + 0.229x_5 - 10.924$；

$Cfunc3 = -0.188x_1 - 0.002x_2 + 5.712\times10^{-5}x_3 + 0.014x_4 - 1.186x_5 - 19.158$。

图 14-19 面积图显示，根据判别函数 1 和 2，将个案分成 3 类。

表 14-16　分类函数系数

	分类		
	1	2	3
机耕面积	−0.050	−0.085	−0.188
农用塑料薄膜使用量	0.000	−0.001	−0.002
农用柴油使用量	2.641×10^{-5}	2.691×10^{-5}	5.712×10^{-5}
农药使用量	0.007	0.007	0.014
化肥施用量	−0.105	0.229	−1.186
（常量）	−19.005	−10.924	−19.158

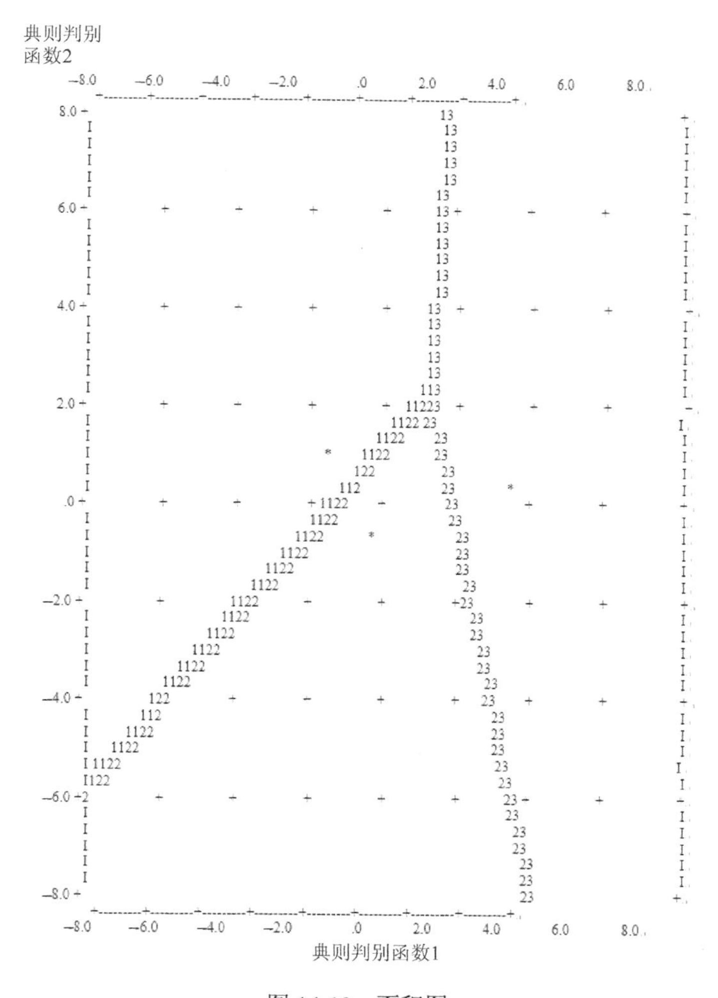

图 14-19　面积图

如表 14-17 所示，分类结果显示判别分析分类与原始个案分类符合率为 90%，说明该判别分析的符合率还是很高的。

表 14-17 分类结果[a, c]

分类			预测组成员资格			总计
			1	2	3	
原始	计数	1	2	1	0	3
		2	0	6	0	6
		3	0	0	2	2
	百分比/%	1	66.7	33.3	0.0	100.0
		2	0.0	100.0	0.0	100.0
		3	0.0	0.0	100.0	100.0
交叉验证[b]	计数	1	1	2	0	3
		2	2	3	1	6
		3	0	1	1	2
	百分比/%	1	33.3	66.7	0.0	100.0
		2	33.3	50.0	16.7	100.0
		3	0.0	50.0	50.0	100.0

a. 90.9%正确分类的原始分组个案；

b. 仅为分析中的个案进行交叉验证，在交叉验证中，每个个案根据源自所有个案（除了此个案）的函数进行分类；

c. 45.5%正确分类的交叉验证分组个案。

14.7 最近邻元素分析

14.7.1 概述

最近邻元素分析（nearest neighbor analysis，NNA）由克拉克（Clark）和埃文斯（Evans）在 1954 年首先提出，基本原理是根据个案间的相似性对个案进行分类，相似性高的个案相互靠近，相似性低的个案相互远离，相互靠近的个案称为“邻元素”。因此，通过两个个案之间的距离可以判断它们的相似性。当新个案出现时，通过计算它与模型中每个个案之间的距离，计算得出最近邻元素（最相似个案）的分类，将其放入包含最近邻元素最多的类别中。

K 最近邻（K-nearest neighbor，KNN）分类算法，是最简单的机器学习算法之一，原理上依赖于极限定理，只根据极少量相邻样本进行类别决策。其思路是：如果一个样本的 k 个最近邻样本大多数属于同一个类别，则该样本也属同一类别。

14.7.2　SPSS 操作

✧ **例 14-7**　根据 5 个生活垃圾处理相关指标[x_1：年生活垃圾清运量（万吨），x_2：卫生填埋无害化处理能力（吨/日），x_3：焚烧无害化处理能力（吨/日），x_4：年粪便清运量（万吨），x_5：生活垃圾无害化处理率（%）]，对 2016 年全国 31 个地区的数据进行最近邻元素进行分析。

（1）打开数据文件例 14-7 生活垃圾.sav。

（2）选择【分析（A）】→【分类（F）】→【最近邻元素（N）…】，打开最近邻元素分析对话框，如图 14-20 和图 14-21 所示。

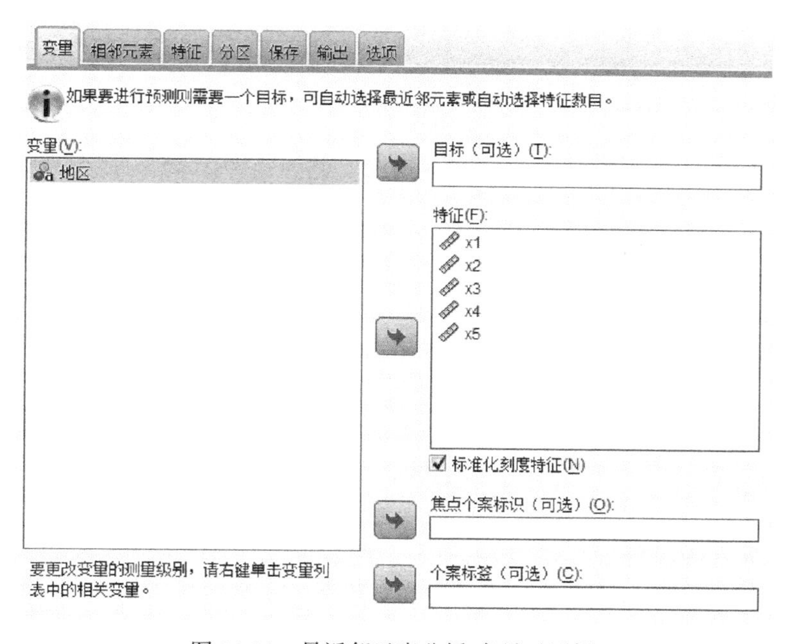

图 14-20　最近邻元素分析-变量对话框

【变量（V）】：【目标（可选）（T）】：如果未指定目标（因变量），分析过程仅查找 k 个最近邻元素，不会分类或预测。【特征（F）】可看作自变量或预测变量（如果指定目标）。【标准化刻度特征（N）】使标准化特征具有相同的值范围（介于−1 和 1），改进估算的性能。【焦点个案标识（可选）（O）】用于标记感兴趣的个案。【个案标签（可选）（C）】设置值在特征空间图表、对等图表和象限图中标记个案。

【相邻元素】：【最近邻元素的数目（k）】：【自动选择 k（A）】仅在【变量】中指定目标时可以使用，否则将选择【指定固定值 k（S）】，默认【k】值为 3。需要注意的是，并不是使用邻元素越多得到的模型越准确。【距离计算】：【Euclidean 测

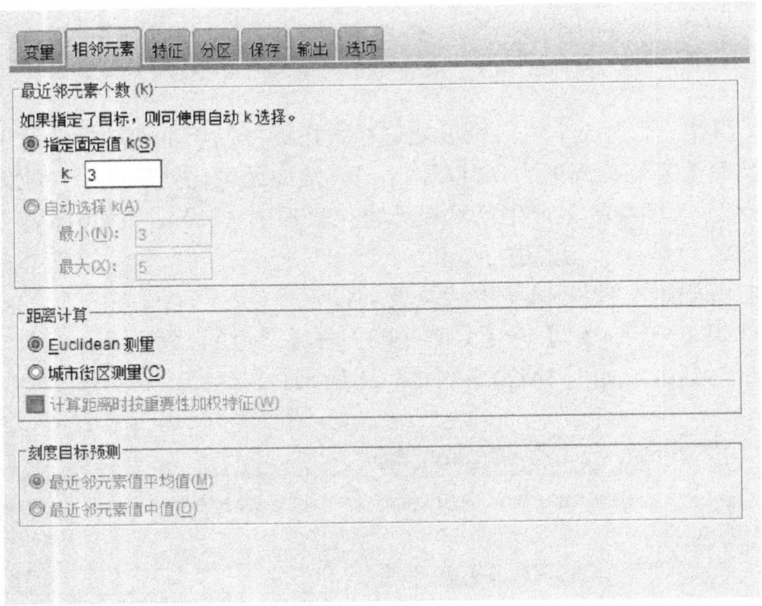

图 14-21　最近邻元素分析-相邻元素对话框

量】指个案值之间的平方差在所有维度上之和的平方根。【城市街区度量（C）】又称 Manhattan 距离，指个案值之间的绝对差在所有维度上之和。

【特征】：在【变量】中指定目标以及一个或多个特征时，可以执行特征选择。默认情况下，特征选择会考虑所有特征，但可强制输入特征子集。【中止条件】有两种方案，【在选择了指定数目的特征时中止（S）】需用户设置【待选择数目（N）】（正整数）。待选择数目越小创建的模型越简约，但可能缺失重要特征。增大待选择数目可以涵盖所有重要特征，但可能增加模型误差。【在绝对误差比率变化小于或等于最小值时中止（T）】需用户设置【最小更改（M）】（0～1）。当绝对误差比率变化表明无法通过添加更多特征来进一步改进模型时，算法会停止。最小更改值越小包含特征越多，但可能包含对模型价值不大的特征。增大最小更改值排除特征增加，但可能丢失对模型较重要的特征。

【分区】可以将数据集划分为培训和坚持集，并在适当时候将个案分配给交叉验证折。【培训和保持分区】：【将个案随机指定到分区（N）】需要用户设置分配给培训样本的个案百分比。其余的分配给保持样本。【使用变量来指定个案（U）】需要用户指定一个将所有个案分配到培训或保持样本中的数值变量，具有系统缺失值的个案会自动排除，分区变量的任何用户缺失值始终看作有效。【交叉验证折数】即 V-折交叉验证，用于确定“最佳”邻元素数目，无法与特征选择结合使用。【将个案随机指定到折（D）】需要用户设置【折数（M）】*V*，将个案随机分配到折，编号从 1 到 V。【使用变量来指定个案（B）】需要用户设置【折变量（F）】（1 到 V 的数字），将所有个案分配到折中。【设置 Mersenne Twister 种子】即马特赛特旋转演算法，主要作用是生成伪随机数并指定固定起始点，设置【种子（E）】会保留随机数生成器的当前状态并在分析完成后恢复该状态。

【保存】包括【保存的变量名称】和【待保存变量（V）】。

【输出】:【查看器输出】:【个案处理摘要（C）】通过培训和坚持样本整体分析中有效和排除的个案数。【图表（H）】显示模型相关的输出，包括对等图、邻元素和距离表等。【文件】包括【导出模型至 XML 文件（E）】和【导出焦点个案与 k 个最近邻元素之间的距离（X）】。

【选项】需要用户设置【用户缺失值】。

（3）单击【确定】，得出主要结果并分析。

激活（双击）模型查看器，打开模型的交互式视图。特征空间图表是有关特征空间（如果存在 3 个以上特征，则为子空间）的交互式图形。每条轴表示模型中的某个特征，图表中的点形状表示点所属的分区，位置表示个案特征在其分区中的值，颜色表示该个案的目标值，红色轮廓表示个案为焦点个案。当存在目标，单击焦点个案显示对等图和邻元素及距离表。

如图 14-22 所示，对等图显示焦点个案及其在散点图（点图，取决于目标的

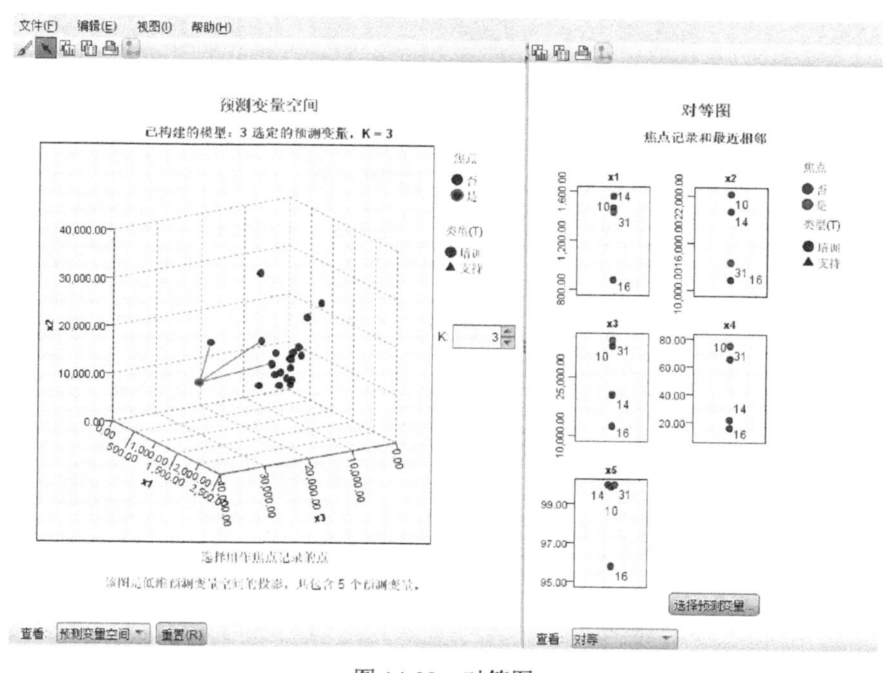

图 14-22　对等图

测量级别）上的 k 个最近邻元素。x 轴是刻度特征，y 轴是目标，按特征划分面板。在培训分区的变量均值处，为连续变量绘制了参考线。

如图 14-23 所示，邻元素和距离表只显示焦点个案的 k 个最近邻元素与距离。【最近邻元素】下方的第 i 列包含焦点个案的第 i 个最近邻元素的个案标签变量值或个案编号。【最近距离】下方的第 j 列包含焦点个案的第 j 个最近邻元素到焦点个案的距离。

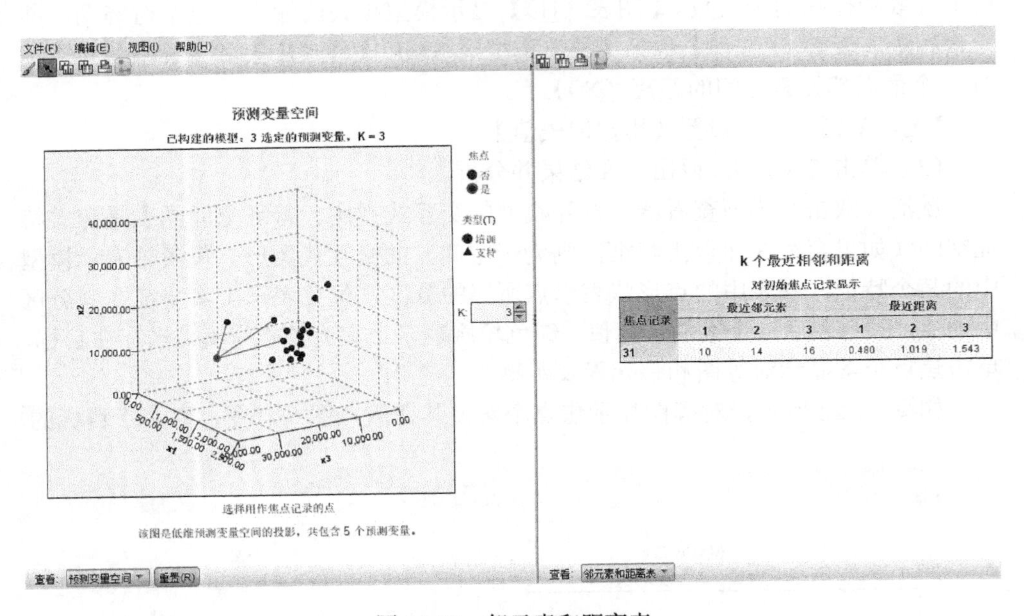

焦点记录	最近邻元素			最近距离		
	1	2	3	1	2	3
31	10	14	16	0.480	1.019	1.543

图 14-23　邻元素和距离表

主要参考文献

陈胜可. 2013. SPSS 统计分析从入门到精通. 北京：清华大学出版社.

程子峰，徐富春. 2006. 环境数据统计分析基础. 北京：化学工业出版社.

方开泰. 1982. 聚类分析. 北京：地质出版社.

何晓群. 2015. 多元统计分析. 4 版. 北京：中国人民大学出版社.

环境统计教材编写委员会. 2016. 环境统计分析与应用. 北京：中国环境出版社.

贾俊平. 2005. 统计学. 北京：清华大学出版社.

李鸿吉. 2005. 模糊数学基础及实用算法. 北京：科学出版社.

李志辉，杜志成. 2018. MedCalc 统计分析方法及应用. 北京：电子工业出版社.

李志辉，李欣. 2017. MINITAB 统计分析方法及应用. 北京：电子工业出版社.

李志辉，罗平. 2015. SPSS 常用统计分析教程. 3 版. 北京：电子工业出版社.

林琼芳. 1989. 环境医学统计学. 北京：人民卫生出版社.

刘宪. 2012. 生存分析：模型与应用. 北京：高等教育出版社.

马立平. 2014. 回归分析. 北京：高等教育出版社.

王璐，王沁. 2012. SPSS 统计分析基础、应用与实战精粹. 北京：化学工业出版社.

王松桂. 1999. 线性统计模型：线性回归与方差分析. 北京：高等教育出版社.

王志超. 2016. Excel 数据分析自学经典. 北京：清华大学出版社.

谢露静. 2011. 环境统计应用. 北京：科学出版社.

杨晓华，刘瑞民，曾勇. 2017. 环境统计分析. 北京：北京师范大学出版社.

易丹辉. 2018. 时间序列分析：方法与应用. 2 版. 北京：中国人民大学出版社.

张帼奋，张奕. 2017. 概率论与数理统计. 北京：高等教育出版社.

张文彤，董伟. 2018. SPSS 统计分析高级教程. 北京：高等教育出版社.

张文彤. 2018. SPSS 统计分析基础教程. 北京：高等教育出版社.

张尧庭，方开泰. 2017. 多元统计分析引论. 北京：科学出版社.

周俊. 2017. 问卷数据分析：破解 SPSS 的六类分析思路. 北京：化学工业出版社.

Douglas C M. 2016. 线性回归分析导论. 王辰勇译. 北京：机械工业出版社.

Excel Home. 2014. Excel 2010 数据处理与分析实战技巧精粹. 北京：人民邮电出版社.

Excel Home. 2015. Excel 2013 应用大全. 北京：人民邮电出版社.

Griffiths D. 2012. 深入浅出统计学. 李芳译. 北京：电子工业出版社.

Jae O K，Charles W M. 2012. 因子分析：统计方法与应用问题. 叶华译. 上海：格致出版社.

James D H. 2015. 时间序列分析. 北京：中国人民大学出版社.

John A R. 2011. 数理统计与数据分析. 田金芳译. 北京：机械工业出版社.

Paul D A. 2017. 事件史和生存分析. 范新光译. 上海：格致出版社.

Viktor M S，Kenneth C. 2013. 大数据时代：生活、工作与思维的大变革. 周涛，等译. 杭州：浙江人民出版社.

参考文献